ATZ/MTZ-Fachbuch

Die komplexe Technik heutiger Kraftfahrzeuge und Motoren machen einen immer größer werdenden Fundus an Informationen notwendig, um die Funktion und die Arbeitsweise von Komponenten oder Systemen zu verstehen. Den raschen und sicheren Zugriff auf diese Informationen bietet die regelmäßig aktualisierte Reihe ATZ/MTZ-Fachbuch, welche die zum Verständnis erforderlichen Grundlagen, Daten und Erklärungen anschaulich, systematisch und anwendungsorientiert zusammenstellt.

Die Reihe wendet sich an Fahrzeug- und Motoreningenieure sowie Studierende, die Nachschlagebedarf haben und im Zusammenhang Fragestellungen ihres Arbeitsfeldes verstehen müssen und an Professoren und Dozenten an Universitäten und Hochschulen mit Schwerpunkt Kraftfahrzeug- und Motorentechnik. Sie liefert gleichzeitig das theoretische Rüstzeug für das Verständnis wie auch die Anwendungen, wie sie für Gutachter, Forscher und Entwicklungsingenieure in der Automobil- und Zulieferindustrie sowie bei Dienstleistern benötigt werden.

MAHLE GmbH (Hrsg.)

Ventiltrieb

Systeme und Komponenten

Mit 287 Abbildungen

PRAXIS

Springer Vieweg

Herausgeber
MAHLE GmbH
Stuttgart, Deutschland

ISBN 978-3-8348-2490-5

Die Deutsche Nationalbibliothek verzeichnet diese Publikation in der Deutschen Nationalbibliografie; detaillierte bibliografische Daten sind im Internet über http://dnb.d-nb.de abrufbar.

Springer Vieweg

Gedruckt auf säurefreiem und chlorfrei gebleichtem Papier

Springer Vieweg ist eine Marke von Springer DE. Springer DE ist Teil der Fachverlagsgruppe Springer Science+Business Media.
www.springer-vieweg.de

Vorwort

Liebe Leserinnen und Leser,

dieser dritte Band der MAHLE Produktkunde, einer mehrbändigen Fachbuchreihe, widmet sich ganz dem Ventiltrieb. Ein Thema, dem durch die anspruchsvollen Anforderungen an die Effizienz moderner Viertakt-Verbrennungsmotoren eine enorme Bedeutung zukommt. Die weitere Optimierung des Ladungswechsels ist entscheidend, um künftige Emissions- und Verbrauchsziele zu erreichen. Das gilt gleichermaßen für Otto- wie für Dieselmotoren. Schlüsselsystem dabei ist der Ventiltrieb, dessen Funktionalität und Auslegung entsprechend immer komplexer werden. Zum Beispiel etabliert sich der variable Ventiltrieb immer mehr zum Standard bei Ottomotoren – und wird künftig auch zur Absenkung der Emissionen beim Dieselmotor beitragen.

Die Belastungen der Bauteile, besonders verbrennungsseitig, wachsen durch steigende Brennraumdrücke und Temperaturen. Gepaart mit der immer höheren Leistungsfähigkeit des Systems Ventiltrieb ergibt sich daraus verstärkt ein Zielkonflikt durch die Forderung nach noch effizienterer Mechanik durch niedrigere Reibwerte und Leichtbau. Wichtig ist daher ein ganzheitliches Verständnis für das System und seine Komponenten, das dieses Buch ausführlich und in sehr anschaulicher Weise vermittelt.

Dieser dritte Band der Fachbuchreihe richtet sich in erster Linie wieder an Ingenieure und Naturwissenschaftler aus den Bereichen Entwicklung, Konstruktion und Instandhaltung von Motoren. Aber auch Professoren und Studenten der Fakultäten Maschinenbau, Motorentechnik, Thermodynamik und Fahrzeugbau sowie alle Leserinnen und Leser mit Interesse an modernen Otto- und Dieselmotoren werden auf den folgenden Seiten wertvolle Anregungen finden.

Ich wünsche Ihnen mit dieser Lektüre viel Freude und zahlreiche Anregungen.

Stuttgart, September 2012

Heinz K. Junker

Danksagung

Wir danken allen Autoren, die an diesem Band mitgewirkt haben.

Dipl.-Ing. (FH) Rainer Barth
Dr.-Ing. Christoph Beerens
Dipl.-Ing. Roberto Cutrona
Dipl.-Ing. René Dingelstadt
B. Eng. Heiko Heckendorn
Dipl.-Ing. Justus Himstedt
Dipl.-Ing. Hermann Hoffmann
Dipl.-Ing. Rolf Kirschner
Dipl.-Ing. Volker Korte
Dipl.-Ing. (FH) Michael Kreisig
Dr. Walter Krepulat
Dipl.-Ing. Arvid Lehrkamp
Dipl.-Ing. Markus Lettmann
Dipl.-Ing. (FH) Christoph Luven
Dipl.-Ing. Alexander Müller
Dipl.-Ing. Alexander Puck
Dipl. Gwl. (mach) Falk Schneider
Dipl.-Ing. Simon Streng
Georg Strobel
Dipl.-Ing. Matthias Vogelsang

Unser zusätzlicher Dank für die Unterstützung bei der Erstellung dieses Buches gilt Ruben Danisch und Laura Seiler.

Inhaltsverzeichnis

Hinweis:

Einige Fachbegriffe werden am Ende des Buches im Glossar näher erklärt. Diese sind jeweils bei ihrer Erstnennung je Kapitel mit einem (G) gekennzeichnet.

1 Aufgabe von Ventiltriebsystemen

Die vorrangige Aufgabe des Ventiltriebs ist, den Ladungswechsel (G) für den Verbrennungsprozess zu steuern. Dazu benötigt er Energie, die von der Kurbelwelle geliefert wird. Ein effizienter Ventiltrieb kann somit den Wirkungsgrad (G) des Verbrennungsmotors erheblich verbessern.

Die Steuerung des Gaswechsels erfolgt heute fast ausschließlich über Tellerventile (G). Andere Konzepte haben nur eine sehr begrenzte Verbreitung. Bei großen Zweitakt-Dieselmotoren in Schiffen wird nur der Auslass mit Ventilen gesteuert, bei allen Viertaktmotoren der Ein- und Auslass. Kleine Otto-Zweitaktmotoren haben keine Ventile; sie werden über Schlitze im Zylinder gesteuert, was zwar einfacher ist, aber auch große Probleme bei Emissionen und Verbrauch nach sich zieht.

Aufgabe des Ventiltriebs ist es, sowohl Luft oder Frischgas in erforderlicher Menge zuzuführen als auch Abgas abzuführen, indem die Ventile zum richtigen Zeitpunkt öffnen und schließen. Erst dies ermöglicht einen geregelten Verbrennungsprozess im Motor.

1.1 Drehzahlanforderung

Die Drehzahlgrenze fast aller modernen Motoren ist durch die Grenzbeschleunigung der Ventile, besonders des Einlassventils, definiert. Ab dieser Drehzahlgrenze kann die Feder das Ventil nicht mehr kontrolliert zurückziehen, wodurch ein exakt definierter Ladungswechsel nicht mehr möglich ist. Der Verbrennungszyklus läuft nicht mehr optimal, der Motor nicht mehr rund.

Die Ventilfeder und die Ventilmasse bestimmen zusammen diese Grenzdrehzahl. Eine hohe Federkraft erhöht allerdings nicht nur die Grenzdrehzahl, sondern auch die Reibung und damit den Kraftstoffverbrauch. In der Praxis werden Ventiltriebsysteme auf die geforderte Grenzdrehzahl ausgelegt, ohne zu viel Sicherheit einzubauen, um die Reibungsverluste zu minimieren. Überdrehzahlen, die zu Ventilspringen führen, erhöhen den Verschleiß beträchtlich und sind unbedingt zu vermeiden.

1.2 Belastung

Im Ventiltrieb muss besonders auf der Brennraumseite eine ausreichende Wärmeabfuhr sichergestellt sein, damit die Werkstoffe nicht überhitzen. Mit zunehmenden Verbrennungstemperaturen und -drücken werden folglich immer höher spezifizierte Werkstoffe erforderlich. Aus Kostengründen kann es günstiger sein, das Auslassventil hohl auszuführen und von innen mit flüssigem Natrium zu kühlen, als die üblichen hoch nickelhaltigen – und deswegen teuren – Legierungen einzusetzen.

Daneben ist der Verschleiß an den Kontaktflächen von Nockenwelle, Nockenfolgern, Ventilschaftenden, Ventilsitz und Ventilführung (G) eine weitere Hauptbelastung. Durch eine saubere Spannungsauslegung können die Komponenten zwar die Belastung aus den Betätigungskräften meist gut ertragen. Der aus den Reibungskräften resultierende Verschleiß limitiert aber ihre Lebensdauer, insbesondere bei starren Ventiltrieben ohne hydraulische Ausgleichselemente.

1.3 Lebensdaueranforderung (Pkw/Nfz)

Um die Herstellungskosten wirtschaftlich zu gestalten, wird die Lebensdauer der Ventiltriebskomponenten in etwa der zu erwartenden Lebensdauer des Fahrzeugs angepasst. Das beginnt bei Rennwagen mit wenigen Stunden und einigen Hundert Kilometern und steigert sich bis zu Nutzfahrzeugen mit 1.600.000 Kilometern erwarteter Laufleistung. Für Sonderfahrzeuge wie Transporter kann, etwa durch eine höherfeste Nockenwelle, die Lebensdauer eines Ventiltriebs auch an die erhöhten Anforderungen angepasst werden, bei ansonsten gleicher Geometrie.

1.4 Ladungswechselberechnung

Die eigentliche Kernaufgabe des Ventiltriebs, der Ladungswechsel, muss ausgelegt werden, um danach den Ventiltrieb selbst entwickeln zu können. Dazu haben sich einige Standardwerkzeuge etabliert, die hier kurz angerissen werden.

Für die Darstellung des Ladungswechsels bei Otto-, Diesel- und Zweitaktmotoren haben sich zwei Diagramme etabliert, die den Druck- und Volumenverlauf sowie den Temperatur- und Energieverlauf der Prozesse darstellen.

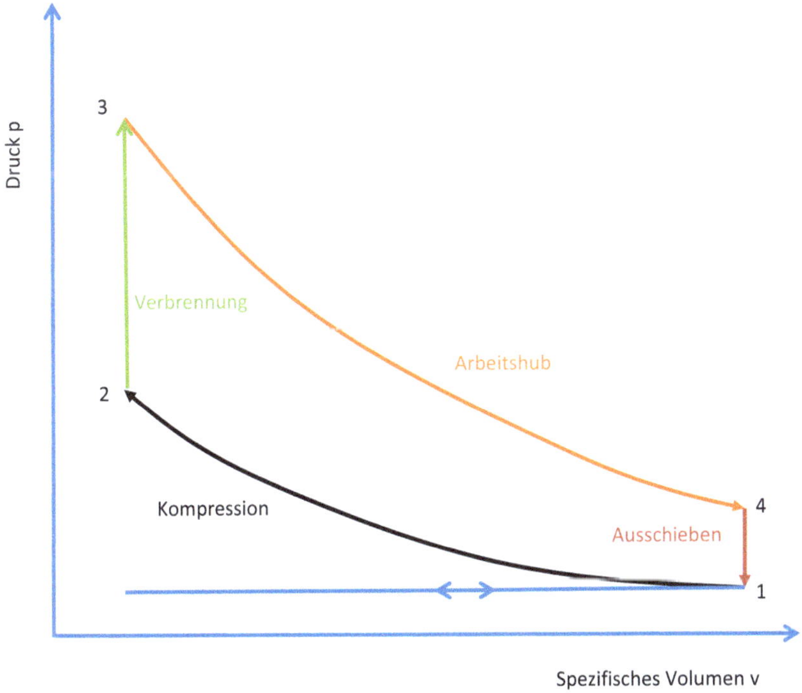

Bild 1.1: p-v-Diagramm für den Otto-Verbrennungsprozess

Das p-v-Diagramm zeigt die verschiedenen Phasen des Verbrennungsprozesses mit Hilfe der beiden Größen Druck (p) und spezifisches Volumen (v), **Bild 1.1**. Die Flächen unter der jeweiligen Teillinie – bzw. die geschlossene Fläche des Zustandsdiagramms – zeigen den Energieumsatz für den Teil- oder Gesamtprozess an.

Das T-s-Diagramm, **Bild 1.2**, zeigt die gleichen Phasen des Prozesses an, aber mit Hilfe der Zustandsgrößen Temperatur (T) und Entropie (s) (G). Wieder sind die Flächenintegrale proportional zum Energieumsatz.

Diese beiden Diagramme stellen den Gaswechsel allerdings in idealisierter Form dar. In der Realität kann, z. B. aufgrund des zweiten Hauptsatzes der Thermodynamik, keine isentrope (G) Zustandsänderung erreicht werden (Verschiebung 1-2 und 3-4 in **Bild 1.2**). Auch beim Gaswechsel haben die realen Bedingungen nicht-idealer Gase und begrenzter Geschwindigkeiten großen Einfluss. Die Phasen des Zyklus werden miteinander verkoppelt, die Abgrenzungen werden unscharf, die Ecken verschwinden aus den Diagrammen, es entsteht das Indikatordiagramm, **Bild 1.3**. Damit nimmt auch der Energieertrag etwas ab, der Wirkungsgrad wandelt sich vom idealen zum realen Motorwirkungsgrad.

Mit diesem Diagramm lassen sich immerhin die Energieverluste kausal identifizieren und verschiedene Konzepte energetisch bewerten.

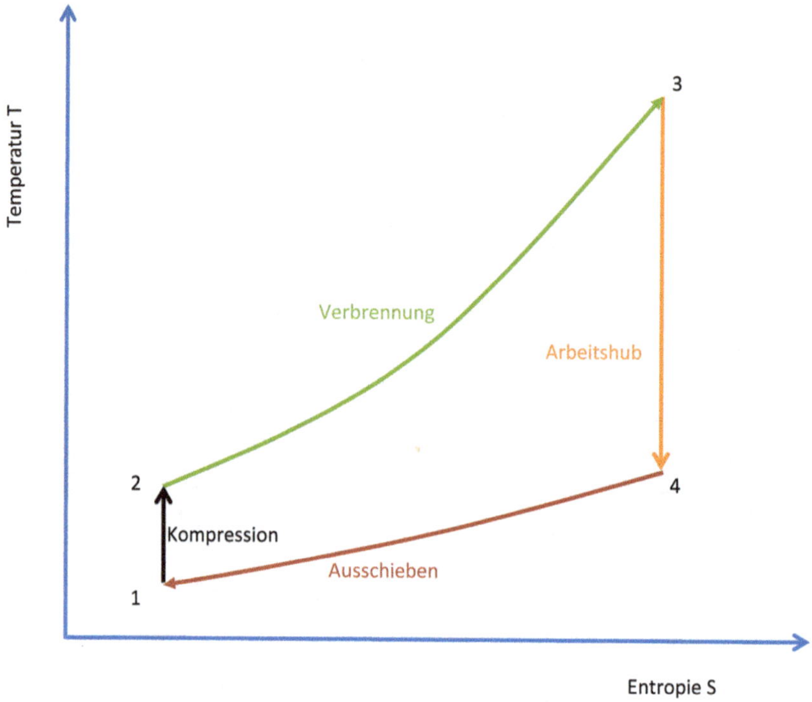

Bild 1.2: T-s-Diagramm für den Otto-Verbrennungsprozess

1.5 Eingangsgrößen zur Auslegung

Für einen Ventiltrieb sind vor der Auslegung einige Randbedingungen abzuklären:

- Benötigte Luftmengen des Motors
- Vorhandener Bauraum
- Grenzdrehzahl zur Auslegung der Federkräfte
- Zulässiges Reibmoment
- Art des Nockenabgriffs

Mit diesen Randbedingungen kann die Auslegung von Ventildurchmessern und -geometrien sowie der Nockenprofile beginnen, um die für den Ladungswechsel erforderliche Kinematik abzubilden.

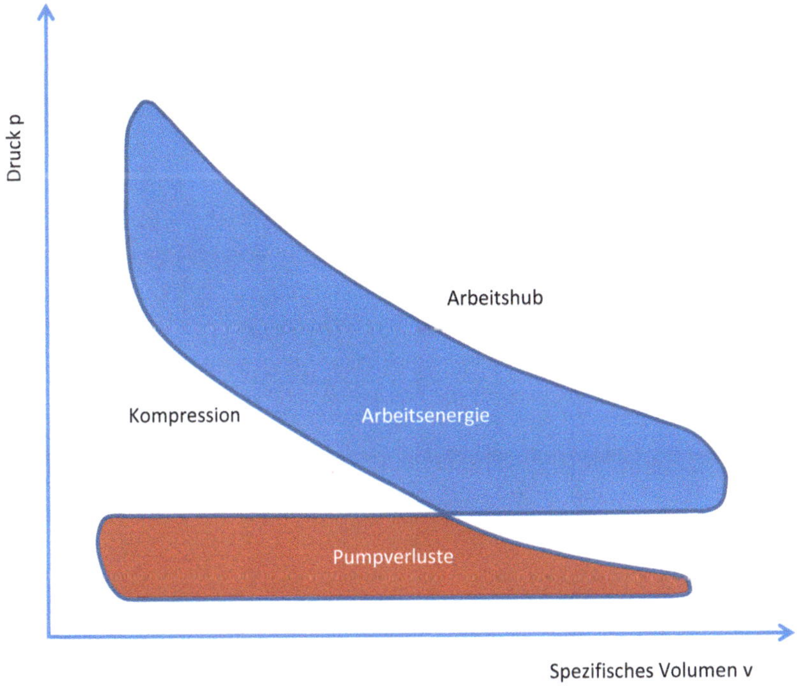

Bild 1.3: Realer Prozess im p-v-Diagramm, Indikatordiagramm

1.6 Variabilität von Ventiltriebsystemen

Früher hatten alle Ventiltriebsysteme fixe Steuerzeiten (G) und Hübe. Damit war es unmöglich, in allen Lastpunkten des Verbrennungsmotors einen idealen Ladungswechsel zu realisieren. Nachdem die ersten Ansätze mit elektromagnetischen oder piezogesteuerten Ventiltrieben sich nicht durchgesetzt haben, geht die Entwicklung jetzt mehr in Richtung variable Steuerung des Ventilhubs mit einem Nocken.

Seit einigen Jahren haben sich bei Ottomotoren Systeme etabliert, die durch Anpassung der Steuerzeiten [Phasensteller (G)] und/oder des Hubs (Schalttasse) die Verbrennung optimieren. Einige Systeme ermöglichen im Ottomotor eine quasi drosselfreie Laststeuerung, was den Wirkungsgrad wesentlich verbessert. Über reduzierte Kompression kann die Einlassventil-Steuerung im Miller- oder Atkinson-Zyklus (G) die Kompressionsverluste beim Ottomotor reduzieren. Bei niedrigen Drehzahlen sorgen Nockenwellen-Verstellsysteme wie etwa die MAHLE CamInCam® (G) für ein höheres Drehmoment.

1.7 Komfort (NVH)

Die vom Ventiltrieb erzeugten Geräusche sind insbesondere auf das Ventilschließen zurückzuführen. Ein „sanftes" Nockenprofil verringert die Aufsetzgeschwindigkeit des Ventils und somit die Geräuschemission. Je höher allerdings die spezifischen Leistungsanforderungen sind, umso weniger Rücksicht kann auf die Akustik genommen werden – insbesondere bei Saugmotoren. Das Aufsetzgeräusch ist dann nur noch durch eine geringere Masse der Einlassventile beeinflussbar. Auch Dieselmotoren für Nutzfahrzeuge unterliegen zunehmend strikten akustischen Grenzwerten, was eine allgemein weniger „scharfe" Auslegung des Ventiltriebs verlangt. Damit der Ventiltrieb nicht das akustisch unangenehme „Stottern" entwickelt, müssen die Torsionseigenfrequenzen der Nockenwellen größer als die zehnte Motorordnung sein.

2 Ventiltriebskonfigurationen

2.1 Einteilung von Ventiltriebsystemen

Ventiltriebsysteme werden nach unterschiedlichen Ordnungsmerkmalen eingeteilt. Die häufigsten beziehen sich auf die Nockenwellen und auf die Nockenfolger.

2.1.1 Einteilung nach Anordnung und Anzahl der Nockenwellen

Ursprünglich hatten Verbrennungsmotoren eine einzelne Nockenwelle im Kurbelgehäuse, auf der sich die Einlass- und Auslassnockenprofile befanden. Dies wird als unten liegende Nockenwelle oder auch Overhead Valve (OHV) bezeichnet, **Bild 2.1**.

Diese Lösung ermöglichte eine einfache Zylinderkopfkonstruktion. Für eine bessere Steifigkeit im Ventiltrieb wurde die Nockenwelle zunehmend im Zylinderkopf angeordnet. Diese Ausführung wird als Single Overhead Camshaft (SOHC) bezeichnet, **Bild 2.2**.

Mit den Anforderungen an erhöhte Drehzahlsteifigkeit und variable Ventilsteuerzeiten setzte sich mehrheitlich die Anordnung von zwei getrennten Nockenwellen im Zylinderkopf durch. Diese Konstruktion wird Double Overhead Camshaft (DOHC) genannt, **Bild 2.3**. Kennzeichen sind die jeweils separate Einlass- und Auslassnockenwelle. Die oben liegende Nockenwelle ermöglicht einen kompaktes und drehzahlfestes Ventiltriebsystem. Die Aufteilung der

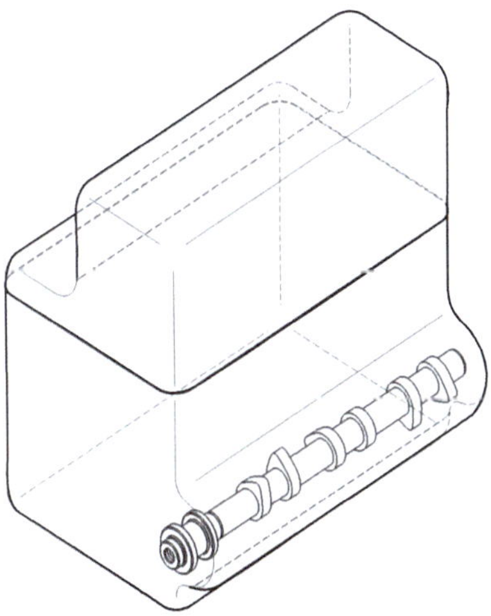

Bild 2.1: OHV-Anordnung

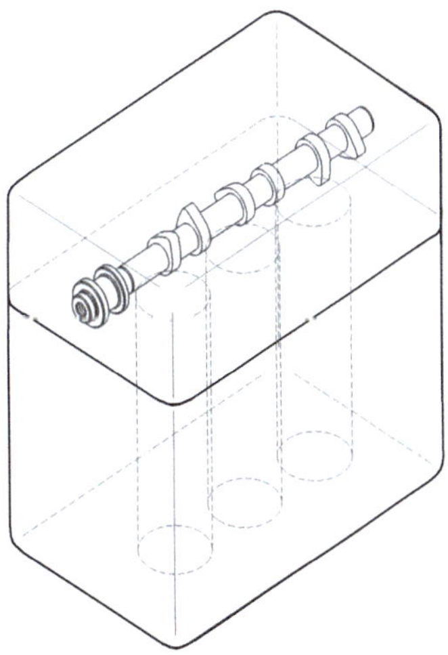

Bild 2.2: SOHC-Anordnung

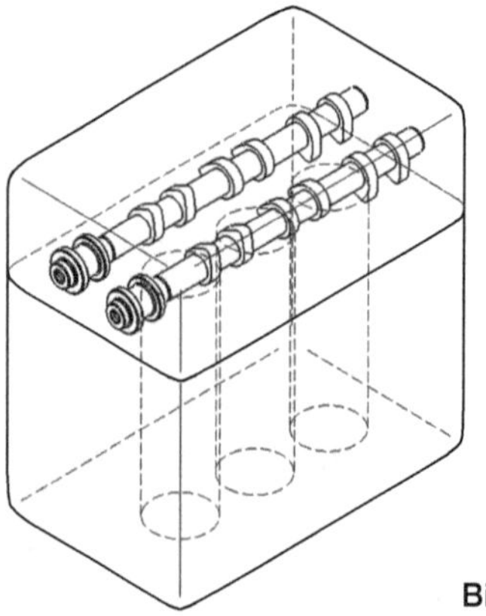

Bild 2.3: DOHC-Anordnung

Ein- und Auslassprofile auf zwei Nockenwellen ist die Voraussetzung für die unabhängige Verstellung der Ventilsteuerzeiten.

Abhängig von der Zylinderanordnung und dem Motorkonzept variieren die Lage und die Anzahl der Nockenwellen. Bei Reihenmotoren werden meist zwei oben liegende Nockenwellen eingesetzt, **Bild 2.4**.

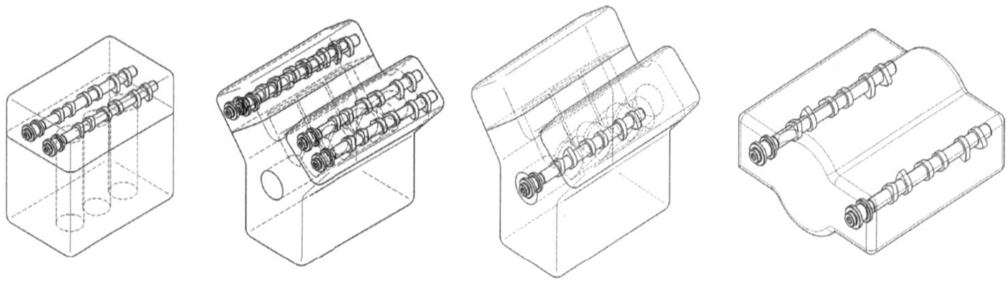

Bild 2.4: Anordnungen Nockenwellen

Bei V-Motoren sind zwei Anordnungen verbreitet. Die häufigste umfasst zwei Nockenwellen je Zylinderbank, was in Summe vier Nockenwellen je Motor ergibt. Die zweite Anordnung bietet in den nordamerikanischen „cam in block"-Motoren Kosten- und Bauraumvorteile. Eine Nockenwelle ist hier zentral im „V" oberhalb der Kurbelwelle angeordnet. Bei Boxermotoren befinden sich die Nockenwellen außen auf den Zylinderköpfen. Entsprechendes gilt für Sternmotoren.

Für Motoren mit zwei Ventilen pro Zylinder reicht im Regelfall eine Nockenwelle aus. Bei Motoren mit mehr als zwei Ventilen pro Zylinder werden aufgrund des hemisphärischen Brennraums leichte Nockenfolger bevorzugt, die mit zwei getrennten Nockenwellen betätigt werden.

2.1.2 Einteilung nach Nockenfolger

Bei den Nockenfolgern wird grundsätzlich zwischen Gleit- und Rollenabgriff unterschieden. Dies bezieht sich auf die Kontaktstelle zwischen Nockenwelle und Nockenfolger. Der Gleitabgriff mit Flachtasse war bei Pkw-Motoren lange Zeit dominant. Mittlerweile ist der Rollenabgriff mit einem Rollenschlepphebel wegen der geringeren Reibleistung die bevorzugte Lösung für moderne Pkw-Motoren. Bei Nfz-Motoren sind Rollenstößel und Rollenkipphebel aus Gründen der hohen Lebensdauer dominant.

Eine Sonderform ist die desmodromische Ventilsteuerung. Ergänzend zum Ventilöffnerhebel kommt – statt der Ventilfeder – ein zweiter Nockenfolger beim Schließen des Ventils zum Einsatz. Dieser wird mit einem Komplementärprofil auf der Nockenwelle gesteuert, **Bild 2.5**. Diese Ausführung ist mittlerweile eine Randerscheinung.

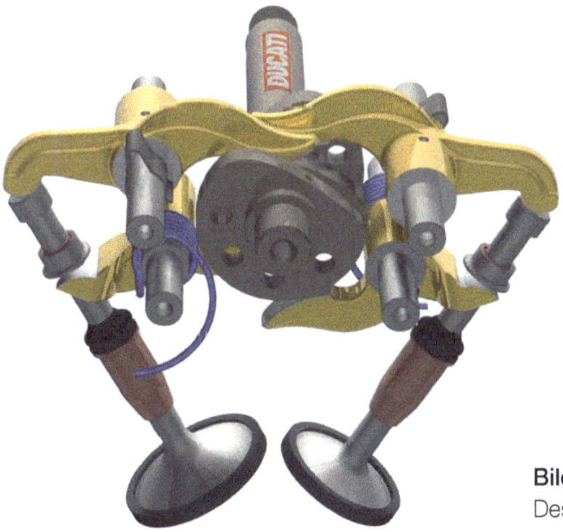

Bild 2.5:
Desmodromische Ventilsteuerung (Bild: Bluming)

2.1.3 Einteilung nach Ventilspielausgleich

Der Ventilspielausgleich (G) erfolgt entweder mechanisch (Einstellschraube) oder hydraulisch (HVA). Die Anordnung des Ventilspielausgleichselements kann auf zweierlei Art realisiert werden. Entweder ist es beweglich im Nockenfolger montiert, z. B. Einstellschraube im Nfz-Kipphebel, oder stationär im Zylinderkopf eingesteckt, z. B. hydraulisches Abstützelement unter einem Rollenschlepphebel.

2.1.4 Unterscheidung Nutzfahrzeug und Personenkraftwagen

Die Anforderungsprofile an Ventiltriebsysteme für Nfz oder Pkw unterscheiden sich in Bezug auf Lebensdauer, Drehzahlfestigkeit und mechanische Beanspruchung. Daher unterscheiden sich auch die Ausführungsformen grundlegend.

So ist ein Ventiltriebsystem für eine Pkw-Anwendung wegen der geforderten Drehzahlfestigkeit und der kleinen Ventile (Zylindervolumina bis etwa 0,5 l pro Zylinder) auf geringe bewegte Massen ausgelegt. Die Lebensdauerauslegung erfolgt hier üblicherweise auf eine Laufleistung von etwa 240.000 km.

Ein Ventiltriebsystem für eine Nfz-Anwendung hingegen ist zum Erreichen der Lebensdauer von etwa 1.600.000 km und der größeren wirksamen Kräfte (größere Ventile für Zylindervolumina von circa 2 l pro Zylinder und Motorbremsbetrieb) steifer gestaltet, verbunden mit erhöhten bewegten Massen.

2.2 Schnittstellen des Ventiltriebs

Das Ventiltriebsystem befindet sich bei modernen Pkw- und Nfz-Motoren im Zylinderkopf. Die Schnittstellen zu dessen Umgebung sind benachbarte Systeme und die Lagerung der Ventiltriebskomponenten.

2.2.1 Nockenwellenlagerung

Die Nockenwellenlagerung überträgt die Stützkräfte des Ventiltriebs in radialer und axialer Richtung auf den Zylinderkopf bzw. auf das Kurbelgehäuse.

Die Nockenwelle ist bei OHC-Motoren im Zylinderkopf gelagert. Dies ist die häufigste Ausführung bei Pkw-Motoren. Beispiele hierfür sind die offene Lagerung mit Lagerdeckeln, die Lagerung im Lagerrahmen oder in der Ventilhaube, siehe Kapitel 4.1.2.

Bei OHV-Motoren ist die Nockenwelle im Kurbelgehäuse gelagert, was hauptsächlich bei klassischen Nfz-Motoren zur Anwendung kommt. Eine typische Ausführungsform ist hier die Tunnellagerung, siehe Kapitel 4.1.2.

Üblicherweise sind die Nockenwellenlager als hydrodynamische Gleitlager ausgeführt. Zur Reduktion der Reibleistungsverluste können diese wälzgelagert werden, siehe Kapitel 4.3.2.

2.2.2 Antrieb

Das antreibende System für das Ventiltriebsystem ist der Steuertrieb. Der Steuertrieb überträgt den Antriebsmoment und – je nach Ausführungsform unterschiedlich stark – Radial- und Axialkräfte.

Bei Pkw-Motoren werden Kettentriebe und Zahnriementriebe eingesetzt. Diese bringen ergänzend zum Antriebsmoment auch relevante Radialkräfte auf die Nockenwelle ein. Sie

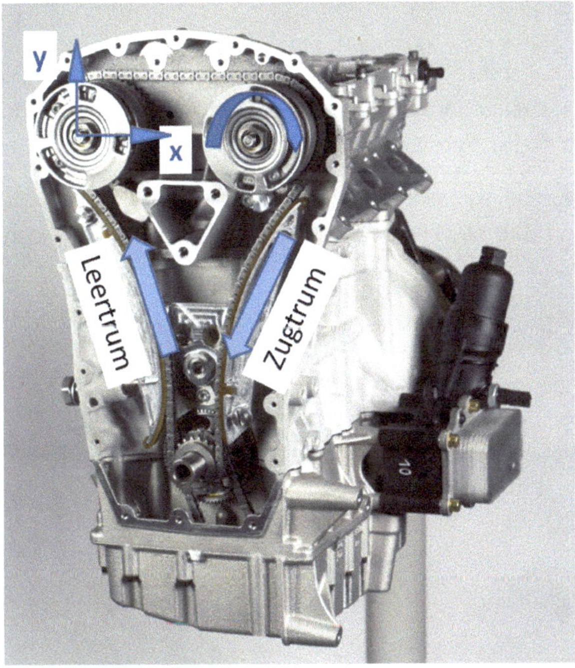

Bild 2.6:
Kräfte am Ketten- und Riementrieb

werden von der ersten Lagerstelle abgestützt, was zu einer asymmetrischen Kraftverteilung in den Lagerstellen führt, **Bild 2.6**.

Bei Nfz-Motoren ist der Zahnrädertrieb die vorteilhafteste Lösung. Der Rädertrieb ist wartungsarm und bringt geringe Radialkräfte auf die Nockenwellenlagerung ein. Dies ist verglichen mit dem Ketten-/Zahnriementrieb mit Mehrkosten verbunden.

2.2.3 Nockenfolger/Ventilgruppe

Abhängig von der verwendeten Art des Nockenfolgers bildet dieser eine Schnittstelle des Ventiltriebs zum Zylinderkopf. Bei direkt betätigten Ventiltrieben ist die Flachtasse, siehe Kapitel 5.3, direkt in einer zylindrischen Ausnehmung des Zylinderkopfs gelagert. Gleiches gilt für Ventilsteuerungen mit achsgelagerten Hebeln, siehe Kapitel 5.4.1, wobei die Achsen in den Zylinderkopf gesteckt sind. Diese Achsen sind kostenintensiv und haben ein aufwendiges hydraulisches Ventilspielausgleichselement. Daher sind Ventilsteuerungen mit Rollenschlepphebeln stärker verbreitet, bei denen das hydraulische Ventilspielausgleichselement im Zylinderkopf eingesteckt ist.

Von der Ventilgruppe sind die Ventilführung (G) und die Ventilsitzringe (G) im Zylinderkopf eingesetzt, siehe Kapitel 3.3. Es wird zwischen Zwei- (ein Einlass- und ein Auslassventil pro Zylinder) und Mehrventilmotoren unterschieden.

2.2.4 Abtrieb

Von der Ventilsteuerung werden auch andere Systeme am Zylinderkopf angetrieben. Bei Dieselmotoren oder Ottomotoren mit direkter Einspritzung wird am antriebsfernen Ende der Nockenwelle in axialer Verlängerung häufig eine Vakuumpumpe angetrieben, **Bild 2.7**.

Es ist auch möglich, die Wasserpumpe von einem Nockenwellenende anzutreiben. Bei Ottomotoren mit direkter Einspritzung wird häufig in radialer Richtung eine Kraftstoff-Hochdruckpumpe angetrieben, **Bild 2.8**.

Bild 2.7: Nockenwellen-Abtrieb für Vakuumpumpe

Bild 2.8: Nockenabtrieb für Kraftstoff-Hochdruckpumpe

2.3 Zylinderkopf

Der Zylinderkopf eines Viertakt-Hubkolbenmotors ist eine der Baugruppen mit dem größten Einfluss auf dessen effektive Kenndaten, wie Drehmoment und Leistung sowie Abgasemissionen und effektiven Wirkungsgrad **(G)**. Die wichtigsten Aufgaben und Funktionen des Zylinderkopfs sind:

- Aufnahme des Brennraums (oder eines Teils des Brennraums)
- Aufnahme der Kanäle für den Ladungswechsel **(G)**
- Aufnahme der Ventile des Ladungswechsels und des Ventiltriebs
- Aufnahme der Zündkerze (Ottomotor)
- Aufnahme der Einspritzdüsen (Diesel- und Ottomotoren mit Direkteinspritzung)
- Aufnahme von Sekundärluftzufuhr und Abgasrückführung **(G)**
- Aufnahme der Zylinderkopfverschraubung
- Schnittstelle zu Einlassluftsammler und Abgaskrümmer (mit Dichtstellen)
- Schnittstelle zum Kurbelgehäuse (mit Zylinderkopfdichtung)
- Ausreichende Kühlung

- Ausreichende Strukturfestigkeit
- Ausreichende Schmierölzufuhr
- Ausreichende Schmierölrückführung

Bei der Auslegung und Konstruktion eines Zylinderkopfs werden in vielen Fällen Bohrung, Zylinderabstand und die Zylinderkopfverschraubung durch die Fertigungseinrichtungen von bereits vorhandenen Motoren bestimmt.

2.3.1 Brennraum

Die Brennraumgeometrie mit der Zahl und Position der Ventile, dem Anschluss der Ein- und Auslasskanäle, der Lage von Zündkerze und Einspritzdüse sowie dem Verdichtungsverhältnis ist maßgebend für die Qualität der Verbrennung im Motor.

2.3.1.1 Verdichtungsverhältnis

In einem idealen Motor steigt der Wirkungsgrad der Verbrennung mit zunehmendem Verdichtungsverhältnis mit einer immer weiter abflachenden Charakteristik an. In realen Motoren liegt das optimale Verdichtungsverhältnis bei circa ε = 14 bis 15. Dies ist durch die sowohl bei Otto- wie bei Dieselmotoren mit steigendem ε zunehmenden Reibungsverluste bedingt. Darüber hinaus ist bei Ottomotoren das Auftreten klopfender Verbrennung bzw. bei Dieselmotoren deren Kaltstartverhalten eine wichtige Auslegungsgrenze. Die **Tabelle 2.1** zeigt typische Werte für das Verdichtungsverhältnis ausgeführter Motoren.

Bei Ottomotoren wird das maximale Verdichtungsverhältnis durch das Auftreten klopfender Verbrennung begrenzt und durch Kraftstoff, die Größe der Zylinder, die Ladungsbewegung in den Zylindern und die Kühlungsverhältnisse beeinflusst. Weitere Einflüsse ergeben sich z. B. durch die geforderte Drehmomentcharakteristik und das Rückströmen heißer Abgase

Tabelle 2.1: Typische Werte für das Verdichtungsverhältnis ausgeführter Motoren

Motortyp	ε		Begrenzung durch
	von	bis	
Ottomotor (2-Takt)	7,5	10	Glühzündung
Ottomotor (4-Takt, 2 Ventile/Zylinder)	8	10	Klopfen, Glühzündung
Ottomotor (4-Takt, 4 Ventile/Zylinder)	9	12	Klopfen, Glühzündung
Ottomotor (4-Takt, Direkteinspritzung)	11	14	Klopfen, Glühzündung
Dieselmotor (Vor- und Wirbelkammer Pkw)	18	24	Kaltstart, Wirkungsgrad, Bauteilbelastung
Dieselmotor (Direkteinspritzung Pkw)	17	21	Kaltstart, Wirkungsgrad, Bauteilbelastung
Dieselmotor (Direkteinspritzung Lkw)	15	17	Kaltstart, Wirkungsgrad, Bauteilbelastung

in den Verbrennungsraum (auch durch den Turbolader). Viele der Mechanismen werden mit Simulationsprogrammen untersucht, allerdings ist das Auftreten des Klopfens kaum vorhersehbar. Der Entwicklungsingenieur wählt einen Bereich des Verdichtungsverhältnisses auf Basis seiner Erfahrungen aus. Dieser wird am Motorprüfstand detailliert untersucht und so das Optimum bestimmt.

2.3.1.2 Zahl und Anordnung der Ventile

Die meisten modernen Otto- und Dieselmotoren für Fahrzeuganwendungen haben heute vier Ventile pro Zylinder. Allerdings haben auch Motoren mit zwei oder drei Ventilen pro Zylinder ihre Daseinsberechtigung.

Ein wichtiger Aspekt sind die Kosten. Eine Ventilkonfiguration mit je einem Ein- und Auslassventil ist eine günstige Lösung wegen der kleineren Zahl an Ventilen, Ventilführungen und -sitzringen, Dichtungen, Federn, Halterungen und Ventilkegelstücken sowie auch wegen des einfacheren Ventiltriebs.

Um die Zahl bzw. die Größe der Ventile festzulegen, wird zu Beginn der Zylinderkopfauslegung meist eine Ladungswechselberechnung durchgeführt, **Bild 2.9**.

Der Motor braucht einen ausreichenden Ventilöffnungsquerschnitt, um den gewünschten Luftdurchsatz als Voraussetzung für die gewünschte Volllastcharakteristik zu erreichen. Dieser wird durch die Ventilhubkurve sowie zusätzliche Faktoren, wie z.B. der Geometrie der Ein- und Auslasskanäle, vorgegeben. Dabei sind Erfahrungen und Korrelationen aus vorherigen Simulationen unerlässlich.

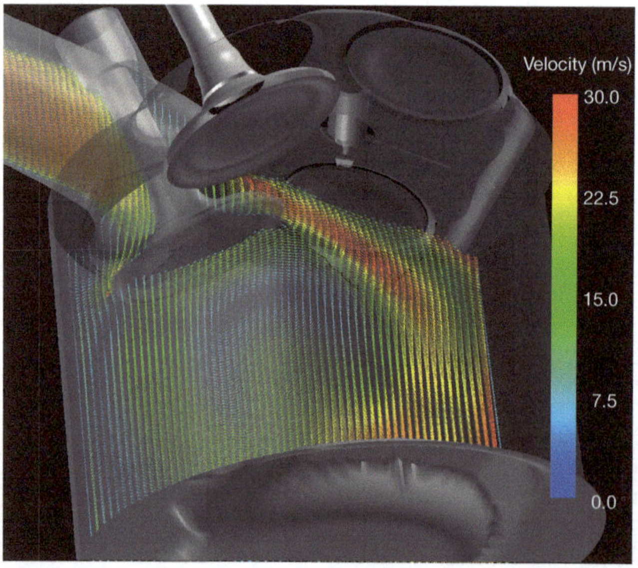

Bild 2.9:
Eindimensionales Modell einer Ladungswechselberechnung

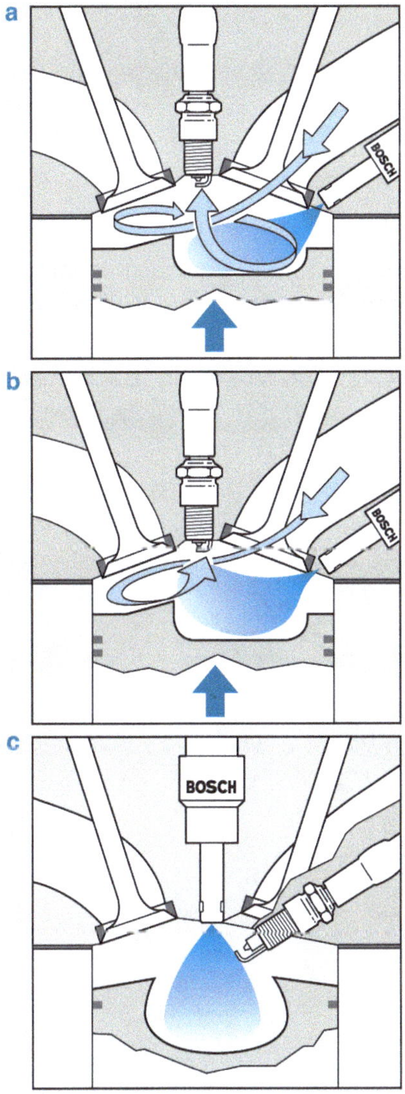

Bild 2.10:
Strömungsführungen im Brennraum

Art und Menge der Luftbewegung, die im Zylinder erzeugt wird, haben einen signifikanten Einfluss auf die Verbrennung und damit auf Wirkungsgrad und Abgasemissionen. Dabei sind axiale Verwirbelungen („swirl"; **Bild 2.10 a**) oder walzenförmige Luftbewegungen („tumble"; **Bild 2.10 b**) bzw. Kombinationen aus beiden üblich. Durch die unterschiedlichen Ventilkonfigurationen werden verschiedene Luftbewegungen erzeugt, was ein entscheidender Faktor für deren Auswahl sein kann. Einlassventile in einem flachen Zylinderkopf bzw. einem wannen- oder keilförmigen Brennraum liefern hauptsächlich axiale Verwirbelungen. Eine Anordnung mit einem dach- oder halbkugelförmigen Brennraum im Zylinderkopf erzeugt keine eigene größere Luftbewegung, kann aber eingesetzt werden, um kleinere „swirl"- oder „tumble"-Bewegungen bzw. eine Kombination aus beidem zu erzeugen.

In Ottomotoren wird mit „swirl"-Bewegungen, z. B. durch Rotation der eingebrachten Luftmasse, in der Regel eine Verbesserung der Verbrennung erzielt. In Motoren mit Benzindirekteinspritzung sind in der Regel „tumble"-Bewegungen üblich. Eine präzise Steuerung der Luftbewegung ist bei diesen Motoren sehr wichtig. Dieselmotoren mit Direkteinspritzung erfordern ein hohes Maß an axialer Verwirbelung („swirl").

In Ottomotoren sollte die Zündkerze möglichst in der Mitte des Brennraums positioniert sein, um eine möglichst schnelle und gleichmäßige Verbrennung zu erzeugen und Klopfen zu vermeiden. Bei Dieselmotoren mit Direkteinspritzung ist es die Einspritzdüse, die sich so nah wie möglich an der Zylinderachse befinden sollte. Bei Motoren mit Benzindirekteinspritzung und zentraler Lage haben Einspritzdüse und Zündkerze die gleichen Positionsanforderungen. **Bild 2.11** zeigt, wie dies beim MAHLE Downsizingmotor [1, 2, 3], derzeit Benchmark für spezifische Arbeit und Leistung, realisiert wurde.

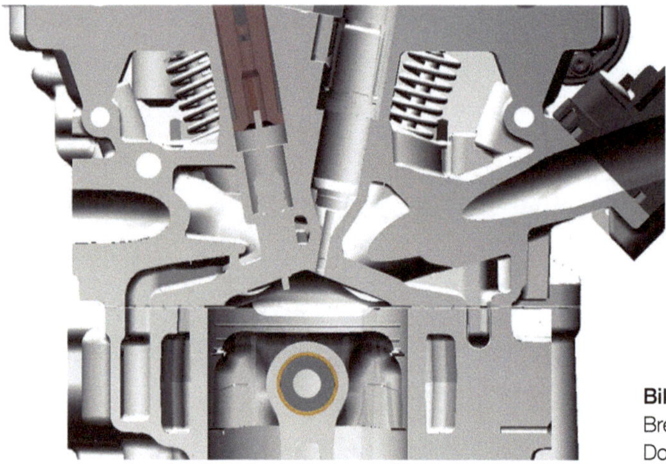

Bild 2.11: Brennraum des MAHLE Downsizingmotors

Brennräume mit zwei oder drei Ventilen pro Zylinder erfordern es meist, die Position von Zündkerze oder Einspritzdüse aus der Bohrungsachse zu versetzen; Anordnungen mit vier oder fünf Ventilen pro Zylinder bieten für gewöhnlich einen geeigneten Platz in oder nahe der Bohrungsmitte. Eine aus Wartungsgründen gute, direkte Zugänglichkeit der Zündkerzen ist aufgrund der gestiegenen Lebensdauer dieser Komponente heute weniger wichtig als früher.

2.3.1.3 Brennraumformen

Zusammen mit der Festlegung von Verdichtungsverhältnis und der Anzahl der Ventile wird auch die Brennraumform definiert. Dabei gibt es folgende Grundkonfigurationen:

- **Zwei senkrecht stehende Ventile mit flacher Zylinderkopffläche:** Diese Konfiguration wird häufig bei Dieselmotoren eingesetzt, um ein hohes Verdichtungsverhältnis bzw. ein geringes Kompressionsvolumen außerhalb der Kolbenmulde zu erreichen. Die Bearbeitung der Ventilführungen und der Sitze ist einfach; nachteilig sind die außermittige Lage der Einspritzdüse und der geringe Raum zur Kühlung zwischen Einspritzdüse und dem heißen Bereich um die Auslassventile. Bei Ottomotoren, **Bild 2.12**, ist eine einfache scheibenförmige Kammer im oberen Teil der Bohrung ungünstig, eine halbkugelförmige Mulde im Kolben hingegen brachte gute Voraussetzungen für eine effiziente Verbrennung [4]. Nachteilig bei dieser Brennraumform sind die oft notwendigen Ventiltaschen im Kolben.

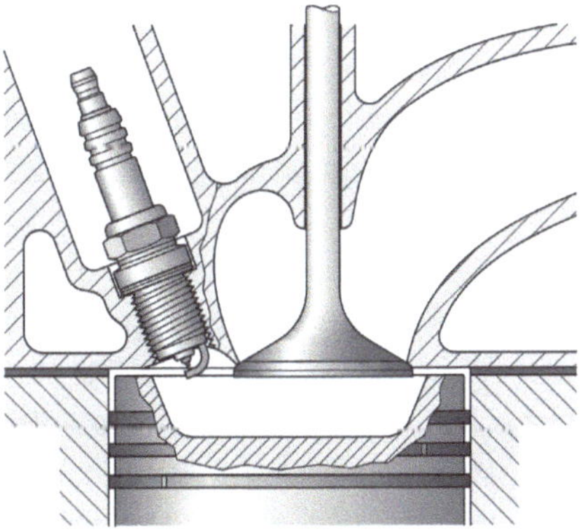

Bild 2.12:
Brennraum mit senkrecht stehenden Ventilen und flachem Zylinderkopf

- **Vier senkrecht stehende Ventile mit einer flachen Zylinderkopffläche:** Diese Anordnung ist Standard für heutige Dieselmotoren mit Direkteinspritzung. Sie bietet eine große Ventilquerschnittsfläche sowie eine zentrale Anordnung der Einspritzdüse. Für Ottomotoren mit hohen Anforderungen an die spezifische Leistung ist die erreichbare Fläche allerdings nicht ausreichend; darüber hinaus ist im Vergleich zu einem dachförmigen Brennraum die Kühlung des heißen Bereichs um die Auslassventile und -kanäle eingeschränkt.
- **Zwei parallele Ventile mit Wanne oder keilförmigen Kammer:** Dieses Layout eignet sich nur für Ottomotoren und hat vor allem Vorteile aufgrund der Einfachheit und der niedrigen Kosten. Die Positionierung der Zündkerze in der Außenwand der Kammer bringt die Funkenstrecke näher an das Zentrum bei gleichzeitiger Sicherstellung einer ausreichenden Kühlung. Wannenförmige Brennräume, **Bild 2.13 links**, haben in der Regel Ventile parallel zur Zylinderachse; durch eine Schrägstellung der Ventile, hin zu einer keilförmigen Kammer, **Bild 2.13 rechts**, ergeben sich aber Vorteile im Hinblick auf die Gestaltung der Ein- und Auslasskanäle, der Wärmeverluste sowie der Brennraumgeometrie.
- **Zwei Ventile in einer halbkugelförmigen Kammer im Zylinderkopf:** Diese Anordnung wurde früher oft bei Ottomotoren mit hoher spezifischer Leistung angewandt. Die Ventile wurden bis zu einem Öffnungswinkel von 100 Grad positioniert, sodass größere Ventile

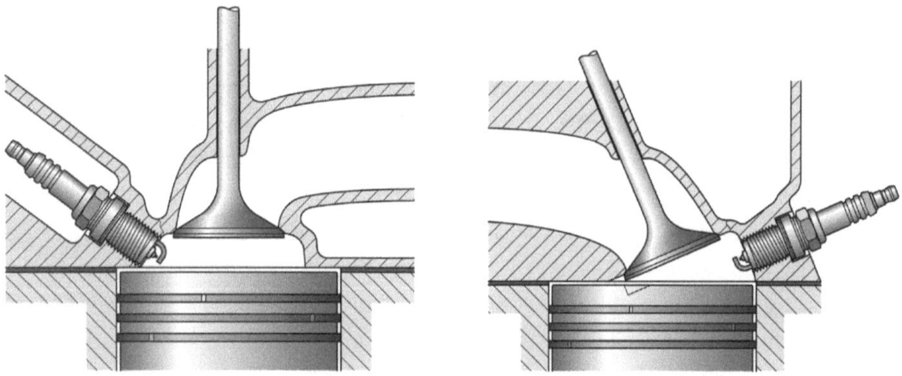

Bild 2.13: Brennraum mit parallelen Ventilen und Wanne bzw. keilförmiger Kammer

und geradlinigere Ladungswechselkanäle konstruiert werden konnten. Um bei quadratischem oder kurzhubigem Hub-/Bohrungsverhältnis ein höheres Verdichtungsverhältnis zu ermöglichen, ist allerdings ein entsprechender Aufbau auf dem Kolbenboden notwendig. Die Spreizung der Ventile gibt zudem mehr Platz für die Kühlung an den kritischen Bereichen.

- Vier Ventile in einem dachförmigen Brennraum: Diese weit verbreitete Anordnung, **Bild 2.14**, ist in der Lage, genügend Ventilfläche auch für Ottomotoren mit hoher spezifischer Leistung in Verbindung mit einer zentralen Lage der Zündkerze bereitzustellen. Der Ventilwinkel wird neben fertigungstechnischen Gesichtspunkten weitgehend durch die Anforderung bestimmt, für das ausgewählte Hub-/Bohrungsverhältnis ein hohes Verdichtungsverhältnis zu ermöglichen. Eine Verbreiterung des Ventilwinkels gibt weniger Potenzial für größere Ventile als in einem halbkugelförmigen Brennraum mit zwei Ventilen/Zylindern. Da die Auslassventile nicht so groß sind wie die Einlassventile, ist in der Regel ausreichend Platz, um sie getrennt zu bewegen sowie die notwendige Kühlung in der heißen Zone zwischen den Auslassventilen sicherzustellen. Für Dieselmotoren ist diese Brennraumform nicht geeignet.

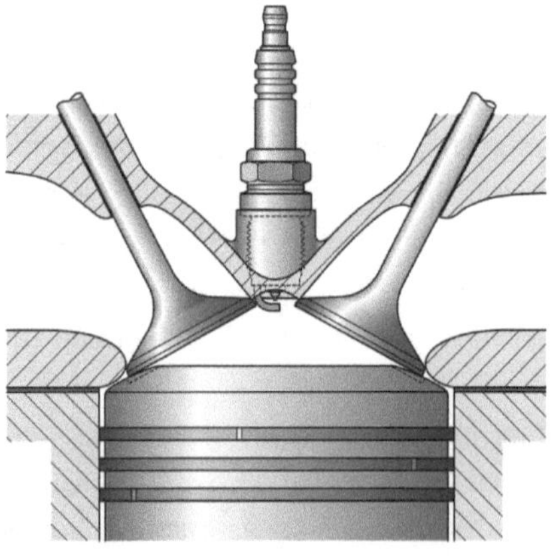

Bild 2.14:
Dachförmiger Brennraum bei vier Ventilen pro Zylinder

2.3.2 Ladungswechselkanäle

2.3.2.1 Gestaltung der Einlasskanäle

Sobald Zahl und Größe der Ventile festgelegt sind, ist die Gestaltung des Einlasskanals im Hinblick auf den hohen volumetrischen Wirkungsgrad und die effiziente Verbrennung eine der wichtigsten Aufgaben der Motorkonstruktion.

Für möglichst geringe Strömungsverluste sollte der Winkel zwischen dem Kanal und der Ventilachse klein sein. Randbedingungen sind dabei die Ventillänge unterhalb der Ventilführung, die Gesamthöhe des Zylinderkopfs und ein geringer Wärmeübergang vom Zylinderkopf und dessen Kühlwasserführung auf den Einlasskanal.

Das Querschnittsprofil entlang der Kanallänge wird optimiert, um eine notwendige Geschwindigkeit bzw. kinetische Energie der Gassäule zu erreichen und deren Nachschwingen nach dem unteren Totpunkt zu ermöglichen. Auf diese Weise wird ein deutlich höherer volumetrischer Wirkungsgrad als mit einem sehr großen, frei fließenden Kanal erreicht. Entlang eines typischen Einlasskanals gibt es Übergänge von einem runden Querschnitt zu anderen Zonen, wie z. B. an der Ventilführung, bei denen größere Reibungsverluste und Turbulenzen auftreten. Langjährige Erfahrungen ermöglichen ein gutes Verständnis über die optimale Gasgeschwindigkeit in jedem Abschnitt des Kanals und damit auch einen guten Übergang zwischen diesen Abschnitten. In der Verbindung stationärer Strömungsuntersuchungen mit eindimensionalen Simulationsrechnungen wird die Kanalform optimiert. Bei jeder Auslegung werden die Berechnungsergebnisse mit Messungen korreliert, um damit die Erfahrungsbasis zu verbreitern.

Die Form der Einlasskanäle beeinflusst auch die Bewegung der Luft in den Zylindern. Es gibt Leitlinien für die benötigten „swirl"- oder „tumble"-Bewegungen, um eine effiziente Verbrennung zu erhalten. Die Herausforderung besteht darin, eine gute Luftbewegung zu er-

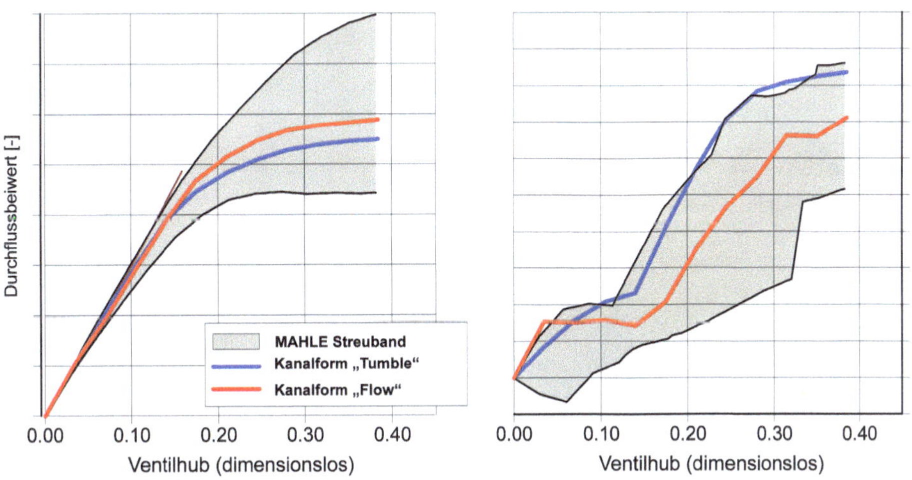

Bild 2.15: MAHLE Downsizingmotor – untersuchte Kanalgeometrien

zeugen, ohne den Strömungsbeiwert übermäßig zu verringern. Bei der Entwicklung des MAHLE Downsizingmotors wurden zwei Formen des Einlasskanals entwickelt, **Bild 2.15**; eine war auf hohen Durchflussbeiwert optimiert („Kanalform Flow"), die andere auf maximale „tumble"-Bewegung („Kanalform Tumble"). Dieser Motor mit den extremen Anforderungen an maximale spezifische Arbeit (p_{me} = 30 bar) in Verbindung mit der spezifischen Leistung von P_e/V_H = 100 kW/l erfordert ein sehr robustes Verbrennungssystem. Daher wurde für die weitere Entwicklung die „Kanalform Tumble" (auch „Tumble Port") gewählt.

Im Falle der „tumble"-Bewegung, die in der Mehrzahl der Ottomotoren mit vier Ventilen pro Zylinder verwendet wird, wird ein guter Kompromiss durch die Gestaltung der Schnittstellen erzielt. Bei niedrigen und mittleren Ventilhüben – hier liegt die Beschränkung in dem ringförmigen Querschnitt zwischen Einlassventil und -sitz – strömt die Luft gleichmäßig um das Ventil, um den Durchfluss zu maximieren. Ist jedoch die Ventilöffnung ausreichend, dann ist es möglich, dass der eingehende Luftstrahl ohne große Einschränkung über den Rücken des Ventilkopfes geleitet wird. Wenn der Massenstrom am größten ist, entsteht ein stark rotierender „tumble" und bringt so eine hohe Energie in die rotierende Luftmasse, womit die Bildung von Turbulenzen bereits vor Beginn der Verbrennung angesteuert wird. **Bild 2.16** zeigt für den

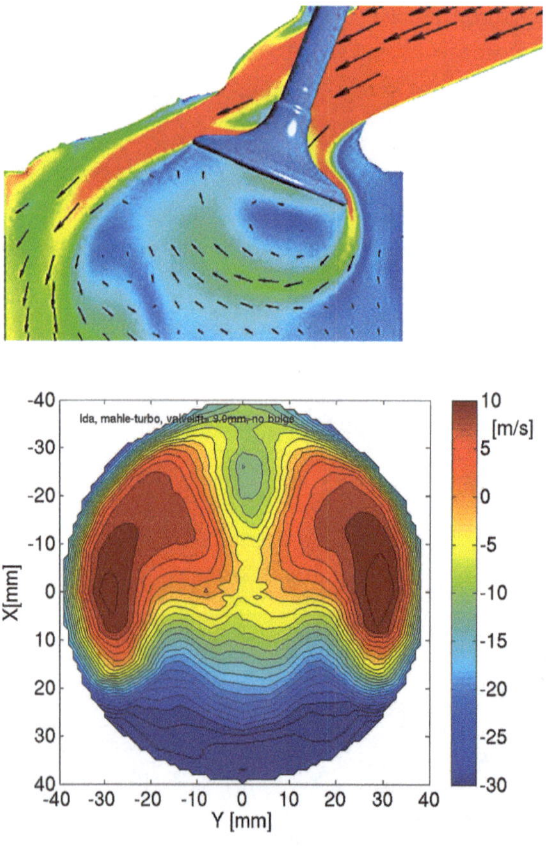

Bild 2.16:
„Tumble"-Strömung beim MAHLE Downsizingmotor

MAHLE Downsizingmotor die aus Berechnungen ermittelte und in Messungen bestätigte starke Luftbewegung über dem Brennraumdach, die in einer Strömung im Zylinder mit einer hohen Geschwindigkeit in einem eng begrenzten Bereich resultiert. Dies war eine der Hauptvoraussetzungen für das sehr robuste Verbrennungssystem dieses Motors mit Benzindirekteinspritzung.

Die Herstellung einer Kanalkontur, die eine einheitliche Luftbewegung erzeugt, ist schwierig und wird am besten durch die vollständige Bearbeitung in einer dreidimensionalen Form erreicht. Bei einem Zylinderkopf für hohe Stückzahlen ist eine solch komplexe Bearbeitung unerwünscht.

Bei Ottomotoren mit Kanaleinspritzung beeinflusst die Positionierung der Sprühkegel sehr häufig die Form des Einlasskanals. Dabei sollte der Anteil der Kanalwand, der durch Kraftstoff benetzt wird, klein gehalten werden, um das Luft-Kraftstoff-Verhältnis auch unter instationären Bedingungen genau zu steuern.

Die Einführung von Benzindirekteinspritzung beeinflusst das Kanaldesign auf eine andere Weise. Hier muss eine geeignete Luftbewegung für das gewählte Verbrennungssystem erzeugt werden; darüber hinaus muss berücksichtigt werden, dass die Einspritzdüse nicht am Kanal, sondern am Brennraum positioniert wird.

2.3.2.2 Gestaltung der Auslasskanäle

Wichtig ist eine möglichst verlustarme Abfuhr des Abgasstroms aus dem Brennraum, um eine ungewollte Zunahme des Restgasanteils im Brennraum am Ende des Ausschiebetaktes zu vermeiden. Dabei müssen nicht nur die Querschnittsverhältnisse im Kanal, sondern auch die Druckschwingungen der Gassäule beachtet werden. So wird sowohl eine gute Spülung des Brennraums als auch ein positiver Einfluss auf den volumetrischen Wirkungsgrad erreicht. Wie auf der Einlassseite gibt es auch hier ein Optimum, das in der Verbindung von Ladungswechselberechnung und Erfahrungswerten ermittelt wird.

Darüber hinaus ist es wichtig, dass der Katalysator so schnell wie möglich nach dem Motorstart anspringt, was auch durch die Transportzeit des Abgases zwischen Auslassventil und Katalysator bestimmt wird. Um eine höhere Abgasgeschwindigkeit zu erreichen, haben heute viele Motoren eher kleinere Auslasskanäle. Um die Abgastemperatur hoch zu halten, ist auch am Auslasskanal – in einer ähnlichen Weise wie am Einlasskanal – ein geringer Wärmeübergang vom Kühlmittel wünschenswert. So sollte die Länge des Auslasskanals, der mit einem Kühlmantel versehen wird, so kurz wie möglich sein, wobei jedoch lokale Überhitzungen im ungekühlten Teil des Zylinderkopfs zu vermeiden sind.

Ein weiterer Bereich des Auslasskanals, der durch die Kühlung beeinflusst wird, ist die Zone um die Auslassventile. Ein Großteil der Wärme wird über den Ventilsitz abgeführt, während der Ventilschaft durch die Ventilführung gekühlt wird. Hier liegt der heißeste Teil zwischen dem Zylinderkopf und dem Ventilschaft. Es ist daher ratsam, die Länge des Weges im Ventilschaft unterhalb der Führung zu minimieren. Dabei kann es – unter Beibehaltung des gewünschten Querschnitts – zur lokalen Abflachung des Kanals kommen.

2.3.3 Sekundärlufteinblasung und Abgasrückführung

Bei der Sekundärlufteinblasung haben Position und Richtung der Einblasepunkte im Auslasskanal Einfluss auf deren Wirksamkeit, falls gewünscht, wird die Nachoxidation der Abgaskomponenten schon im Auslasskanal anstatt im Katalysator verstärkt. Typischerweise muss eine Versorgungsleitung so eingebaut werden, dass sie weder durch die Kühlung des Auslasskanals noch der Auslassseite des Brennraums beeinträchtigt wird. Idealerweise sollten auch die Passagen von der Versorgungsleitung in die Auslasskanäle so ausgelegt werden, dass eine gleichmäßige Verteilung der Sekundärluft auf alle Kanäle erreicht wird.

Abgasrückführung ist sowohl für Otto- als auch Dieselmotoren eine wichtige Möglichkeit, die Rohemissionen zu senken [5]. Für die Abgasrückführung kann das Abgas von jedem Auslasskanal in einer gedichteten Leitung in Kopf und Abgaskrümmer gesammelt werden. Dies ermöglicht eine kostengünstigere Herstellung sowie eine einfache Prüfung und Reinigung, falls dies während des Einsatzes notwendig werden sollte.

Die meisten modernen Abgasrückführventile haben eine direkte, elektrische Betätigung. Dabei kann es wichtig sein, die Zone zwischen dem heißen Ventil und der elektrischen Ansteuerung zu kühlen. Das Abgasrückführventil sollte am Ende des Zylinderkopfs so angebracht werden, dass es mit den Verbindungen zum Abgassammelrohr und zum Kühlwasser zusammengeführt werden kann. Falls ein längerer Kreislauf mit einer gekühlten Abgasrückführung benötigt wird, kann es vorteilhaft sein, das Ventil auf dem Kopf anzubringen.

2.3.4 Kühlmantel

2.3.4.1 Auslegungsgesichtspunkte

Die Zylinderköpfe älterer Motoren hatten oft einen großen Kühlmantel, der alle Innenteile, wie die Brennkammer und die Ladungswechselkanäle, umgab. Bei heutigen Motoren sind zur Verminderung der Reibungsverluste und Minimierung der Abgasemissionen ein schnelles Ansprechen des Katalysators sowie ein schnelles Aufwärmen wichtig.

Mit Hilfe von Simulationsrechnungen der Wärmeströme im Zylinderkopf werden die Geometrie der Wassermäntel und die Menge des Kühlmittels ausgelegt und optimiert, sodass ein Wassermantel nur dort vorgesehen wird, wo eine Kühlung auch notwendig ist. **Bild 2.17** zeigt als Beispiel für die heutige Auslegung eines modernen, aufgeladenen Hochleistungsmotors den Kühlmantel des MAHLE Downsizingmotors.

Die Einlassseite des Zylinderkopfs ist deutlich kühler als die Auslassseite, sodass oberhalb der Einlasskanäle keine Kühlung benötigt wird. Unterhalb der Einlasskanäle ist eine Kühlung nur im kleinen Bereich um den Brennraum herum notwendig. Auf der heißeren Auslassseite muss jedoch ausreichend gekühlt werden, um Überhitzungen an den Stellen eines hohen Wärmeflusses zu verhindern. Ein häufiger Fehler tritt auf, wenn sich heißes Metall ausdehnen will, von der umgebenden Struktur aber daran gehindert wird. Bei den hohen Temperaturen

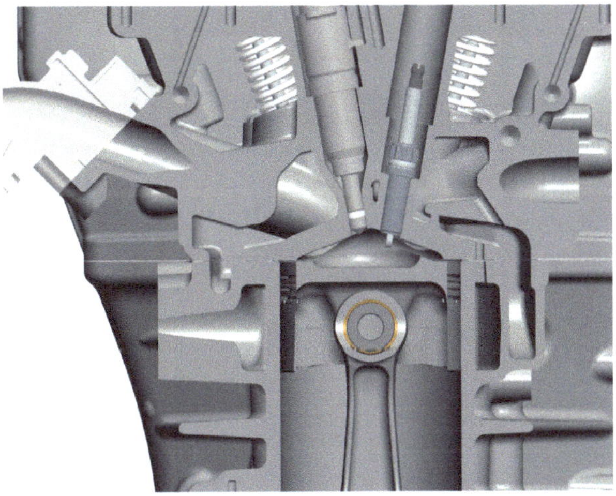

Bild 2.17: Kühlmantel am MAHLE Downsizingmotor

wird das heiße Material plastisch verformt, um die Druckspannung abzubauen. Wenn der Motor wieder abkühlt, entstehen Risse durch Zugspannungen. Auch müssen temperaturempfindliche Bauteile vor zu starker Wärmeleitung aus der Zylinderkopfstruktur geschützt werden. Um eine effiziente Nutzung des Kühlmittels zu gewährleisten, werden die Durchtritte für das Kühlwasser fast immer klein gehalten. Dadurch wird eine hohe Strömungsgeschwindigkeit des Wassers sichergestellt. So wird der Wärmeübergang von der Oberfläche des Wassermantels an das Kühlmittel verbessert. Allgemein ist der gesamte Volumenstrom heute geringer als bei früheren Konstruktionen, wodurch auch die Kühlmittelpumpe effizienter arbeitet.

Eine weitere Überlegung betrifft die Schraubenpfeifen, die für die Montage des Abgaskrümmers vorgesehen sind. Diese müssen lang genug sein, um eine ausreichende Einschraubtiefe sicherzustellen, ohne den Kühlmittelstrom zu behindern.

Der Austritt des Kühlwassers sollte am oder in der Nähe des höchsten Punktes am Zylinderkopf angebracht sein.

2.3.4.2 Durchströmungsrichtung

Der Zylinderkopf kann in Längs- oder Querrichtung durchströmt werden. Längskühlung ermöglicht eine hohe Geschwindigkeit des Kühlmittelstroms; der Druckverlust ist aber größer als bei einer Querdurchströmung. Außerdem heizt sich hier das Kühlmittel stärker auf und verliert so an Kühlleistung. Querstromkühlung bietet eine sehr gleichmäßige Kühlung für alle Zylinder, aber die parallele Anordnung resultiert in einer großen Querschnittsfläche und möglicherweise einer niedrigen Strömungsgeschwindigkeit und damit einem geringeren Wärmeübergang. Kompensiert werden kann das z. B. durch kleinere Querschnitte in den Kühlmänteln. Dies führt allerdings zu kleinen und damit instabilen Sandkernen, sodass hier, z. B. im Bereich der Auslassventilsitze, gebohrte Kühlmittelpassagen eingesetzt werden können. Ein weiterer Vorteil der Querstromkühlung ist die mögliche Erhöhung der Steifigkeit an der

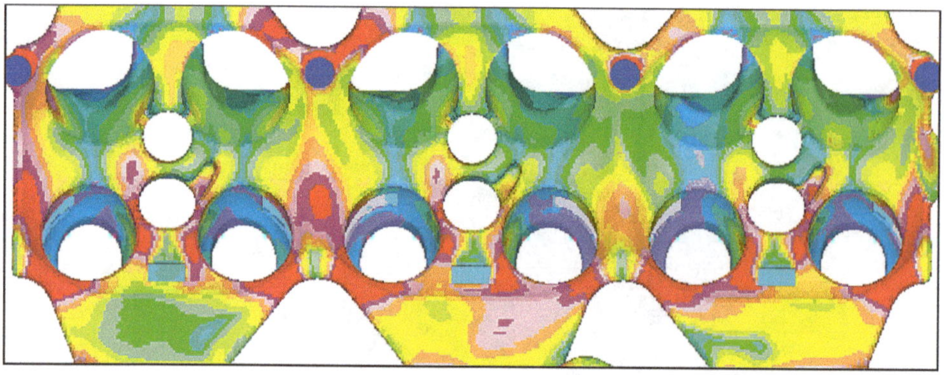

Bild 2.18: CFD-Berechnung der Querstromkühlung des MAHLE Downsizingmotors

unteren Deckplatte. Für den MAHLE Downsizingmotor wurde daher eine Querstromanordnung der Kühlwasserführung gewählt, **Bild 2.18**.

2.3.5 Ventilsteuerungsraum

Die Auslegung dieses Teils des Zylinderkopfs hängt sehr stark von der Konfiguration des Ventiltriebs ab. Da die einwandfreie Funktion des Ventiltriebs von dem Erreichen einer ausreichend hohen Eigenfrequenz abhängt, muss aber in jedem Fall eine ausreichende Abstützung der Kräfte an der Nockenwelle sowie eine ausreichende Steifigkeit gewährleistet sein.

2.3.5.1 Gestaltungsmerkmale

Wichtig ist es zunächst, sicherzustellen, dass alle Zylinderkopfschrauben ohne Demontage des Ventiltriebs erreichbar sind. Dies ermöglicht, dass der Zylinderkopf als Unterbaugruppe zusammengebaut und mit dem Zylinderblock verschraubt werden kann.

Die Lagerung der Nockenwellen ist vor allem bei Ventiltriebskonfigurationen mit zwei Nockenwellen ein Zielkonflikt zwischen der notwendigen Steifigkeit und der Zugänglichkeit der Zylinderkopfverschraubung, insbesondere bei engen Ventilwinkeln.

Bei den ersten Zylinderköpfen mit vier Ventilen pro Zylinder kamen zunächst oft getrennte Nockenwellengehäuse zum Einsatz, die nach der Verschraubung von Block und Kopf am Zylinderkopf montiert wurden. Dadurch wurde aber auch die Komplexität von Konstruktion und Montage erhöht. Besser und heute meist Standard ist die Anordnung der Nockenwellenlager zwischen den Nockenpaaren in der Mittelebene des Zylinders, **Bild 2.19**.

Der Einsatz von Zylinderköpfen aus Aluminium begrenzt die Druckspannung, die unter der Auflage der Zylinderkopfschrauben toleriert werden kann. Bei Motoren mit engem Zylinderabstand kann dies bei einem Ventiltrieb mit Tassenstößel die Wandstärke von deren Führung begrenzen, sodass entweder ein kleinerer Ventilhub oder – soweit möglich – ein Tassen-

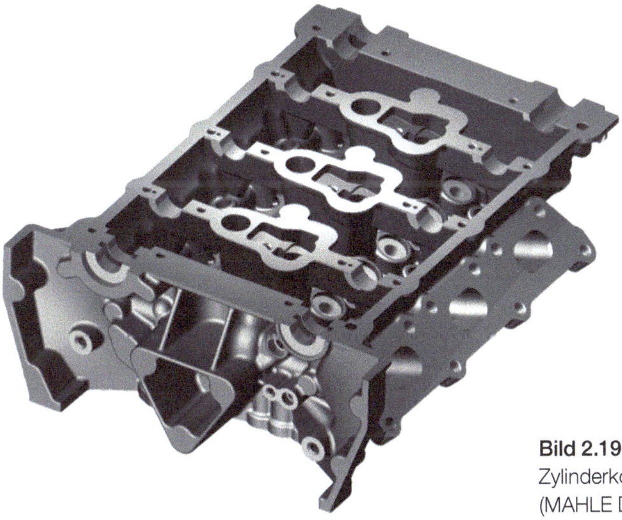

Bild 2.19:
Zylinderkopf mit Lagerung der Nockenwellen (MAHLE Downsizingmotor)

stößel mit kleinerem Durchmesser erforderlich ist. Ein Vorteil von Schlepphebelventiltrieben im Vergleich zu einer direkten Betätigung mit Tassenstößeln ist die fehlende Beschränkung der Auflagengröße der Zylinderkopfschrauben. Darüber hinaus entfallen auch die komplexen Sandkerne für Be- und Entlüftung des Bereichs um die Ventilfedern.

Die geeignetste Lage der Nockenwelle liegt leider oft über den Zylinderkopfschrauben. Eine geringe Erweiterung oder Verengung der Ventilwinkel ist nur sinnvoll, falls keine größeren Kompromisse im Bereich der Ventile bzw. des Brennraums eingegangen werden müssen. Auch hier wird mit einem Hebelventiltrieb eine größere Auslegungsfreiheit als mit einem Direktantrieb erreicht. Falls der Zugang zu den Zylinderkopfbolzen nur teilweise behindert wird, ist eine Nockenwelle mit einer Einprägung im Bereich der Verschraubungen [6] eine Design-Option.

2.3.5.2 Schmierölversorgung

Die Ölzufuhr an die verschiedenen Lagerstellen der Nockenwelle, die hydraulischen Elemente für den Ventilspielausgleich und ggf. andere Teile des Ventiltriebs erfolgt abhängig von der Ventiltriebskonfiguration. Dabei ist es ein Ziel, die Anzahl von Bohrungen und Stopfen zu minimieren und sichere Verschneidungen der Bohrungen zu gewährleisten. Insbesondere kann die Schmierölzufuhr zu den Nockenwellenlagern schwierig sein, um das Öl in die optimale Position für einen guten Aufbau des Ölfilms zu bringen.

Eine weitere Komplikation ist die Anforderung, verschiedene Ölzuführungen mit verschiedenen Drücken zu verschiedenen Teilen des Zylinderkopfs bereitzustellen (Nockenwellenlager und die hydraulischen Ausgleichselemente benötigen nicht den vollen Öldruck). Andere Probleme der Ventiltriebschmierung bestehen z. B. in einer ausreichenden Schmierölzufuhr in den Kontakt zwischen Nocken und Nockenfolger bei Gleitabgriff zum Start des Motors. Bei Tassenstößeln ist daher eine kurze Wand am oberen Ende der Führung möglich, in der sich beim Abstellen des Motors etwas Öl für den nächsten Start sammeln kann. Bei Schlepphebel-Ventiltrieben im Gleitabgriff ist dies meist nicht möglich, sodass hier nur durch eine zusätzliche Spritzdüse Abhilfe geschaffen werden kann.

Der Boden des Ventiltriebraums sollte daher so angeordnet sein, dass nur das Öl für den Motorstart zurückgehalten wird. Die Ölrückläufe in diesem Bereich müssen so ausgelegt sein, dass das gesamte Öl ohne Rückstau im Kopf in das Kurbelgehäuse zurückfließen kann.

2.3.6 Anforderungen an die Strukturmechanik

2.3.6.1 Anforderungen der Zylinderkopfdichtung

Die meisten Motoren verfügen über abnehmbare Zylinderköpfe, die mit dem Zylinderblock verschraubt sind, und benötigen daher eine Abdichtung dieser Trennstelle.

Für eine erste Abschätzung der erforderlichen Schraubenkraft ist eine getrennte Betrachtung der einzelnen Zylinder üblich. Die gesamte Vorspannkraft, die durch die Anordnung der Schrauben erreicht wird, beträgt meist zwischen dem Drei- und Vierfachen der maximalen Gaskraft, wobei für die Berechnung eine Kombination der Gaskraft mit der thermischen Ausdehnung bei einer maximalen Betriebstemperatur angenommen wird. Insbesondere bei Zylinderköpfen aus Aluminium werden die Zylinderkopfschrauben durch die thermische Ausdehnung plastisch verformt, sodass bei Abkühlung wieder ein Verlust der Vorspannung auftritt, was bei der Berechnung ebenfalls berücksichtigt werden muss.

Bei den meisten Pkw-Motoren sind mit vier Schrauben um jeden Zylinder eine ausreichende Vorspannkraft sowie eine gute Gleichverteilung der Vorspannkraft erreichbar. Ausgelegt wird diese Vorspannkraft auf maximale Zylinderdrücke von etwa 100 bar bei freisaugenden Ottomotoren bzw. bis zu 120 bar bei aufgeladenen Motoren, wobei Zyklusschwankungen von ±15 bar auftreten können. Aufgeladene Pkw-Dieselmotoren haben maximale Zylinderdrücke von rund 160 bar, Nfz-Motoren mehr als 200 bar – jeweils mit zunehmender Tendenz.

Die Auslegung von Anzahl und Größe der Zylinderkopfschrauben für eine ausreichende Vorspannkraft ist vergleichsweise einfach, aber deren Gleichverteilung zwischen den Schrauben ist ebenso sehr wichtig. Bei zunehmender Zylinderbohrung ist daher der Einsatz von sechs oder mehr Schrauben um jeden Zylinder üblich.

2.3.6.2 Beanspruchungen und Steifigkeit des Brennraumbereichs

Aufgrund der auftretenden Gaskräfte und hohen Temperaturen ist besonders im Brennraumbereich eine ausreichende Festigkeit notwendig, um hier Ermüdungsrisse zu vermeiden. Die Ladungswechselkanäle und der Ventilsitzbereich erhöhen die Steifigkeit geringfügig; die wirkungsvollste Maßnahme zu deren Verbesserung besteht aber darin, die Führung der Zündkerze bzw. Einspritzdüse – vor allem bei einer zentralen Lage – mit zur Abstützung des Brennraums zu benutzen. Weitere Verbesserungen der Steifigkeit – insbesondere bei Motoren mit vier Ventilen pro Zylinder – sind durch eine Verbindung dieser Führungen hin zu einem in Längsrichtung des Zylinderkopfs angeordneten „Rückgrat" erreichbar. Bei einer solchen Verbindung ist eine Verteilung der Lasten aus den einzelnen Zylindern möglich.

Im gesamten Zylinderkopf muss der Werkstoff frei von Porosität sein, wobei die höchsten Anforderungen im Brennraumbereich vorliegen. Sehr gute Voraussetzungen bietet hier der MAHLE „Coscast®"-Prozess, der für hoch belastete Zylinderköpfe und -blöcke im Rennsportbereich entwickelt wurde und darüber hinaus ein hohes Leichtbaupotenzial aufweist [7].

Literaturnachweis

[1] Korte, V.; Blaxill, H.; Lumsden, G.; Hancock, D.: Downsizing am Beispiel eines 1,2-l-3-Zylindermotors; 17. Aachener Kolloquium, Oktober 2008

[2] Hancock, D.; Fraser, N.; Jeremy, M.; Sykes, R.; Blaxill, H.: A New 3 Cylinder 1.2 l Advanced Downsizing Demonstrator Engine; SAE Paper 2008-01-061

[3] Korte, V.; Fraser, N.; Rückauf, J.; Harms, K.; Miersch, J.; Brand, M.; Münz, M.; Rauscher, M.: Das MAHLE-Bosch Downsizing-Demonstrator-Fahrzeug; 19. Aachener Kolloquium, Oktober 2010

[4] Korte, V.; Gruden, D.; Striebich, H.; Lörcher, H.: Senkung des Kraftstoffverbrauchs durch thermodynamische Optimierung des Otto-Motors; Endbericht EEC-1-203 D; Europäische Gemeinschaft; September 1981

[5] Ganser, J.; Blaxill, H.; Cairns, A.: Hochlast-AGR am turboaufgeladenen Ottomotor; MTZ 68 (2007) Nr. 7 8, S. 564

[6] Korte, V.; König, S.; Kobus, A.; Kuss, D.: Entwicklungstrends für die Nockenwelle in Pkw-Motoren; Fachtagung Ventiltrieb und Zylinderkopf; VDI Berichte 1813, Düsseldorf 2004

[7] Large, S.: Coscast® Casting Process; Performance (Special Edition MAHLE Powertrain); MAHLE GmbH 2007

3 Ventile, Ventilführungen und Ventilsitzringe

3.1 Anforderungen an Ventile, -führungen und -sitzringe

Ventile, Ventilführungen (G) und Ventilsitzringe (G) dichten als Baugruppe innerhalb des Ventiltriebs den Brennraum ab. Das durch Steuerzeiten (G) getaktete Öffnen und Schließen der Ventile ermöglicht den Austausch von Frisch- und Abgas. Weitere Komponenten dieser Baugruppe sind die Ventilschaftdichtung, die Ventilfeder sowie der obere und untere Ventilfederteller (G), **Bild 3.1**.

Während das Ventil und sein Widerlager Ventilsitzring die Dichtfunktion übernehmen, stützt die Ventilführung das Ventil in seiner Linearbewegung möglichst reibungs- und verschleißarm sowie betriebssicher und nimmt dabei auch Querkräfte auf. Ventilsitzring und -führung sind

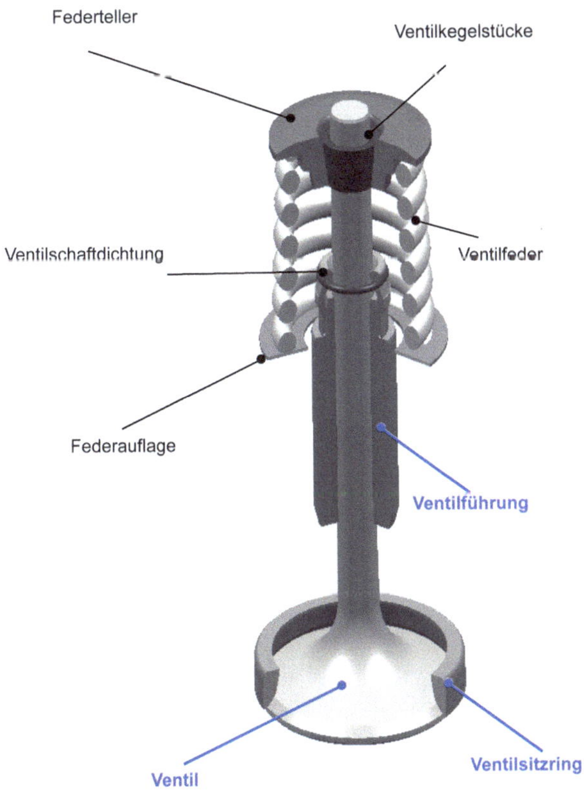

Bild 3.1: Baugruppe Ventil mit Ventilführung und -sitzring, Ventilschaftdichtung, Kegelstücken (G), Ventilfeder sowie Ventilfederteller oben und unten

in den Zylinderkopf eingepresst, Kapitel 3.3 und 3.4. Ventile, Ventilführungen und Ventilsitzringe sind im Betrieb komplexen mechanischen, thermischen und thermomechanischen Belastungen ausgesetzt. Gleichzeitig gibt es im Motorbetrieb viele Wechselwirkungen der Komponenten untereinander, deren Verständnis bei der Auslegung hilft, um übermäßigen Verschleiß oder gar Schäden zu vermeiden.

Nachfolgend eine Übersicht der hier näher besprochenen Schnittstellen und Tribosysteme innerhalb der Baugruppe sowie zum Ventiltrieb und Zylinderkopf.

Tribosysteme:

- Ventilsitz/Ventilsitzring
- Ventilschaft/Ventilführung
- Ventilschaft/Ventilschaftdichtung
- Ventilrillenbereich/Kegelstücke (mehrrillige Ventile, formschlüssige Verbindung)
- Ventilfuß/Nockenfolger

Schnittstellen:

- Ventilführung/Zylinderkopf/Aufnahmebohrung
- Ventilrillenbereich/Kegelstücke (einrillige Ventile, kraftschlüssige Verbindung)
- Ventilführung/Ventilschaftdichtung (Geometrieabhängigkeit)

Die Anordnung der beschriebenen Komponenten im Zylinderkopf zeigt das **Bild 3.2** exemplarisch.

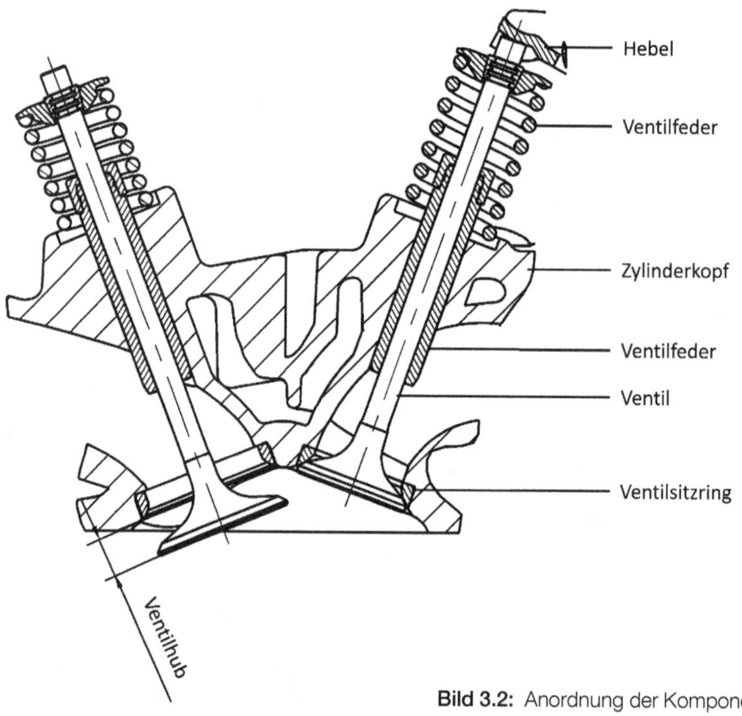

Bild 3.2: Anordnung der Komponenten im Zylinderkopf

Das Einpressen der Ventilführungen in den Zylinderkopf erfolgt meist bei Raumtemperatur, das der Ventilsitzringe überwiegend nach Tiefkühlung. Die Auslegung der erforderlichen Überdeckung (G) wird in den Kapiteln 3.3.4.1 und 3.4.4.1 beschrieben. Für die Geometrie „Ventilsitz zu Ventilsitzring" gibt es eine klare Auslegungsempfehlung, die für eine zuverlässige Dichtfunktion während der Motorlebensdauer unter Berücksichtigung von Einbau- und Fertigungstoleranzen sowie Konturänderungen innerhalb des zulässigen Verschleißes unbedingt beachtet werden sollte, **Bild 3.3**.

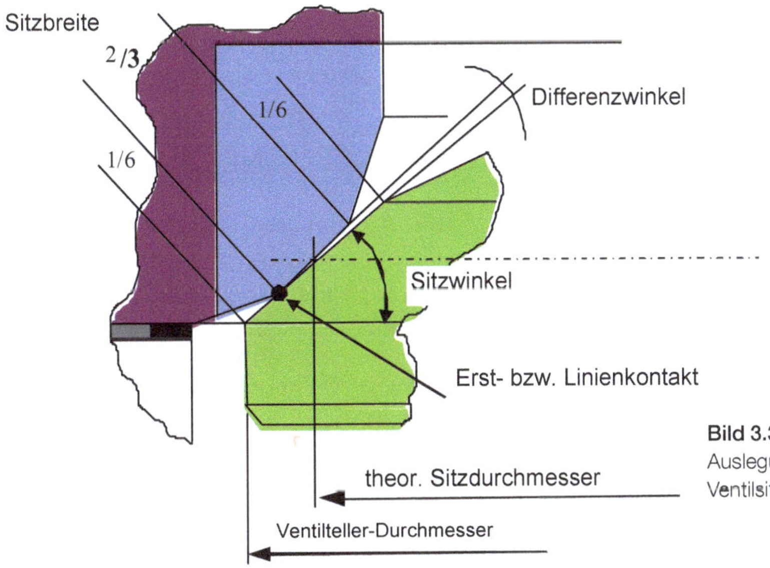

Bild 3.3: Auslegung Ventilsitz/ Ventilsitzring

Die Auslegung in **Bild 3.3** sorgt – unter Beachtung aller Toleranzen und zulässigen Verschleißraten – für eine zuverlässige Abdichtung des Brennraums während der Motorlebensdauer.

Die Tribosysteme Ventilsitz/Ventilsitzring und Ventilschaft/Ventilführung haben zweifellos eine wesentliche Bedeutung. Die Forderung nach immer verbrauchs- und emissionsärmeren Motoren verändert die Rahmenbedingungen und erfordert immer robustere Lösungen. Während der Lebensdauer eines Pkw-Motors öffnet und schließt ein Ventil mehrere 100 Millionen Mal, in Nfz-Motoren mehr als eine Milliarde Mal [1]. Ziel der Ingenieure ist eine stets zuverlässige Dichtfunktion. Das erfordert robuste und verschleißarme Systeme, die bei Materialauswahl, Oberflächengestaltung, Laufspielen und geometrischer Gestaltung ein Optimum aus Funktion, Zuverlässigkeit und Kosten darstellen.

Zwischen dem Nockenfolger, Kapitel 5, und der Ventilfußplanfläche muss aufgrund der thermischen Ausdehnung der Ventile im Betrieb stets ein gewisses Ventilspiel vorhanden sein. Ohne dieses Spiel würde das Ventil nicht unter allen Betriebsbedingungen zuverlässig schließen, was zu einem Durchbrennen des Auslassventils führt, da die Wärme nicht über den Ventilsitzring abgeführt werden kann. Das während der Lebensdauer abnehmende Ventilspiel kompensiert ein Ventiltrieb mechanisch oder hydraulisch, Kapitel 5.4. Die mögliche Kompensation ist durch das Ventilspiel-Einstellintervall oder die Blocklänge des hydraulischen Ausgleichselementes begrenzt.

Dies macht den „Summenverschleiß“ zu einer der zentralen Auslegungsgrößen. Es ist der Betrag, um den sich das Ventil während der Motorlebensdauer in den Ventilsitzring „hinein arbeitet“. Idealerweise sollte sich der Summenverschleiß zu einem Drittel auf das Ventil und zu zwei Dritteln auf den Ventilsitzring aufteilen, um so die strömungsrelevanten Konturen weitgehend beibehalten zu können und Kantenträger (G) zu vermeiden.

Durch kleinere Ventilsitzwinkel teilen sich die Normal- und Reibkraft bezogen auf die Dichtfläche besser auf, was den Verschleiß verringert. Hier entsteht aber auf Ein- und Auslassseite oft ein Konflikt mit der Ladungswechselauslegung, da kleine Ventilsitzwinkel überwiegend eine etwas größere Drosselwirkung entfalten. Deshalb betragen seit Jahrzehnten die Ventilsitzwinkel etwa 45°. Seit einiger Zeit jedoch werden in hoch belasteten Motoren, wie etwa Gasmotoren, aufgrund der anspruchsvollen Verschleißsituation die Ventilsitzwinkel wieder kleiner. Dieser Kompromiss ist vertretbar, da bei der wachsenden Anzahl von aufgeladenen Motoren die Drosselverluste (G) im Vergleich zu frei ansaugenden Motoren eine untergeordnete Rolle spielen.

Für ein beherrschbares, gleichmäßiges Verschleißverhalten und eine unkritische thermomechanische Beanspruchung ist das Rotationsverhalten von Ventilen von herausragender Bedeutung. Ein gleichmäßiges Drehen der Ventile im Fahrbetrieb sorgt für ein weitgehend rotationssymmetrisches Verschleißverhalten und begünstigt so die Dichtfunktion.

Stark asymmetrischer Verschleiß kann im Extremfall zu „Durchbläsern“ und damit insbesondere auf der Auslassseite zu verbrannten Ventilsitzen führen. Ist die Temperatur am Ventilsitzring während des Motorbetriebs sehr ungleichmäßig, kann in Kombination mit unzureichender Ventildrehung die thermomechanische Belastung von gepanzerten Ventilen, Kapitel 3.2.1, so hoch werden, dass es zu Panzerungsrissen kommt. Ein kontinuierliches Drehen des Ventils mindert diese Gefahr.

Das Drehverhalten des Ventils ist aber nicht direkt zu beeinflussen. Es ergibt sich durch die Verdrehung der Stirnflächen der Ventilfeder während ihrer Kompression. Dieser Auslöser überträgt ein Moment über die Schnittstellen am unteren und oberen Ventilfederende. Die dort herrschenden dynamischen Kräfte sowie deren von der Reibsituation abhängige Umsetzung in ein drehendes Moment beeinflussen im Wesentlichen die Ventildrehung. Ventile in mehrrilliger Ausführung zeigen aufgrund ihrer möglichen Relativbewegung im formschlüssigen Verbund mit den entsprechenden Ventilkegelstücken schon bei moderaten Drehzahlen ein kalkulierbares Drehverhalten. Im Gegensatz dazu dreht sich bei der klemmenden und somit kraftschlüssigen einrilligen Ausführung das Ventil erst bei höheren Drehzahlen zuverlässig.

Die einrillige Variante zeigt eine höhere Sicherheit gegen ein Herausspringen der Kegelstücke und wird deshalb typischerweise in dynamisch anspruchsvolleren Ventiltrieben mit höheren Motordrehzahlen eingesetzt. Aufgrund ihrer hohen Robustheit eignen sie sich auch gut für

Nfz-Motoren. Neben den Reibungsverhältnissen an der Ober- und Unterseite der Ventilfeder, die sich in Maßen durch die Oberflächenspezifikationen der beteiligten Komponenten beeinflussen lassen, hat auch die Ventildynamik nachhaltigen Einfluss auf das Drehverhalten. Messungen belegen einen Zusammenhang von Aufsetzgeschwindigkeiten und Drehraten.

Für eine zufriedenstellende Funktion der Ventile sind darüber hinaus die Wechselwirkungen mit den Nockenfolgern, der Ventilschaftdichtung und den Kegelstücken sowie deren Beschaffenheit von Bedeutung. Kapitel 3.1.1 erläutert weitere systemische Aspekte; die Merkmale der Einzelkomponenten werden in den Kapiteln 3.2 bis 3.8 dargestellt.

3.1.1 Einlass und Auslass

Zur Gaswechselsteuerung haben sich früh Schirm- oder Pilzventile gegen konkurrierende Schiebersteuerungen durchgesetzt. Gründe sind die selbstverstärkende Dichtwirkung und die weitgehend drosselarme Gestaltung. Diese Vorteile kompensieren die Nachteile der oszillierenden Bewegung und des ungünstigen dynamischen Verhaltens [2]. Einlassventile, Einlassführungen und -sitzringe steuern die Zufuhr von Frischgas oder Luft in den Brennraum. Ihre Pendants auf der Auslassseite ermöglichen das Ausstoßen des verbrannten Kraftstoff-Luft-Gemisches. In geschlossenem Zustand dichten beide Baugruppen den Brennraum ab und müssen im regulären Volllastbetrieb Druckspitzen von 80 bar (Otto-Kanaleinspritzung) bis mehr als 240 bar (Diesel-Direkteinspritzung bei Rennmotoren) standhalten.

Für den bestmöglichen Wirkungsgrad (G) des Motors sorgen auch eine drosselungsarme Gestaltung des Ventilkegel- und Ventilsitzbereiches sowie der Ventilsitzringe. Öffnungs- und Schließbewegung folgen – je nach Ventiltriebsvariante, Kapitel 2.1 – direkt dem Nockenprofil oder der entsprechenden Ventiltriebkinematik des Nockenfolgers. Im Interesse einer guten Füllung wird die Öffnungsgeschwindigkeit im Rahmen der ertragbaren Belastungen der Bauteile möglichst hoch ausgelegt. Beim Einsatz hebelbetätigter Ventile, z. B. über Kipp- oder Schlepphebel, ist die maximal ertragbare Hertz'sche Pressung auf der Ventilfußplanfläche zu beachten. Systemrelevanter sind aber die ertragbaren Schließgeschwindigkeiten, da diese direkt das Verschleißverhalten an Ventilsitz und Ventilsitzring mitbestimmen.

Übliche maximale Schließgeschwindigkeiten liegen kinematisch zwischen etwa 0,3 bis 0,6 m/s. Dynamisch können diese jedoch, je nach Steifigkeit des Ventiltriebs und Maximaldrehzahl der jeweiligen Anwendung, bis 1 m/s betragen oder gar noch größer sein. Zwar sind die thermischen Beanspruchungen auf der Einlassseite durch das über den Ventilkegel streichende und somit kühlende Frischgas weitaus geringer als auf der Auslassseite, allerdings herrschen auch hier schwierige tribologische Betriebsbedingungen. Bei Ottomotoren ist durch den Wechsel von Kanal- auf Direkteinspritzung der Ventilsitzverschleiß auf der Einlassseite spürbar gestiegen, da der schmierende Kraftstoff im Tribosystem fehlt [3]. Verschleißtechnisch nochmals fordernder sind Anwendungen mit gasförmigen Kraftstoffen. Auch

Kraftstoffe mit hohen Alkoholanteilen wie E25, E85 oder E100 bewirken höheren Verschleiß, da der Alkohol eine schlechte Schmierfähigkeit hat, Kapitel 3.3.2.2. Die Mechanismen, die zu dem im Vergleich zum Betrieb mit herkömmlichem Kraftstoff deutlich höheren Verschleiß führen, sind noch nicht völlig erforscht.

Auf der Auslassseite erschwert in erster Linie das höhere Temperaturniveau die tribologischen Bedingungen. Zwar ist die mechanische Beanspruchung aufgrund der üblicherweise im Tellerdurchmesser kleineren und somit steiferen Auslassventile in Kombination mit der breiteren Sitzgeometrie nominell geringer; die hohen Temperaturen erschweren hier aber die zuverlässige Abdichtung des Brennraums erheblich. Das ausströmende Abgas heizt den Sitz- und Kegelbereich sowie den unteren Ventilschaftbereich auf. So erreichen beispielsweise im Volllastbetrieb Auslass-Ventilführungen an ihrem unteren Ende Temperaturen bis mehr als 400 °C (bei Nfz), im Sitzbereich eines Auslassventils können Maximaltemperaturen von mehr als 600 °C erreicht werden. Diese Hochtemperatur-Tribosysteme verlangen nach leistungsfähigen Lösungen. Darüber hinaus erschweren Bestrebungen, den Verbrennungsprozess in Dieselmotoren partikelarm zu gestalten, die Schmiersituation im Sitzbereich. Hier stehen immer weniger Verbrennungsprodukte, wie beispielsweise Ruß, zur Schmierung der dichtenden Oberflächen zur Verfügung.

3.1.2 Temperatur

Typische Maximaltemperaturen im Nennlastbetrieb betragen auf der Einlassseite bis zu 550, auf der Auslassseite bis zu 850 °C. Besonders auf der Auslassseite werden die Komponenten thermisch erheblich stärker belastet. Ursache sind die steigenden Leistungsdichten und das Downsizing bei Otto- und Dieselmotoren mit spezifischen Leistungen von teilweise mehr als 100 kW/l bzw. 80 kW/l. Die Leistungsdichte und die Abgastemperatur sind wesentliche Parameter für die Temperaturbelastung der Auslasskomponenten. Die thermische Belastung von Einlassventilen ist mit den heutigen martensitischen (G) Ventilwerkstoffen gut beherrschbar. Die Werkstoffe und Ausführungen von Auslassventilen sind hingegen immer ein Kompromiss aus Bauteilkosten und angestrebter Leistungsdichte bzw. Abgastemperatur. Die durch die Verbrennung und den Abgasstrom eingebrachte Wärme wird bei Auslassventilen zu etwa 80 % über den Ventilsitzring und zu etwa 20 % über die Ventilführung abgegeben. Bei Hohlventilen, Kapitel 3.2.1.1, kann der Anteil der Ventilsitzringe auf mehr als 30 % steigen.

Bei Ottomotoren ist der angestrebte Volllastbetrieb mit stöchiometrischem (G) Gemisch eine zusätzliche Herausforderung, da dann die Bauteilkühlung durch Anfettung (G) und Absenkung der maximalen Abgastemperaturen entfällt. Maximaltemperaturen von mehr als 400 °C an Auslass-Ventilsitzringen verlangen deshalb nach Werkstoffen mit hoher Wärmeleitfähigkeit, Warmfestigkeit sowie Oxidationsbeständigkeit, Kapitel 3.3. Weiterhin können hohe Betriebstemperaturen Verzug im Zylinderkopf verursachen, was die Dichtfunktion des Systems Ventil/Ventilsitzring zusätzlich erschwert.

Dem unterschiedlichen Temperaturniveau im Ein- und Auslass wird durch unterschiedliche Spielauslegungen im System Ventilschaft/Ventilführung Rechnung getragen, Kapitel 4.4.1. Für Hohlventile wird deren spezifische Temperaturverteilung berücksichtigt. Hier sind auch konisch geschliffene Ventilschäfte möglich und gegebenenfalls hilfreich.

Hoch belastbare Auslassventile sind verfügbar, z. B. als Bimetall-Hohlventil mit einem Ventilkopf aus Nickelbasis-Werkstoff. Solch teure Lösungen sind aber nur bei Nischenanwendungen akzeptabel, bei gängigen Motoren für Kompakt- oder Mittelklassefahrzeuge sind sie bislang kaum denkbar. Die bereits angesprochenen steigenden Leistungsdichten in solchen Motoren sind in Bezug auf kostengünstige und zuverlässige Lösungen eine besondere Herausforderung. Es wird sich zeigen, inwieweit der Druck zur CO_2-Reduzierung aufwendigere Lösungen zwingend erforderlich macht.

Ventilkonzepte mit hohlem Ventilkopf sind bekannt und können die thermische Belastbarkeit erhöhen. Aus Kostengründen haben sich solche Konzepte jedoch bisher nicht durchsetzen können. Angesichts der weiterhin steigenden Temperaturbelastungen könnte sich dies jedoch ändern.

3.1.3 Druck

Steigende Verbrennungsdrücke sind eine Folge der höheren spezifischen Leistungen und geringeren spezifischen Verbräuche und führen an den hier besprochenen Bauteilen zu schwierigeren Laufbedingungen. So steigen die elastischen Verformungen der Ventilköpfe während des Arbeitstaktes, was zu einer höheren Ermüdungsbelastung der eingesetzten Werkstoffe führt. Als Folge dieser Verformungen ergibt sich an den Dichtflächen ein längerer Gleitweg, der meist zu höherem Verschleiß führt. Steife Ventilkopf-Auslegungen haben die Aufgabe, die Relativbewegung bei Brennraumspitzendruck in diesem System auf weniger als 10 µm zu begrenzen. Auch das „Durchfedern" des Ventilschafts in dieser Lastsituation muss betrachtet werden.

Die hohen Aufladegrade in aktuellen Downsizing-Motoren haben hohe Abgasgegendrücke zur Folge. Dies kann bei Einsatz klassischer, einlippiger Ventilschaftdichtungen zu Mangelschmierung im System Ventilschaft/Ventilführung führen, Kapitel 3.4 Ventilführung, da die hohe Druckdifferenz zwischen dem unteren und dem oberen Ende der Ventilführung Öl herausdrückt, das dann nicht mehr oder nur in unzureichender Menge zur Schmierung bereitsteht. In den letzten Jahren haben viele Anbieter weiterentwickelte Ventilschaftdichtungen eingeführt, die diese Problematik umgehen, Kapitel 3.5.

3.1.4 Korrosion und Verschleiß

Es gibt mehrere relevante Korrosionsarten (G) bei Ventilwerkstoffen. Etwa die Heißgaskorrosion, die Hochtemperaturoxidation als besondere Arten der Hochtemperaturkorrosion sowie

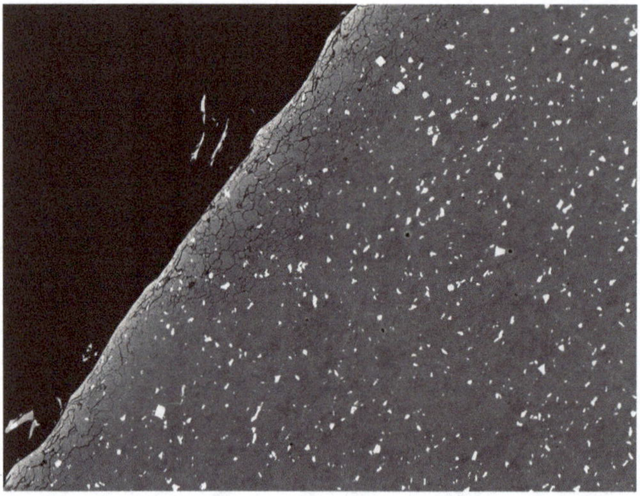

Bild 3.4:
Angriff durch interkristalline Korrosion an einem Ventil aus X50CrMnNiNbN21-9 (1.4882)

Kondensatkorrosion und interkristalline Korrosion, **Bild 3.4**, als Vertreter der Niedertemperaturkorrosion.

Je nach Anwendung können eine oder mehrere Korrosionsarten auftreten und das Ventil angreifen. Unter widrigen Umständen führt das zum Ausfall des Ventils und damit zu einem Motorschaden. Ob Ventilwerkstoffe den korrosiven Belastungen in einem Motor standhalten, lässt sich zwar mit Motorentests erproben, allerdings ist es schwierig, die Betriebsbedingungen sauber nachzubilden, die zu einem korrosiv bedingten Ausfall führen. Deshalb werden unter Laborbedingungen Werkstoffversuche durchgeführt.

Die interkristalline Korrosion entsteht durch sogenannte Sensibilisierung der rostfreien austenitischen (G) Ventilstähle im entsprechenden Temperaturbereich. Hierbei wird Chrom durch Chromkarbidbildung gebunden und fehlt dann an den Korngrenzen als Korrosionsschutz. Der Korrosionsangriff an den Korngrenzen führt zu Kornzerfall mit ernsthafter und oft katastrophaler Konsequenz auf die strukturelle Stabilität des Bauteils.

Bild 3.5:
Ventil aus Korrosionsversuch in Kondensatlösung

Bild 3.6:
Spitzkerbige Heißgaskorrosion an einem Ventil aus X50CrMnNiNbN21-9 (1.4882)

Es ist in der Motorenentwicklungen für die aktuelle und kommende Abgasgesetzgebung eine Verschärfung der korrosiven Belastung der Ventile zu beobachten. Bei Dieselmotoren, insbesondere für Nutzfahrzeuge, führen neue Abgasrückführstrategien zu einer verstärkten Kondensatkorrosion, **Bild 3.5**, die entsprechende Ventilwerkstoffe erfordert.

An Auslassventilen bei Motoren mit hohen spezifischen Leistungen und den damit verbundenen hohen Bauteiltemperaturen kann es zu Heißgaskorrosion kommen, **Bild 3.6**.

Solange diese flächig auftritt und die Eindringtiefe im Bereich einiger 10 µm bleibt, besteht keine akute Gefahr für die Betriebssicherheit des Bauteils. Dies gilt erst recht, wenn sich der Angriff im Wesentlichen auf die druckschwellbeanspruchte, dem Brennraum zugewandte Ventiltellerfläche beschränkt. Im Hohlkehlbereich hingegen ist die sogenannte „spitzkerbige Heißgaskorrosion" mit Eindringtiefen von mehr als 50 µm ein klares Zeichen für thermisch-mechanische Überbeanspruchung. Ist dies der Fall, ist eine Absenkung der Bauteiltemperaturen dringend angeraten.

Die Bedeutung der Verschleißfestigkeit wurde bereits in Kapitel 3.1 beschrieben. Am Ventilschaft reicht für moderate Belastungen die Ventilstahloberfläche in Kombination mit Buntmetallführungen. Verschleißfester sind chrombewehrte oder nitrierte Ventilschäfte, die mit kostengünstigeren gesinterten Ventilführungen sehr gute Ergebnisse erzielen, Kapitel 3.1.3.2.3. Reicht die Verschleißbeständigkeit des Ventil(kopf)materials nicht aus, um die gewünschte Verschleißfestigkeit am Dichtsitz darzustellen, besteht die Möglichkeit, mit Panzerwerkstoffen den Ventilsitzbereich verschleißfest zu gestalten, Kapitel 3.2.1. Diese werden mit dem PTA-Verfahren aufgebracht. Den Verschleiß und seine Begrenzung an Ventilsitzringen und -führungen beschreiben ausführlich die Kapitel 3.3 und 3.4. Eine weitere Möglichkeit besteht darin, das Ventil komplett zu nitrieren und in der weiteren Bearbeitung die Nitrierschicht im Ventilsitzbereich zu erhalten. All diese Lösungen werden zunehmend bei Motoren mit Kraftstoffen mit hohem Verschleißpotenzial – wie etwa Erdgas oder Alkoholen – eingesetzt.

3.1.5 Betätigung

Grundsätzlich sind für das Ventilsystem drei Betätigungsformen relevant, Kapitel 5:

- Direkte Betätigung via Tassenstößel [mechanisch oder hydraulischer Ventilspielausgleich (G)]
- Betätigung über Kipp-, Schwing- oder Schlepphebel mit lateraler Relativbewegung zwischen Ventilfuß und Gleitfläche des Hebels
- Betätigung über Kipphebel mit lateraler Gleitbewegung zwischen Ventilfuß und einem mit dem Kipphebel schwenkbar verbundenen Gleitschuh [„Elefantenfuß" (G)]

Die erste Betätigungsform stellt an die Gestaltung und Robustheit des Ventilfußes die geringsten Ansprüche, da lediglich eine Druckschwellimpuls besteht. Allerdings ist bei mechanischen Tassenstößeln aufgrund einer leicht „schlagenden" Betriebsform (Überbrückung des Ventilspiels) eine Mindesthärte des Ventilfußes empfehlenswert. Die zweite Betätigungsform erfordert in jedem Fall eine gehärtete Ventilfuß-Planfläche, da die Gleitbewegung bei hohen Hertz'schen Pressungen bis zu 2.000 MPa als tribologisch anspruchsvoll gilt. Im Pkw-Bereich haben sich Rollenschlepphebel weitgehend durchgesetzt. Diese Technik ist je nach Ausbildung der tribologischen Oberflächen oder des Lastkollektivs (Verlauf der dynamischen Ventilöffnungskraft) teilweise sehr anspruchsvoll. Dies wird durch aktuelle Bestrebungen, den Ventilsteuerungsraum zur Minimierung parasitärer Verluste nur noch minimal mit Öl zu versorgen, zusätzlich erschwert. Die Betätigung über die ballige Oberfläche einer Ventilspieleinstellschraube hat deutlich an Bedeutung verloren, da die Geometrie der Schnittstelle zu hohen Pressungen führt.

Da der Gleitschuh die Belastung der Ventilfußplanfläche erheblich reduziert, liegt die dritte Betätigungsform hinsichtlich der Anforderungen zwischen den anderen beiden. Da jedoch seit einigen Jahren geringe Reibungsverluste im Ventiltrieb hohe Priorität haben, verdrängen Rollenschlepphebel immer mehr die Gleitschuh-Technik.

3.1.6 Reibung

Wesentlichen Anteil an den Reibungsverlusten im Ventiltrieb haben die Betätigungskräfte zum Öffnen der Ventile. Diese setzen sich hauptsächlich aus den Ventilfederkräften während des Komprimierens der Feder und den Trägheitskräften aus der Beschleunigung der bewegten Massen von Ventil, Kegelstücken, Ventilfederteller und bewegter Ventilfedermasse zusammen. Dazu kommen noch geringe Reibungskräfte aus den Schnittstellen Ventilfuß/Nockenfolger (Hebelbetätigung) und Ventilschaft/Ventilführung. Geringere Reibungsverluste werden hauptsächlich durch massenreduzierte bewegte Komponenten erreicht, idealerweise in Verbindung mit reduzierten Ventilfederkräften.

3.1.7 Massenreduzierung

Motorenbauer sind immer an einer Reduzierung der bewegten Massen interessiert. Leichtere Ventile ermöglichen eine Anhebung des Drehzahl- sowie Leistungsniveaus und erfordern keine so hohen Ventilkräfte, die den Verschleiß und Reibungsverlust erhöhen. Weiterentwickelte CAE-Werkzeuge ermöglichen in Verbindung mit gestiegenem Auslegungswissen schlankere Ventilkonstruktionen. So verkleinerten sich die Ventilschaftdurchmesser in Pkw-Motoren während der letzten 20 Jahre von 8 bis 10 mm auf heute nur noch 5 bis 6 mm. Grundsätzlich ist ein Hohlbohren des Ventils auch zur Massenreduzierung möglich, Kapitel 3.2.1.1; dies wird jedoch aus Kostengründen nur in Ausnahmefällen genutzt. Primärer Vorteil eines hohlgebohrten Ventils ist sein verbesserter Wärmehaushalt durch die Shakerwirkung bei der Natriumfüllung.

Werkstoffe mit geringerer Dichte wie etwa Titan und Titanaluminid sind bei Ottomotoren wesentlich von den angestrebten Maximaldrehzahlen des Motorsports getrieben. Während Titanaluminid aufgrund der extrem aufwendigen Herstellung inzwischen selbst im Motorsport fast verschwunden ist, werden Titanventile, Titan-Ventilfederteller oder gar Titanventilfedern im Motorsport und bei Nischenanwendungen in der Serie eingesetzt. Für Großserien mit dem einhergehenden Kostendruck sind dies jedoch keine Optionen. Allerdings sind in jüngerer Zeit bei der Herstellung von Titanventilen vielversprechende Kosteneinsparungen erzielt worden.

Hochfeste Aluminiumwerkstoffe sind im Motorsportbereich Grundlage für Ventilfederteller und wurden für Einlassventile in Serien-Ottomotoren untersucht [4]. Obwohl die sehr geringe Dichte grundsätzlich interessant ist, müssen abschließend noch Verschleiß-, Prozess- und Kostenfragen bewertet werden.

Ansätze für leichte Ventile erhielten in den 90er-Jahren im Zusammenhang mit der Entwicklung elektromagnetischer Ventiltriebe Aufwind. Da schlanke herkömmliche Stahlventile zu hohe Aktuatorleistungen erforderten, wurden damals Keramikventile auf ihre Großserientauglichkeit hin untersucht. Sie waren grundsätzlich geeignet und durchliefen auch die Feldversuche erfolgreich. Allerdings waren die Maßnahmen zur Bauteilprüfung sehr aufwendig und die Produktkosten für einen Serieneinsatz zu hoch.

Ein weiterer und bis heute untersuchter Ansatz für Ottomotoren ist das MAHLE Leichtbauventil. Zusammengesetzt aus verschiedenen Präge-, Stanz-, Tiefzieh- und Präzisionsstahlteilen ermöglicht es als Hohlkörper eine ähnlich hohe Massereduzierung wie das Titanventil. Weitere spezifische Eigenschaften dieses Ventilkonzepts werden in Kapitel 3.2.1.2 beschrieben.

Anhand der Erfahrungen mit Titan- und Leichtbauventilen hat MAHLE deren Potenziale zur Verbrauchsreduzierung umfangreich untersucht [6]. Bei Vollbestückung eines Motors mit Ventilen von etwa halber Masse im Vergleich zu herkömmlichen Ventilen und bei daran angepasster Befederung sinkt der Kraftstoffverbrauch schätzungsweise um etwa 0,4 %. Beurteilungsbasis waren umfangreiche Reibmomentuntersuchungen an Ventiltrieben mit anschließender Umrechnung auf den NEFZ. Alle Ansätze für leichte Ventile scheiterten aber bislang an einem nicht marktfähigen Kosten-Nutzen-Verhältnis. Wie sich dieses angesichts der kommenden CO_2-Strafsteuerpolitik entwickelt, ist aufgrund der komplexen und konkurrierenden Konzepte zur Erreichung der CO_2-Grenzwerte schwierig vorauszusagen. Hinzu kommt, dass aufgrund von Trends, wie Aufladung und steigenden Abgastemperaturen sowie Abgasgegendrücken die Reduzierung der Ventilbefederung oder der Einsatz von nur begrenzt thermisch belastbaren Titanventilen zusehends problematischer wird. Serientaugliche leichte Ventile müssen die mechanischen und thermodynamischen Anforderungen gleichermaßen erfüllen.

3.1.8 Lebensdauer

Während der in vielen Kundenlastenheften geforderten Pkw-Motorlebensdauer von 250.000 km öffnet und schließt ein Ventil etwa 200 bis 300 Millionen Mal. In Nfz-Motoren muss es mehr als eine Milliarde Lastspiele bis zur Überholung ertragen. Neben den daraus erwachsenen Anforderungen an die Hochtemperatur-Ermüdungsfestigkeit des Ventilwerkstoffs ist die Begrenzung des Gesamtverschleißes an Ventil und Ventilsitzring eine zweite wesentliche Zielmarke.

3.2 Ventile

3.2.1 Ausführungen

Ventile bestehen aus dem Ventilschaft, der die Gleitbewegung in der Ventilführung ermöglicht, und dem Ventilkopf, der gemeinsam mit dem Ventilsitzring den Brennraum abdichtet. Die Gestaltung von Ventilen ist stets ein Kompromiss zwischen strukturmechanisch optimalem Design und strömungsgünstiger Form. Um den Anforderungen gerecht zu werden, können Ventile als Monometall- oder Bimetall-Ventile hergestellt werden, **Bild 3.7**. Bei Bimetall-Ventilen werden Kopfstück (aus einem austenitischen oder Nickelbasis-Werkstoff) und Schaftstück (aus einem martensitischen, also härtbaren Ventilstahl) per Reibschweißen verbunden.

Auf der Einlassseite kommen meist Monometall-Ventile zum Einsatz, da die Temperaturbeständigkeit des martensitischen Werkstoffs hier auch für den Kopfbereich ausreicht. Bimetall-Ventile findet man hier nur, wenn eine korrosive Belastung zu erwarten ist.

Auf der Auslassseite sind Bimetall-Ventile die Regel, da hier das Kopfstück eine hohe Temperaturbeständigkeit aufweisen muss, Kapitel 7.6.3 und 8.5.3. Ein Ausnahmefall sind monometallische Auslassventile aus austenitischen Werkstoffen. Aufgrund des nicht härtbaren Werkstoffs sind hier nur einrillige Ventile möglich, Kapitel 3.1.5, die durch Tassenstößel, also ohne Quergleiten des Nockenfolgers, betätigt werden. Diese Konfiguration verliert zusehends an Bedeutung und wird allenfalls noch für sehr einfache, niedrig belastete Motoren ein-

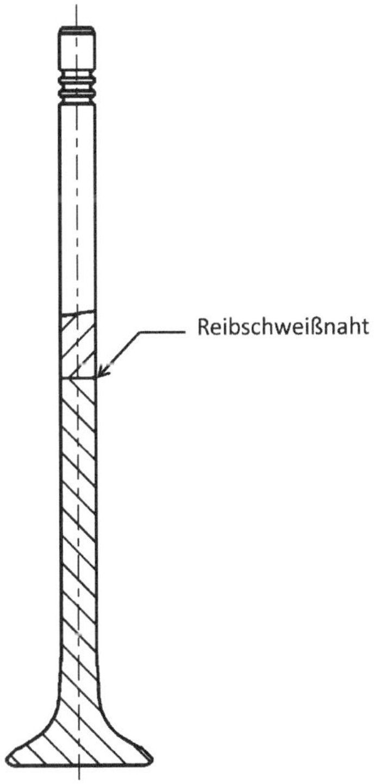

Bild 3.7: Bimetall-Ventil

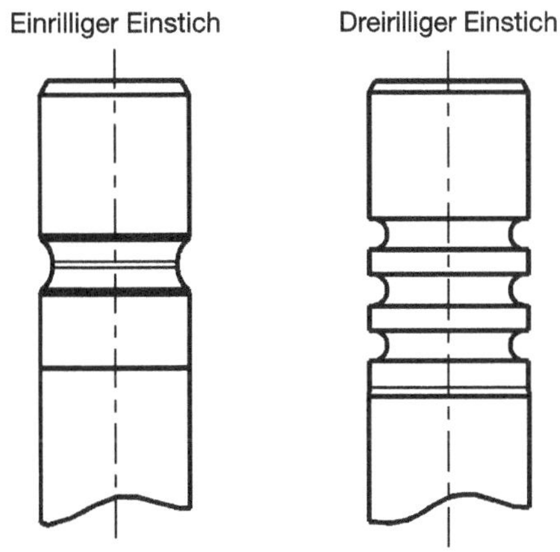

Bild 3.8: Ein- und mehrrillig ausgeführtes Ventilschaftende

gesetzt. Eine weitere mittlerweile nahezu verdrängte Bauform ist ein austenitisches Ventil mit per Widerstandsschweißung gefügtem gehärtetem Plättchen am Ventilfuß. Diese Variante erlaubt die Betätigung durch Hebel.

Ein weiteres Unterscheidungsmerkmal ist die Anbindung des Ventils an den Ventilfederteller, Kapitel 3.6. Hier wird zwischen einer ein- und einer mehrrilligen Ausführung unterschieden, **Bild 3.8**. Einsatz und Betriebsverhalten der jeweiligen Variante wurden bereits in Kapitel 3.1 erläutert. Eine Beschreibung der jeweils die Verbindung zum Ventilfederteller herstellenden Ventilkegelstücke folgt in Kapitel 3.7.

Ventile sind sehr präzise gefertigt und verrichten unter hohen mechanischen und thermischen Belastungen zuverlässig ihre Aufgabe. In Kapitel 3.1. wurden die vielfältigen tribologischen Herausforderungen angesprochen. **Bild 3.9** zeigt die grundsätzlichen Begriffsdefinitionen am Ventil.

Die beiden etablierten Herstellverfahren sind das Stauchen und das Warmfließpressen, jeweils mit anschließendem Schmieden des Ventilkopfes. Beim Stauchen wird Stangenmaterial verwendet, dessen Durchmesser dem späteren Fertigteildurchmesser unter Berücksichtigung des erforderlichen Aufmaßes entspricht. Mittels Elektrostauchen gegen eine Elektrode wird der einseitig erwärmte Stabzuschnitt durch Nachführung birnenförmig aufgestaucht. Diese

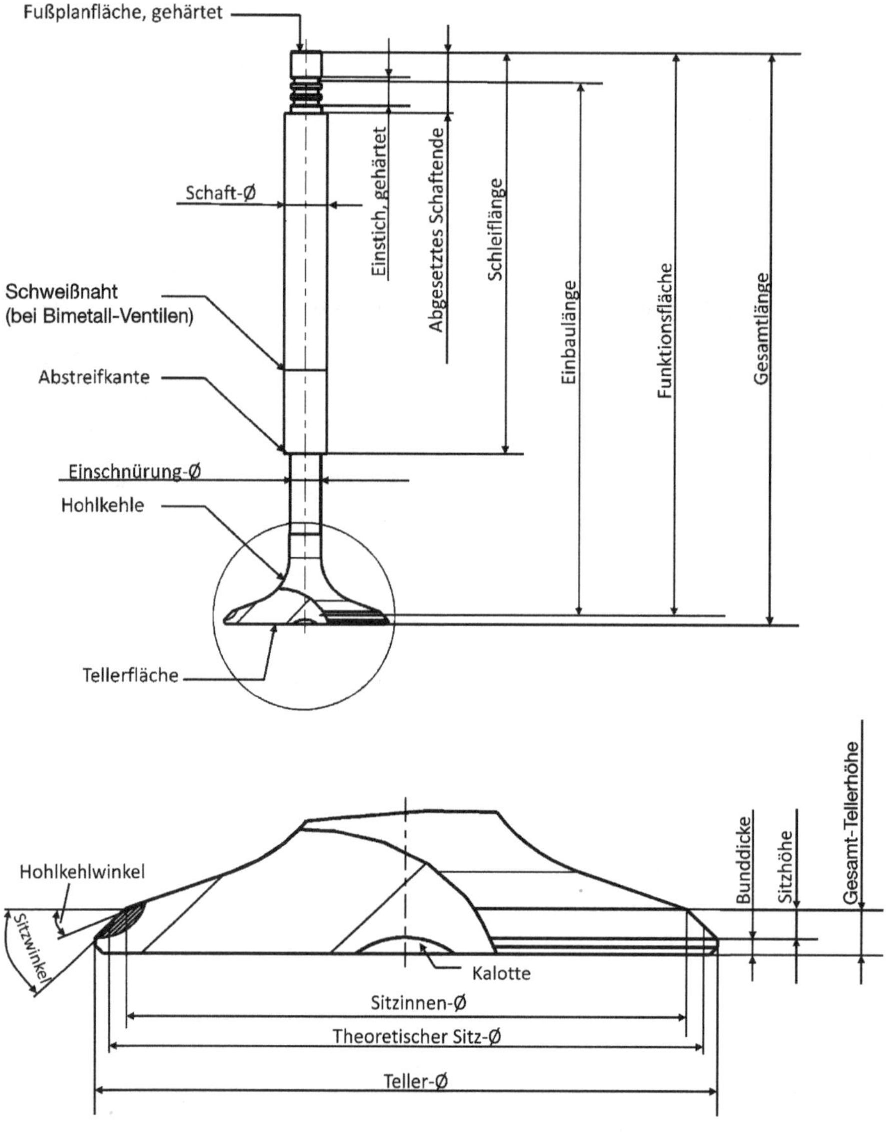

Bild 3.9: Begriffsdefinitionen am Ventil

Stauchbirne wird im Gesenk zum Ventilkopf geschmiedet. Beim Warmfließpressen ist ein Butzen das Ausgangsmaterial, dessen Durchmesser etwa 2/3 des späteren Ventilteller-Durchmessers beträgt. Die Länge des Butzens ist durch das erforderliche Rohteilvolumen vorgegeben. In einem Vorwärtsfließpressen wird nach induktivem Erwärmen der Schaft aus dem Butzen geformt und im zweiten Schritt der Kopfbereich per Schmieden ausgeformt.

Beim Stauchen kann für die Herstellung von Bimetall-Ventilen wahlweise auch eine bereits per Reibschweißung „Stab-an-Stab“ verbundene Werkstoffkombination weiterverarbeitet werden. Im Gegensatz dazu wird beim Warmfließpressen stets erst das Kopfstück geformt und anschließend mit dem Schaftstück reibgeschweißt.

Für ausreichende Verschleißfestigkeit werden am Ventilfuß der Rillenbereich (bei mehrrilliger Ausführung) und die Fußplanfläche gehärtet.

3.2.1.1 Hohlventile

Hohlventile sind schon seit Längerem eine ernsthafte Option für Verbrennungsmotoren, da die damals verfügbaren Ventilwerkstoffe durch ihre begrenzte thermische Belastbarkeit noch höhere spezifische Leistungen sehr erschwerten. Nach frühen Versuchen mit Wasser und Quecksilber als wärmeabführendem Medium im Hohlraum setzten sich mit Natrium gefüllte Auslassventile durch. Sie sind derzeit vor allem in thermisch höher belasteten Motoren im Einsatz. Durch die Shakerwirkung des geschmolzenen Natriums (Schmelzpunkt 97,5 °C) wird Wärme aus dem Ventilkopf in Richtung des Schaftes abgeführt. Das Hohlraumvolumen wird dazu zu etwa 60 % mit Natrium gefüllt. Der Anteil der über die Ventilführung an den Zylinderkopf abgegebenen Wärme wird so deutlich größer, Kapitel 3.2.1. Mit den aufwendigen Hohlventilen ist eine Erweiterung des Einsatzspektrums von kostengünstigen Ventilwerkstoffen möglich. Die zusätzliche Wärmeabfuhr per Natrium senkt die Temperatur im thermisch höchstbeanspruchten Ventilbereich, der Hohlkehle, um bis zu 150 K und erhöht so die Bauteilsicherheit.

Das Downsizing und die immer höheren spezifischen Leistungen der Motoren begünstigen Hohlventile. Dazu kommen Bestrebungen, in Ottomotoren das kühlende „Anfetten" des Gemischs – einen wirkungsvollen Bauteilschutz – aus Gründen der Verbrauchsreduzierung zu unterlassen. Wird dies realisiert, kann die Abgastemperatur auf mehr als 1.000 °C ansteigen, was natürlich die Auslassventile thermisch stärker belastet.

Hohlventile, **Bild 3.10**, werden heute ab einem Schaftdurchmesser von 5 mm mit einer Innenbohrung von 3 mm hergestellt. Der Wärmetransport ist selbst für solche schlanken Dimensionen nachgewiesen. Jüngste Erkenntnisse zeigen aber auch, dass mit größeren Hohlbohrungs-Durchmessern kühlere Ventile möglich sind, die bei Downsizing-Ottomotoren die Verbrennung optimieren und für eine Verschiebung der Klopfgrenze sorgen können.

3.2.1.2 MAHLE Leichtbauventil

Eine neue Ventiltechnologie von MAHLE kann mehrere der oben geschilderten Probleme entschärfen. Das bereits in verschiedenen Veröffentlichungen vorgestellte Leichtbauventil, **Bild 3.11**, ist ein aus mehreren Einzelteilen gebautes Ventil [5, 6]. Dadurch ist es bis zu 50 % leichter als ein Ventil herkömmlicher Art. Es besteht aus hochtemperaturfesten Werkstoffen, die deutlich warmfester und korrosionsbeständiger sind als übliche Werkstoffe für Auslassventile. Die per Stanzen und Tiefziehen hergestellten Einzelteile werden mit verschiedenen Fügeverfahren verbunden. Das Rohteil wird analog zu konventionellen Ventilen fertigbearbeitet.

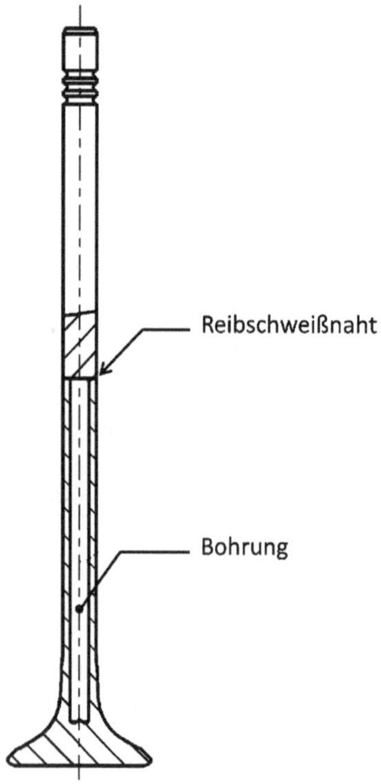

Bild 3.10: Hohlventil

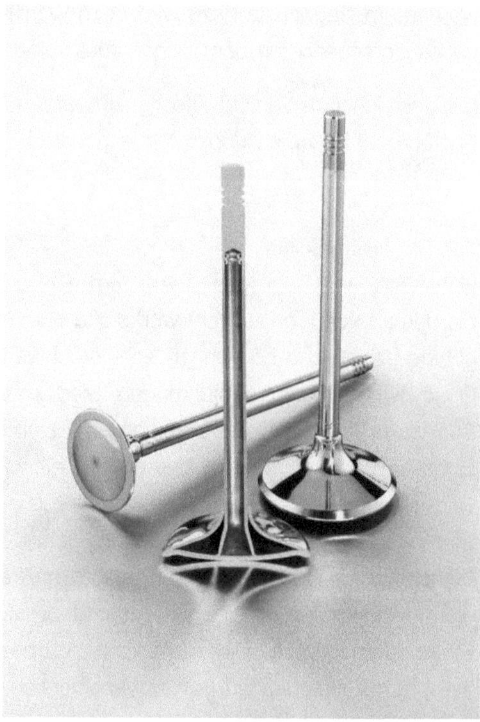

Bild 3.11: MAHLE Leichtbauventil

Leichtbauventile bieten bei strömungsoptimierter Außenkontur einen zum Brennraum hin kuppelartigen Aufbau des Ventilkopfes. Messungen im befeuerten Betrieb haben gezeigt, dass diese höhere Struktursteifigkeit die auf die Ventiltellermitte bezogenen elastischen Verformungen erheblich reduziert. Das hat geringere Relativbewegungen zwischen Ventilsitz und Ventilsitzring zur Folge, die zusammen mit dem reduzierten Aufsetzimpuls durch die geringere Masse ein sehr gutes Verschleißverhalten der MAHLE Leichtbauventile bewirken. Erprobungen haben bestätigt, dass im Einlass relativ einfache Ventilsitzringwerkstoffe ein sehr gutes Verschleißbild erzeugen. Auf der heißeren Auslassseite bilden die Hochtemperaturwerkstoffe auch im Ventilsitzbereich verschleißbeständige Aluminium- und Chromoxidschichten. In Kombination mit geeigneten Werkstoffen für den Ventilsitzring entsteht so ein günstiges Verschleißverhalten mit etwa halbierten Verschleißraten im Vergleich zu konventionellen Ventilen.

Bei Ottomotoren mit direkter Einspritzung werden zur Wirkungsgradverbesserung hohe Verdichtungsverhältnisse angestrebt. Das MAHLE Leichtbauventil unterstützt durch seine konvexe Ventiltellerunterseite dieses Vorhaben. Konventionelle, aus Gewichtsgründen stark kalottierte Ventile erschweren hingegen kompakte Brennraumgeometrien und führen zur unerwünschten Zerklüftung des Brennraums mit ungünstigem Oberflächen-Volumen-Verhältnis. Wie bereits in Kapitel 3.2.1.1 angedeutet, wird aktuell bei der Entwicklung von

Downsizing-Ottomotoren die Interaktion von Ventilart und Verbrennungsauslegung eingehend analysiert. Hier kann das MAHLE Leichtbauventil durch sein großes Potenzial zur Absenkung der Temperatur der brennraumseitigen Ventiltelleroberfläche einen wertvollen Beitrag zur Verbrauchsreduzierung leisten.

3.2.2 Ventilwerkstoffe

Im Laufe der Entwicklung hat sich eine überschaubare Zahl von Ventilwerkstoffen etabliert. Einen umfangreichen Überblick gibt [7]. Als Werkstoff für Einlassventile hat sich X45CrSi9-3 (1.4718) auf breiter Front durchgesetzt. Dieses martensitische Material ist den Anforderungen der meisten Motoren gewachsen. Bei ihm kann beispielsweise der Ventilsitz gehärtet und damit verschleißfester gemacht werden. Der Ventilfuß des Einlassventils wird grundsätzlich gehärtet. Das Einsatzgebiet des Werkstoffs schränkt seine begrenzte Korrosionsbeständigkeit in bestimmten Anwendungen sowie hohe thermisch-mechanische Beanspruchungen ein.

Der ebenfalls martensitische Werkstoff X85CrMoV18-2 (1.4748) ist eine Alternative mit höherer Anlassbeständigkeit. Bei entsprechender Wärmebehandlung ist er auch gegen Korrosion sehr resistent. Dieser Werkstoff wird hier nicht im Detail besprochen; seine zunehmende Bedeutung besonders für Einlassventile sei an dieser Stelle aber ausdrücklich betont.

Für Auslassventile wird überwiegend der austenitische Werkstoff X50CrMnNiNbN21-9 (1.4882) eingesetzt. Ist seine Verschleißbeständigkeit bei scharfen Betriebsbedingungen an der Grenze, muss der Ventilsitzbereich gegebenenfalls mit einer Panzerung geschützt werden. Dabei wird mit einem PTA-Verfahren Eisen-, Kobalt- oder Nickelpulver aufgeschweißt. Austenitische Ventilwerkstoffe kommen abhängig vom Ventiltrieb überwiegend nur im Ventilkopfbereich zum Einsatz, da der Ventilfuß für eine ausreichende Verschleißbeständigkeit gehärtet werden muss. Solche Bimetall-Ventile aus einem austenitischen Kopfstück und einem martensitischen Ventilfuß werden per Reibschweißen hergestellt. Das austenitische Stabteil wird dabei fallweise vor oder nach dem Reibschweißprozess zum Ventilkopf geschmiedet.

Beanspruchungen, die höher sind als die Leistungsfähigkeit der genannten Ventilstähle, verlangen kostenintensive Nickelbasis-Werkstoffe. Nimonic 80A oder Inconel 751 wurden bereits in der Einleitung genannt. Ihre thermische Beständigkeit und Korrosionsresistenz zählen zu den besten unter den Ventilwerkstoffen. In der Vergangenheit wurden die Mehrkosten von Nickelbasis-Werkstoffen bei Hochleistungsmotoren oder für eine extrem hohe Betriebssicherheit akzeptiert. Ihr Einsatz auf breiterer Front wäre angesichts der technischen Notwendigkeiten heutiger Downsizing-Motoren zwar ebenfalls wünschenswert, ist aber aus wirtschaftlichen Gründen kaum denkbar [8]. Deshalb begann schon vor der Jahrtausendwende die Entwicklung von Werkstoffen mit reduziertem Nickelgehalt [9], die ein besseres Kosten-Nutzen-Verhältnis haben. Sie haben sich auf dem europäischen und nordamerikanischen Markt aber noch nicht etabliert. Mit dem Anstieg des Nickelpreises vor etwa sechs Jahren hat man diesen Ansatz wieder aufgegriffen. Heute stehen Werkstoffe, wie z. B. NIREVA 3015 (NCF3015, UNS S66315), vor der Serieneinführung.

3.3 Ventilsitzringe

3.3.1 Aufgabe und Funktion

Als tribologischer Partner zum Ventil erfüllt der Ventilsitzring (VSR) folgende wichtigen Aufgaben:

- Sicheres Abdichten des Brennraums zur Gewährleistung einer einwandfreien Verbrennung und eines fehlerfreien Ladungswechsels (G)
- Wärmetransport vom Ventil und dem Brennraum zum Zylinderkopf (ZK) und damit Reduzierung der thermischen Belastung am Ventil
- Verlustfreie Führung des Frisch- und Abgasstroms

Eine auf die jeweilige Applikationen zugeschnittene Gestaltung und der richtige Werkstoff für den VSR bzw. die Kombination des VSR mit dem Ventil sind deshalb essenziell, um einen einwandfreien Verbrennungsverlauf zu gewährleisten. Eine hohe Verschleißrate am VSR würde zum Verlust des Ventilspiels und damit zu Undichtigkeiten und Kompressionsverlusten führen. Die Weiterentwicklung von Verbrennungsmotoren und damit die Steigerung der Leistungsdichte und Reduzierung der Emissionswerte werden deshalb unter anderem durch die Funktionsfähigkeit des tribologischen Systems Ventil/VSR begrenzt.

3.3.2 Beanspruchung und Anforderungen

Als Teil des Verbrennungstraktes und des Ladungswechsels werden VSR im Betrieb hauptsächlich wie folgt beansprucht:

- Thermische Beanspruchung durch die Verbrennung
- Mechanische Beanspruchung durch die Kräfte am Ventil, d. h. durch das Aufsetzen des Ventils und den am Ventil wirkenden Brennraumdruck

Somit entsteht insgesamt eine tribologische Beanspruchung durch die Relativbewegungen des Ventils. Einerseits setzt das Ventil mit hohen Geschwindigkeiten auf den VSR auf und gleitet in den Ventilsitz hinein. Anderseits entstehen durch den Brennraumdruck hohe Flächenbelastungen und weitere Relativbewegungen durch die Durchbiegung des Ventiltellers. Die mechanische Belastung tritt bei jedem Öffnungs- und Schließvorgang des Ventils zyklisch auf. Die thermische Belastung ist während eines Ladungswechsels quasi statisch, weil die Komponenten Ventil und VSR den Temperaturschwankungen aufgrund ihrer thermischen

Trägheit nicht völlig folgen. Während des gesamten Motorenbetriebs wechselt die thermische Belastung aber dynamisch.

Hauptaufgabe des Systems Ventil/VSR ist die sichere Abdichtung des Brennraums auch nach mehreren Millionen Ladungswechseln. Die üblichen Zielvorgaben betragen bei modernen Pkw-Motoren 200.000 bis 300.000 km und mehr als eine Million km bei schweren Nfz-Aggregaten bzw. 60.000 Betriebsstunden bei stationären Motoren. Dabei sollen die Wartungsintervalle nach dem Einstellen des Ventilspiels möglichst lang sein. Ferner werden für Motorenkonzepte ohne hydraulischen Ventilspielausgleich (HVA) in Ausnahmefällen Laufleistungen von mehr als 250.000 km ohne Nachstellarbeiten erwartet. Übliche Forderungen bei modernen Pkw-Motoren sind Verschleißraten von kleiner 2 µm/1.000 km.

Grundsätzlich treten im Tribosystem Ventil/VSR die Verschleißmechanismen Abrasion, Adhäsion, plastische Deformation und tribochemische Reaktionen auf, Kapitel 7.1.3. Zusätzlich können anwendungsabhängig weitere physikalische Effekte auftreten, wie etwa Korrosion oder Relaxation (G), die in den nachfolgenden Abschnitten erklärt werden. Ebenso wirken sich einige Werkstoffparameter auf die entstehenden Belastungen aus; z. B. hängt die Wärmeentwicklung am Ventil stark von der Wärmeleitfähigkeit des verwendeten VSR-Werkstoffs ab. Generell gilt, dass das Belastungskollektiv und damit die Verschleißausprägung von der Art der Anwendung abhängen und motorenspezifisch stark variieren. **Bild 3.12** zeigt die wesentlichen Beanspruchungen, denen das Tribosystem Ventil/VSR im Motorenbetrieb ausgesetzt ist.

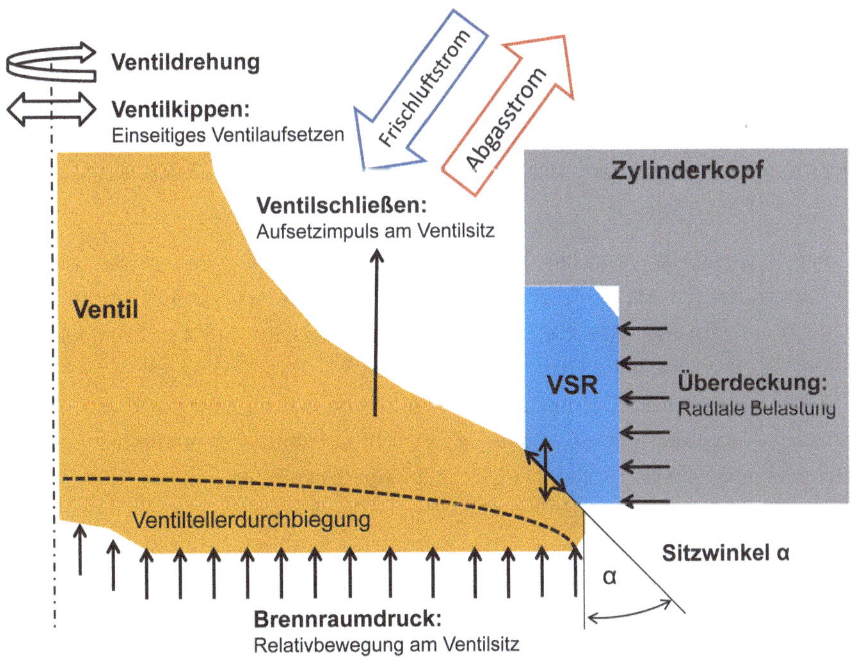

Bild 3.12: Tribosystem Ventil/VSR [15]

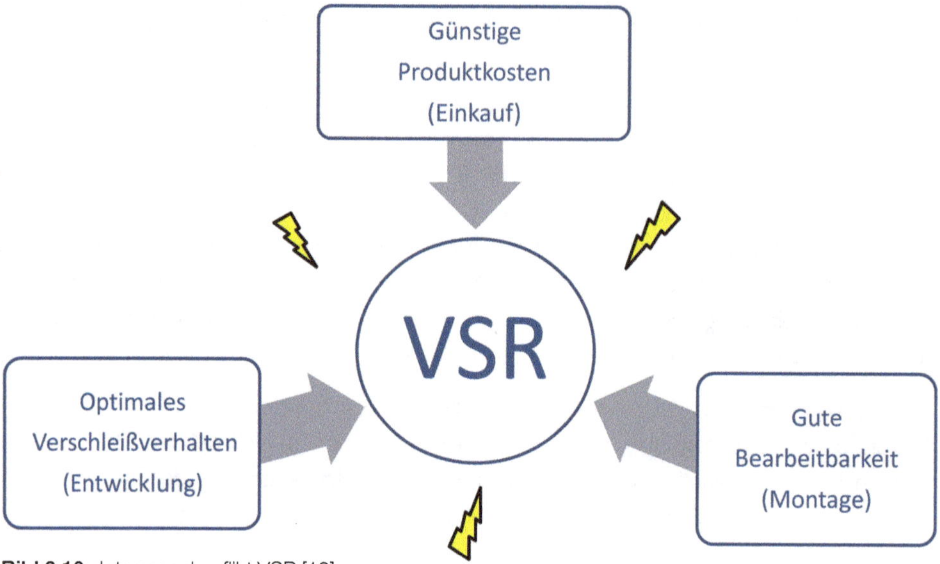

Bild 3.13: Interessenkonflikt VSR [13]

Im Wesentlichen steht MAHLE als VSR-Hersteller im Spannungsfeld divergierender Interessengruppen. Neben einem optimalen Verschleißverhalten sollen VSR eine gute Bearbeitbarkeit haben und möglichst preiswert sein, **Bild 3.13**. Ziel von MAHLE ist es deshalb, einen auf den jeweiligen Anwendungsfall optimierten Kompromiss zu finden und die Motorenhersteller in allen Bereichen zu unterstützen.

3.3.2.1 Der Tribopartner Ventil

Prinzipiell wird eine Verschleißaufteilung von $1/3$ am Ventil und $2/3$ am VSR angestrebt, um eine Schwächung des Ventiltellers und ein Ventildurchziehen zu vermeiden; als Hauptverschleißträger dient also der VSR.

Um eine gute Kompatibilität zwischen Ventil und VSR zu erreichen, werden verschiedene Oberflächenbehandlungen wie Vergüten, Panzern oder Nitrieren am Ventil durchgeführt. In der Regel führt dies zu einer Verschleißminderung im Tribosystem. Darüber hinaus sei darauf hingewiesen, dass eine hohe Härte von Ventil und VSR fälschlicherweise oft als Hauptindikator für eine hohe Verschleißbeständigkeit und infolgedessen für niedrige Verschleißraten angesehen wird. Tatsächlich ist Härte allein aber nicht entscheidend. Vielmehr hängt die Verschleißausprägung von der Kompatibilität der Tribopartner ab.

3.3.2.2 Schmierung des Ventilsitzes

Mit abnehmendem Schmierfilm steigt der Verschleiß zwischen Ventil und VSR an, da die Reibungszustände wesentlich verschlechtert werden. Die Art des Kraftstoffs und der Kraftstoffzufuhr hat damit einen wesentlichen Einfluss auf die Verschleißausbildung im Tribosystem.

Tabelle 3.1: Einfluss der Kraftstoffarten auf den Verschleiß im Tribosystem Ventil/VSR

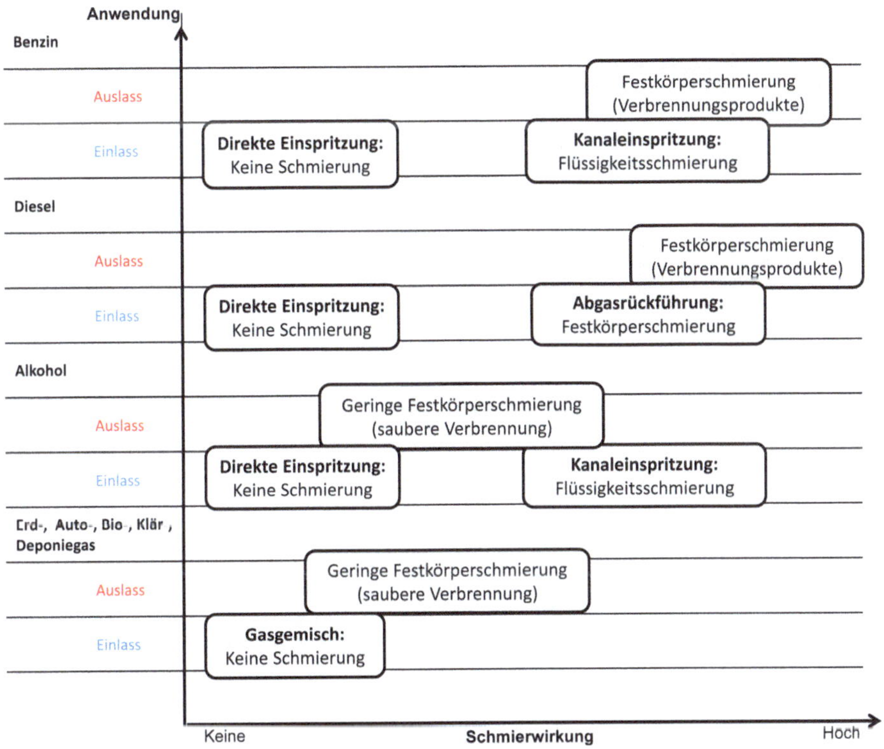

Ebenso entstehen durch die unterschiedlichen Brennverfahren verschiedene Abgasbestandteile, die positive wie negative Einflüsse auf die Verschleißausprägung haben. In **Tabelle 3.1** ist der Einfluss verschiedener Kraftstoffarten zusammengefasst.

Darüber hinaus wirken weitere Effekte, wie z. B. Schmierung durch Ölbestandteile, die durch Ventilschaftabdichtung (VSD) und Ventilführung (VF) in den Sitzbereich gelangen. Durch Verminderung der Blow-by-Raten im Zuge der Umsetzung neuer Abgasvorschriften werden diese Schmiereffekte aber immer geringer. Insgesamt führen die Umsetzung der Abgasvorschriften und der Einsatz regenerativer Kraftstoffe zu einer saubereren Verbrennung bzw. zu einer Verringerung der Schmiereffekte und damit zu erhöhtem Verschleiß im Tribosystem Ventil/VSR.

3.3.2.3 Thermische Beanspruchung

Abhängig vom Anwendungsfall treten am VSR unterschiedlich hohe Temperaturen auf. Der Wärmeeintrag erfolgt dabei durch die Verbrennung, vor allem über das Ventil. Im Auslass wird durch den heißen Abgasstrom zusätzlich Wärme eingebracht, wohingegen der Frischgasstrom im Einlass den VSR kühlt. Grundsätzlich wird über den VSR Wärme vom Ventil auf den ZK abgeführt, **Bild 3.14**. Dadurch entsteht im VSR ein Temperaturgradient, der von der Verbrennungs- und Kühlmitteltemperatur und der ZK-Geometrie abhängt und außerdem durch

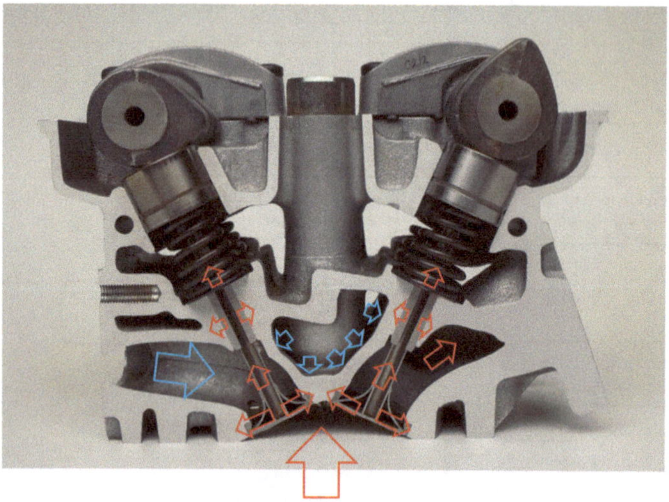

Bild 3.14:
Thermohaushalt im System Ventil/VSR/VF

den verwendeten VSR-Werkstoff bestimmt wird. Erfahrungsgemäß werden 80 bis 85 % der Wärme am Ventil über den VSR und die restlichen 15 bis 20 % über die VF abgegeben. Bei natriumgefüllten Hohlventilen kann sich der Anteil über die VF auf bis zu 30 % erhöhen [10].

Zur Bestimmung der Temperaturen an VSR werden Thermoelement-, Pyrometer- und thermometrische Messungen eingesetzt. Letztere Messmethode bietet im Vergleich zu den anderen stets den Vorteil, dass das vollständige Temperaturprofil ermittelt werden kann. Nachteilig dabei ist, dass lediglich die maximalen Temperaturen erfasst werden. Zur Aufzeichnung transienter Zustände eignen sich deshalb nur Thermoelement- oder Pyrometermessungen.

Thermometrische VSR werden aus einem niedriglegierten Vergütungsstahl mit bekanntem Anlassverhalten hergestellt. Anschließend werden diese VSR in den ZK eingebaut und in einem Dauerlauf mit definiertem Lastprogramm gefahren. Dieses wird motorspezifisch so ausgelegt, dass die maximalen VSR-Temperaturen auftreten. Die übliche Versuchsdauer beträgt zwei Stunden. Dabei erfährt der Vergütungsstahl eine Anlassbehandlung. Durch Messung der Resthärte am Bauteil und deren Abgleich mit der Anlasskurve des Werkstoffs wird auf die maximale VSR-Temperatur während des Prüflaufs zurückgeschlossen – Härte und Temperatur verhalten sich reziprok. Als Ergebnis erhält man so das vollständige Temperaturprofil des VSR. Dieses gilt für den verwendeten Vergütungsstahl. Das Temperaturprofil eines Serien-VSR-Werkstoffs muss aufgrund veränderter Wärmeleitfähigkeiten über numerische Berechnungen angepasst und kann anschließend für weitere numerische Berechnungen verwendet werden, z. B. Spannungsberechnungen des ZK. **Bild 3.15** zeigt eine thermometrische Auswertung.

Typische VSR-Temperaturen sind in **Tabelle 3.2** zusammengefasst. Diese Werte wurden mit einem thermometrischen VSR ermittelt und repräsentieren eine große Bandbreite an Motoren. Generell wird bei der Auswertung zwischen der VSR-Position (Ein-/Auslass), dem Motorenkonzept (Otto/Diesel) und der Art der Anwendung (Pkw/Nfz) unterschieden.

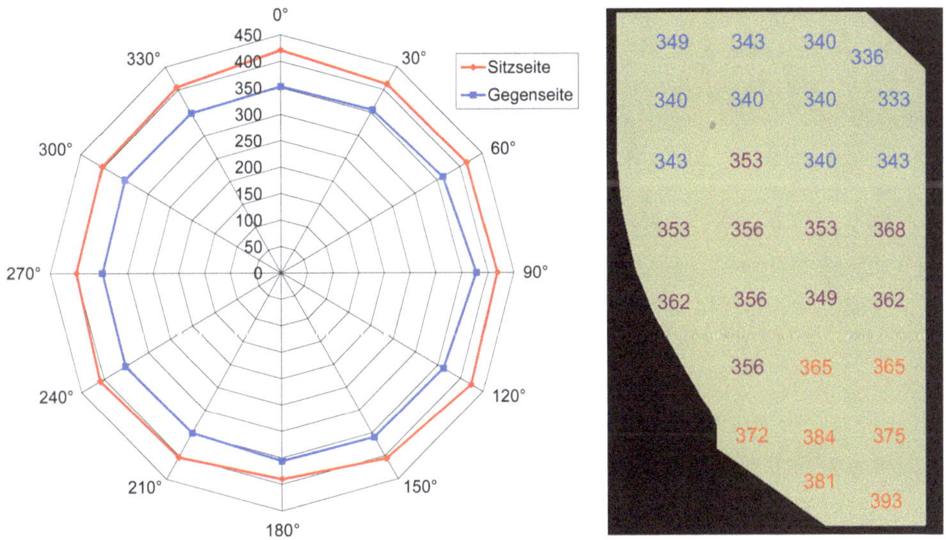

Bild 3.15: Beispiel Thermometrischer VSR, links: Umfang, rechts: Querschnitt bei 90°

Tabelle 3.2: Typische VSR-Temperaturen

		Pkw		Nfz
		Otto	Diesel	
Einlass	Ventilsitz	230 – 280 °C	270 – 330 °C	320 – 370 °C
	VSR-Mitte	200 – 230 °C	250 – 300 °C	270 – 320 °C
	Auflage	150 – 200 °C	200 – 250 °C	220 – 270 °C
Auslass	Ventilsitz	320 – 380 °C	350 – 400 °C	350 – 450 °C
	VSR-Mitte	270 – 320 °C	300 – 350 °C	350 – 400 °C
	Auflage	220 – 270 °C	250 – 300 °C	300 – 350 °C

Die höchste thermische Belastung tritt an Nfz-Motoren auf. Diese werden mit sehr hohen Auslastungen und hohen Verbrennungsdrücken betrieben. Ferner lässt sich bei Pkw-Anwendungen feststellen, dass VSR in Dieselmotoren im Mittel stärker thermisch belastet sind als VSR in Ottomotoren. Ein Erklärungsansatz ist der insgesamt höhere Mitteldruck während des Verdichtungstaktes, da damit die Gastemperaturen deutlich ansteigen und während des gesamten Ladungswechselverlaufs mehr Wärme in die VSR eingetragen wird. Durch den Einsatz von Abgasturboladern in modernen Motoren und die damit einhergehende Vorverdichtung des Frischgases werden diese Effekte aber zunehmend ausgeglichen.

Die angegebenen Temperaturen sind typische Werte heutiger Motoren. Abhängig vom motorischen Aufbau, wie z. B. Verbrennungskonzept, Einspritzung, Zündung, können deutlich niedrigere oder höhere Temperaturen auftreten. Durch Maßnahmen im Zuge neuer Abgasvorschriften, z. B. Downsizing, Direkteinspritzung oder Zylinderabschaltung (G), steigen die Temperaturen bei allen Motorenkonzepten weiter an. Über den VSR-Querschnitt und -Umfang herrscht überwiegend ein Temperaturgradient. Im Feld sind im Extremfall bereits Differenzen bis zu 160 °C festgestellt worden. Durch eine solch ungleichmäßige Temperaturbelastung werden hohe thermomechanische Spannungen am VSR und ZK generiert, die zu thermischem Verzug des ZK führen können, **Bild 3.16**.

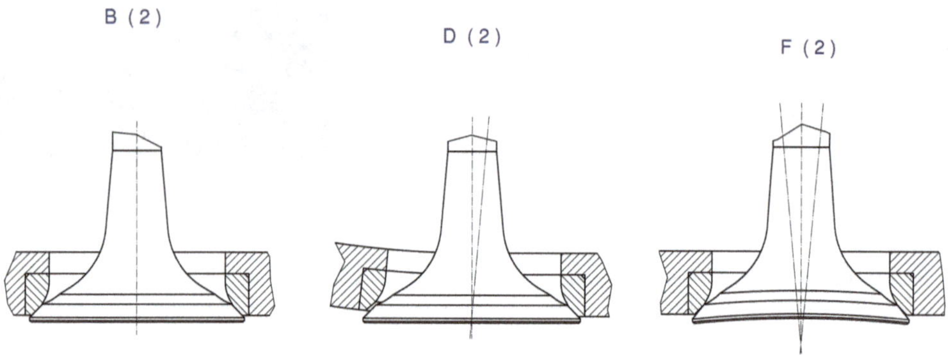

Bild 3.16: ZK-Verzug, links: ideal, Mitte: ZK-Verzug – Ventileinschlag, rechts: Ventiltellerdurchbiegung

Ferner werden durch Montage der VSR mit definierter Überdeckung ebenfalls Spannungen in den ZK eingebracht, Kapitel 3.3.2.6. Unter thermischer Beanspruchung können dadurch folgende Effekte auftreten:

- **Thermischer Verzug des ZK:**
  Hohe mechanische Beanspruchungen in Folge hoher Überdeckungswerte und hohe thermische Belastung durch hohe Temperaturgradienten können zu einem thermischen Verzug des ZK führen. Dadurch kann sich das Brennraumdach verschieben, wodurch der Achsmittenversatz zwischen VSR und Ventil erhöht wird. Unter anderem führt dies zu unrundem Verschleiß, da das Ventil einseitig auf den VSR auftrifft. Durch die hohe lokale Belastung steigt der Verschleiß im Tribosystem Ventil/VSR stark an, wodurch Durchbläser entstehen können. Hohe Überdeckungswerte und Temperaturgradienten sind deshalb zu vermeiden.
- **Rissbildung des ZK:**
  Abhängig vom Überdeckungswert beim Einpressen entstehen im ZK zum Teil sehr hohe Spannungen. Thermische Wechselbeanspruchung kann in diesem Fall dazu führen, dass lokal Spannungsspitzen erzeugt werden, die über den ertragbaren Spannungen des ZK-Werkstoffs liegen. Rissbildung ist die Folge. Die Überdeckung sollte demnach so gering wie möglich gewählt werden, um unnötige Spannungen im ZK zu vermeiden.

- **Relaxation des VSR:**
  Bei VSR, die in ZK aus Gusswerkstoffen (Nfz) verbaut werden, kann die thermomechanische Beanspruchung durch das Einpressen und den Motorenbetrieb zu Relaxation des VSR-Werkstoffs führen. Bei Al-ZK (Pkw) tritt dieser kritische Zustand nicht auf, da keine hohen Druckspannungen am VSR auftreten. Zudem fallen die VSR-Temperaturen aufgrund der hohen Wärmeleitfähigkeit des Aluminiums geringer aus.

Relaxation ist ein thermisch aktivierter Prozess, der unter mechanischer Belastung bei hohen Temperaturen auftritt und dazu führt, dass Bauteile innere Spannungen abbauen. Kurz gesagt, ist Relaxation die Umwandlung von elastischer Dehnung in plastische Kriechdehnung bei konstanter Gesamtdehnung. Auf den VSR bezogen heißt das: Der VSR wird in den ZK eingepresst, wodurch in diesem hohe Druckspannungen entstehen. Abhängig von der Höhe der Belastung baut der VSR diese Spannungen durch Relaxation ab. Die anfänglich rein elastische Dehnung durch das Einpressen wird teilweise in plastische Kriechdehnung umgewandelt. Der VSR weist nach dem Ausbau eine geringere Überdeckung auf, **Bild 3.17** [11].

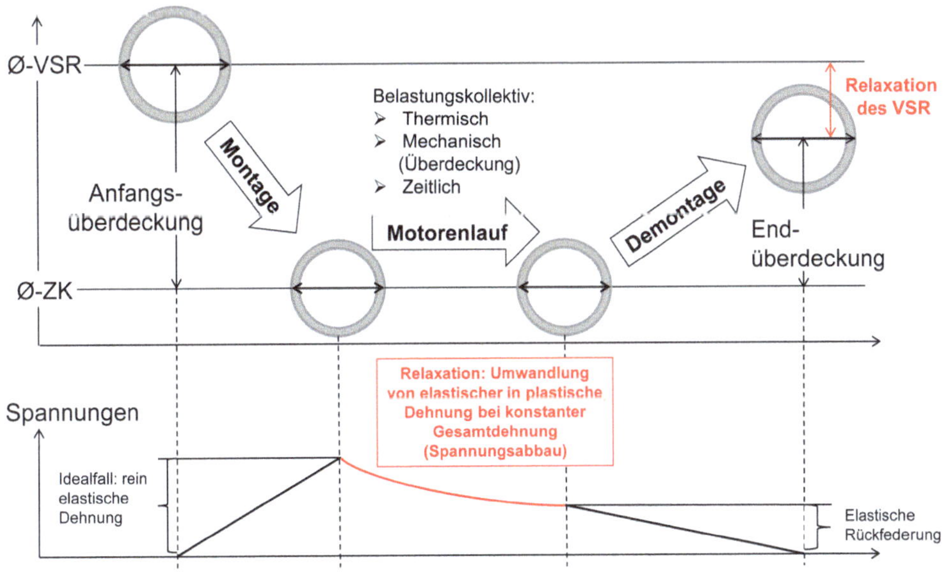

Bild 3.17: Relaxation von VSR, schematisch dargestellt

Haupteinflussfaktoren auf die Relaxation sind die Temperatur (VSR-Temperatur, Temperaturgradient), die Höhe der mechanischen Belastung (Anfangsüberdeckung) und die Belastungsdauer (Motorlaufzeit). Ferner wird Relaxation durch thermische Wechsellasten beeinflusst, da durch diese zusätzlich Zug- und Druckspannungen im VSR generiert werden. Da Relaxation ein werkstofftechnisches Phänomen ist, kann die Relaxationsbeständigkeit von VSR-Werkstoffen ausschließlich empirisch ermittelt werden. Aus diesem Grund hat MAHLE einen Prüfstand entwickelt, mit dem Relaxation von VSR direkt simuliert werden kann, Kapitel 8.2.3.

Über diese Effekte hinaus beeinflusst die thermische Belastung die Verschleißausbildung im Tribosystem Ventil/VSR erheblich. Einerseits ist die Ausprägung der verschiedenen Verschleißmechanismen stark temperaturabhängig. Anderseits wirken sich physikalische Veränderungen der Werkstoffkennwerte auf die Verschleißfestigkeit aus, z.B. Festigkeits- und Steifigkeitsabfall mit steigender Temperatur.

3.3.2.4 Tribochemische Beanspruchung

Die chemische Zusammensetzung üblicher VSR-Werkstoffe wird so gewählt, dass diese unter Temperaturbelastung mit Sauerstoff reagieren, sodass Oxidation (G) auftritt. Die dabei gebildeten Oxide bzw. Oxidschichten wirken im Allgemeinen verschleißmindernd durch Ausprägung einer Grenzschicht und Vermeidung von Metall-auf-Metall-Kontakt. Anderseits kann eine starke thermische Belastung extreme Oxidation hervorrufen, was unter thermischen Wechsellasten zum Abplatzen der Oxidschicht führen kann und damit zu erhöhtem Verschleiß. Ebenso kann mechanische Überlastung Oxidausbrüche hervorrufen.

Durch die Maßnahmen im Zuge der neuen Abgasvorschriften ist die tribochemische Belastung an VSR verschärft. In Nfz-Anwendungen treten sogar neue Beanspruchungen auf: Durch Abgasrückführung (AGR) (G) zur Verringerung der Stickoxidemissionen kann es zu Kondensatbildung im Einlass kommen und infolgedessen zu Korrosion an den VSR. Dabei treten kritische Zustände nicht etwa bei hohen Lasten auf, sondern im Stillstand, wenn der Motor abkühlt [12]. In vielen Nfz-Anwendungen ist deshalb der Einsatz korrosionsbeständiger VSR erforderlich.

3.3.2.5 Mechanische Beanspruchung im Tribosystem Ventil/VSR

Im Tribosystem Ventil/VSR treten folgende mechanische Lasten auf, **Bild 3.12**:

- **Federvorspannkraft:** Das Ventil wird durch die Ventilfeder auf den VSR gepresst und beim Öffnungs- und Schließvorgang gedreht.
- **Aufprallkraft, „Impact“:** durch den Schließvorgang des Ventils. Das Ventil prallt bei modernen Motoren mit Aufsetzgeschwindigkeiten von 0,3 bis 1,0 m/s auf den VSR auf.
- **Verbrennungsdruckkraft:** infolge des Verbrennungsdruckes in der Größenordnung von 70 bis 130 bar bei Otto- und 180 bis 230 bar bei Dieselmotoren.
- **Ventildrehung:** Das Ventil wird durch die Ventilfeder oder spezielle Einrichtungen [sogenannte Rotocaps (G)] gedreht, um eine gleichmäßige Temperaturverteilung über den Umfang des Ventil und VSR zu erreichen. Beim Schließen des Ventils wird die Ventildrehung gestoppt. Starke Ventildrehung kann somit zu erhöhter Relativbewegung am Ventilsitz führen und damit zu Verschleiß.

Bisher sind keine systematischen Arbeiten bekannt, mit denen eine Bewertung bzw. Aufteilung des Gesamtverschleißes auf die einzelnen Beanspruchungen erfolgt ist. Grundsätzlich gilt, dass die Ausprägung der Kräfte im Ventiltrieb durch die geometrische Gestaltung von Ventil und VSR bestimmt wird. Darüber hinaus wird die mechanische Belastung und damit der Verschleiß am Ventilsitz durch den ZK und die VF beeinflusst. Beispielsweise können ZK-Deformationen durch thermischen Verzug zu Veränderung der Koaxialität zwischen Ventil und VSR führen und damit einseitigen Verschleiß hervorrufen, ebenso zu hohem VF-Verschleiß oder fehlerhafter Bearbeitung, Kapitel 3.4.

3.3.2.6 Montage

Üblicherweise werden VSR an der Montagelinie des Motorenherstellers in den ZK eingepresst. Aufgabe dieser Presspassung ist während der gesamten Lebensdauer der sichere Halt des VSR im ZK. Die Differenz zwischen dem Außendurchmesser des VSR und dem Durchmesser der ZK-Bohrung wird als Überdeckung bezeichnet. Empfehlungen zur Auslegung der Überdeckung sind in Kapitel 3.3.4.1 zu finden. Generell gilt, dass hohe Überdeckungswerte beim Einpressvorgang bereits zu plastischer Deformation am ZK führen können. Eine beispielhafte FE-Berechnung eines typischen Pkw-ZK zeigt, dass bei hohen Überdeckungen durch den Einpressvorgang ein Spalt zwischen VSR und ZK erzeugt wird, **Bild 3.18**. Dadurch wird der Wärmeübergang wesentlich gestört, was unter anderem zur Überhitzung der Komponenten führen kann und sich negativ auf den Verschleiß auswirkt.

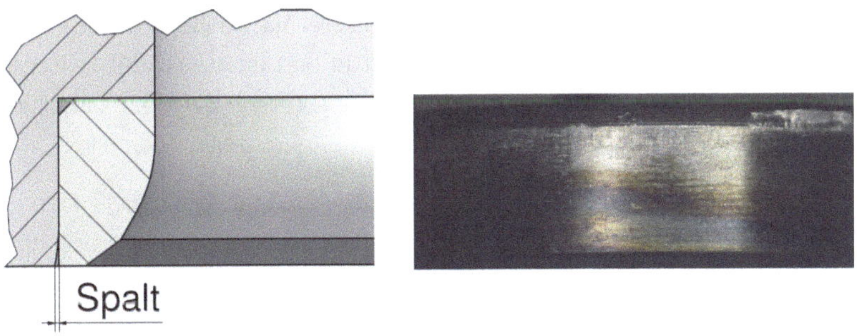

Bild 3.18: Montageprobleme

Zur Reduzierung der Einpresskräfte stehen bei korrekt ausgelegter Überdeckung diese Möglichkeiten zur Verfügung:

- **Schmierung:** Systematische Untersuchungen haben ergeben, dass die Einpresskräfte durch den Einsatz von Schmiermitteln um durchschnittlich 30 % gesenkt werden können. Es wird deshalb empfohlen, mit Schmiermittel einzupressen.
- **Einpressfase:** Um den VSR zu positionieren und die Einpresskräfte möglichst gering zu halten, wird eine Einpressfase an den VSR angebracht. Bei gedrehten Fasen kann eine einfache Schräge ausreichen. Gesinterte Fasen werden mit einem Radius versehen. Der Winkel der Einpressfase beträgt üblicherweise zwischen 10 bis 15°. Systematische Untersuchungen haben gezeigt, dass die Montagekräfte mit kleinerem Einpresswinkel sinken.

- **Tiefkühlen (G):** Bei hohen Überdeckungen werden VSR vor dem Einpressen tiefgekühlt, um die mechanische Belastung des ZK zu reduzieren. Wenige Motorenhersteller erwärmen darüber hinaus den ZK. Erfahrungsgemäß werden im Pkw-Bereich 30 bis 40 % und im Nfz-Bereich 60 bis 70 % der am Markt befindlichen VSR tiefgekühlt eingepresst, um die bereits genannte Problematik der Spaltbildung zu vermeiden. Gegen den Tiefkühlvorgang sprechen hohe Betriebskosten und ein hoher Anlageninvest sowie eine steigende Anzahl an Störungen im Fertigungsablauf [13]. Grundsätzliche Untersuchungen zum Einpressen zeigen jedoch, dass die Einpresskräfte mit tiefgekühlten VSR im Vergleich zum Einpressen bei Raumtemperatur um bis zu 50 % reduziert werden können. Ferner zeigen weitere Untersuchungen, dass nicht tiefgekühltes Einpressen bei schmalen Stegen zu hoher elastischer Verformung und damit zu Rissbildung führen kann. Bei tiefgekühlten VSR ist die Situation aufgrund der geringeren Spannungen unkritisch.

Abschließend sei gesagt, dass die Montagefähigkeit von VSR gewährleistet werden muss, um Probleme an der Montagestraße des Motorenherstellers zu vermeiden.

3.3.2.7 Bearbeitung

Neben Erfüllung der bereits genannten Anforderungen müssen VSR-Werkstoffe eine gute Bearbeitbarkeit haben, um auf den Montagestraßen der Motorenhersteller endbearbeitet werden zu können. Erfahrungsgemäß werden mehr als 90 % aller VSR endbearbeitet. Grund dafür sind hohe Genauigkeitsanforderungen an den Rundlauf und die Koaxialität zwischen Ventil und VSR zur Gewährleistung eines optimalen Dichtungssitzes. Die Endbearbeitung erfolgt meist mit einem Kombiwerkzeug, VSR und VF werden gleichzeitig bearbeitet.

Der Endbearbeitung von VSR und VF ist sehr wichtig, da der Anteil der Werkzeugkosten an der ZK-Bearbeitung sehr hoch ist. Ebenso wirken sich Stillstandzeiten an den Bearbeitungsstationen äußerst negativ aus, da die Bearbeitung von VSR und VF oft den Engpass in der Montagestraße darstellt [13]. Die Herausforderung bei der Entwicklung von VSR-Werkstoffen besteht deshalb darin, verschleißbeständige Werkstoffe zu entwickeln, die gleichzeitig gut zu bearbeiten sind. Aus diesem Grund hat MAHLE ein Verfahren entwickelt, mit dem die Zerspanbarkeit von VSR beurteilt werden kann. Grundsätzlich können dabei alle wesentlichen Bearbeitungsparameter verändert werden, wie Schnittgeschwindigkeit, Vorschub, Schneidstoff, Werkzeuggeometrie und Kühlschmiermittel.

3.3.3 Werkstoffe

In diesem Kapitel werden die wesentlichen Werkstoffkonzepte für VSR beschrieben. Dabei wird neben dem Werkstoffaufbau auch auf die entsprechenden Fertigungsverfahren eingegangen.

3.3.3.1 Fertigungsverfahren

VSR werden überwiegend mit zwei Fertigungsverfahren hergestellt: gießtechnisch oder pulvermetallurgisch. Für spezielle Anwendungen im Großmotorenbereich werden auch gepanzerte VSR eingesetzt. Diese bestehen aus einem gegossenen Grundwerkstoff, auf den ein verschleißbeständiger Panzerungswerkstoff aufgebracht wird.

Die anwendungsspezifische Auswahl eines Werkstoffs für VSR hängt neben dem Anforderungsprofil auch vom Fertigungsverfahren bzw. von bestimmter Fertigungsgrenzen ab. Beispielsweise ist die Wirtschaftlichkeit der Fertigungsverfahren volumenabhängig. In **Tabelle 3.3** sind die Fertigungsverfahren nach der Art der Anwendung grob eingeteilt.

Tabelle 3.3: Fertigungsverfahren nach Art der Anwendung

	Gusswerkstoffe	Sinterwerkstoffe	Gepanzerte VSR
Anwendung	Nfz Großmotoren	Pkw Nfz	Großmotoren

3.3.3.1.1 Gussfertigung

VSR aus Gusswerkstoffen werden mit den Verfahren Schleuder- und Einzelguss hergestellt.

Schleuderguss ist ein Verfahren zur Herstellung rotationssymmetrischer Teile. Dazu wird die flüssige Metallschmelze in eine rotierende Dauerform gegossen. Durch die wirkende Zentrifugalkraft wird der Werkstoff an die Formwand gepresst. Leichte Schmelzbestandteile wie Schlacke setzen sich nach innen ab. Für die Produktion von VSR werden damit Rohlinge hergestellt, aus denen im weiteren Fertigungsablauf die VSR bearbeitet werden. Mit Schleuderguss hergestellte Werkstoffe werden derzeit hauptsächlich in Nutzfahrzeugen eingesetzt.

Einzelguss ist ein spezielles Fertigungsverfahren zur Herstellung von VSR aus hochverschleißfesten Eisenlegierungen und Nichteisenmetallen. Im Gießprozess werden verlorene Formen aus Sand genutzt. Diese Kerne werden maschinengeformt und bilden das Negativbild der VSR ab. In einem Gießvorgang werden mehrere VSR an einer sogenannten Gusstraube hergestellt. Durch Einzelguss hergestellte Werkstoffe werden derzeit hauptsächlich in höchstbelasteten Motoren eingesetzt, z. B. in Anwendungen mit alternativen Kraftstoffen oder in Schiffsdieselmotoren.

Nachbearbeitung: Die einzelnen Schritte der Nachbearbeitung von gießtechnisch hergestellten VSR zeigt **Bild 3.19**.

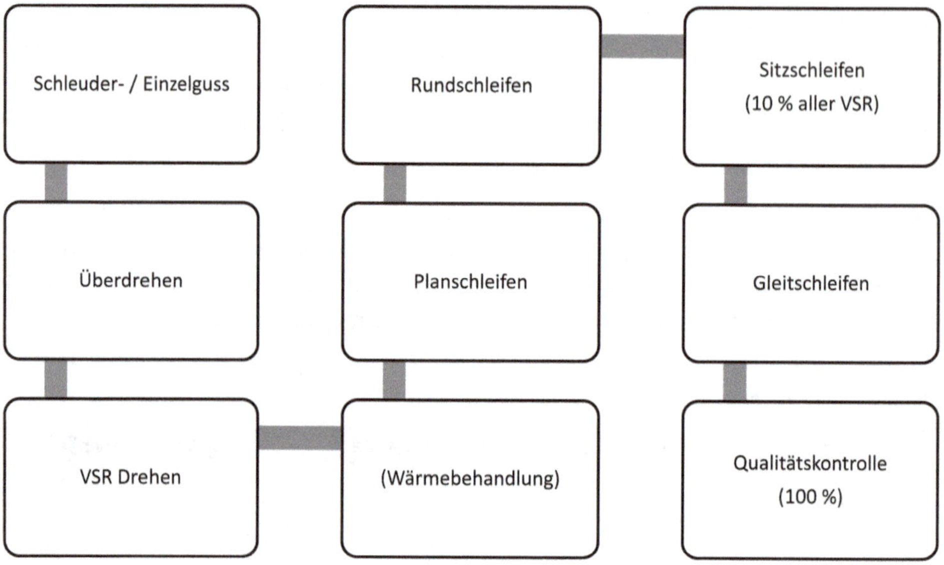

Bild 3.19: Ablaufplan Gussfertigung

3.3.3.1.2 PM-Fertigung

Bei der Herstellung pulvermetallurgischer VSR fallen folgende Prozessschritte an:

Pulvermischen: auf Basis verschiedener Grundpulver. In Kapitel 3.3.3.2.3 ist der grundsätzliche Werkstoffaufbau beschrieben.

Pulverpressen: Dabei wird das Pulver geformt und verdichtet. Die einzelnen Pulverteilchen sind nach dem Pressen im sogenannten Grünling mechanisch verklammert; dazwischen sind mit Luft gefüllte Poren. Die erreichbare Pressdichte beträgt bei Eisenbasiswerkstoffen zwischen 5,8 und 7,2 g/cm³ und ist dabei unter anderem vom Pressdruck, dem verwendeten Gleitmittel, der Teilchenform und -größe und dem plastischen Verhalten des Pulvers abhängig.

Eine Besonderheit ist das **Schichtpressen**. Schichtgepresste VSR bestehen aus einem Trägermaterial und einem Funktionswerkstoff im Sitzbereich und werden deshalb als Double-Layer bezeichnet. Beim Schichtpressen wird die Kavität pro VSR zweimal gefüllt. Beim ersten Füllen wird das Trägermaterial eingebracht, beim zweiten Füllen der Funktionswerkstoff. Anschließend wird gepresst. Auf diese Weise entsteht ein Werkstoffverbund; der teure Funktionswerkstoff wird nur dort verwendet, wo es nötig ist. Schichtpressen ist unter folgenden Bedingungen wirtschaftlich:

- Für höchstlegierte Werkstoffe, bei denen der Funktionswerkstoff um Faktoren teurer ist als das Trägermaterial
- Bei VSR-Konstruktionen mit ausreichender Querschnittshöhe, bei denen der Bereich groß ist, in dem der Trägerwerkstoff verwendet wird

Sind diese Bedingungen nicht erfüllt, entsteht durch das Schichtpressen kein Kostenvorteil. Dem Schichtpressen gegenüber stehen die um Faktoren höheren Taktzeiten beim Einfachpressen sowie vergleichsweise kurze Rüstzeiten und geringe Investitionskosten. Schichtgepresste VSR werden aufgrund fehlender Relaxationsbeständigkeit des Trägermaterials derzeit ausschließlich in Pkw-Anwendungen verwendet.

Sintern ist eine Wärmebehandlung mit dem Ziel, durch Diffusions- und Rekristallisationsvorgänge eine feste Bindung zwischen den Pulverteilchen zu schaffen und den Porenraum zu verkleinern [14]. Dabei ist Sintern als Glühen unter Schutzgas zu verstehen. Die herstellbaren Werkstoffeigenschaften sind von der Sintertemperatur und -dauer und vom verwendeten Schutzgas abhängig. Übliche Sintertemperaturen betragen zwischen 900 und 1.300 °C, übliche Durchlaufzeiten zwischen drei und vier Stunden. Zur Erhöhung der Werkstoffdichte und Verbesserung der Eigenschaften wird zum Teil mit flüssiger Fase gesintert, z.B. mit Kupfer (Cu). Diese sogenannte Cu-Infiltration wird anschließend geschildert.

Zur Infiltration werden zwei Grünlinge gepresst: einerseits der Grundwerkstoff mit VSR-Geometrie und andererseits der Cu-Rohling. Vor dem Sinterprozess werden diese aufeinander positioniert. Während des Sinterns wird das Cu flüssig und durch Kapillarkräfte in den VSR gezogen. Auf diese Weise wird der Porenraum praktisch auf Null reduziert. Entscheidend für die Infiltration ist dabei das Vorhandensein eines kommunizierenden Porensystems im Grünling. Infiltration von VSR bringt folgende Eigenschaften mit sich:

+ Gute Bearbeitbarkeit durch ununterbrochenen Schnitt
+ Erhöhte Wärmeleitfähigkeit durch das Cu
  (Fe = 20 bis 50 W/mK; Cu = 200 bis 400 W/mk)
+ Erhöhte Festigkeit durch Füllung des Porenraums
+ Schmierung des Sitzbereichs (Cu wirkt als Festschmierstoff)

Nachbearbeitung: Pulvermetallurgie ist ein Near-Net-Shape-Verfahren, d.h. die VSR sind nach dem Pressen und Sintern endkonturnah. Aufgrund der hohen Genauigkeitsanforderungen an VSR ist eine Nachbearbeitung aber dennoch notwendig, **Bild 3.20**.

Wesentliche Eigenschaften pulvermetallurgisch hergestellter VSR sind:

- Herstellung heterogener Werkstoffe mit hervorragenden Verschleißeigenschaften
- Günstige Teilekosten durch hohen Automatisierungsgrad und geringen Nachbearbeitungsbedarf (Near-Net-Shape)

Pulvertechnisch hergestellte VSR werden derzeit in allen Pkw-Anwendungen (Otto-/Dieselmotor und bei alternativen Kraftstoffen) und diversen Nfz-Anwendungen eingesetzt.

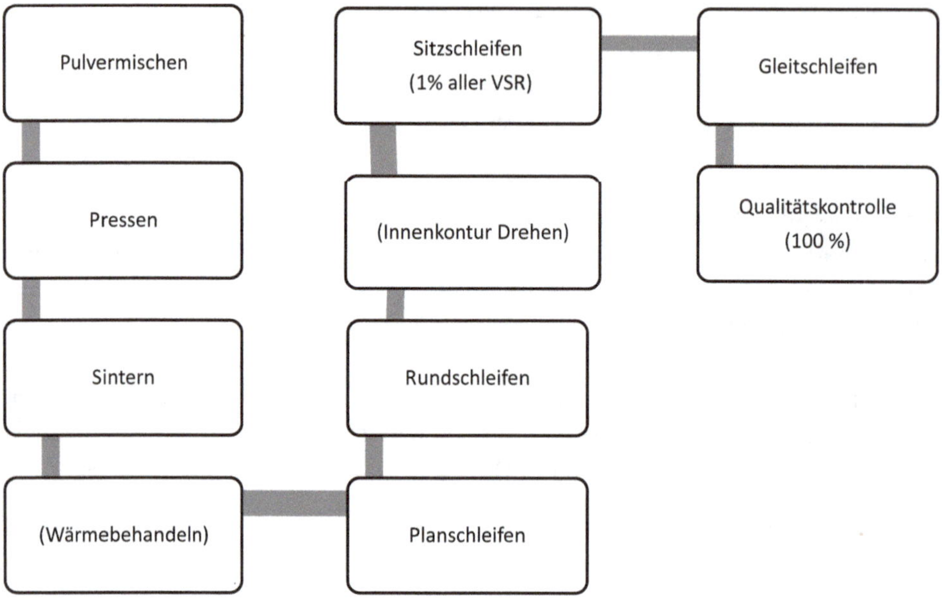

Bild 3.20: Fertigungsablauf PM-Werkstoffe

3.3.3.1.3 Panzerung von VSR

Für spezielle Anwendungen mit hoher Verschleißbelastung, wie z. B. bei Großmotoren, werden VSR mit einem weiteren Verfahren hergestellt, dem Panzern. Gepanzerte VSR bestehen aus einem Trägerwerkstoff, auf den ein Funktionswerkstoff durch Auftragsschweißen aufgebracht wird. Besondere Eigenschaften eines solchen Werkstoffverbunds sind:

- Nutzung höchstverschleißfester Panzerungswerkstoffe
- Kosteneffizientes Design

Gepanzerte VSR, **Bild 3.21**, werden derzeit ausschließlich in höchstbelasteten Großmotoren eingesetzt. Bei diesen VSR ist die Querschnittshöhe hoch und damit auch der Bereich, in dem der kosteneffiziente Trägerwerkstoff eingesetzt werden kann. Für übliche Pkw- oder Nutzfahrzeugdesigns ist das Verfahren aus wirtschaftlicher Sicht derzeit nicht sinnvoll.

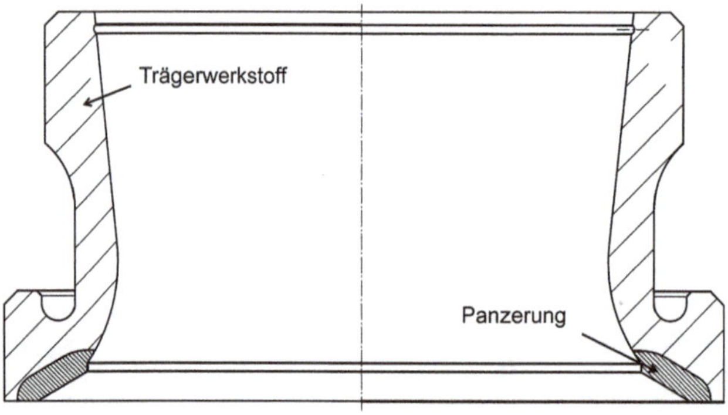

Bild 3.21: VSR mit Kühlkanal und Panzerung

3.3.3.2 Werkstoffe

3.3.3.2.1 Generelle Anforderungen

Aus der Analyse der an VSR wirkenden Beanspruchungen, Kapitel 3.3.2, lassen sich wesentliche Anforderungen an VSR-Werkstoffe ableiten bzw. zusammenfassen. Grundsätzlich sollten VSR-Werkstoffe folgende Eigenschaften haben:

- Hohe Warmhärte und -festigkeit als Zeichen für eine hohe Verschleißbeständigkeit
- Ausreichende Duktilität, um Deformationen des Zylinderkopfes auszugleichen und Dichtheit des Systems zu gewährleisten
- Gute Wärmeleitfähigkeit zur Reduzierung der Ventil-Temperaturen
- Verschleißfestigkeit gegen die Verschleißmechanismen Adhäsion, Abrasion, Oberflächenzerrüttung und tribochemische Reaktion
- Gute Kompatibilität zum Ventil
- Relaxationsbeständigkeit zur Erhaltung der Überdeckung während der gesamten Motorenlaufzeit
- Gute mechanische Bearbeitbarkeit zur Vermeidung von Problemen bei der Endbearbeitung bzw. Minimierung der Bearbeitungskosten
- Oxidations- und Korrosionsbeständigkeit gegen heiße Abgase und Kondensate im Einlass (anwendungsabhängig).

Die Auswahl eines geeigneten VSR-Werkstoffs erfolgt nach dem Einsatzgebiet und ist stark von den motorenspezifischen Belastungen abhängig, Kapitel 3.3.2. Aufgrund der komplexen Wirkungszusammenhänge müssen VSR-Werkstoffe vom Motorenhersteller für den jeweiligen Anwendungsfall freigefahren werden. Die Vorauswahl erfolgt anhand systematischer Untersuchungen mit den in Kapitel 8 vorgestellten Werkzeugen und auf Basis der Erfahrung von MAHLE.

3.3.3.2.2 Gusswerkstoffe

VSR aus Gusswerkstoffen werden derzeit ausschließlich in Nfz-Anwendungen eingesetzt. Die entsprechenden Werkstoffe haben eine hohe Härte (40 bis 55 HRC) und eine hohe Festigkeit. Grundsätzlich bestehen die Werkstoffe aus einem homogenen Gefüge, das meist martensitisch ausgeprägt ist oder auf Nichteisenmetallen basiert. Die Verschleißbeständigkeit wird hauptsächlich durch die Art und den Anteil an Hartfasen im Gefüge definiert. Zudem werden Festschmierstoffe zur Verbesserung der Bearbeitbarkeit und zur Verschleißminderung eingesetzt. Das Grundkonzept der Werkstoffe ist für viele Anwendung ähnlich, jedoch ist die Gefügeausprägung im Detail stark unterschiedlich. **Bild 3.22** zeigt die Werkstoffkonzepte gusstechnisch hergestellter VSR, eingeteilt nach Art der Anwendung und Verschleißbeständigkeit.

Korrosionsbeständige Werkstoffe weisen einen hohen Anteil an Chrom (Cr) auf. Der Cr-Gehalt muss ≥ 13 % betragen und in der Matrix gelöst sein. Das Gefüge ist ferritisch und umwandlungsfrei.

Modifizierte Tool-Steels gehören zur Werkstoffgruppe der martensitischen Stähle und werden wärmebehandelt. Dadurch werden Sonderkarbide gebildet, die für die hohe Verschleißbe-

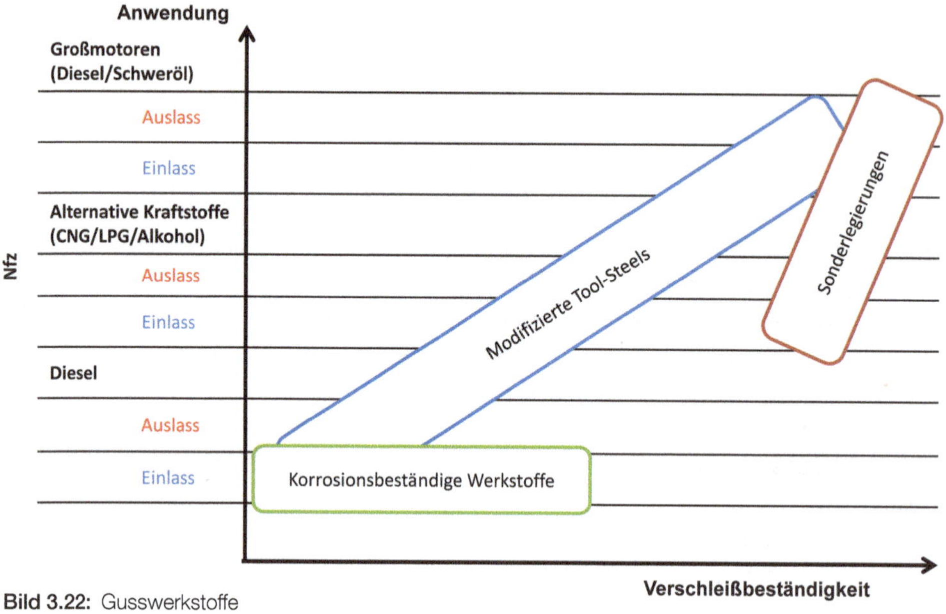

Bild 3.22: Gusswerkstoffe

ständigkeit verantwortlich sind. Insbesondere bilden sich Cr-, Molybdän(Mo)-, Wolfram(W)- und Vanadium(V)-Karbide. Ferner werden weitere Karbide über die Reaktion einzelner Legierungselemente (LE) mit Kohlenstoff gebildet. LE mit hoher Kohlenstoffaffinität werden als Karbidbildner bezeichnet, dies sind unter anderem Cr, Mo, V, W, Niob (Nb) und Titan (Ti).

Als Sonderlegierungen werden Nichteisenlegierungen auf Nickel- oder Kobaltbasis mit einem hohen Anteil an intermetallischen Phasen, z. B. Laves-Phase Co-Mo-Cr-Silizium (Si), bezeichnet. Diese weisen eine hohe Härte und eine hohe Temperaturbeständigkeit auf. Durch den Anteil im Gefüge und die Ausprägung dieser Hartphasen wird die Verschleißfestigkeit gesteuert. In **Bild 3.23** sind beispielhaft zwei Gusswerkstoffe für VSR im Schliffbild dargestellt.

PL 510 PL 840

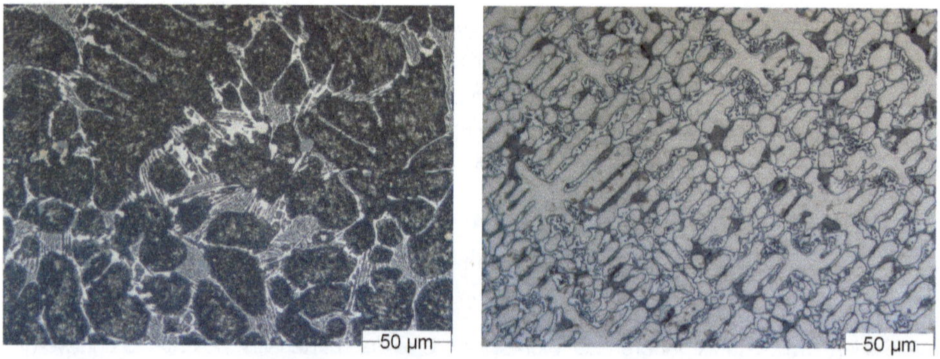

Bild 3.23: Beispiele Gusswerkstoffe, links: mod. Tool-Steel; rechts: Sonderlegierung

3.3.3.2.3 PM-Werkstoffe

Die Pulverzusammensetzung pulvermetallurgisch hergestellter VSR-Werkstoffe ist grundsätzlich immer gleich, **Bild 3.24**. Durch Variation der einzelnen Bestandteile in Art und Menge können jedoch sehr unterschiedliche Eigenschaften erzeugt werden. Zudem werden heterogene Gefüge gebildet, die ein äußerst positives Verschleißverhalten zeigen. Abhängig von den Anforderungen werden verschiedene Basispulver verwendet und verschleißmindernde Zusätze (Hartphasen und Festschmierstoffe) beigemischt. In allen Legierungen wird Kohlenstoff (C) zur Ausbildung von Karbiden und zudem Kupfer (Cu) als Beimischung oder durch Cu-Infiltration hinzugegeben.

Bild 3.24: PM-Werkstoffe Pulverzusammensetzung

In **Bild 3.25** sind übliche pulvermetallurgische Werkstoffkonzepte – eingeteilt nach Art der Anwendung und Verschleißbeständigkeit – zusammengefasst. Hauptmerkmal der verschiedenen Pulver ist das Basispulver, da die Verschleißbeständigkeit unter anderem durch dieses gesteuert wird.

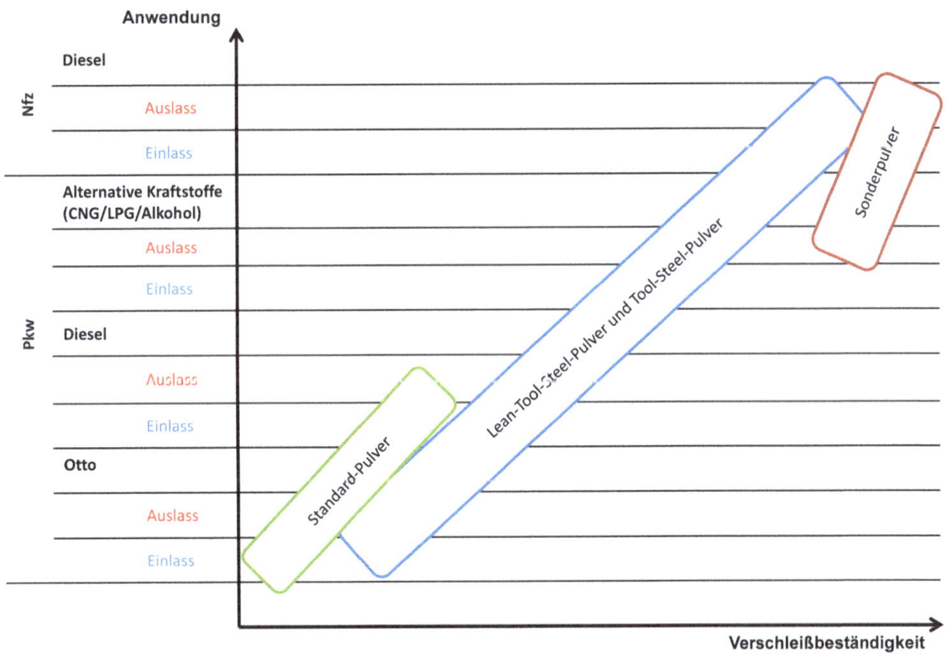

Bild 3.25: PM-Werkstoffe

Als Standard-Basispulver wird Eisen(Fe)-Basis-Pulver mit einem geringen Anteil an Nickel (Ni), Mo, Cr und Cu eingesetzt. Durch den Anteil dieser Legierungselemente wird die Warmfestigkeit und zum Teil die Verschleißfestigkeit gesteuert.

Tool-Steel-Basispulver haben eine hohe Temperaturbeständigkeit und eine hohe Warmhärte. Die Werkstoffeigenschaften werden durch eine Wärmebehandlung erreicht. Es bilden sich gleichmäßig verteilte Sonderkarbide über die LE Cr, W, V, Mo oder Si, die sich äußerst positiv auf das Verschleißverhalten auswirken. Modifizierte Tool-Steel-Pulver sind Lean-Tool-Steel-Pulver, die sich durch günstigere Teilekosten auszeichnen.

Spezielle Legierungen auf Kobalt (Co)- oder Ni-Basis sind Sonderpulver, die eine extrem hohe Verschleißbeständigkeit aufweisen. Als typische Verschleißträger werden Karbide oder intermetallische Phasen (IP) gebildet. Diese zeichnen sich durch hohe Härte und Temperaturbeständigkeit aus, z. B. Laves-Phasen (Co-Mo-Cr-Si).

Als Festschmierstoffe werden bei pulvermetallurgisch hergestellten VSR vor allem Mangansulfid (MnS), Molybdändisulfid (MoS2), Calciumflorid (CaF2) und Graphit eingesetzt, die vor allem der Verbesserung der Bearbeitbarkeit und der Verschleißminderung dienen. **Bild 3.26** zeigt beispielhaft zwei PM-Werkstoffe für VSR im Schliffbild dargestellt.

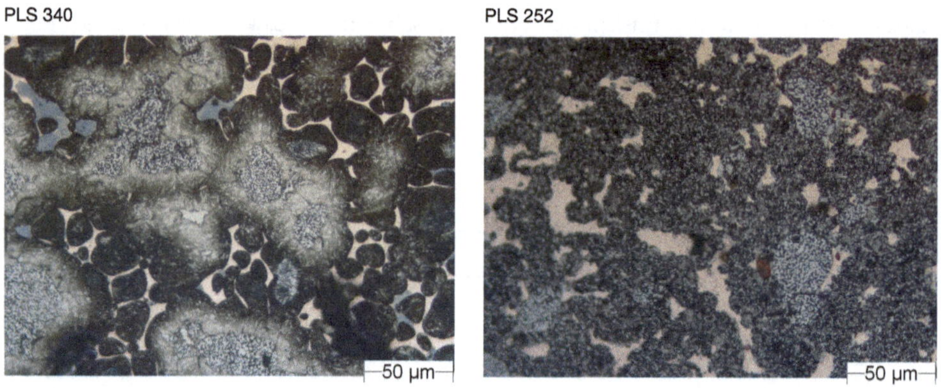

Bild 3.26: Beispiele PM-Werkstoffe, links: Standard-Basispulver; rechts: Tool-Steel-Basispulver

3.3.3.2.4 Panzerungswerkstoffe

Bei gepanzerten VSR wird zwischen Grundwerkstoff und Panzerungswerkstoff unterschieden. Grundsätzlich gilt, dass der

- Grundwerkstoff schweißbar sein und eine ausreichende Kriechbeständigkeit aufweisen muss und der
- Panzerungswerkstoff aus Sonderlegierungen mit extrem hoher Verschleißbeständigkeit besteht, z. B. auf Co- oder Ni-Basis.

Sowohl der Grund- als auch der Panzerungswerkstoff werden abhängig von der Anwendung ausgewählt oder entwickelt.

3.3.4 Design und Toleranzen

Das Design von VSR wird vom Motorenhersteller vorgegeben, da dieser den Brennraum und ZK gestaltet. Durch langjährige und herstellerübergreifende Erfahrung kann MAHLE den Motorenhersteller unterstützen und dessen Designvorgaben optimieren.

3.3.4.1 Allgemein

In diesem Kapitel werden die wesentlichen geometrischen Merkmale von VSR beschrieben. Die angegebenen Werte sind typisch für heutige Motoren. Abhängig vom Anwendungsfall können Anpassungen notwendig sein. Die Toleranzempfehlungen werden aufgrund von Beschränkungen durch den Herstellprozess getrennt für VSR aus Guss- und Sinterwerkstoffen gegeben.

VSR-Kontur: Üblicherweise haben VSR eine einfache ringförmige Kontur, **Bild 3.27**. Ein Sonderfall sind VSR für Großmotoren; diese werden zum Teil mit einem Kühlkanal ausgeführt, um den VSR durch die Wasserkühlung direkt zu temperieren.

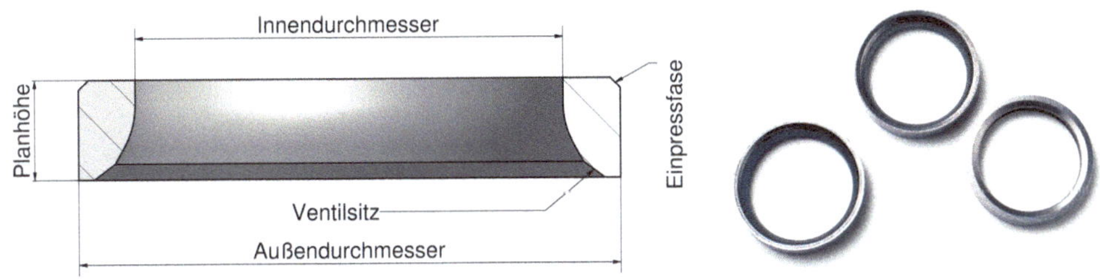

Bild 3.27: Typische VSR-Kontur

Ventilsitz: Die Gestaltung des Sitzbereichs hat einen großen Einfluss auf die Verschleißausprägung am Ventil und VSR. Entscheidend sind der Sitzwinkel und die Sitzbreite. Durch den Sitzwinkel wird die Relativbewegung der Tribopartner beim Schließen des Ventils und unter Brennraumdruck bestimmt. Oft wird ein Sitzwinkel von 45° bevorzugt, um einen hohen Gasdurchsatz zu erreichen. Ferner wird das Ventil beim Schließen durch einen steilen Sitzwinkel gut zentriert. Mit einer einfachen Berechnung kann jedoch nachgewiesen werden, dass eine Verringerung des Sitzwinkels von 45 auf 30° eine Reduzierung der Reibungskräfte um etwa 15 % zur Folge hat, **Bild 3.28**. Darüber hinaus kann mit numerischen Berechnungen ergänzend nachgewiesen werden, dass mit der Reduzierung des Sitzwinkels auch die Relativbewegung im Sitzbereich stark absinkt.

Insgesamt können somit die Belastungen am Ventilsitz durch Verringerung des Sitzwinkels deutlich reduziert und hohe Verschleißraten an modernen Pkw- und Nfz-Motoren auf einfache Weise eliminiert werden. Durch die Sitzbreite wird die spezifische Flächenbelastung am Ventilsitz in Folge des Brennraumdrucks bestimmt. In **Tabelle 3.4** sind typische Werte für Sitzbreite und -winkel moderner Motoren angegeben.

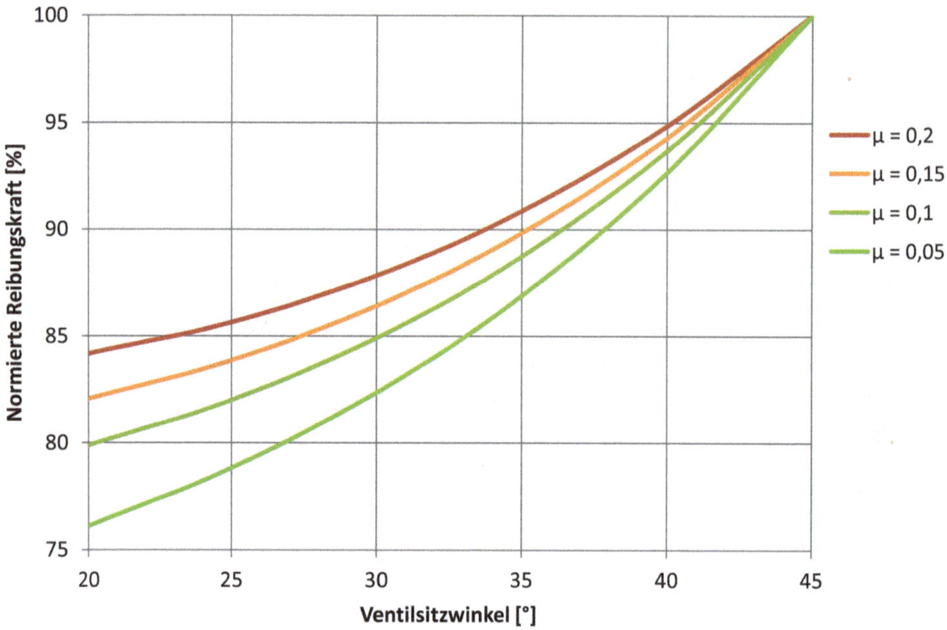

Bild 3.28: Reibungskraft in Abhängigkeit vom Sitzwinkel [10]

Tabelle 3.4: Typische Werte für Sitzbreite und Sitzwinkel (G)

Motorenkonzept		Einlass Sitzbreite [mm]	Einlass Sitzwinkel [°]	Auslass Sitzbreite [mm]	Auslass Sitzwinkel [°]
Pkw	Otto	1,2 – 1,6	45	1,4 – 1,8	45
	Diesel	1,4 – 1,8	30 – 45	1,6 – 2,2	30 – 45
	Alternativ	1,8 – 2,5	20 – 30	1,8 – 2,5	30 – 45
Nfz	Diesel	2,0 – 3,0	20 – 30	2,0 – 4,0	30 – 45

Differenzwinkel: Der Ventilsitzwinkel wird im Vergleich zum Sitzwinkel des VSR um 0,5 bis 1° größer ausgelegt. Dadurch tritt beim Schließvorgang zuerst ein Linienkontakt auf. Dies führt zu hoher Flächenpressung und damit guter Dichtwirkung bei geringen Verbrennungsdrücken. Bei hohen Verbrennungsdrücken biegt sich der Ventilteller durch, wodurch der Flächentraganteil am Ventilsitz steigt. Die Flächenpressung wird damit geringer, die Dichtwirkung bleibt erhalten. Bei der Auslegung des Ventils müssen dabei zwei Grenzen berücksichtigt werden:

- Zu hohe Steifigkeit des Ventils bei gleichzeitig großem Differenzwinkel führt zu fehlendem Anschmiegen des Ventils an den Ventilsitz des VSR und damit zu hoher Flächenpressung und infolgedessen zu lokalem Verschleiß
- Zu geringe Steifigkeit des Ventils führt zu hoher Relativbewegung im Ventilsitz und damit ebenfalls zu hohen Verschleißraten

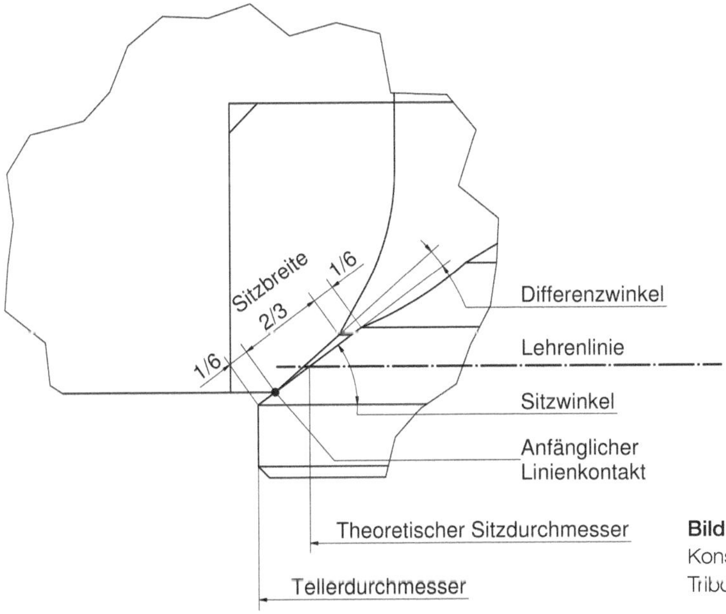

Bild 3.29:
Konstruktive Merkmale im Tribosystem Ventil/VSR

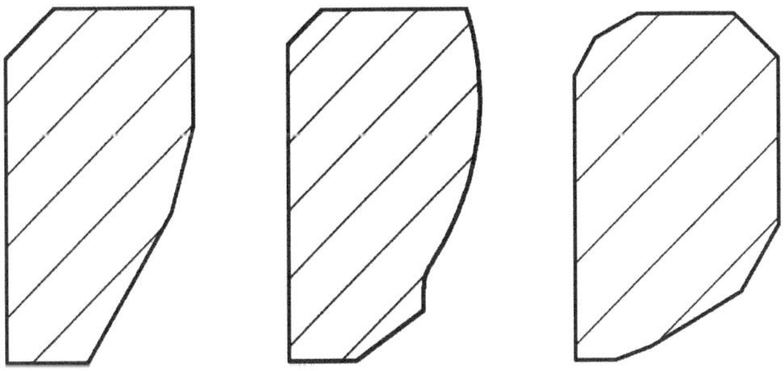

Bild 3.30:
Typische VSR-Konturen

Im **Bild 3.29** sind die wichtigsten konstruktiven Merkmale im Tribosystem Ventil/VSR zusammenfassend dargestellt.

Innenkontur: Bei VSR aus Gusswerkstoffen wird die Innenkontur bearbeitet. Zum Teil werden spezielle Konturen, **Bild 3.30**, hergestellt, um die Strömungsverhältnisse und damit die Zylinderfüllung zu verbessern. Ferner wird der Sitzwinkel häufig mit Nebenwinkeln versehen, um konstante Sitzbreiten bei der Endbearbeitung zu erreichen.

Bei VSR aus pulvermetallurgischen Werkstoffen bleibt die Innenkontur im Bestfall unbearbeitet, d. h. durch den Press- und Sintervorgang vorgegeben; die Oberflächen ist sinterglatt. Sind Hinterschnitte erforderlich, wird die Kontur nachgedreht, da Hinterschnitte presstechnisch nur bedingt herstellbar sind.

Überdeckung: Als Überdeckung wird die Differenz zwischen Außendurchmesser des VSR und Durchmesser der ZK-Bohrung bezeichnet. Typische Werte sind in **Tabelle 3.5** dargestellt.

Anwendung	Überdeckung [µm]
Pkw	30 – 60
Nfz	50 – 80

Tabelle 3.5:
Empfehlung für die Überdeckung

Bei der Auslegung der Überdeckung von VSR müssen folgende Punkte berücksichtigt werden:

- Grundsätzlich gilt, dass die Überdeckung mindestens so hoch auszulegen ist, dass die Unterschiede in der thermischen Ausdehnung des ZK und des VSR-Werkstoffs ausgeglichen werden. Beispielsweise ist die thermische Ausdehnung von Aluminium dreimal höher als die thermische Ausdehnung üblicher VSR-Werkstoffe. Dabei ist jedoch zu beachten, dass die Ausdehnung des Zylinderkopfs durch die Kühlung dehnungsbehindert ist. Das heißt, im Realfall sinkt die Überdeckung in der Regel zwar ab, aber nicht um die volle Differenz der thermischen Ausdehnung.
- Hohe Überdeckungswerte können beim Einpressvorgang zu plastischer Deformation des ZK führen, insbesondere bei Al-ZK. Der Wärmeübergang zwischen VSR und ZK kann dadurch wesentlich gestört werden.
- Hohe Überdeckungswerte können zu hohen Spannungen im ZK führen und begünstigen deshalb Rissbildung unter thermischer Wechsellast.
- Bei VSR, die in Guss-ZK eingesetzt werden, kann Relaxation zu plastischer Kriechdehnung und damit zu einem Überdeckungsverlust führen. Erfahrungsgemäß führt eine Erhöhung der Anfangsüberdeckung in oben genannten Grenzen zu einer Zunahme der Restüberdeckung.

Kurz gesagt gilt, dass die Überdeckung von VSR in Abhängigkeit des VSR-Werkstoffs und der zu erwartenden Bauteilbelastung so groß wie nötig und so klein wie möglich auszulegen ist.

ZK-Gestaltung: VSR und Ventil bzw. VF müssen nach der Fertigbearbeitung eine hohe Koaxialität zueinander aufweisen, um eine gleichmäßige Lastverteilung über den gesamten VSR-Umfang zu gewährleisten. Darüber hinaus sollten am VSR und an der ZK-Bohrung eine hohe Rechtwinkligkeit und Rundheit vorliegen, um einen guten Wärmeübergang zu sichern. Ferner beeinflusst die Oberflächenrauigkeit der Mantelfläche die Kräfte beim Einpressen des VSR in den ZK. In **Tabelle 3.6** sind bewährte Toleranzen zusammengefasst.

Merkmal	Wert [mm]
Rundheit	0,006
Rechtwinkligkeit	0,015
Rundlauf	0,060
Achsmittenversatz	0,030

Tabelle 3.6:
ZK-Toleranzen

3.3.4.2 Toleranzen Gusswerkstoffe

Um das aktuelle Produktspektrum an VSR aus Gusswerkstoffen zu zeigen, sind in **Tabelle 3.7** die minimalen und maximalen sowie typischen Abmessungen zusammengefasst, die derzeit serienmäßig produziert werden. Diese Werte sind nicht als Fertigungsgrenzen zu verstehen. Abhängig vom Einzelfall sind kleinere oder größere Abmessungen möglich.

Typische Toleranzen von Gusswerkstoffen zeigt **Bild 3.31**. Abhängig vom Einzelfall können diese ebenfalls angepasst werden.

Tabelle 3.7: Produktspektrum VSR aus Gusswerkstoffen

VSR	Außen-Ø [mm]	Innen-Ø [mm]	Planhöhe [mm]
Minimum	21,0	14,0	5,5
Typisch	40,0 – 50,0	30,0 – 40,0	5,0 – 9,0
Maximum	145,0	116,0	58,0

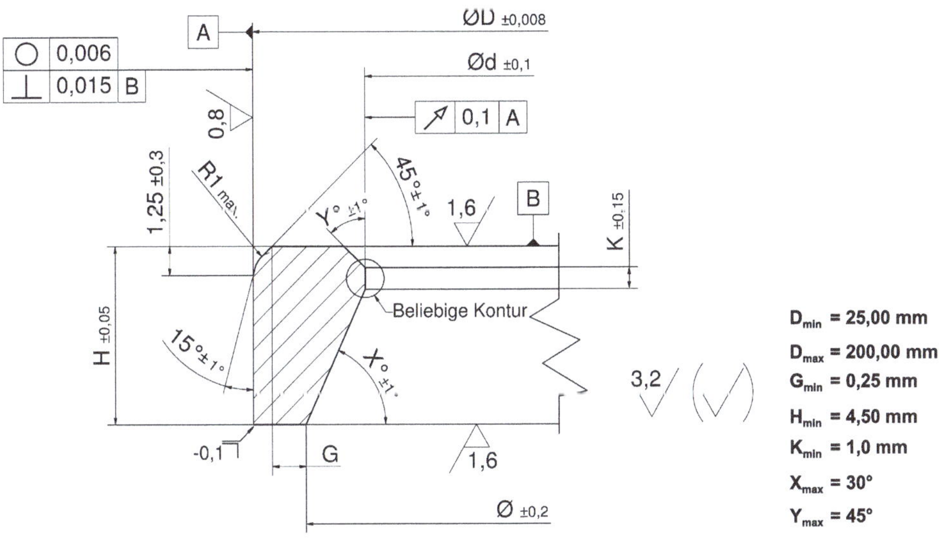

Bild 3.31: Typische Toleranzen von Gusswerkstoffen

3.3.4.3 Toleranzen PM-Werkstoffe

Wie für VSR aus Gusswerkstoffen sind in **Tabelle 3.8** die minimalen und maximalen sowie typischen Abmessungen für VSR aus PM-Werkstoffen zusammengefasst, die derzeit serienmäßig produziert werden. Auch hier gilt, dass diese Werte nicht als Fertigungsgrenzen zu verstehen sind und im Einzelfall auch kleinere oder größere Abmessungen produziert werden können.

Typische Toleranzen für PM-Werkstoffe sind in **Bild 3.32** zusammengefasst. Auch diese Werte sind nicht als Fertigungsgrenzen zu verstehen.

Tabelle 3.8: Produktspektrum PM-VSR

VSR	Außen-Ø [mm]	Innen-Ø [mm]	Planhöhe [mm]
Minimum	16,0	12,0	4,0
Typisch	25,0 – 30,0	20,0 – 25,0	5,0 – 7,0
Maximum	56,0	46,0	8,5

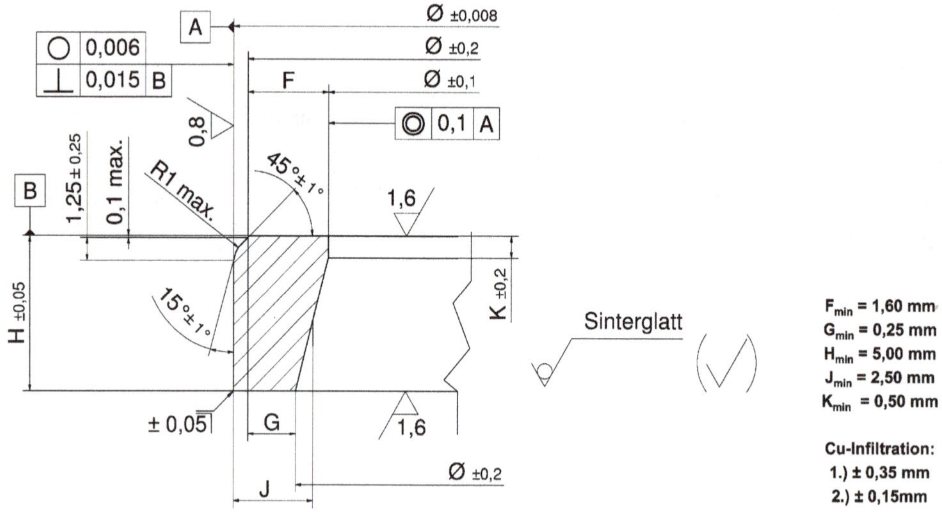

Bild 3.32: Typische Toleranzen von PM-Werkstoffen

3.4 Ventilführungen

3.4.1 Aufgabe und Funktion

Als Tribopartner zum Ventil erfüllt die Ventilführung (VF) folgende wichtige Aufgaben:

- Führung des Ventils während der gesamten Lebensdauer unter Beibehaltung der Koaxialität zwischen Ventil und Ventilsitzring (VSR) und damit eines optimalen Dichtungssitzes,
- Kühlung des Ventils durch Wärmetransport vom Ventilschaft auf den Zylinderkopf (ZK).

Fehlende Koaxialität zwischen Ventil und VSR kann zu hohen Verschleißraten führen, bis hin zu Undichtigkeiten im System und damit zu Motorenausfällen, Kapitel 3.3.2.3. Niedrigere Verschleißraten im Tribosystem Ventilschaft/VF sind deshalb essenziell, um einen einwandfreien Verbrennungsverlauf zu gewährleisten.

3.4.2 Beanspruchung und Anforderungen

Die wichtigsten Belastungen von VF sind:

- Thermische Belastung durch die Verbrennung
- Mechanische Belastung durch Kräfte am Ventilschaft

Insgesamt entsteht eine tribologische Beanspruchung durch die Relativbewegungen des Ventils, d. h. den Öffnungs- und Schließvorgang. Die mechanische Belastung tritt bei jedem Ladungswechselvorgang zyklisch auf. Die thermische Belastung ist während eines Ladungswechsels näherungsweise konstant, weil die Komponenten Ventil und VF den Temperaturschwankungen aufgrund ihrer thermischen Trägheit nicht völlig folgen. Über den gesamten Motorenbetrieb hinweg wechselt die thermische Belastung aber dynamisch.

Abhängig von der Anwendung und dem Motorenkonzept variiert das Belastungskollektiv stark. Auch wirken weitere Effekte, wie z. B. hoher Verschleiß am VSR oder thermischer Verzug des ZK, negativ auf das Tribosystem Ventilschaft/VF, was letztlich zu erhöhten Verschleißraten führt. Als Verschleißmechanismen treten vorwiegend Abrasion, Adhäsion, plastische Deformation und tribochemische Reaktionen auf. **Bild 3.33** zeigt die wesentlichen Beanspruchungen, denen VF im Motorenbetrieb ausgesetzt sind.

Bezüglich der Lebensdauer werden an VF die gleichen Anforderungen gestellt wie an VSR. Übliche Zielvorgaben betragen bei Pkw-Motoren zwischen 200.000 und 300.000 km und bei Nfz-Motoren bis zu einer Million km. Bei stationären Motoren werden zum Teil Laufzeiten von bis zu 60.000 h angestrebt.

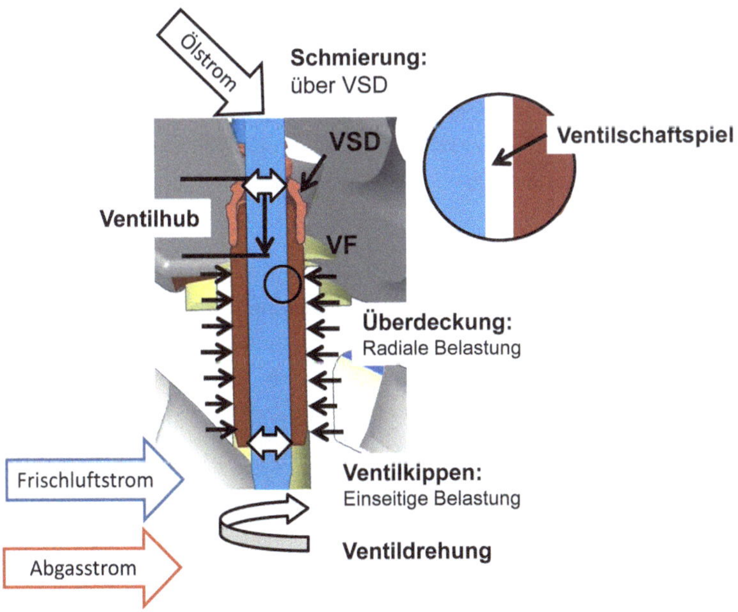

Bild 3.33: Tribosystem Ventilschaft/VF [15]

Im Wesentlichen steht MAHLE als VF-Hersteller im Spannungsfeld der Interessengruppen Entwicklung, Einkauf und Montage/Bearbeitung, Kapitel 3.3.2. Neben günstigen Kosten und einer ausreichenden Verschleißbeständigkeit liegt das Augenmerk dabei vor allem auf der Bearbeitbarkeit, um hohe Standzeiten bei der Endbearbeitung zu erreichen [13]. VF werden durch einen Reibprozess fertigbearbeitet, damit die hohen Anforderungen an Koaxialität zwischen Ventil und VSR erfüllt werden können, Kapitel 3.4.2.7.

3.4.2.1 Tribopartner Ventilschaft

Grundsätzlich ist Verschleiß am Ventilschaft zu vermeiden bzw. Verschleiß an der VF zu bevorzugen, da hohe Verschleißraten am Ventil zu Ventilabriss führen können und damit zu Motorversagen. Die Verschleißausprägung hängt dabei einerseits von der Werkstoffkombination Ventilschaft/VF ab. Andererseits wird der Verschleiß aber primär von den Schmierungsbedingungen beeinflusst, siehe nachfolgenden Abschnitt. Ferner hat die Ausführung des Ventils großen Einfluss auf die Funktionsfähigkeit des Tribosystems. Beispielsweise wird bei Einsatz von natriumgefüllten Hohlventilen wesentlich mehr Wärme in das System eingebracht als bei Verwendung von Vollventilen, Kapitel 3.4.2.3. Insgesamt werden an Ventilschäften unterschiedliche Oberflächenbehandlungen durchgeführt, wie Verchromen oder Nitrieren, um eine gute Kompatibilität zur VF zu erreichen und den Verschleiß möglichst gering zu halten.

3.4.2.2 Schmierung

Die Schmierung von Ventilschaft und VF erfolgt mit einer gewolltenÖlleckage über der Ventilschaftabdichtung (VSD) und ist für die Funktionsfähigkeit des Tribosystems unverzichtbar. Alle Versuche mit einem ölfreien Tribosystem Ventilschaft/VF sind bisher gescheitert. Der Schmierfilm trennt die Tribopartner voneinander, sodass Festkörperkontakt weitgehend vermieden wird. Erfahrungsgemäß steigt mit abnehmendem Schmierfilm der Verschleiß zwischen Ventilschaft und VF stark an. Grundsätzlich ist der Volumenstrom des Öls von der VSD in das Tribosystem und von dort zum Brennraum und damit der Ölverbrauch über den Ventiltrieb von verschiedenen Mechanismen abhängig [16]:

Gravitation: Durch die Schwerkraft fließt Öl im Spaltbereich zwischen Ventilschaft und VF zum Brennraum und tritt aufgrund der sich bildenden Ölsäule in den Brennraum aus. Dem Ventilschaftspiel (G) kommt dabei eine besondere Bedeutung zu, da dieses einerseits so hoch auszuführen ist, dass Öl in den Spaltbereich zwischen Ventilschaft und VF gelangen kann. Anderseits führt ein zu hohes Ventilschaftspiel erfahrungsgemäß zu hohem Ölverbrauch.

Ventilbewegung: Durch die Bewegung des Ventilschafts wird bei der Ventilöffnung einerseits ein Teil des anhaftenden Ölfilms aus der VF geschleppt und durch vorbeiströmende Gase aufgenommen. Andererseits wird durch den Schließvorgang wieder Öl in die VF eingebracht, was dem gravimetrischen Verlust entgegenwirkt. Am VSD-seitigen Ende der VF wird beim Schließvorgang Öl aus der Führung transportiert, was das Angebot im System insgesamt reduziert. Ferner können hohe Temperaturen am brennraumseitigen Ende der VF zu einer geringeren Viskosität und damit einem erhöhten Ölverlust oder in einem höheren Temperaturbereich zu Vercrackung und damit zu einem gestörten Öltransport führen.

Schrägstellung: In Folge der Ventilbetätigung kann sich der Ventilschaft in der VF schräg stellen, wodurch es zu einem Druckgefälle innerhalb des Schmierfilms kommen kann. Auf diese Weise wird auf einer Seite Öl aus der VF gedrückt, auf der anderen Seite wird Druck in Richtung VSD aufgebaut.

Druckdifferenzen: Die VSD hat die Funktion, den Ölraum von der Frischluft bzw. dem Abgasstrom zu trennen. Gleichzeitig soll sie eine ausreichende Schmierung des Tribosystems Ventil/VF gewährleisten. Mit der VSD müssen demnach die Druckverhältnisse zwischen den VF-Enden gesteuert werden. Einlassseitig besteht durch hohe Unterdrücke durch den Ansaugvorgang die Gefahr hoher Ölleckagen. Auslassseitig hingegen kann es durch Motorbremsen an Dieselmotoren oder bei Einsatz von Abgasturboladern zu hohen Überdrücken kommen und infolgedessen zu Mangelschmierung im Tribosystem Ventilschaft/VF. Eine Anpassung der VSD auf den jeweiligen Anwendungsfall ist deshalb unumgänglich. Bei Auslassanwendungen mit hohen Abgasgegendrücken hat sich beispielsweise der Einsatz von VSD mit einer zusätzlichen Gaslippe bewährt, die zu einem Druckaufbau in Richtung Brennraumseite führt.

Darüber hinaus gilt, dass ein fehlender oder abreißender Ölfilm dazu führen kann, dass vermehrt Frischluft oder Abgas in den Spaltbereich eindringt. Neben einer verschlechterten Wärmeabfuhr vom Ventilschaft auf die VF kann dies infolge von Ablagerungsbildung auf der VF oder dem Ventilschaft zu erhöhtem Verschleiß führen.

Bei VF aus Sinterwerkstoffen erzeugen die mit Öl gefüllten Sinterporen eine zusätzliche Schmierwirkung. Unter thermischer Belastung tritt dieses Öl aus der VF aus, **Bild 3.43**. Zudem sammelt sich während des Betriebs fortlaufend Öl in den Poren.

Derzeit ist zu beobachten, dass die Schmiereffekte im Tribosystem Ventilschaft/VF wegen der Reduzierung der Blow-by-Raten durch die Realisierung neuer Abgasvorschriften immer geringer werden. Werkstoffe mit guten Notlaufeigenschaften und verschleißbeständigere Werkstoffkonzepte kommen deshalb vermehrt zum Einsatz.

Bild 3.34: Infiltrierte VF, links: kommunizierendes Porensystem; rechts: VF „schwitzt" Öl aus

3.4.2.3 Thermische Beanspruchung

Die thermische Beanspruchung von VF hängt stark vom Anwendungsfall ab. Der Wärmeeintrag erfolgt stets über den Ventilschaft. Im Einlass wird dieser durch den Frischgasstrom gekühlt, wohingegen er im Auslass durch den heißen Abgasstrom zusätzlich erwärmt wird. Insgesamt entsteht so ein Wärmestrom – vom Ventilteller über den Ventilschaft auf die VF und von dieser auf den ZK, Kapitel 3.3.2.3 VSR, **Bild 3.14**.

Erfahrungsgemäß werden über die VF etwa 15 bis 20 % der Wärme abgeführt, die durch die Verbrennung in das Ventil gelangt. Bei natriumgefüllten Hohlventilen kann sich dieser Anteil auf bis zu 30 % erhöhen.

Numerische Berechnungen zeigen, dass die Temperaturentwicklung am Ventilschaft und der VF stark von der Ausbildung eines Schmierfilms im Spaltbereich abhängt. In einem System mit Schmierfilm sind die Temperaturen im Vergleich zu einem System ohne Schmierfilm am Ventilschaft um 10 bis 20 % geringer. Dies liegt an der um Faktoren verringerten Wärmeleitfähigkeit von Luft im Vergleich zu Schmieröl. Insbesondere bei Systemen mit natriumgefüllten Ventilen, bei denen viel Wärme über den Ventilschaft transportiert wird, können durch gestörten oder fehlenden Wärmetransport sehr hohe Temperaturen auftreten, wodurch der Verschleiß im Tribosystem stark ansteigt. Außerdem können hohe Ventilschafttemperaturen zu thermischer Überlastung der VSD führen und folglich zu erhöhtem Ölverbrauch.

Gleichwohl beeinflusst die Spaltbreite und damit das Ventilschaftspiel den Wärmestrom. Mit sinkendem Spiel wird mehr Wärme vom Ventilschaft auf die VF abgegeben. Zudem reduziert – wie bereits beschrieben – ein geringeres Spiel den Ölverbrauch deutlich. Außerdem kann ein anfänglich zu geringes Ventilschaftspiel im heißen Zustand zu mechanischem Kontakt der Tribopartner und damit zu hohen Verschleißraten führen, im Extremfall treten sogenannte Ventilklemmer auf. Bei der Auslegung des Ventilschaftspiels müssen deshalb einige Parameter berücksichtigt werden, Kapitel 3.4.4.1.

Für die absolute Temperatur an der VF gilt, dass sie an der Seite der Nockenwelle 150 °C nicht überschreiten sollte, um die VSD nicht thermisch zu überlasten. An der Brennraumseite treten abhängig vom verwendeten VF-Werkstoff und der Anwendung wesentlich höhere Temperaturen auf. Durch die einseitige Wärmeeinbringung herrscht über die VF-Länge ein hoher Temperaturgradient. Die Wärmeabfuhr auf den ZK erfolgt überwiegend zu 60 bis 80 % im unteren Drittel der VF. Umfangsseitige Temperaturgradienten liegen in der Regel unter 50 °C und sind unkritisch. Wie bei dem VSR gilt auch für die VF, dass die Temperaturen derzeit durch Einsatz von Aufladung, Downsizing, Direkteinspritzung, Zylinderabschaltung oder neuer Abgasvorschriften bei allen Motorenkonzepten ansteigen.

Zur Bestimmung der Temperaturen an der VF werden verschiedene Methoden eingesetzt. Neben Thermoelement- und Pyrometermessungen werden auch thermometrische Messungen durchgeführt, Kapitel 3.3.2.3.

Thermometrische VF werden aus einem Vergütungsstahl hergestellt, bei dem sich Anlassverhalten und Temperatur reziprok verhalten. Die Auswertung erfolgt durch Härtemessungen auf verschiedenen Ebenen der VF, **Bild 3.35**.

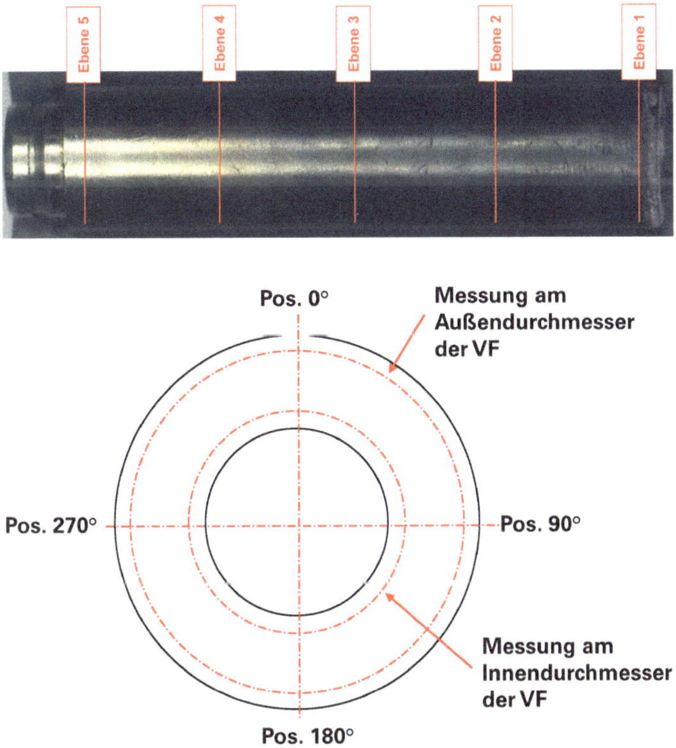

Bild 3.35: Thermometrische VF

3.4.2.4 Tribochemische Beanspruchung

Übliche VF-Werkstoffe sind nicht hitzebeständig, sodass sie unter Temperaturbelastung mit Sauerstoff reagieren und Oxidation auftritt. Die dabei gebildeten Oxide bzw. Oxidschichten wirken einerseits verschleißmindernd durch Ausprägung einer Grenzschicht und Vermeidung von Metall-auf-Metall-Kontakt. Starke Oxidation, gepaart mit thermischen Wechsellasten und/oder hoher mechanischer Belastung, kann jedoch andererseits dazu führen, dass Oxidschichten abplatzen und somit erhöhter Verschleiß auftritt.

Bei Verlust des Schmierfilms zwischen dem Ventilschaft und der VF kann Abgas in den Spaltbereich zwischen die Tribopartner gelangen. Bei Anwendungen mit stark schwefelhaltigen Kraftstoffen und bei Vorliegen niedriger VF-Temperaturen kann es daher zur Bildung schwefliger Kondensate kommen und infolgedessen zu Korrosion am Ventilschaft und/oder der VF. In einem intakten Tribosystem mit Schmierfilm tritt Korrosion nicht auf.

3.4.2.5 Mechanische Beanspruchung

Im Tribosystem Ventilschaft/VF treten mechanische Lasten auf [17]:

- Seitenkräfte an den VF-Enden. Das Ventil kippt durch die Beanspruchung mit folgenden Kräften, **Bild 3.36**:
  - Betätigungskräfte am Ventilschaftende
  - Gaskräfte am Ventilteller
  - Querkräfte durch die Ventilfeder
- Tangentiale Kräfte durch die Ventildrehung

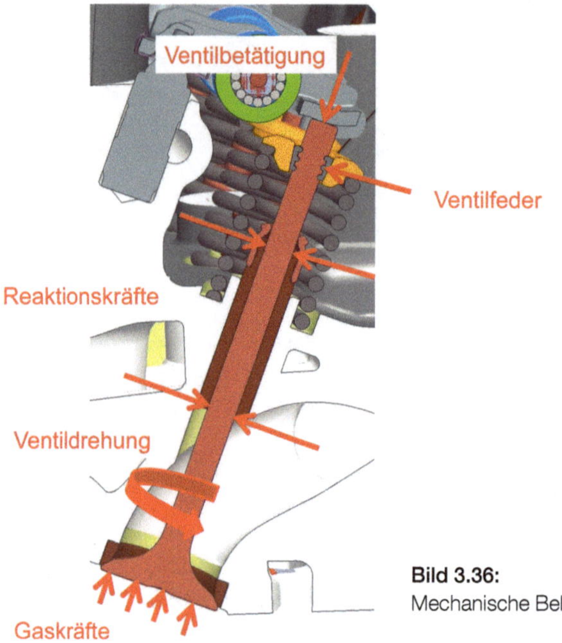

Bild 3.36:
Mechanische Belastung von VF

Abhängig von der geometrischen Gestaltung der Bauteile und dem vorliegenden Motorenkonzept schwanken die Einflüsse der Einzelkräfte stark, sodass keine systematische Aufteilung möglich ist.

Die Ausprägung der Reaktionskräfte an der VF kann durch die geometrische Gestaltung der Komponenten gesteuert werden, z. B. über die VF-Länge, Kapitel 3.4.3.2.5. Zudem wird die mechanische Belastung durch das Verhalten bzw. die Gestaltung des Zylinderkopfs und des VSR beeinflusst. Beispielweise können Zylinderkopfdeformationen durch thermischen Verzug zu einer Verschlechterung der Koaxialität zwischen der VF und dem Ventil führen und damit einen einseitigen VF-Verschleiß hervorrufen, ebenso einen hohen VSR-Verschleiß oder fehlerhafte -bearbeitung. Weiterhin muss beachtet werden, dass durch die Ventildrehung zwar eine gleichmäßige Temperaturbelastung am Ventil und VSR erzeugt wird, es aufgrund der Relativbewegung aber zu Verschleiß im Tribosystem Ventilschaft/VF kommen kann.

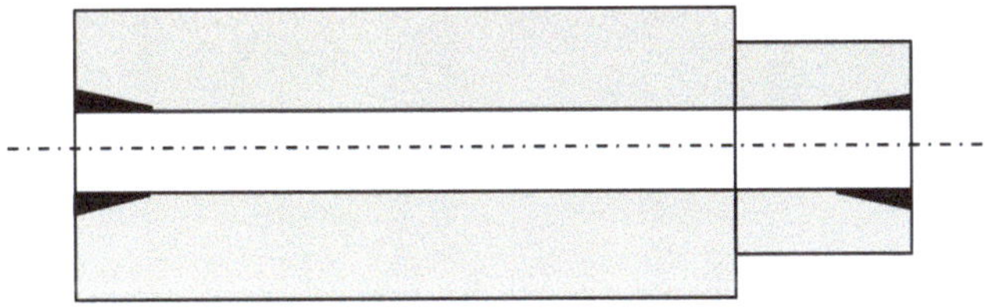

Bild 3.37:
VF-Verschleißbereiche

Bei korrekt ausgelegtem Ventilschaftspiel sind die aus tribologischer Sicht kritischen Bereiche an den Ventilführungsenden aufgrund der Seitenkräfte durch Ventilkippen meist in Wirkrichtung des Kipp- oder Schlepphebels, **Bild 3.37**. Meist ist der Verschleiß am brennraumseitigen Ende höher, was sich vor allem durch die höhere thermische Belastung erklärt.

3.4.2.6 Montage

Üblicherweise werden VF an der Montagelinie des Motorenherstellers bei Raumtemperatur und mit Schmierstoff in den ZK eingepresst. Die Presspassung sorgt während der gesamten Lebensdauer für sicheren Halt der VF im ZK. Übliche Übermaße, sogenannte Überdeckungen, sowie übliche Werte für die notwendige Einpressfase sind in Kapitel 3.4.4.1 zu finden. Bei der Gestaltung des ZK sollten zwei Faktoren beachtet werden:

- Die VF-Länge sollte so gut wie möglich der Bohrungslänge des ZK entsprechen, damit die VF-Enden durch den ZK gestützt und Querkräfte gut aufgenommen werden können und die Wärmeableitung möglichst groß ist.
- Das brennraumseitige Ende der VF sollte nicht in den Kanal ragen, um negative Einflüsse auf Gasströmungen (Einlass und Auslass) und erhöhte thermische Belastung der VF (Auslass) zu vermeiden.

3.4.2.7 Bearbeitung

Aufgrund der hohen Genauigkeitsanforderungen an Rundlauf und Koaxialität zwischen Ventil und VSR werden die VF endbearbeitet. Meist erfolgt die Endbearbeitung mit einem Kombiwerkzeug, d. h. VSR und VF werden gleichzeitig bearbeitet. Überwiegend stellen ein- oder mehrschneidige Werkzeuge durch einen Reibprozess die Bohrung der VF her. Insgesamt ist die Endbearbeitung von VSR und VF sehr wichtig, Kapitel 3.3.2.7. Wie bei VSR besteht die Herausforderung bei der Werkstoffentwicklung von VF deshalb darin, verschleißbeständige Werkstoffe zu entwickeln, die gleichzeitig gut zu bearbeiten sind [17]. Zur Beurteilung der Bearbeitbarkeit von VF-Werkstoffen führt MAHLE deshalb Bearbeitungsversuche durch, bei denen alle wesentlichen Bearbeitungsparameter – wie z. B. Schnittgeschwindigkeit, Vorschub sowie Schneidstoff, Werkzeuggeometrie und Kühlschmiermittel – verändert werden können.

3.4.3 Werkstoffe

In den folgenden Abschnitten werden die wesentlichen Werkstoffkonzepte für VF beschrieben. Neben dem eigentlichen Werkstoffaufbau werden auch die entsprechenden Fertigungsverfahren erläutert.

3.4.3.1 Fertigungsverfahren

VF werden abhängig vom Werkstoffkonzept mit verschiedenen Fertigungsverfahren produziert. Die anwendungsspezifische Auswahl eines Werkstoffs richtet sich neben dem Anforderungsprofil auch nach dem Fertigungsverfahren bzw. bestimmten Fertigungsgrenzen und ist volumenabhängig. **Tabelle 3.9** gibt eine grobe Einteilung der Fertigungsverfahren nach Art der Anwendung.

Tabelle 3.9: Vergleich der Fertigungsverfahren

	Gusswerkstoffe	Buntmetalle	PM-Werkstoffe
Anwendung	Nfz Großmotoren	Pkw Nfz	Großmotoren

Vergleicht man die Werkstoffkonzepte miteinander, so kann man festhalten: Wesentliches Merkmal von Gusswerkstoffen sind eine hohe Temperaturbeständigkeit und hohe Warmfestigkeit. Buntmetalle hingegen haben diesbezüglich geringere Werte, sind aber sehr gut zu bearbeiten. Durch die vielen Gestaltungsmöglichkeiten können bei pulvermetallurgischen (PM-)Werkstoffen die Vorteile von Gusswerkstoffen und die Vorteile von Buntmetallen kombiniert werden. PM-Werkstoffe für VF bieten – bei gleichzeitig guter Bearbeitbarkeit – hohe Temperaturbeständigkeiten und hohe Warmfestigkeiten.

3.4.3.1.1 Guss- und Buntmetallfertigung

Die Herstellung von VF aus Guss oder Buntmetall unterscheidet sich lediglich in der Art der Urformung. Während Gusseisen-VF in der Regel aus Sandgussrohlingen bearbeitet werden, werden Buntmetallführungen im Strangguss oder durch Strangpressen hergestellt.

Sandguss ist ein spezielles Fertigungsverfahren zur Herstellung hochverschleißfester Eisenlegierungen und Nichteisenmetalle. Der Gießprozess erfolgt mit verlorenen Formen aus Sand. Es werden einfache Stangen mit definierter Länge gegossen, aus denen VF bearbeitet werden. Mit Sandguss hergestellte VF werden derzeit ausschließlich in Nfz-Anwendungen und Großmotoren eingesetzt.

Strangguss ist ein Fertigungsverfahren zur Erzeugung von theoretisch endlosem Stangenmaterial. Buntmetalle sind aufgrund der hohen Umformbarkeit besonders für den Strangguss geeignet. Die flüssige Metallschmelze fließt von einem Zwischenbehältnis in eine senkrecht stehende Kokille. Durch die Gravitationskraft entsteht so ein Strang, der über verschiedene

Transportreinrichtungen geführt wird und langsam abkühlt. Theoretisch entsteht so ein Endlosstrang, der auf eine definierte Länge gekürzt wird.

Strangpressen gehört zu den Druckumformverfahren. Im Wesentlichen wird dabei ein Rohmaterialblock vorgewärmt und in einer geschlossenen Vorrichtung mit einem Stempel durch eine Matrize gedrückt. Profile werden durch den Einsatz von Dornen gefertigt. Strangpressen ist besonders geeignet für leicht umformbare Werkstoffe, wie Al und Cu. Buntmetall-VF kommen aufgrund ihrer geringen Festigkeit und Temperaturbeständigkeit derzeit ausschließlich in Pkw-Anwendungen zum Einsatz und werden aufgrund steigender Festigkeitsanforderungen derzeit zunehmend durch PM-VF ersetzt.

Die einzelnen Schritte der Nachbearbeitung von VF aus Gusseisen und Buntmetallen zeigt **Bild 3.38**.

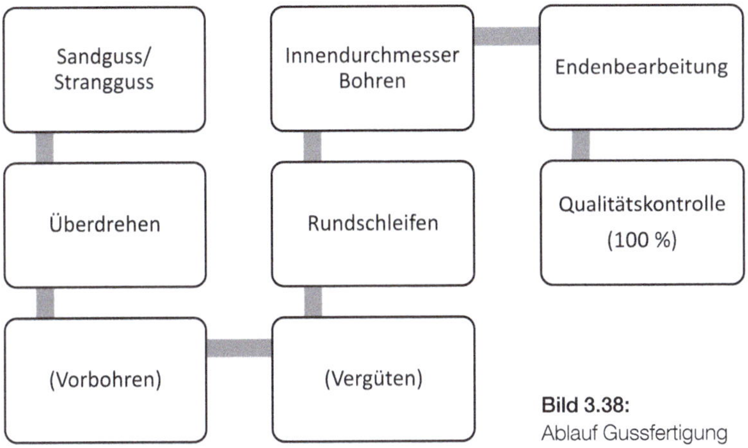

Bild 3.38:
Ablauf Gussfertigung

3.4.3.1.2 PM-Fertigung

In diesem Kapitel werden die wesentlichen Prozessschritte bei der Herstellung pulvermetallurgischer VF beschrieben, Bild 3.39. Grundsätzlich sind Ablauf und Verfahren gleich wie bei der Herstellung pulvermetallurgischer VSR, Kapitel 3.3.3.1.2. Deshalb werden an dieser Stelle nur die wichtigsten Punkte – ergänzt um Besonderheiten bei der PM-Fertigung – von VF je Prozessschritt beschrieben.

- Pulvermischen auf Basis verschiedener Grundpulver. Der grundsätzliche Werkstoffaufbau ist in Kapitel 3.4.3.2 beschrieben.
- Pulverpressen zum Formen und Verdichten der Pulvermischung bzw. zur Herstellung des sogenannten Grünlings. Die erreichbare Pressdichte beträgt bei Eisenbasispulvern zwischen 5,8 und 7,0 g/cm³ und ist insbesondere von der VF-Länge abhängig. Aufgrund der beidseitigen Verdichtung des Pulvers stellt sich in der VF ein Dichtegradient ein, sodass die VF-Enden eine höhere Dichte aufweisen als die VF-Mitte. Da die Belastungsspitzen an den VF-Enden auftreten, ist das positiv.

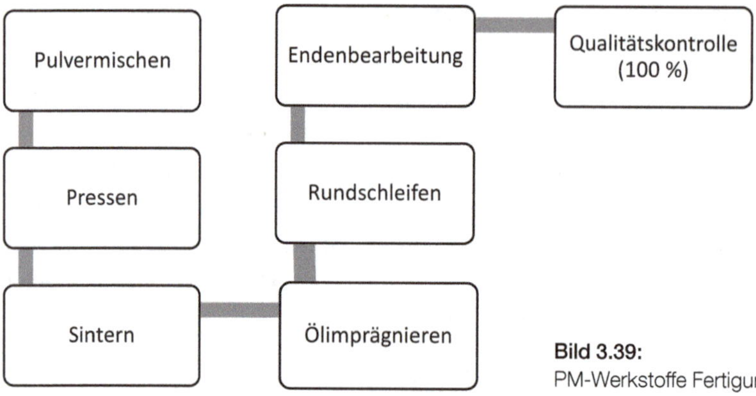

Bild 3.39:
PM-Werkstoffe Fertigungsablauf

- Sintern ist eine Wärmebehandlung mit dem Ziel, durch Diffusions- und Rekristallisationsvorgänge eine feste Bindung zwischen den Pulverteilchen zu schaffen und den Porenraum zu verkleinern, Kapitel 3.3.3.1.2. Bei VF werden die kommunizierenden Sinterporen unmittelbar nach dem Sinterprozess mit Öl imprägniert. Dadurch wird einerseits die Bearbeitbarkeit verbessert, andererseits wirkt das Öl im Motorenbetrieb als Schmierstoff und somit verschleißmindernd.
- Die Nachbearbeitung erfolgt über Sintern und ist ein Near-Net-Shape-Verfahren. Aufgrund der hohen Genauigkeitsanforderungen an VF ist eine Nachbearbeitung aber dennoch notwendig.

Kernmerkmale pulvermetallurgischer VF sind ein geringer Nachbearbeitungsbedarf und günstige Teilekosten durch einen hohen Automatisierungsgrad, Kapitel 3.3.3.1.2. PM-VF werden derzeit in großen Stückzahlen in Pkw- und Nfz-Anwendungen eingesetzt.

3.4.3.2 Werkstoffe

3.4.3.2.1 Generelle Anforderungen

Aus der Analyse der an VF wirkenden Beanspruchungen können die wesentlichen Anforderungen an VF-Werkstoffe abgeleitet werden. Grundsätzlich sollten VF-Werkstoffe folgende Eigenschaften haben:

- Gute Wärmeleitfähigkeit zur Reduzierung der Ventiltemperatur
- Gute mechanische Bearbeitbarkeit zur Vermeidung von Problemen bei der Endbearbeitung bzw. Minimierung der Bearbeitungskosten
- Hohe Verschleißfestigkeit gegen die Verschleißmechanismen Adhäsion, Abrasion, Oberflächenzerrüttung und tribochemische Reaktion, Kapitel 3.4.2
- Gute Kompatibilität zum Ventilschaft
- Gute Notlaufeigenschaften zur Kompensation von Schmierungsproblemen

Insgesamt erfolgt die Auswahl geeigneter VF-Werkstoffe nach dem Einsatzgebiet und ist sehr von den motorenspezifischen Belastungen abhängig, Kapitel 3.4.2. Deshalb müssen

VF-Werkstoffe vom Motorenhersteller für den jeweiligen Anwendungsfall freigefahren werden. Die Vorauswahl erfolgt anhand systematischer Untersuchungen und auf Basis der langjährigen und herstellerübergreifenden Erfahrung von MAHLE.

3.4.3.2.2 Gusswerkstoffe

Gusstechnisch hergestellte VF sind auf Eisenbasis und gehören zur Gruppe der Grauguss-Werkstoffe. Sie haben mit 2,0 bis 4,0 % einen hohen Kohlenstoffanteil. Die Grundstruktur ist meist perlitisch, bei Auslass-VF auch martensitisch. Freie Graphitanteile liegen oft als Lamellen vor und wirken als Festschmierstoffe. Durch Zugabe von Phosphor (P) können ternäre Hartphasen (Fe-P-C) ausgebildet werden, die als einzelne Gefügebestandteile oder als ausgeprägte Netzwerke vorliegen und als Verschleißträger dienen. Am häufigsten wird die ternäre Phase Fe-P-C, sogenanntes Steadit, ausgebildet. VF aus Gusswerkstoffen werden derzeit im Nfz- und Großmotorenbereich eingesetzt, Kapitel 3.4.3.2.5. **Bild 3.40** zeigt zwei Gusswerkstoffe für VF im Schliffbild.

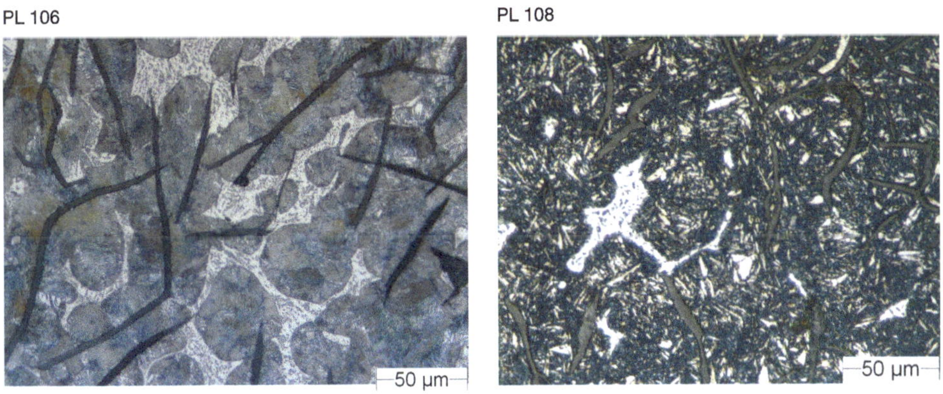

Bild 3.40: Beispiele für Gusswerkstoffe, links: Grauguss; rechts: Grauguss vergütet

3.4.3.2.3 Buntmetalle

Zu den Buntmetallen zählen unter anderem die Legierungselemente (LE) Kobalt (Co), Kupfer (Cu), Nickel (Ni), Zinn (Sn) und Zink (Zn). Als VF-Werkstoffe werden vorwiegend Cu-Zn-Verbindungen eingesetzt, sogenannte Messing-Werkstoffe. Im Wesentlichen bestehen Buntmetall VF aus der Basislegierung CuZn40Al2, der als Festschmierstoffe oder zur Ausbildung von Hartphasen weitere Legierungselemente zugegeben werden [17]. Buntmetalle sind durch eine hervorragende Zerspanbarkeit und hohe Wärmeleitfähigkeit gekennzeichnet. Im Vergleich zu Guss- und PM-Werkstoffen sind Festigkeit und Warmbeständigkeit geringer. Aufgrund steigender Anforderungen an Temperatur- und Verschleißbeständigkeit werden Buntmetall-VF derzeit zunehmend durch PM-VF ersetzt.

3.4.3.2.4 PM-Werkstoffe

Pulvermetallurgisch hergestellte VF-Werkstoffe haben derzeit den höchsten Marktanteil. Sie bestehen im Wesentlichen aus einem Grundpulver und weiteren beigemischten Legierungselementen. Durch die Art des Grundpulvers und die Art und Menge der Zugaben können unterschiedlichste Eigenschaften erzeugt werden. Allen Legierungen für VF wird Kohlenstoff zugegeben, der entweder gebunden als Karbid vorliegt oder als Festschmierstoff. **Bild 3.41** zeigt schematisch die prinzipielle Pulverzusammensetzung.

Bild 3.41: Pulverzusammensetzung Sinterwerkstoffe

Als Basispulver für pulvermetallurgische VF-Werkstoffe werden niedriglegierte Stähle verwendet. Das Gefüge ist meist perlitisch (G) mit einem geringen Ferrit-Anteil (G). Als Hartphasen werden überwiegend Zementit (G) oder Phosphidnetze ausgebildet. Als Festschmierstoffe kommen Mangansulfid (MnS), Kupfer (Cu), Bronze (CuSn) und Molybdänsulfid (MoS) zum Einsatz. Bei allen PM-Werkstoffen werden die offenen Poren nach dem Sintervorgang mit Öl imprägniert. Das verbessert die Bearbeitbarkeit und die Notlaufeigenschaften wesentlich. Ferner wirkt sich der heterogene Gefügeaufbau pulvermetallurgischer VF äußerst günstig auf das tribologische Verhalten zum Ventil aus. Erfahrungsgemäß haben PM-VF eine sehr gute Kompatibilität zu den üblichen Ventilschaftwerkstoffen. **Bild 3.42** zeigt beispielhaft zwei PM-Werkstoffe für VF im Schliffbild.

Bild 3.42: Beispiele PM-Werkstoffe, links: perlitisch; rechts: bainitisch (G)

3.4.3.2.5 Übersicht VF-Werkstoffe

Bild 3.43 gibt einen Überblick über die üblichen Werkstoffkonzepte für VF, eingeteilt nach Art der Anwendung und Verschleißbeständigkeit. Die anwendungsspezifische Auswahl von

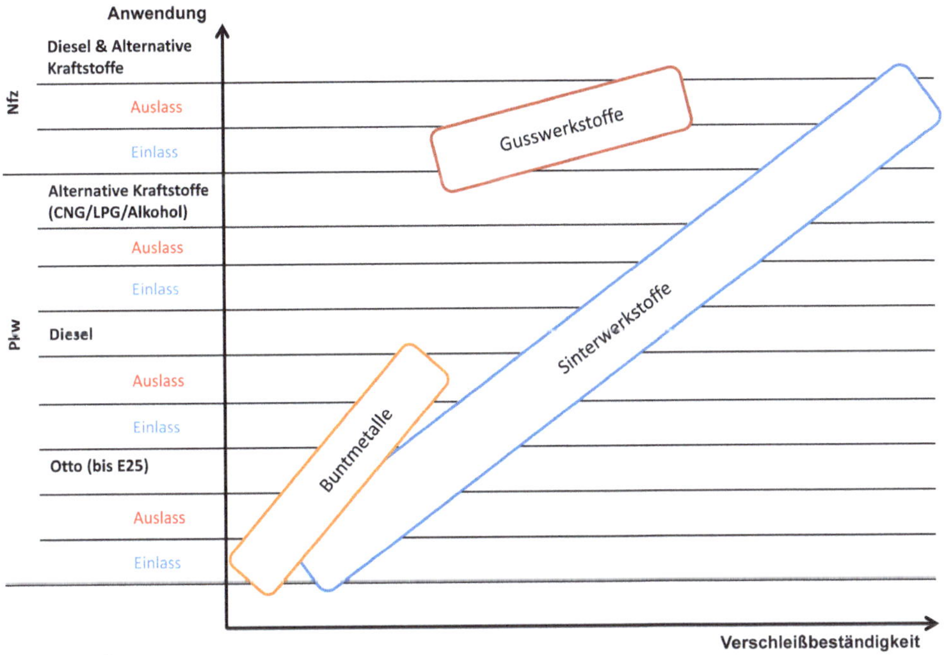

Bild 3.43: Überblick VF-Werkstoffe

VF-Werkstoffen erfolgt anhand systematischer Untersuchungen und auf Basis langjähriger und herstellerübergreifender Erfahrung von MAHLE.

3.4.4 Design und Toleranzen

Das Design von VF wird vom Motorenhersteller vorgegeben, da dieser den ZK- und Brennraum gestaltet. Durch langjährige und herstellerübergreifende Erfahrung kann MAHLE den Motorenhersteller aber unterstützen und dessen Designvorgaben optimieren.

3.4.4.1 Allgemein

In den folgenden Abschnitten werden die wesentlichen geometrischen Merkmale von VF und dem Tribosystem Ventilschaft/VF beschrieben. Die angegebenen Werte sind als typische Werte für heutige Motoren zu verstehen; anwendungsspezifische Besonderheiten können Anpassungen notwendig machen.

VF-Kontur: Üblicherweise haben VF eine einfache zylindrische Kontur, **Bild 3.44**. Die Außenflächen werden geschliffen, um eine einfache Montage in den ZK zu gewährleisten. Die Innenkontur ist im Auslieferungszustand unbearbeitet und wird beim Motorenhersteller zusammen mit dem VSR endbearbeitet.

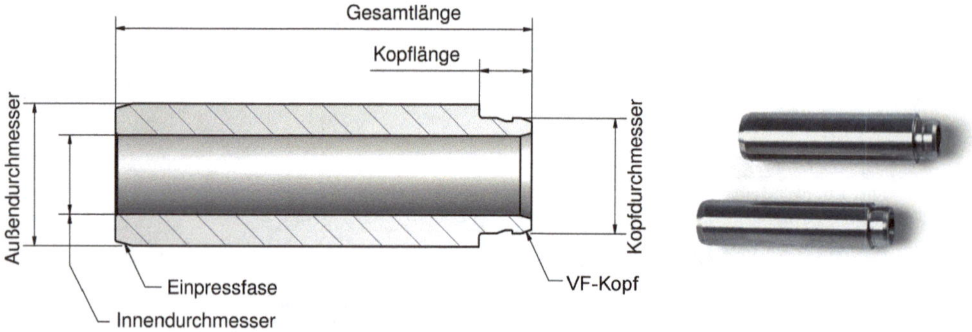

Bild 3.44: Typische VF-Kontur

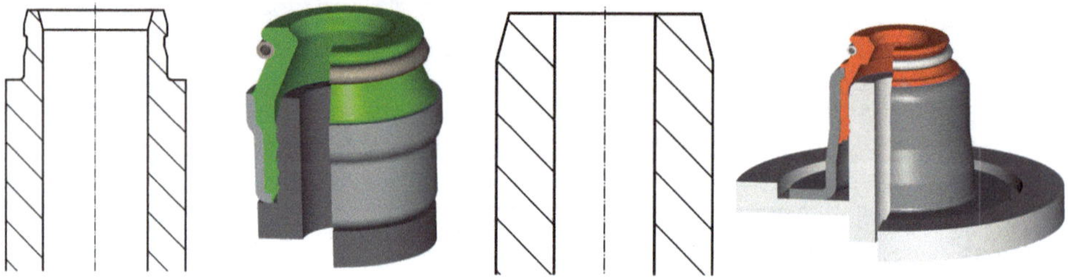

Bild 3.45: Design VF-Enden, links: Standard; rechts: integriert [17]

VF-Enden/Kopfgeometrie: Brennraumseitig werden VF mit einer einfachen Fase ausgestattet, um die Kräfte beim Einpressen möglichst gering zu halten. Ein Fasenwinkel von 15° hat sich hier bewährt. Nockenwellenseitig wird die VF abhängig von der VSD gestaltet. **Bild 3.45** zeigt typische Varianten, inkl. passender VSD-Typen, Kapitel 3.5.

Länge: Die Länge der VF sollte so groß wie möglich ausgelegt werden, um das Kippen des Ventils gering zu halten. Zudem werden dadurch die Kräfte an den VF-Enden durch verkürzte Hebelarme verringert. Erfahrungsgemäß sollte die VF-Länge mindestens 50 % der Ventillänge betragen.

Längen-/Wandstärken-Verhältnis: Die erforderliche Wandstärke der VF hängt zum einen von den an den VF-Enden wirkenden Beanspruchungen ab. Je länger die VF, desto kleiner die Belastungen. Zum anderen gelten Restriktionen von der Fertigungstechnik. Lange, dünnwandige VF sind pulvermetallurgisch schwerer herzustellen als kurze, dickwandige. **Bild 3.46** gibt einen Überblick über typische Längen-/Wandstärken-Verhältnisse der aktuellen Fertigung von VF.

Überdeckung: Die Überdeckung bezeichnet die Differenz des Außendurchmessers der VF und des Durchmessers der ZK-Bohrung. Sie sollte mindestens so groß sein, dass Unterschiede in der thermischen Ausdehnung der VF- und ZK-Werkstoffe ausgeglichen werden. Die Gefahr des vollständigen Überdeckungsverlusts durch Relaxation besteht bei VF nicht,

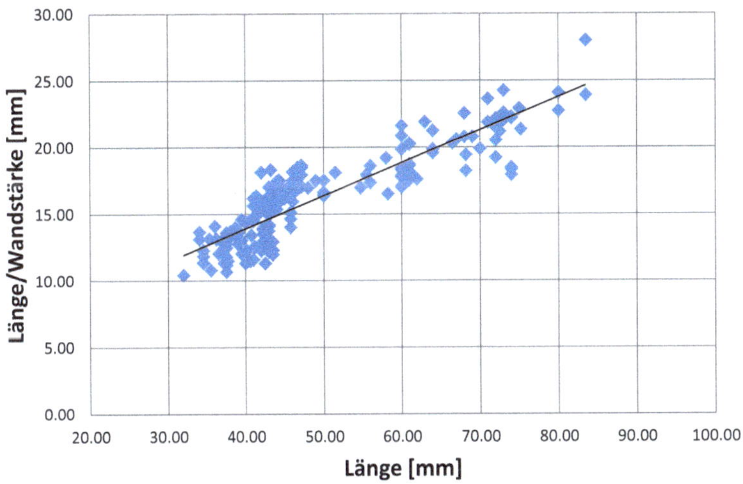

Bild 3.46: Längen-/Wandstärken-Verhältnis

ZK-Werkstoff	Überdeckung [µm]
Aluminium	20 – 60
Guss	10 – 40

Tabelle 3.10:
Typische Überdeckungswerte

da die thermische Belastung gering und die Fläche der Presspassung sehr groß ist. Typische Überdeckungswerte sind in **Tabelle 3.10** zusammengefasst.

Ventilschaftspiel: Das Ventilschaftspiel hat im Tribosystem Ventilschaft/VF eine besondere Bedeutung, da es zum einen das Verschleißverhalten zwischen den Komponenten Ventilschaft/VF und zum anderen den Ölverbrauch beeinflusst. Ein anfänglich zu geringes Spiel kann im heißen Motorenbetrieb vollständig kompensiert werden, wodurch Ventilklemmer entstehen können. Ein zu hohes Ventilschaftspiel hingegen führt zu hohem Ölverbrauch und erhöhter Schrägstellung des Ventils und damit zu starker mechanischer Belastung an den VF-Enden und zu Koaxialitätsverlust zwischen Ventil und VSR, Kapitel 3.4.2. Das Ventilschaftspiel sollte deshalb den zur Gewährleistung der Funktionsfähigkeit unter allen Betriebsbedingungen erforderlichen Minimalwert annehmen [17]. Das heißt, dass im heißen Zustand ein Spalt zwischen Ventilschaft und VF verbleiben sollte, sodass sich ein Ölfilm zwischen den Komponenten ausbilden kann. Dabei sind die Geometrie und die physikalischen Kennwerte (thermische Ausdehnungskoeffizienten und Leitfähigkeit) von Ventil und VF sowie das zu erwartende Temperaturprofil zu berücksichtigen. In **Tabelle 3.11** sind typische Werte für das Ventilschaftspiel zusammengefasst.

Werden natriumgefüllte Hohlventile eingesetzt, muss das Ventilschaftspiel angepasst werden, da wesentlich mehr Wärme in den Schaftbereich transportiert wird und die thermische Ausdehnung des Ventilschafts deshalb zunimmt.

Tabelle 3.11: Typische Werte für Ventilschaftspiel

Schaftdurchmesser [mm]	Einlass [mm]	Auslass [mm]
0 – 6	10 – 40	20 – 55
6 – 8	15 – 50	25 – 70
8 – 10	20 – 60	30 – 90
10 – 12	25 – 80	35 – 110

Ferner muss das Schaftspiel stets auf Basis aktueller Temperaturmessungen ausgelegt werden. Beispielsweise können verschlechterte Schmierungsverhältnisse in Folge der geringeren Blow-by-Rate höhere Ventilschafttemperaturen hervorrufen und dazu führen, dass das Ventilschaftspiel kompensiert wird. Ebenso sind transiente Zustände bei der Auslegung zu berücksichtigen, z. B. beim Kaltstart.

3.4.4.2 Toleranzen

Um das aktuelle Produktspektrum an VF aufzuzeigen, sind in **Tabelle 3.12** typische Abmessungen pulvermetallurgisch hergestellter VF – ergänzt um die minimalen und maximalen Abmessungen in der Serienfertigung – dargestellt. Diese Werte sind nicht als Fertigungsgrenzen zu verstehen. Abhängig vom Einzelfall sind kleinere oder größere Abmessungen möglich. VF aus Gusswerkstoffen oder Buntmetallen werden in ähnlichen Abmessungen hergestellt.

Bild 3.47 zeigt typische Toleranzen für PM-VF-Werkstoffe. Für VF aus Gusswerkstoffen und Buntmetallen gelten ähnliche Vorgaben. Herstellungsbedingte Beschränkungen durch PM-spezifische Prozessschritte entfallen dann.

Tabelle 3.12: Produktspektrum PM-VF

VF		Außendurchmesser [mm]	Wandstäke [mm]	Länge [mm]
Minimum		8,0	2,2	20,0
Typisch	Pkw	10,0 – 14,0	2,0 – 3,5	35,0 – 45,0
	Nfz	16,0 – 20,0	3,0 – 4,5	60,0 – 80,0
Maximum		22,0	5,0	90,0

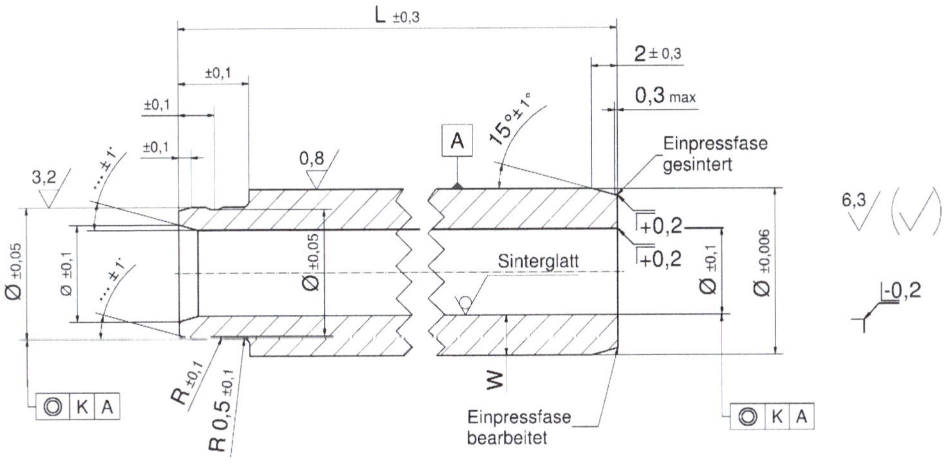

Länge [mm]	Rundlauf K [mm]
L < 50	0,10
50 < L < 70	0,15
70 < L < 100	0,20

Bild 3.47:
Typische Toleranzen PM-VF-Werkstoffe

3.5 Ventilschaftdichtung

Ventilschaftdichtungen werden auf die Ventilführung an dem in den Steuerungsraum ragenden Ende aufgesteckt. Alternativ bilden sie als Kombiteil eine Einheit mit dem unteren Ventilfederteller, Kapitel 3.6. Ihre Aufgabe ist ein kontrolliertes Schmieren des Tribosystems Ventilschaft/Ventilführung, Kapitel 3.4.2.2. Die Einbausituation und verschiedene Bauformen zeigt **Bild 3.48**. Auf einen Blechträger wird das Dichtungsmaterial aufvulkanisiert. Der Anpressdruck der Dichtlippe gegen den Ventilschaft wird neben der Geometrie der Dichtlippe zusätzlich über eine am Umfang angeordnete Spiralfeder eingestellt.

Der Anpressdruck steuert neben dem Bewegungsprofil und der Oberflächenbeschaffenheit des Ventilschafts die Leckagerate und ist damit ein wesentlicher Einflussfaktor für den Verschleiß in diesem Tribosystem. Bestrebungen zur Minimierung des Gesamtölverbrauchs von Verbrennungsmotoren haben auch hier zu schwierigeren Laufbedingungen geführt, die durch entsprechende Werkstoff- und Oberflächenlösungen zu lösen sind.

Eine weitere Erschwerung der Laufbedingungen durch Mangelschmierung ist eine unmittelbare Folge eines anderen Motorenentwicklungstrends: Durch die beim Downsizing steigenden Aufladegrade erhöht sich das Druckgefälle zwischen Kanalseite und Steuerungsraum. Deshalb kann das Öl zum Großteil in den Steuerungsraum zurückgedrängt werden und steht folglich nicht mehr in ausreichender Menge zur Schmierung zur Verfügung.

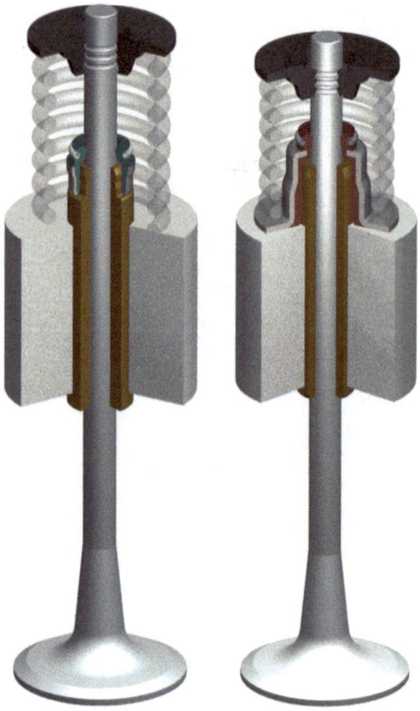

Bild 3.48:
Verschiedene Bauformen der Ventilschaftdichtung
(Bild: Freudenberg Sealing Technologies)

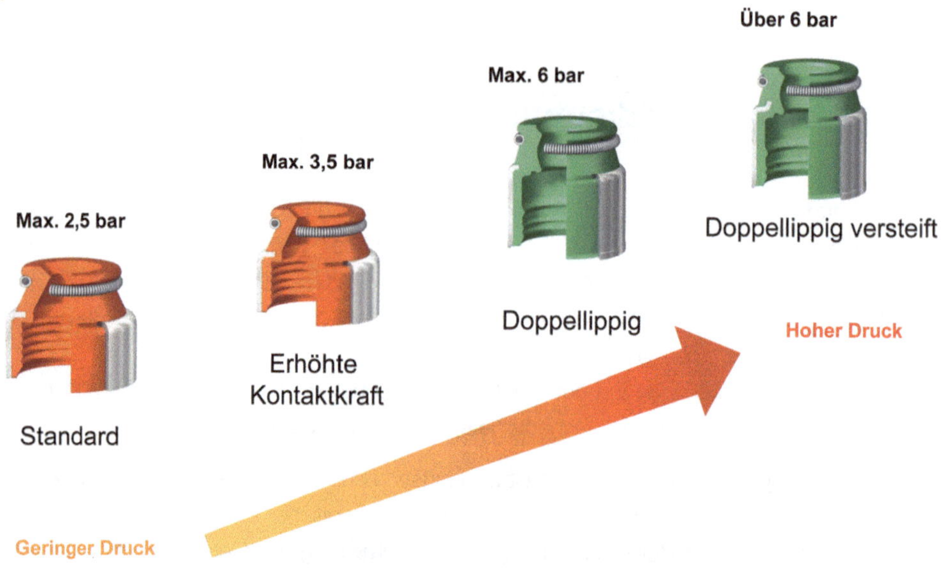

Bild 3.49: Lip-opening Pressure verschiedener Varianten der Ventilschaftdichtungen (Bild: SKF Sealing Solutions)

Die Hersteller von Ventilschaftdichtungen haben zur Entschärfung dieser Problematik verschiedene Lösungen entwickelt, die sich durch verschiedene „Lip-opening Pressures" unterscheiden, **Bild 3.49**. Hier wird durch eine geeignete zweite Dichtlippe oder eine Gas-Gegendruck-Lippe das Öl im System gehalten.

Umfangreiche Vergleichsversuche in befeuerten Tests haben die Wirksamkeit dieser Konzepte bestätigt, weshalb solche Ventilschaftdichtungstypen in vielen Nfz-Motoren und zunehmend auch im Pkw-Bereich eingesetzt werden.

3.6 Ventilfederteller

Üblicherweise wird zwischen dem oberen und dem unteren Ventilfederteller unterschieden. Der untere Ventilfederteller ist die zylinderkopfseitige Auflagefläche der Ventilfeder. Die grundsätzliche Aufgabe besteht darin, ein Eingraben der Ventilfeder in die Auflagefläche des Zylinderkopfes zu vermeiden, gelegentlich auch eine Zentrierung der Ventilfeder – falls erforderlich. Bei entsprechender Gestaltung der Stirnfläche der Ventilfeder kann auf die Verwendung des unteren Ventilfedertellers verzichtet werden. Einfachste Ausführungen haben die Gestalt von Unterlegscheiben, typischerweise in St 2 K 60 DIN 1624, z. B. kurzzeitgasnitriert, komplexere, die Ventilfeder zentrierende Varianten, werden im Kaltfließpressverfahren hergestellt. In Kapitel 3.5 werden spezielle Ausführungen von Ventilschaftdichtungen beschrieben, sogenannte Kombiteile, die eine Einheit mit dem unteren Ventilfederteller bilden. Hier bildet der Blechmantel, auf den das Ventilschaftdichtungsmaterial aufvulkanisiert ist, eine Einheit mit dem unteren Ventilfederteller.

Der obere Ventilfederteller zentriert die Ventilfeder(n) und ist in Verbindung mit den Kegelstücken die Verbindung zum Ventil und überträgt so die Federkräfte, **Bild 3.50**.

Er wird entsprechend der zu verwendenden Ventilkegelstücke ausgeführt und typischerweise in 20MnCr5, 21NiCrMo2 oder 42CrMo4 als Kaltfließpressteil gefertigt, Kapitel 3.7. Als Wärmebehandlung wird neben einem Vergüten ein anschließendes Gas-Nitrocarburieren gewählt, da für hohe Betriebssicherheit – neben der Verschleißfestigkeit – auch bei untypischen Betriebslasten, wie z. B. Überdrehen des Motors, hohe Zähigkeit gefordert ist.

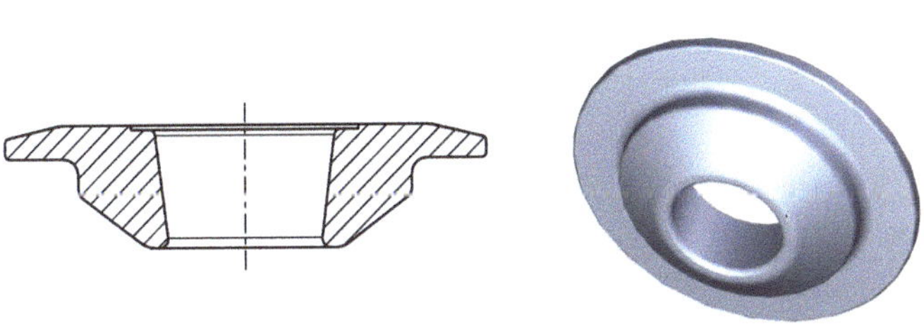

Bild 3.50: Oberer Ventilfederteller, exemplarisch

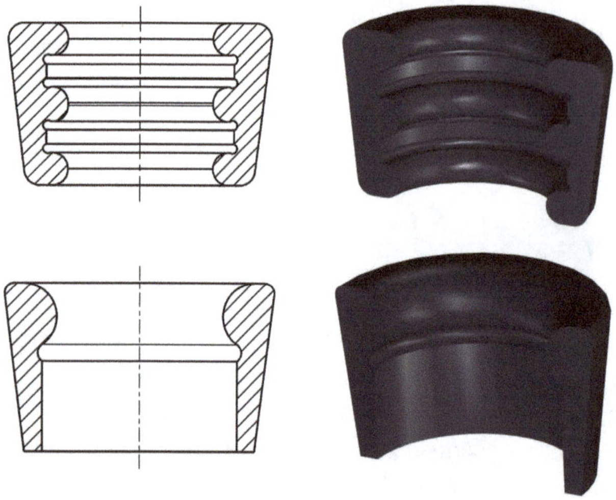

Bild 3.51:
Ventilkegelstücke in ein- und dreirilliger Ausführung

3.7 Ventilkegelstücke

Ventilkegelstücke, oft auch Ventilkeile genannt, sind die Verbindung zwischen oberem Ventilfederteller und Ventilschaft und halten so im Verbund das Ventil in Position. In der einrilligen Variante wird dies mit einer klemmenden, kraftschlüssigen Verbindung, die keine Relativbewegung im Verbund erlaubt, realisiert. In der mehrrilligen Variante wird ein Formschluss hergestellt; hier ist eine Relativbewegung zwischen den Kegelstücken und dem Ventilschaft möglich. Die Bedeutung des Drehverhaltens der Ventile wird in Kapitel 3.1 beschrieben. Ventilkegelstücke, **Bild 3.51**, werden aus Einsatzstählen kaltgeprägt und sind in der Ausführung für einrillige Ventile, wahlweise in der Ausführung für mehrrillige Ventile, immer gehärtet. Um die Ausführungsvielfalt zu begrenzen, sind Ventilkegelstücke weitgehend genormt [18].

3.8 Ventilfedern

Aufgabe der Ventilfeder ist, ein zuverlässiges Schließen des Ventils in allen relevanten Betriebszuständen sicherzustellen. Weiterhin soll sie den Kraftschluss zwischen den ventilbetätigenden Nachbarkomponenten Nockenwelle und -folger aufrechterhalten, was besonders am Geschwindigkeitsumkehrpunkt (Ventil-Maximalhub) und nach dem Ventilschließen für eine zuverlässige Motorfunktion sehr wichtig ist. Ein „Überfliegen" des Nockens hat genauso wie ein Nachspringen nach dem Schließen erhöhten Verschleiß der Ventiltriebskomponenten oder gar deren Beschädigung zur Folge. Im ersten Fall tritt Kontaktverlust auf, und es kommt zur Abweichung von der regulären Ventilerhebungskurve (G). Im letzten Fall können erhöhte Ventilaufsetzgeschwindigkeiten zu starkem Verschleiß am Tribosystem Ventilsitz/Ventilsitzring führen. Ausnahme sind desmodromische Ventiltriebe, bei denen über Schließnocken und -hebel das Ventil formschlüssig geschlossen wird und überwiegend eine schwache Zusatzfeder lediglich zur Spielüberbrückung die Abdichtung für einwandfreies Startverhalten sicherstellt.

Für die Ventilfederauslegung gilt also, dass im Bereich des Maximalhubes die Federkraft größer sein muss als das Produkt aus gesamter bewegter Masse (Ventil, oberer Ventilfederteller (G), Kegelstücke und bewegte Ventilfederanteile) und der maximalen Ventilverzögerung. Das Nachspringen, also der Rückprall des Ventils aus dem Ventilsitz, aufgrund elastischer Verformungen im System und etwaigem „Ventilfederschwirren" (Schwingungsbewegung der einzelnen Federwindungen) muss eine Mindestschließkraft vermeiden. Ventilfedern haben einen maßgeblichen Einfluss auf das Drehverhalten von Ventilen, Kapitel 3.1. Gleichzeitig werden bei der Ventilfederauslegung auch die minimal nötigen Ventilfederkräfte angestrebt, um die Reibungsverluste im Ventiltrieb klein zu halten. Weitere Randbedingungen für die Auslegung sind Bauraum und höchste Zuverlässigkeit.

Neben Haarnadel- und Drehstabfedern, die in höherdrehenden Anwendungen in der Vergangenheit zum Einsatz kamen, haben sich auf breiter Front Schraubendruckfedern durchgesetzt. **Bild 3.52** zeigt verschiedene Bauformen von Schraubendruckfedern [1].

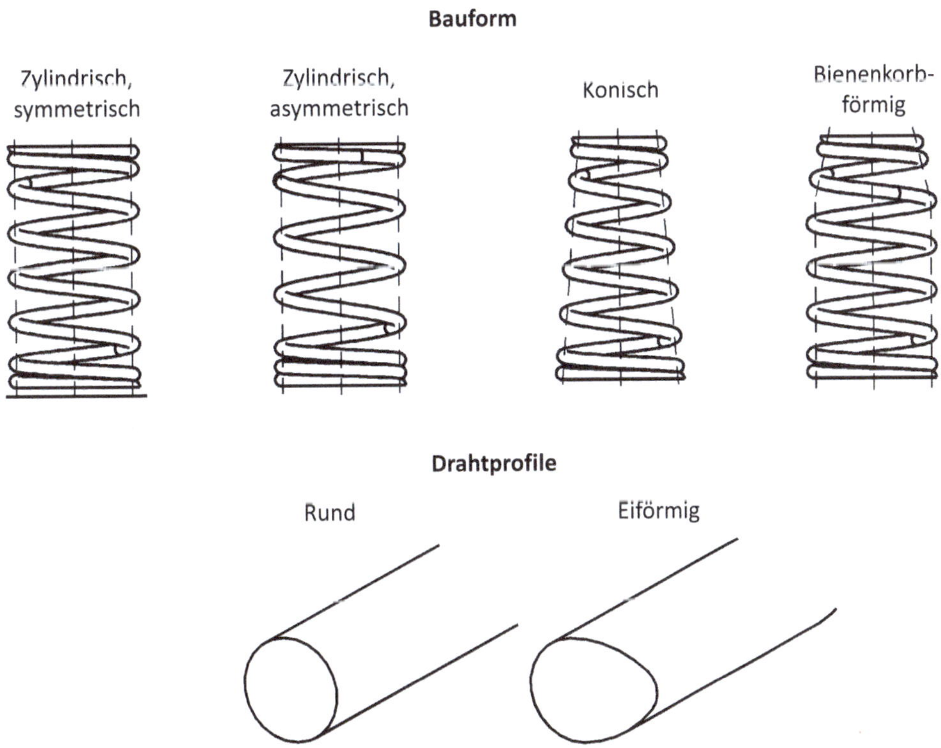

Bild 3.52: Verschiedene Bauformen von Schraubendruckfedern

Aus den geschilderten Auslegungskriterien und den Kostenzielen ergibt sich die Auswahl der Federvariante. Einfachste und kostengünstigste Ausführung ist die zylindrische, symmetrisch gewickelte Ventilfeder. Diese kann auch zweifach pro Ventil mit ineinander liegenden Ventilfedern verwendet werden, falls Bauraum und gewünschte Federcharakteristika dies erfordern. Die weiteren gezeigten Bauformen haben eine geringere bewegte Federmasse; konische und bienenkorbförmige Ventilfedern bieten darüber hinaus weiteres Leichtbaupotenzial durch möglichen Einsatz kleinerer oberer Ventilfederteller. Bei asymmetrischen Bauformen ist der Zusatzaufwand der gerichteten Montage zu beachten.

Als Ausgangsmaterial wird Federdraht aus CrSi-Stählen mit rundem und ovalem Querschnitt verwendet. Letzterer ermöglicht im Vergleich zum runden Querschnitt eine reduzierte Bauhöhe sowie eine gleichmäßigere Spannungsverteilung im Drahtquerschnitt, das erhöht die Bauteilsicherheit.

Aufgrund der spezifisch hohen Ermüdungsbeanspruchung und den strengen Anforderungen bezüglich der Ausfallraten ist der Herstellungsprozess aufwendig und umfasst Maßnahmen zur Minimierung nichtmetallischer Einschlüsse und ein Schälen nach dem Kaltziehen zur Vermeidung von Oberflächenfehlern. Festigkeitssteigerungen werden durch eine Vergütung erreicht, das Einbringen von Druckeigenspannungen per Kugelstrahlen erhöht zusätzlich die Bauteilsicherheit. Während Ventilfederbrüche bis in die 70er-Jahre des vergangenen Jahrhunderts noch relativ häufig waren, führen die genannten Maßnahmen zu einer hohen Zuverlässigkeit dieser hochdynamisch belasteten Komponente.

Literaturnachweis

[1] Van Basshuysen, R., Schäfer, F.: Handbuch Verbrennungsmotoren. 4. Auflage. Wiesbaden: Vieweg & Sohn Verlag, 2007. ISBN 978-3-8348-0227-9

[2] Von Fersen, O.: (Hrsg.) Ein Jahrhundert Automobiltechnik, Personenwagen, VDI Verlag 1986, ISBN 3-18-400620-4

[3] Van Basshuysen, R.: (Hrsg.): Ottomotor mit Direkteinspritzung, 1. Auflage. Wiesbaden: Vieweg & Sohn Verlag, 2007. ISBN 978-3-8348-0202-6

[4] Entwicklung von leichten PM-Aluminium-Einlassventilen für neue Motorgenerationen. BMBF Projekt 03N3094 B.

[5] Von Känel, A. Abele, M. Grahle, P.: A New Concept for Steel-Composite Lightweight Valves, SAE 2000-01-0906

[6] Abele, M., Lechner, M.: Das MAHLE Leichtbauventil. 23. Internationales Wiener Motorensymposium

[7] Müller, R., Weintz, R.: Ventilwerkstoffe für Verbrennungsmotoren – Valve Materials for Combustion Engines. Materialwissenschaft & Werkstofftechnik 29 (1998) S. 97-130

[8] Puck, A., Bosch, H., Lerman, P. M.: Neue leistungsfähige und wirtschaftliche Ventilwerkstoffe für kommende Motorentechnologien

[9] Sato, K., Saka, T., Ohno, T., Kageyama, K., Sato, K., Noda, T., Okabe, M.: Development of Low-Nickel Superalloys for Exhaust Valves, SAE International Congress and Exposition, Detroit 1998

[10] Schellhase, T.: Tribosystem Ventil-Ventilsitzring. Eine Systemanalyse als Vorarbeit zur Entwicklung eines Tribo-Test-Rigs. Stuttgart : s.n., 2004

[11] Heckendorn, H.: Entwicklung experimenteller und halbempirischer Verfahren zur Untersuchung der Relaxation von Ventilsitzringen. Zell i.W. : s.n., 2011

[12] Beständigkeit metallischer Werkstoffe gegen Kondensat-Korrosion in abgasgeführten Bauteilen. Prüfmethode. VDA 230-214: Frankfurt : s.n., 2009

[13] Steinert, L.: Ventilsitzringe – Ventilführungen (VSR & VF). VDI-Bericht: Zell i.W. s.n., 2009

[14] Handbuch für Sinterformteile. Höganäs : s.n., 2010

[15] Geyer, A., et al.: Beanspruchungen und Lösungsansätze im tribologischen System Ventil-Ventilsitzring-Ventiltrieb. Stuttgart : s.n., 2009

[16] Tribosystem Ventilschaft/-führung. FVV-Vorhaben Nr. 556. Öl-Transportmechanismen an den Ventilen von 4-Takt-Dieselmotoren. Abschlussbericht. Frankfurt. FVV, 1995

[17] Bildquelle Ventilschaftabdichtung (VSD): Fa. SKF

[18] Produktkatalog Ventilkegelstücke, MS Motor Service Deutschland GmbH

4 Nockenwellen

4.1 Anforderungen an Nockenwellen

Die Aufgabe der Nockenwelle ist, die rotatorische Bewegung der Kurbelwelle mit Hilfe des Nockenprofils in eine oszillierende Bewegung der Nockenfolger umzuwandeln. Die Form des Nockenprofils definiert den Ventilhub, die Öffnungsdauer (G) und den Verlauf der Ventilerhebungskurve. Der Verlauf wiederum bestimmt die Ventiltriebsdynamik, Kapitel 7.5.

4.1.1 Abgriff

Der Nockenwellenabgriff ist die Kontaktstelle zwischen Nockenprofil und Nockenfolger. Es gibt zwei Ausführungsformen: den Gleitabgriff und den Rollenabgriff. Beim Gleitabgriff gleitet das Nockenprofil – getrennt durch einen Schmierfilm – auf dem Nockenfolger ab, Kapitel 7.3. Um ausreichende Verschleißfestigkeit sicherzustellen, sind beim Gleitabgriff für die Materialpaarung unterschiedliche Werkstoffe notwendig. Die Kombination Schalenhartguss-Nockenwelle gegen eine nitrierte Stahl-Flachtasse hat sich hinsichtlich Verschleiß und Kosteneffizienz bewährt.

Beim Rollenabgriff ist der Nockenfolger mit einer Rolle ausgestattet. Diese reduziert die Reibung und somit Verlustleistung und erhöht durch eine kleinere Kontaktfläche die Kontaktpressung, weshalb hier Stahlnocken die bevorzugte Materialpaarung sind. Der geringeren Reibung stehen aber höhere Kosten gegenüber.

4.1.2 Lagerung

Bei der Lagerung wird zwischen Tunnellagerung, offener Lagerung und Lagerung im geschlossenen Lagerrahmen unterschieden. Bei der Tunnellagerung sind die Lagerdurchmesser größer als die Hüllkurve der rotierenden Nockenprofile, **Bild 4.1**. So lässt sich die Nockenwelle beispielsweise in axialer Richtung in die (Tunnel-)Lagerung des Kurbelgehäuses einschieben.

Bei der offenen Lagerung ist die Nockenwellenlagerung zweigeteilt. Die untere Lagerhälfte ist Teil des Zylinderkopfs, und die obere Hälfte wird von Lagerdeckeln gebildet. Zur Montage wird die Nockenwelle in den Zylinderkopf von oben eingelegt und anschließend mit den Lagerdeckeln verschraubt, **Bild 4.2**. Die Lager haben einen kleineren Durchmesser, was im Vergleich zur Tunnellagerung für eine reduzierte Lagerreibung und ein geringeres Gesamtgewicht sorgt. Nachteile der geteilten Lagerstelle sind die Kosten und ihre nicht optimale Rundheit.

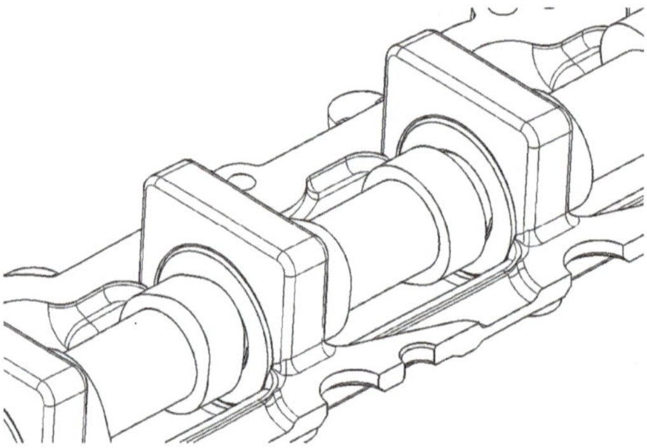

Bild 4.1: Tunnellagerung

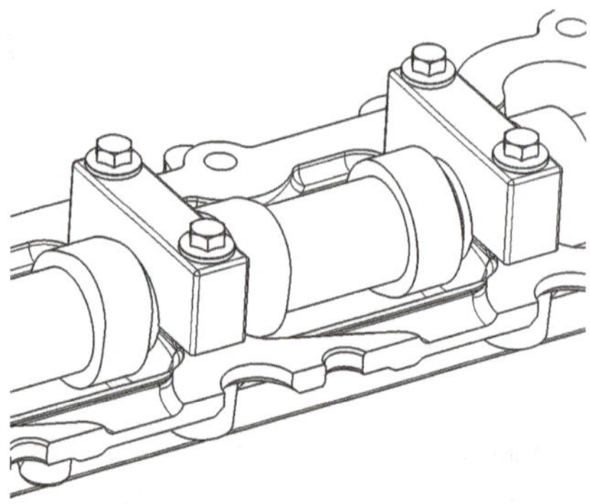

Bild 4.2: Offene Lagerung

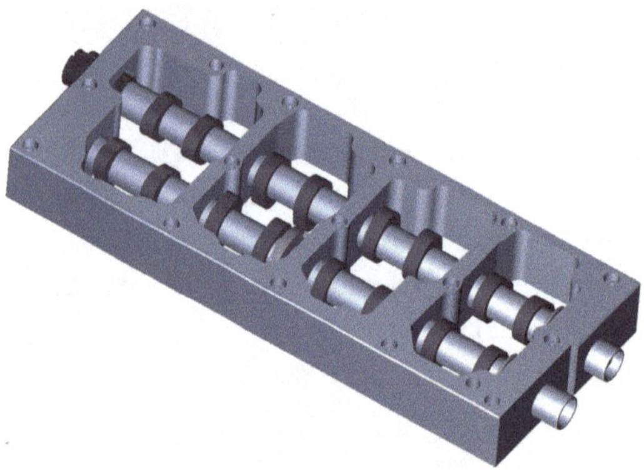

Bild 4.3: Geschlossener Lagerrahmen

Bei der Lagerung in geschlossenem Lagerrahmen bzw. in der Ventilhaube sind die kleinen Lagerstellen der offenen Lagerung mit den Vorteilen einer geschlossenen Lagerstelle kombiniert, **Bild 4.3**. Dafür ist jedoch eine gebaute Nockenwelle erforderlich, deren Komponenten im geschlossenen Lagerrahmen zusammengebaut werden.

4.1.3 Lebensdauer

Die Lebensdauererwartung bei Nockenwellen ist je nach Anwendung unterschiedlich. So soll eine Nockenwelle in einem Pkw-Motor mindestens 240.000 km fehlerfrei arbeiten und ein gutes Kosten-Nutzen-Verhältnis aufweisen.

Für Nutzfahrzeugmotoren ist eine deutlich erhöhte Lebensdauer von 1,6 Millionen km, in manchen Fällen sogar 2 Millionen km, Bedingung. Hier stehen Zuverlässigkeit, lange Wartungsintervalle und Verbrauchseffizienz bei vertretbaren Kosten im Vordergrund. Ähnliches gilt für Stationärmotoren zur Stromerzeugung oder für Schiffsantriebe, allerdings für Zeiträume von einigen Jahrzehnten. Bei kleinen Verbrennungsmotoren, wie etwa für Handgeräte im

Freizeit- und Gartenbereich, ist dies entgegengesetzt. Hier herrscht ein hoher Kostendruck, eine Lebensdauer von einigen hundert Stunden ist ausreichend.

4.1.4 Reibleistung

Die Reibleistung ist für den Großteil der Verlustleistung im Motor verantwortlich. Sie zu minimieren ist ein wichtiges Entwicklungsziel, etwa durch eine optimierte Nockenwelle. Bei einer herkömmlichen Nockenwelle entsteht an den Lagerstellen, abhängig von der Drehzahl, zunächst Mischreibung und bei hohen Drehzahlen Gleitreibung. Dasselbe gilt für den Kontakt zum Nockenfolger, falls es sich um einen Gleitabgriff handelt, Kapitel 4.1.1. Eine geringere Reibleistung lässt sich durch den Einsatz eines Rollenabgriffs am Nockenfolger erreichen. Auf dieselbe Weise lässt sich auch die Lagerreibung der Nockenwellen-Hauptlager reduzieren. Die Gleitlagerung wird durch eine Wälzlagerung ersetzt, Kapitel 4.3.2.

4.1.5 Passende Konstruktionen für bestimmte Anwendungen

Für die unterschiedlichen Anwendungen und Anforderungen (Lebensdauer, Kosten, Gewicht, Geräusch, Zusatzfunktionen) steht eine große Auswahl an verschiedenen Nockenwellenkonstruktionen zur Verfügung.

Bei Pkw-Motoren sind gegossene und gebaute Nockenwellen weit verbreitet. Im Falle eines kostensensitiven Saugmotors mit Gleitabgriff ist eine Schalenhartguss-Nockenwelle die bevorzugte Wahl. Die geforderte Funktion ist zu einem günstigen Systempreis sichergestellt, da ein hydraulisches Ventilspielausgleichselement und die Rolle im Nockenfolger entfallen. Liegt der Fokus auf günstigem Kraftstoffverbrauch, hoher Lebensdauer und geringem Geräuschverhalten ist eine gebaute Nockenwelle die bevorzugte Lösung, Kapitel 4.3. Diese ist mit Stahlnocken für den Rollenabgriff bestückt, um bei den hohen Kontaktpressungen am Hochdruckpumpen-Nocken die fehlerfreie Funktion sicherzustellen. Außerdem ist die gebaute Nockenwelle leichter als eine Gussnockenwelle. Bei einer geeigneten Zylinderkopfgestaltung haben gebaute und gegossene Nockenwellen ein ähnliches Kostenniveau.

Bei Nutzfahrzeugmotoren ist der Rollenabgriff am Nockenfolger dominant. Daher sind Nockenwellen mit Nocken aus Stahl erforderlich. In der Vergangenheit war eine aus Stahl gespante Nockenwelle die einzig verfügbare Lösung. Mittlerweile sind auch hier gebaute Nockenwellen mit Nocken aus Wälzlagerstahl öfter verbreitet. Sie zeichnen sich durch eine hohe Lebensdauer, ein geringes Gewicht und – abhängig von der Ausführung – durch günstigere Kosten aus.

Bei Großmotoren zur Stromerzeugung und für Schiffe werden Stahlnockenwellen aus Vollmaterial verwendet. Häufig sind diese in einzelne Zylindersegmente geteilt, was im Falle einer Inspektion oder einer Reparatur den Austausch erleichtert, Kapitel 4.5.

Für kostensensible Kleinmotoren, etwa in Freizeitgeräten wie Jetski und Quad, werden häufig Gussnockenwellen eingesetzt; bei handgetragenen Motorwerkzeugen wie etwa Freischneider und Laubgebläsen, auch Kunststoff-Nockenwellen, da hier die geforderte Lebensdauer nicht so hoch ist wie bei Pkws oder Nutzfahrzeugen.

4.2 Gegossene Nockenwellen

Gegossene Nockenwellen sind immer noch sehr weit verbreitet, obwohl sie immer leistungsfähiger und leichter werden müssen. Sie unterscheiden sich im Wesentlichen durch ihr Gieß- und Härteverfahren sowie die Gusswerkstoffe. Mögliche Werkstoffe und Härteverfahren sind:

- Schalenhartguss (G) mit Lamellar- oder Kugelgraphit
- Umschmelzgehärtetes Gusseisen mit Lamellargraphit
- Induktiv gehärtetes Gusseisen mit Kugelgraphit
- Flammgehärtetes Gusseisen mit Kugelgraphit

Die mit Abstand geläufigsten Gussnockenwellen sind Schalenhartguss-Nockenwellen und die induktiv gehärteten Gussnockenwellen. Um ihre Masse zu reduzieren, wird ein Großteil der Nockenwellen hohl gegossen. Ein in die Gießform eingelegter Kern, Bild 4.4, wird mit Hilfe einer Kernstütze in der Form fixiert und eingegossen.

Bild 4.4: Profilierter Kern aus Quarzsand

Abhängig vom Durchmesser und der Form ist der Kern aus Glas oder Quarzsand. Ein zylindrischer Kern kann das Gewicht einer Nockenwelle um bis zu 20 % senken. Um Gewichtseinsparungen von bis zu 35 % zu realisieren, werden die Nockenwellen profilhohl gegossen, **Bild 4.5**.

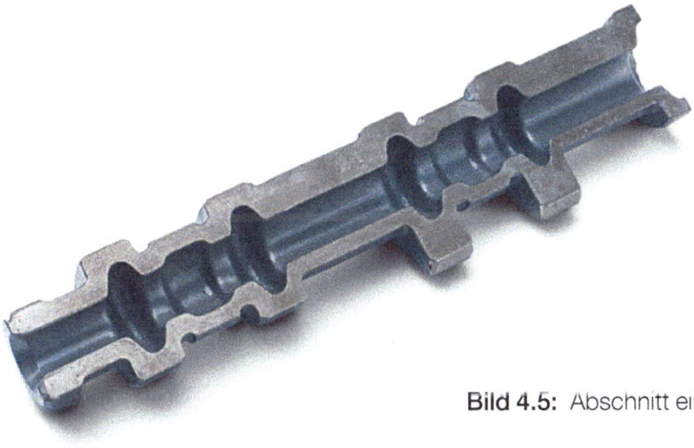

Bild 4.5: Abschnitt einer profilhohl gegossenen Nockenwelle

4.2.1 Schalenhartguss-Nockenwellen

Beim Schalenhartguss (SHG) erzeugt das schnelle Abkühlen aus der flüssigen Phase im Bereich der Nocken eine verschleißfeste Karbidstruktur (Ledeburit) mit hoher Härte und sehr guten tribologischen Eigenschaften, **Bild 4.6**.

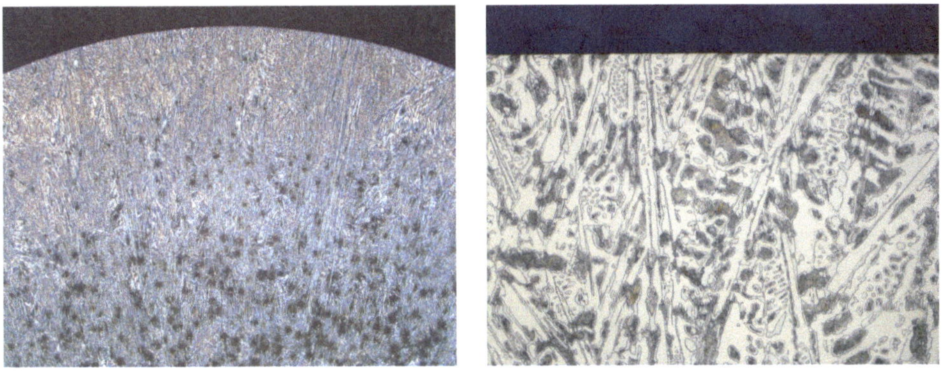

Bild 4.6: Weiß erstarrtes Gefüge mit hohem Zementitanteil

Insbesondere für den Gleitabgriff mit Nockenfolgern aus gehärtetem Stahl sind die SHG-Nockenwellen immer noch weit verbreitet. Aufgrund der sehr guten Gleiteigenschaften ist eine Oberflächenbehandlung, wie etwa Beschichten, am Nockenfolger nicht notwendig. Damit bietet die SHG-Nockenwelle eine verschleißfeste und gleichzeitig kostengünstige Lösung für Nockenwellen im Gleitabgriff. Sie ist ebenfalls für Rollkontakte mit einer Kontaktpressung von bis zu 1.200 MPa geeignet und dort eine Alternative zu geschmiedeten und gebauten Nockenwellen.

Gießverfahren inklusive Härtung: Zuerst stellt die Gattierung des Materials sicher, dass die geforderte chemische Zusammensetzung des Gussmaterials eingehalten wird. Anschließend wird das Material im Schmelzofen eingeschmolzen. Parallel dazu werden die Gießkästen in der Formanlage erzeugt und verdichtet. Dabei werden die Kühleisen an den Nockenpositionen in den Sand eingebettet, **Bild 4.7**.

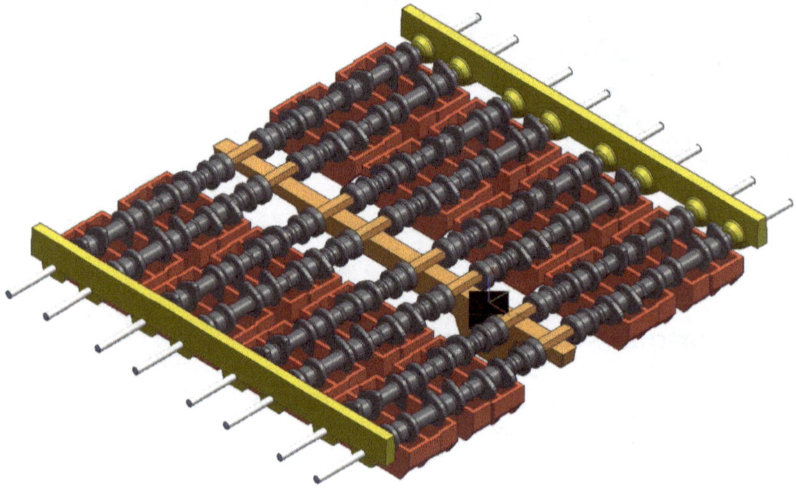

Bild 4.7: Anordnung der Nockenwellen im Gießkasten mit rot dargestellten Kühleisen

Vor dem Gießen erfolgt das sogenannte „Impfen“ des Materials mit Legierungselementen wie z. B. Ferrosilicium. Über die Impfmenge steuert der Gießer den Erstarrungsprozess und stellt die geforderte Härte an den Nocken sicher. Die Lager und „Endbereiche“ der Nockenwelle bleiben ungehärtet.

Nachdem durch einen Probenabguss das Material und die Härte freigeben wurden, folgt das Gießen. Die abgekühlten Nockenwellen werden sandgestrahlt und anschließend an der Teilungsebene verputzt. Der große Vorteil dieses Gießverfahrens ist die durch Kühleisen erfolgte Härtung der Nocken. **Bild 4.8** zeigt den Schliff einer SHG-Nockenwelle mit gehärteten Nocken und weichem Material im Lager und Frontbereich. Die gehärteten Bereiche sind an der hellen Färbung erkennbar.

Bild 4.8: Schliff einer SHG-Nockenwelle

Bild 4.9 zeigt Werkstoffbeispiele aus der Praxis. Grundsätzlich wird zwischen Gefügen mit lamellarem und globularem Graphit (Kugelgraphit) unterschieden. Kugelgraphit wird dann eingesetzt, wenn eine erhöhte Zugfestigkeit des Grundmaterials von mindestens 600 MPa erforderlich ist. Eine Steigerung der Zugfestigkeit auf bis zu 280 MPa erreicht man durch die Zugabe von Legierungselementen wie etwa Molybdän. Die erreichbare Härte am Nocken ist für alle aufgeführten Werkstoffe sehr ähnlich und hängt nur untergeordnet von der Grundgefügeform ab.

Form des Graphits		Lamellar			Globular
Legierungsbestandteile		Nein	Ja	Ja	Nein
Zusammensetzung [%]					
C		3.40 – 3.90	3.40 – 3.90	3.40 – 3.90	3.40 – 3.90
Si		1.30 – 2.30	1.50 – 2.20	1.30 – 2.30	1.70 – 2.60
Mn		0.60 – 0.90	0.60 – 0.90	0.60 – 0.90	0.20 – 0.40
Cr		0 – 0.30	0.70 – 1.00	0.20 – 0.30	----
Ni		----	0.40 – 0.70	----	----
Mo		----	0.15 – 0.25	1.10 – 1.30	----
Cu		0 - 0.80	----	0 – 0.80	----
Mg		----	----	----	0.03 – 0.08
Härte					
Hubbereich	[HRC]	min. 45	min. 45	min. 45	min. 45
Grundkreis	[HRC]	min. 40	min. 40	min. 40	min. 40
Grundmaterial	[HB 30]	min. 180	min. 180	min. 180	min. 250
Zugfestigkeit					
Grundmaterial	[MPa]	min. 220	min. 260	min. 280	min. 600
E-Modul	[GPa]	min. 110	min. 125	min. 130	min. 130
Struktur des Grundmaterials		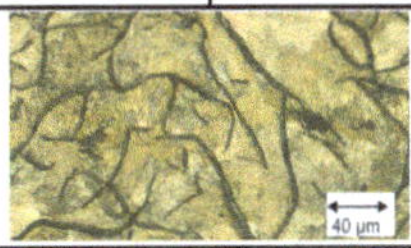			

Bild 4.9: Werkstoffbeispiele für Schalenhartguss-Nockenwellen

4.2.2 Sphäroguss-Nockenwellen mit induktiver Härtung

Im Gegensatz zu den Schalenhartguss-Nockenwellen sind die Sphäroguss-Nockenwellen ohne Kühleisen abgegossen. Durch das anschließende Härten der Nocken entsteht ein martensitisches Gefüge. Die homogene Struktur mit einer Härte größer 50 HRC gewährleistet einen sehr guten Widerstand gegen Pitting (Grübchenbildung durch zu hohe Belastung) im Rollkontakt. Induktiv gehärtete Nockenwellen werden deshalb auch hauptsächlich als Gegenläufer einer Stahlrolle eingesetzt und widerstehen Kontaktpressungen von bis zu 1.600 MPa. Bei Material mit hoher Reinheit und Motoren mit guten Rahmenbedingungen, z. B. Schmierung, kann diese Grenze auch überschritten werden.

Gießverfahren und Härtung: Sphäroguss-Nockenwellen können ähnlich wie Schalenhartguss-Nockenwellen in einzelnen Kästen gegossen werden. Am weitesten verbreitet ist jedoch das sogenannte „Continuous Casting“. Speziell bei hohen Stückzahlen ist dieses Verfahren kostengünstiger, da das kontinuierliche Formen, Gießen und Abkühlen eine höhere Ausbringung ermöglicht.

Anschließend werden die Nockenwellen auf konventionelle Art (Umwandlungshärtung) gehärtet. Hierbei wird der Bereich der Nocken so weit erwärmt, bis sich das Gefüge in Martensit (G) umwandelt. Durch das schnelle Abkühlen bleiben die Verspannungen durch den Kohlenstoff erhalten. Die induktive Härtung hat sich als Standardverfahren für Sphäroguss-Nockenwellen etabliert, **Bild 4.10**.

Bild 4.10: Induktiv gehärteter Gussnocken im Querschliff

4.3 Gebaute Nockenwellen

Wegen ihres modularen Aufbaus und ihrer Vielfältigkeit verdrängen gebaute Nockenwellen zusehends andere Formen der Nockenwelle. Eine gebaute Nockenwelle ist bis zu 45 % leichter als eine gegossene oder geschmiedete Nockenwelle, **Bild 4.11**.

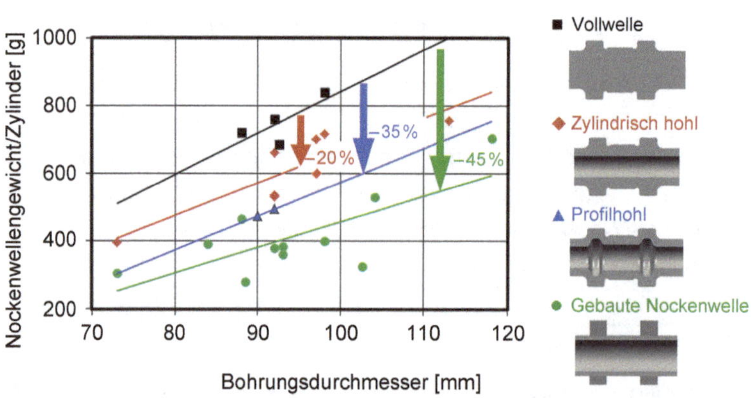

Bild 4.11: Gewichtsvergleich Nockenwellen

Eine gebaute Nockenwelle ermöglicht einen gezielten Werkstoffeinsatz. So lässt sich für die hochbelasteten Nocken ein ermüdungsfester Wälzlagerstahl, für das Signalgeberrad ein Sinterteil und für das Antriebselement ein leicht zerspanbarer Automatenstahl verwenden. Die Nocken lassen sich vor der Montage fertig bearbeiten, so kann die Nockenwelle auch in einem geschlossen Lagerrahmen gefügt werden.

Außerdem sind bei einer gebauten Nockenwelle Zusatzfunktionen integrierbar, wie etwa Nadellager, Ölnebelabscheider oder das Verstellen von benachbarten Nocken zueinander, Kapitel 4.3.2 ff.

Für gebaute Nockenwellen gibt es zwei Gruppen von Herstellverfahren: zum einen mit plastischer, zum anderen mit elastischer Deformation an der Kontaktstelle. Bei den Verfahren mit plastischer Deformation wird beispielsweise das Nockenwellenrohr mit einem Rändel versehen und der Nocken mit zylindrischer oder profilierter Nockenbohrung aufgepresst. Andere plastische Verfahren weiten das Rohr auf, etwa durch das Durchziehen eines Übermaßwerkzeugs oder durch Innen-Hochdruckumformen, während die Nocken auf dem Rohr positioniert sind.

Bei den Verfahren mit elastischer Verformung werden Übermaßkomponenten auf dem Rohr aufgebracht, beispielsweise durch thermisches Aufschrumpfen oder durch Aufpressen. Beim thermischen Aufschrumpfen wird der Nocken kurzzeitig erwärmt, auf dem Rohr kraftfrei positioniert und ist nach dem Abkühlen fest verbunden. Die Verfahren mit elastischer Verformung weisen die beste Fügegenauigkeit auf und ermöglichen so die Montage von fertig bearbeiteten Komponenten. So lassen sich Nocken im Paket schleifen statt einzeln, Wälzlager montieren, ohne diese beim Nockenschleifen zu verschmutzen, oder die Nockenwelle in einem geschlossenen Lagerrahmen zusammenbauen.

MAHLE bevorzugt daher das thermische Fügeverfahren, da es die größtmögliche Anwendungsvielfalt bietet. Außerdem garantiert es gleichbleibend hohe Verdrehmomente über die gesamte Lebensdauer, da es ein rein elastisches Fügeverfahren ist.

4.3.1 Standard

Eine gebaute Nockenwelle besteht aus einem Stahlrohr mit einem Antriebselement, auf welches die Nocken und weitere Komponenten gefügt werden, **Bilder 4.12** und **4.13**.

Dies ermöglicht einen optimierten Materialmix. So lassen sich Nocken aus Wälzlagerstahl, Schalenhartguss, Sinter oder beschichtete Nocken auf das Stahlrohr fügen.

Die Nocken aus Stahl werden im Rollenabgriff eingesetzt und gewährleisten eine lange Lebensdauer bei hohen Kontaktpressungen. Die Nocken aus Sinter können aus herkömmlichen Sintermaterialien bestehen oder sind als Präzisions-Sinternocken ausgeführt. Letztere zeichnen sich durch ein fertig gesintertes Nockenprofil aus und müssen anschließend nicht mehr geschliffen werden. Sinternocken werden hauptsächlich bei Rollkontakt mit geringen

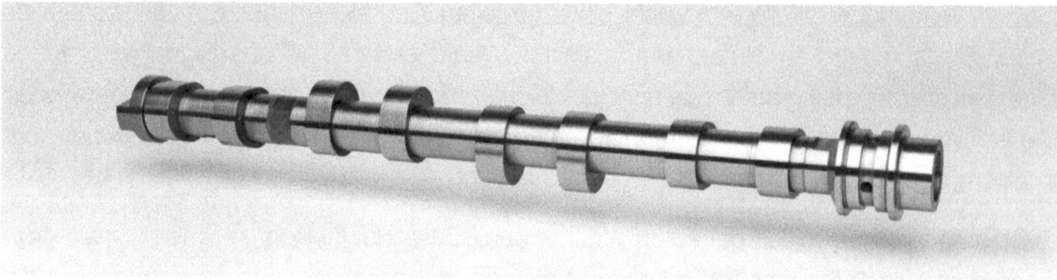

Bild 4.12: Gebaute Nockenwelle für einen Pkw-Ottomotor

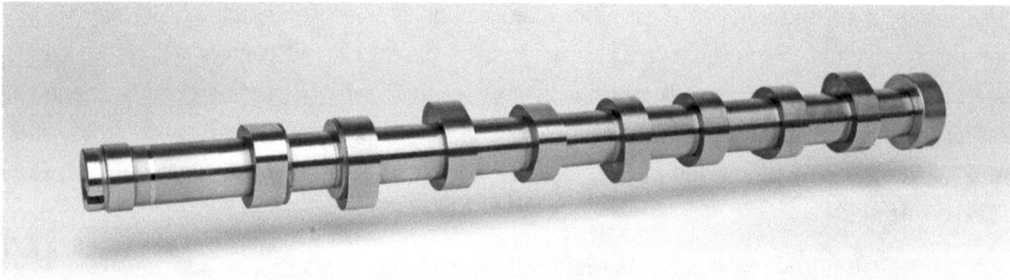

Bild 4.13: Gebaute Nockenwelle für einen Pkw-Dieselmotor

Kontaktpressungen eingesetzt, vereinzelt auch im Gleitkontakt. Da im Gleitkontakt zur Vermeidung von adhäsivem Verschleiß unterschiedliche Werkstoffe verwendet werden müssen, stößt Sinterstahl hier meist an Grenzen. Besser geeignet sind dann Nocken aus Schalenhartguss oder Beschichtungen auf Nocken oder Nockenfolger.

Das Antriebselement stellt die Verbindung zum Nockenwellenantrieb dar, **Bilder 4.12** und **4.13**. Es ist meist ein Stopfen am vorderen Nockenwellenende angebracht. Alternativ kann das Antriebselement aufgeschrumpft oder angeschweißt sein. In ihm ist meist auch das Ausrichtungselement eingebracht, das bei der Montage der Nockenwelle im Zylinderkopf deren korrekte Winkelausrichtung gewährleistet. Bei Motoren mit hydraulischem Nockenwellenversteller sind in das Antriebselement auch die Ölzuführungsbohrungen integriert. Dies sind in der Regel zwei getrennte Ölkanäle, die vom Zylinderkopf radial an der ersten Lagerstelle vorbeiführen und axial am vorderen Nockenwellenende zum Flügelzellenversteller austreten.

Das Rohr ist in der Regel ein geschweißtes und gezogenes Stahlrohr mit sehr gleichmäßiger Wandstärke und geringem Gewicht. Das Rohr ist nicht nur Träger der Nockenwellenkomponenten, sondern auch der Lagerstellen im Zylinderkopf. Daher muss das Material neben einer hohen Festigkeit auch eine gute Verschleißbeständigkeit im Mischabgriff haben. In einigen Anwendungen sind in das Rohr Einbuchtungen als Schraubenfreigänge für die Zylinderkopfmontage eingeprägt. Dieses kostenintensive Design wird aber weniger gefragt. Hingegen ist das Prägen eines Sechskants zum manuellen Durchdrehen des Ventiltriebs weit verbreitet. Für Pkw-Motoren hat sich ein Rohraußendurchmesser von 24 mm bei einer

Wandstärke von etwa 3 mm als Quasi-Standard etabliert. Damit ist das Rohr ausreichend torsions- und biegesteif, um die Ventiltriebsdynamik nicht negativ zu beeinflussen. Für Nutzfahrzeugmotoren entwickelt sich ein Rohr mit 40 mm Außendurchmesser und 5 mm Wandstärke zu einem Standard. Die höhere Wandstärke stützt die hohen Seitenkräfte aus dem Motorbremsbetrieb sicher ab.

Bedarfsgerecht lassen sich Zusatzelemente auf der gebauten Nockenwelle montieren. Am häufigsten ist dies ein Signalgeberrad aus Sinter oder Blech. Es dient bei Nockenwellen mit Nockenwellenversteller zur aktuellen Winkelbestimmung als Eingangsgröße für das Motorsteuergerät. Bei modernen Ottomotoren mit direkter Einspritzung betätigt ein zusätzlicher Pumpennocken eine Kraftstoff-Hochdruckpumpe. Dieser Pumpennocken hat zwei bis vier Nockenerhebungen je Umdrehung. Durch die hohen Kräfte für den Antrieb der Kraftstoff-Hochdruckpumpe treten am Pumpennocken die höchsten Kontaktpressungen einer Pkw-Nockenwelle auf. Deshalb besteht er aus Wälzlagerstahl. Manche Nockenwellen – häufig bei Nutzfahrzeugmotoren – haben an den Lagerstellen Lagerringe für eine Tunnellagerung, **Bild 4.14**.

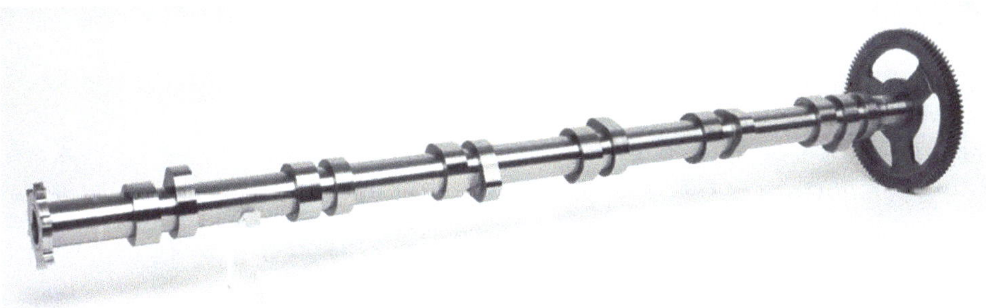

Bild 4.14: Gebaute Nockenwelle für Nutzfahrzeugmotor

4.3.2 Wälzgelagerte Nockenwellen (Low Friction Camshaft, LFC)

Eine wälzgelagerte Nockenwelle reduziert die Verlustleistung im Ventiltrieb um 20 bis 30 %. Kombiniert mit einer angepassten Ölpumpenleistung sind das etwa 1 bis 2 % CO_2-Einsparung.

Bei der Wälzlagerung bestehen die Hauptlager der Pkw-Nockenwelle aus Nadellagern. Diese werden im Herstellungsprozess sequentiell zwischen zwei fertig bearbeitete Nocken gefügt. Um dies platzsparend im Zylinderkopf unterzubringen, läuft das Wälzlager direkt auf dem partiell gehärteten Nockenwellenrohr, **Bild 4.15**. Es ist vorteilhaft, wenn die Wälzlager axial vorpositioniert auf der Nockenwelle sind. So lassen sich Kantenträger (G) vermeiden, die eventuell zum Versagen der Lagerstelle führen könnten.

Bei Nutzfahrzeugmotoren ist eine sehr lange Lebensdauer gefordert, weshalb Wälzlager mit Innen- und Außenring in einem geschlossenen Lagerbock bevorzugt werden, **Bild 4.16**. Der

Bild 4.15: Wälzgelagerte Nockenwelle für Pkw-Motoren

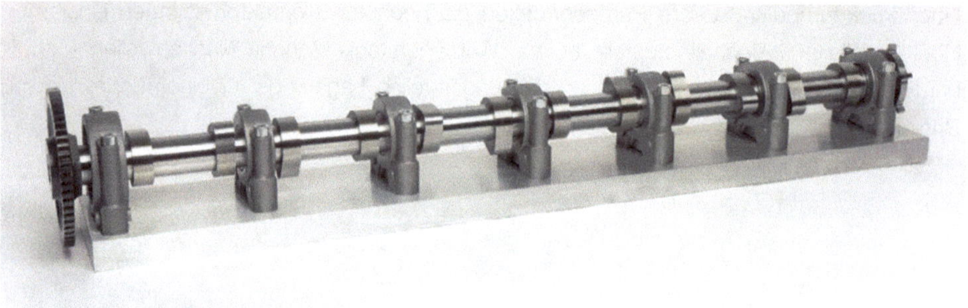

Bild 4.16: Wälzgelagerte Nockenwelle für Nutzfahrzeugmotoren

geschlossene Lagerbock stellt eine gute Rundheit der Lagerung und die Ringe aus Wälzlagerstahl eine lange Lebensdauer sicher.

Eine weitere Variante bei Nutzfahrzeugmotoren ist die Tunnellagerung. Hier ist z. B. das Wälzlager in die Nockenwellenlagerung im Kurbelgehäuse fest eingepresst. Diese Konstruktion benötigt aber zusätzlichen Bauraum. Daher kann alternativ lediglich der Außenring des Wälzlagers in die Nockenwellenlagerung eingepresst werden. Der Lagerkäfig wird dann auf dem verkleinerten Lagerdurchmesser der Nockenwelle aufgeclipst, **Bild 4.17**. Auf diese

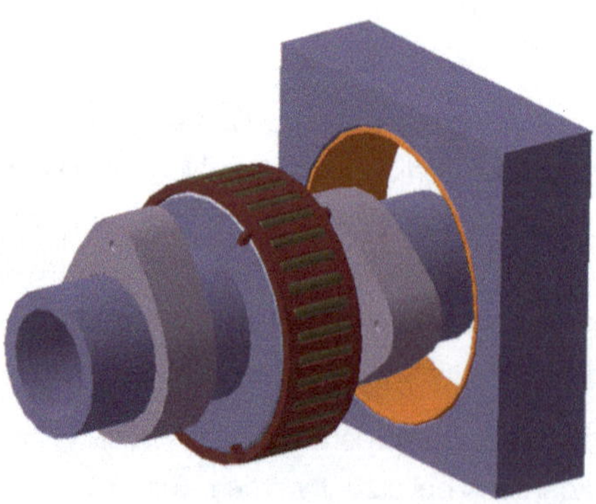

Bild 4.17:
Wälzgelagerte Nutzfahrzeug-Nockenwelle mit Tunnellagerung

Weise kann ein bestehender Motor mit geringen Modifikationen auf eine wälzgelagerte Nockenwelle umgerüstet werden.

4.3.3 MAHLE CamInCam®

Variabilität im Ventiltrieb lässt sich mit einer CamInCam® (G) Nockenwelle bauraumneutral darstellen. Die MAHLE CamInCam® ist eine gebaute Nockenwelle mit beweglichen Nockenpaaren, **Bild 4.18**.

Bild 4.18: MAHLE CamInCam®

Sie besteht aus einer Außenwelle, die einer herkömmlichen gebauten Nockenwelle gleicht und bei der jeder zweite Nocken beweglich ist. Ergänzend kommt eine Innenwelle hinzu, die durch Langlöcher in der Außenwelle mit den beweglichen Nocken verstiftet ist. Die Abmessungen der Außenwelle entsprechen einer herkömmlichen gebauten Nockenwelle, weswegen der Bauraum der Nockenwelle unverändert bleibt. Lediglich der Bauraum des Nockenwellenverstellers ist zu überprüfen.

So kann in einem Motor mit bauartbedingt einer Nockenwelle die Funktionalität von zwei Nockenwellen untergebracht werden. Resultat sind bei gleichem Bauraum mehr Leistung und Drehmoment bei weniger Kraftstoffverbrauch und Emissionen. Erstmalig hat MAHLE die CamInCam® 2008 im Motor der Dodge Viper eingesetzt, **Bild 4.19**.

Für Motoren mit zwei Nockenwellen (DOHC) können wahlweise benachbarte Einlassventile oder Auslassventile eines Zylinders angesteuert werden. So lassen sich die Öffnungsdauer und der Drall verändern, was zu reduzierten Emissionen und reduziertem Kraftstoffverbrauch führt. Dieses Prinzip findet hauptsächlich bei aufgeladenen Ottomotoren mit direkter Einspritzung Anwendung, aber auch bei leistungsstarken Dieselmotoren.

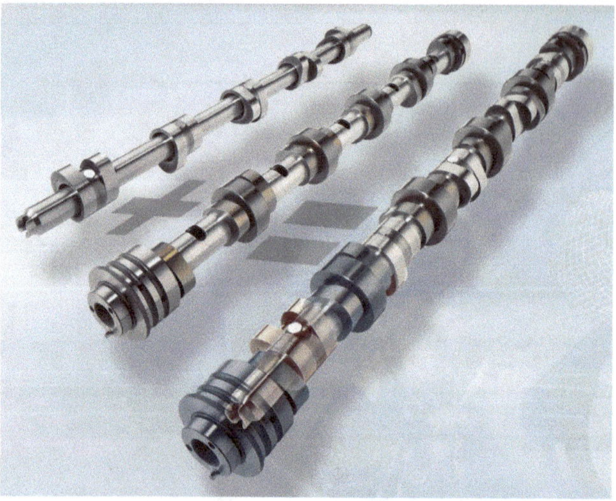

Bild 4.19: MAHLE CamInCam® für OHV-Motoren

4.3.4 Nockenwellen mit integrierter Blow-by-Abscheidung

Um Bauraum und Gewicht einzusparen, kann die Blow-by-Abscheidung von der Ventilhaube in das Rohr der Nockenwelle verlegt werden. Hierzu hat diese eine Eintrittsöffnung und einen Drallerzeuger für das Blow-by-Gas. Am hinteren Nockenwellenende ist ein Abscheidergehäuse angebracht, **Bild 4.20**.

Die Abscheidung arbeitet nach dem Zentrifugalprinzip. Das Blow-by-Gas tritt durch die Öffnung in das Rohr ein, wo durch den Sichtereffekt eine Vorabscheidung stattfindet. Wenn das Blow-by-Gas den Drallerzeuger in der Welle passiert, werden die schweren Öltropfen durch die Zentrifugalkraft nach außen getrieben und bilden so an der Rohrinnenwand einen

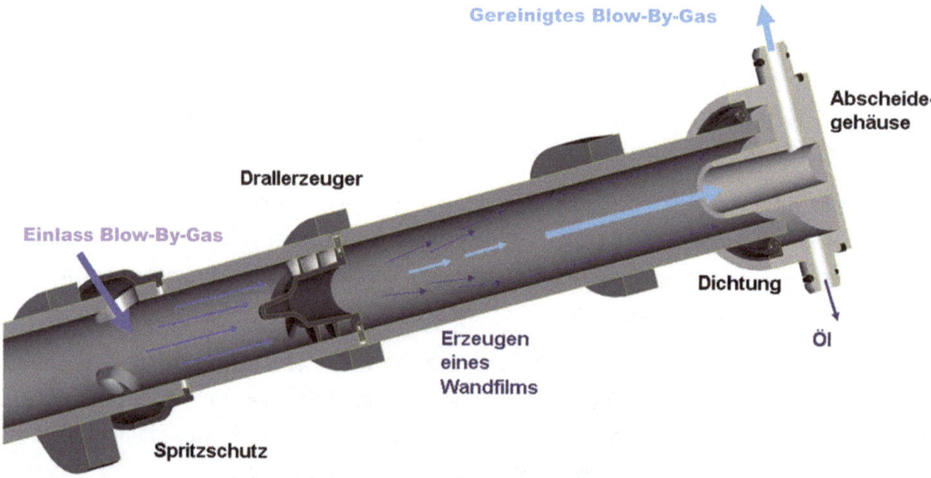

Bild 4.20: Nockenwelle mit integriertem Ölnebelabscheider

Ölfilm. Die leichtere Luft verbleibt in der Rohrmitte. Am Rohrende werden die beiden Medien im Abscheidergehäuse voneinander getrennt und dem Motor zurückgeführt. Die Vorteile des Systems sind die kompakte Bauform, eine gute Sicherheit gegen Einfrieren und der sichere Betrieb auch in Schräglage.

4.3.5 Nockenwellen in geschlossenem Lagerrahmen

Eine gebaute Nockenwelle mit fertig bearbeiteten Komponenten lässt sich auch in einem geschlossenen Lagerrahmen montieren, **Bild 4.21**. Hierfür ist das thermische Schrumpfsitzverfahren besonders geeignet, da es die beste Fügegenauigkeit bietet.

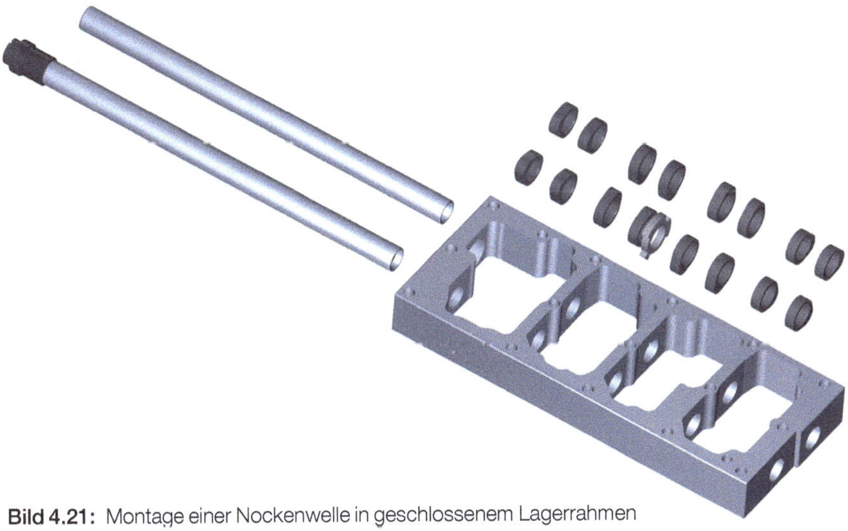

Bild 4.21: Montage einer Nockenwelle in geschlossenem Lagerrahmen

Bei der Nockenwelle in geschlossenem Lagerrahmen reduziert sich die Teilezahl – es entfallen die Lagerdeckel – und das System wird leichter und steifer. Dies kommt der Funktion zugute, da die Rundheit der Lagerstellen besser ist. Es ist ein Kostenvorteil zu erwarten, vorausgesetzt, die Prozesse sind stabil, da der potenziell mögliche Ausschuss im letzten Arbeitsschritt des Subsystems deutlich teurer ist als bei den Einzelkomponenten.

4.4 Geschmiedete Nockenwellen

Geschmiedete Nockenwellen sind Stahlnockenwellen, die konturnah geschmiedet, gehärtet und dann fertig bearbeitet werden. Vor Realisierung der gebauten Nockenwelle war dies oft die einzige Möglichkeit, eine Stahlnockenwelle wirtschaftlich herzustellen. Heute verdrängen gebaute Nockenwellen zunehmend die geschmiedeten Nockenwellen, da sie bei geringeren Kosten bessere Funktionen (Materialpaarung und Gewicht) bieten.

4.4.1 Geschmiedete Nockenwellen für Pkw-Motoren

Für die hohen Festigkeitsanforderungen im Rollenabgriff war die geschmiedete Nockenwelle, **Bild 4.22** lange die beste Wahl, etwa bei Dieselmotoren mit Pumpe-Düse-Einspritzung (G). Die vom Einspritzelement verursachten Belastungen waren für eine Gussnockenwelle zu hoch und mit einer gebauten Nockenwelle nur schwer zu erfüllen. Mit der Common-Rail-Einspritzung sind die hohen Belastungen zurückgegangen, sodass die kostengünstigere gebaute Nockenwelle die geschmiedete Nockenwelle verdrängt.

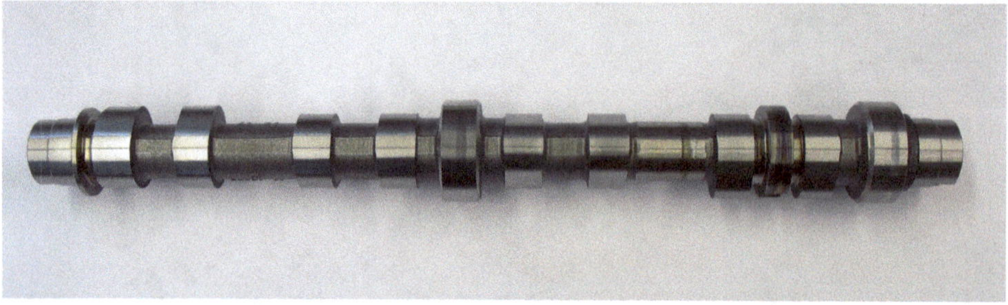

Bild 4.22: Geschmiedete Nockenwelle für Pkw-Motoren

4.4.2 Geschmiedete Nockenwellen für Nutzfahrzeug- und Großmotoren

Im Nutzfahrzeugsektor waren geschmiedete Stahlnockenwellen für lange Zeit ohne Alternative. Im Vergleich zu Stahlnockenwellen, die aus dem Vollen zerspant werden, reduziert sich bei der Schmiedenockenwelle das Spanvolumen, was bei größeren Stückzahlen kostengünstiger ist. Außerdem ist der Faserverlauf (gerichtete Materialrichtung) vorteilhaft für die Dauerhaltbarkeit der Nockenwelle.

Dieser Faserverlauf ist heute noch das Hauptargument für geschmiedete Nockenwellen oder Nockensegmente in Großmotoren. Hier steht die Ausfallsicherheit im Vordergrund, sodass auch für kleinere Losgrößen ein Schmiederohling verwendet wird. Bei Schiffsmotoren ist dies die Regel.

4.5 Nockenwellen aus Vollmaterial gespant

Für Kleinserienmotoren in Kraftwerken, Baumaschinen und bei Sonderanwendungen kommen heute aus Vollmaterial zerspante Nockenwellen mit Rollenabgriff zum Einsatz. Sie sind den geschmiedeten Nockenwellen sehr ähnlich, jedoch wird die Rohkontur direkt aus einem zylindrischen Stahlwerkstück erzeugt. Anschließend wird der Rohling meist einsatzgehärtet und dann in der Hartbearbeitung fertig geschliffen. Dies gewährleistet eine lange Lebensdauer und gestattet ein individuelles, wirtschaftliches Nockenwellendesign selbst bei kleinen Stückzahlen.

Nockenwellen aus Vollmaterial gibt es in zwei Ausführungen: erstens als einteilige Nockenwellen mit einer Länge von bis zu zwei Metern für Mehrzylindermotoren, **Bild 4.23**, zweitens bei Großmotoren als Nockenwellensegment für je einen Zylinder plus eigener Lagersegmente zur Verbindung der Nockenwellensegmente. Diese Konstruktion garantiert eine leichte Austauschbarkeit.

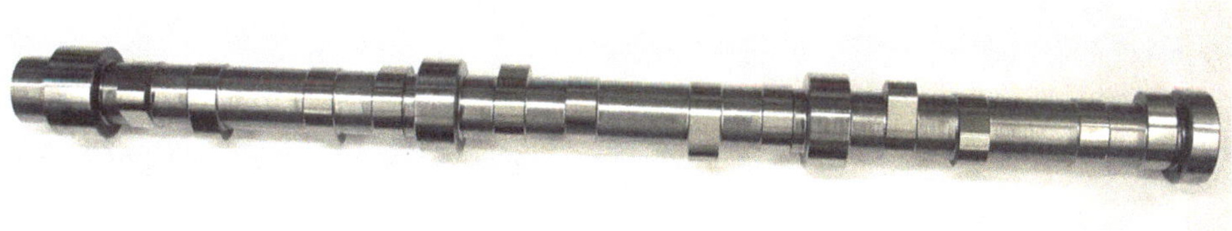

Bild 4.23: Nockenwelle aus Vollmaterial gespant

4.6 Sondernockenwellen

Sondernockenwellen sind Derivate der üblichen Nockenwellen. Sie unterscheiden sich in der Form oder dem verwendeten Material.

4.6.1 Trilobe

Schaltbare Nockenfolger wirken meist auf zwei unterschiedliche Nockenprofile der Nockenwelle. Diese Nockenwellen werden als Trilobe-Nockenwellen bezeichnet, **Bild 4.24**.

Der schaltbare Nockenfolger hat dann zwei Kontaktflächen, die jeweils einem Nockenprofil zugeordnet sind. Das eine Nockenprofil ist dem großen Ventilhub (Volllast, hohe Leistung) zugeordnet, das andere Nockenprofil dem kleinen Ventilhub (Teillast, Entdrosselung (G), Ladungsbewegung) oder einem Nullhub (G) [Zylinderabschaltung (G)] zugeordnet. Trilobe-Nockenwellen sind meist Gussnockenwellen, die im Gleitabgriff gegen Schalttassen laufen. Bei schaltbaren Rollenschlepphebeln kann auch eine gebaute Nockenwelle mit Stahlnocken eingesetzt werden.

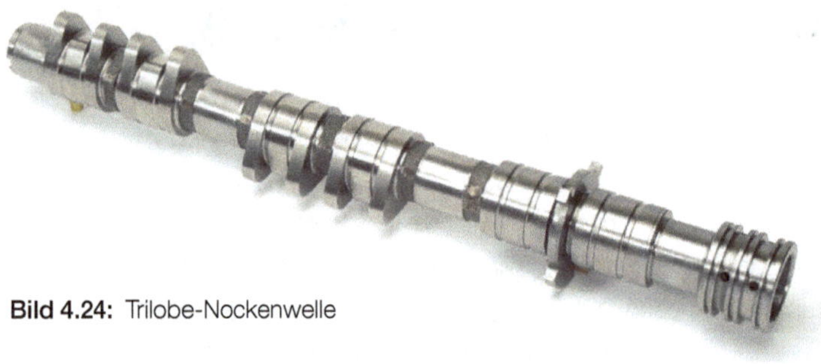

Bild 4.24: Trilobe-Nockenwelle

4.6.2 Bewegliche Nockensegmente

Befindet sich der Schaltmechanismus auf der Nockenwelle, sind bewegliche Nockensegmente möglich, die entweder axial verschiebbar oder radial verstellbar angeordnet sind.

Die bekannteste Anordnung ist eine Grundwelle als Zahnstange, auf der je Zylinder ein axial verschiebbares Nockensegment angeordnet ist. Dieses Segment hat mindestens zwei Nockenprofile, die durch das Verschieben während der Nullhubphase (Nockengrundkreis) geschaltet werden. Der Nockenfolger bleibt hier in seiner Position. Die Aktuierung erfolgt über Schaltstifte, die in ein Steigungsprofil im Nockensegment eingreifen, **Bild 4.25**.

Eine weitere Anordnung ist das axiale Aus- und Einfahren des großen Nockenprofils mit Verriegelung in der Endlage. Wird die kleine Ventilerhebungskurve (G) benötigt, so folgt der Nockenfolger dem kleinen Nockenprofil, das fest auf der Nockenwelle aufgebracht ist. Das

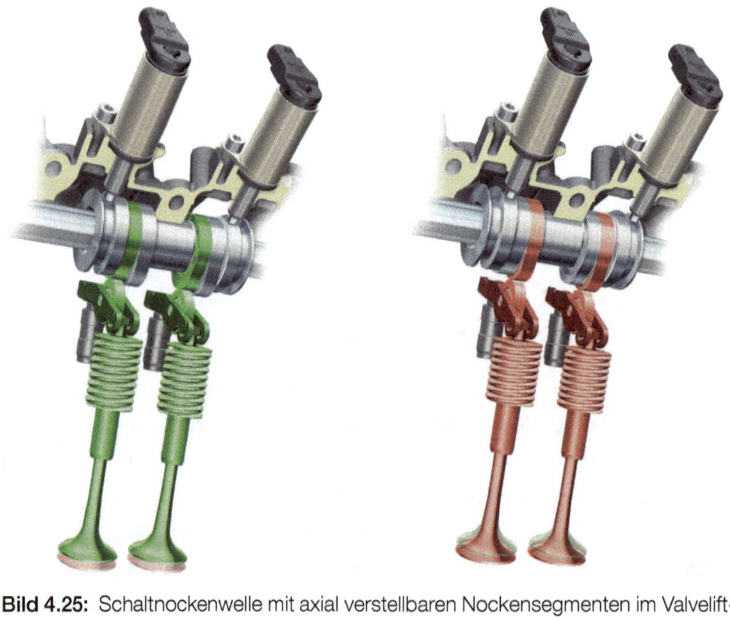

Bild 4.25: Schaltnockenwelle mit axial verstellbaren Nockensegmenten im Valvelift-System von Audi

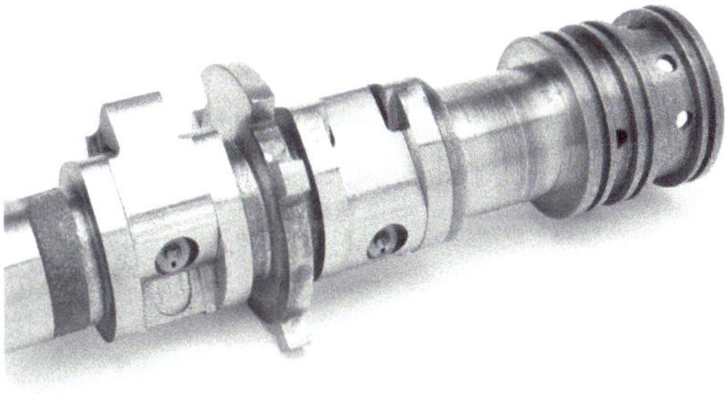

Bild 4.26:
Schaltnockenwelle mit radial beweglichen Nockensegmenten

große Nockenprofil ist dann in seiner eingefahrenen Position verriegelt. Ist die große Ventilerhebungskurve erforderlich, fährt das bewegliche Nockensegment während der Grundkreisphase radial aus und verriegelt, **Bild 4.26**. Diese Anordnung ermöglicht das Umschalten von zwei Nockenprofilen und eignet sich insbesondere für Motoren mit Flachtasse.

4.6.3 Dreidimensionaler Nocken

Soll die Anzahl der Nockenprofile beliebig groß werden, ist eine Nockenwelle mit dreidimensionalem Nockenprofil die Lösung, **Bild 4.27**.

In axialer Richtung gehen die Nockenprofile von der kleinsten bis zur maximalen Ventilerhebungskurve fließend ineinander über. Dafür ist ein kardanisch gelagerter Nockenfolger notwendig, damit die Rolle rechtwinklig auf das Profil wirken kann. Durch axiales Verschieben des dreidimensionalen Nockenprofils über dem fest positionierten Nockenfolger ist ein kontinuierlicher Wechsel des Nockenprofils möglich.

Bild 4.27:
Dreidimensionales Nockenprofil für mechanisch vollvariablen Ventiltrieb

4.6.4 Kunststoff-Nockenwellen

Bei handgetragenen Motorgeräten wird eine sehr leichte Nockenwelle mit geringen Anforderungen bezüglich Belastung und Lebensdauer benötigt. Bestens geeignet ist eine Nockenwelle aus hochwertigem Kunststoff, bei der das Nockenprofil und das Antriebsritzel in einem Arbeitsschritt gespritzt werden. Bei größeren Motoren sind die bewegten Massen der Ventiltriebskomponenten deutlich größer, und die daraus resultierenden Belastungen würden den Kunststoff rasch verschleißen. Daher ist die Kunststoff-Nockenwelle nur bei Kleinmotoren zu finden, **Bild 4.28**.

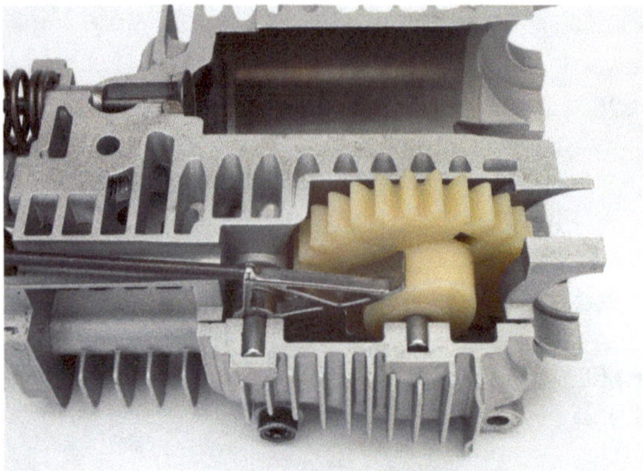

Bild 4.28: Kunststoff-Nockenwelle für handgetragene Motorgeräte

4.6.5 Segmentnockenwelle

Eine Segmentnockenwelle weicht in der Länge von einer Standardnockenwelle ab. Die Nockensegmente haben in der Regel die Länge eines Zylinders, um im Servicefall die Reparatur zu erleichtern, Kapitel 4.5.

Bei Motoren von mehreren Metern Länge kann es auch notwendig sein, zwei oder drei Segmente per Flansch zu verbinden, da prozessbedingt Nockenwellensegmente nur maximal etwa zwei Meter lang sein können, **Bild 4.29**.

Bild 4.29: Segment-Nockenwelle

5 Nockenfolger – Aufgabe und Funktion

Der Begriff „Nockenfolger" ist der Sammelbegriff für die verschiedenen Elemente, die unmittelbar von einem Nocken bewegt werden. Sie folgen der Nockenerhebung und geben die Bewegung an die nachfolgenden Ventiltriebskomponenten weiter.

Zu Nockenfolgern zählen z. B. Stößel, Tassen und Hebel in verschiedensten Ausführungsformen. Diese können entweder auf dem Nocken gleiten – man spricht dann von Gleitabgriff – oder mit einer Rolle dem Nocken folgen, dem sogenannten Rollenabgriff.

5.1 Nockenfolgertypen

Die Nockenfolger, **Bild 5.1 und Bild 5.2**, werden nach verschiedenen Kriterien eingeteilt:

- Bautyp
- Einsatzbereich
- Abgriffsart
- Anwendung

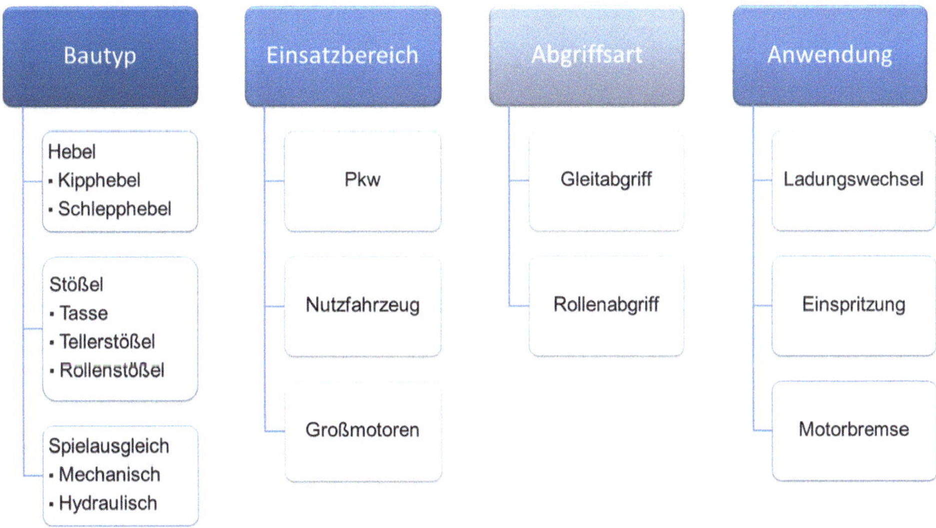

Bild 5.1: Unterscheidung der Nockenfolger nach unterschiedlichen Kriterien

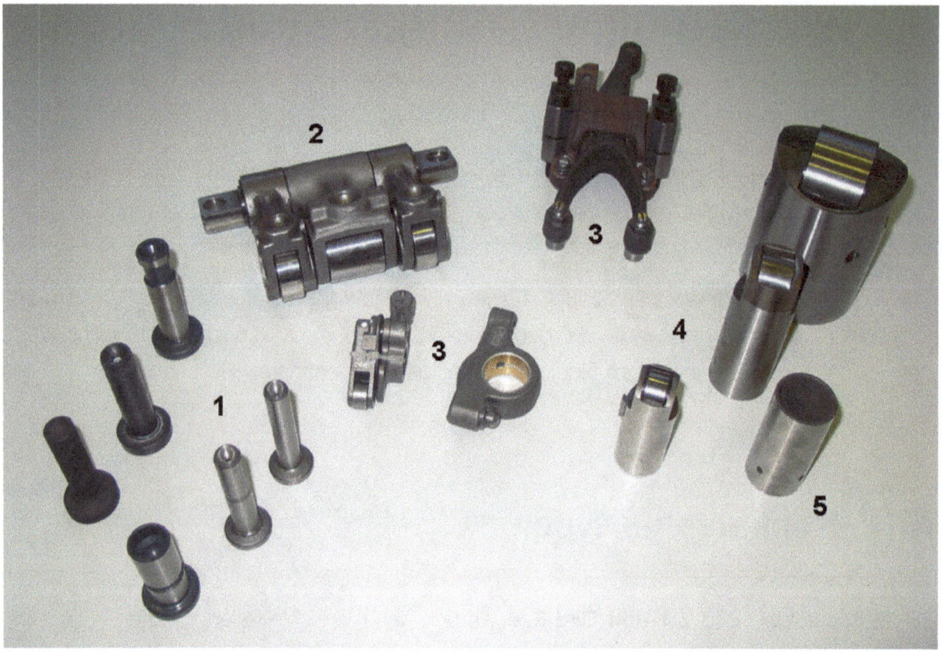

Bild 5.2: Beispiele Nockenfolger: Tellerstößel (1), Schlepp- (2) und Kipphebel (3), Rollenstößel (4) und Tassenstößel (5)

5.1.1 Kipphebel

Kipphebel folgen per Gleit- oder Rollenabgriff dem Nockenhub und drehen die Bewegungsrichtung um. Eine Aufwärtsbewegung des Nockens wird in eine Abwärtsbewegung des Ventils umgesetzt. In der Regel wird dabei der Hubweg durch das Verhältnis der Hebelarme vergrößert.

5.1.2 Schlepphebel

Schlepphebel drehen die Bewegungsrichtung nicht um. Sie geben den Nockenhub in der gleichen Richtung weiter. Je nach Hebelverhältnis bleibt der Hubweg gleich oder wird vergrößert.

5.1.3 Tassenstößel

Tassen gleiten auf dem Nocken und werden über ihre Mantelfläche in einer Bohrung geführt, welche die Seitenkräfte aufnimmt. Üblicherweise werden Tassen in Zylinderköpfen bei

Pkw-OHC-Motoren entweder zur Ventilbetätigung oder zum Antrieb der Hochdruckpumpe bei Benzindirekteinspritzung eingesetzt.

5.1.4 Teller- oder Pilzstößel

Teller- oder Pilzstößel bestehen aus einem tellerförmigen Teil mit Gleitfläche und im Durchmesser aus einem kleineren Schaft. Sie werden in OHV-Motoren bei Nutzfahrzeugen eingesetzt.

5.1.5 Rollenstößel

Rollenstößel laufen mit einer Rolle auf dem Nocken (Rollenabgriff). Sie werden in Nutzfahrzeugen mit OHV-Konfiguration für den Ladungswechsel (G) und bei Pkw-Motoren mit OHC-Trieben für die Hochdruckpumpe zur Benzindirekteinspritzung verwendet.

5.1.6 Weitere Komponenten

Im unmittelbaren Umfeld der Nockenfolger gibt es noch weitere Ventiltriebskomponenten, die hier ebenfalls erwähnt werden sollen:

- **Ventilbrücke**
  Die Ventilbrücke verbindet zwei Ventile miteinander, sodass nur ein Kipphebel zur Betätigung zweier Ventile benötigt wird. Es handelt sich um ein möglichst biegesteifes Bauteil. Spezielle Ventilbrücken für den Motorbremsbetrieb erlauben das separate Ansteuern eines Ventils.
- **Stößelstange**
  Die Stößelstange leitet den Hub vom Nockenfolger an den Kipphebel im Zylinderkopf weiter. Stößelstangen werden als einteilige gepresste/geschmiedete, mehrteilige geschweißte oder gebaute/gefügte Stangen gefertigt.

5.2 Gleitabgriff/Rollenabgriff

Die Nockenfolger werden oft nach der Art des Abgriffs eingeteilt. Das ist das Prinzip, nach dem der Kontakt zwischen Nocken und Nockenfolger hergestellt wird. Gleitet ein Nockenfolger mit einer Fläche über den Nocken, so ist das ein Gleitabgriff. Im Gegensatz dazu läuft beim Rollenabgriff eine Rolle auf dem Nocken. Vorteile des Gleitabgriffs sind die oft günstigeren, da weniger komplex aufgebauten Komponenten. Im Gegensatz zum Rollenabgriff sind weder eine Rolle noch die dazugehörige zusätzliche Lagerung erforderlich.

Hinsichtlich der Materialauswahl besteht beim Gleitabgriff die Einschränkung, dass die in Kontakt stehenden Oberflächen von Nocken und Nockenfolger ungleichartige Gefüge aufweisen müssen. Bevorzugt wird die Kombination von Guss und Stahl. Die Kombination von Stahl auf Stahl [Martensit auf Martensit (G)] ist wegen der Fressneigung dieser Paarung ungeeignet. Sind beide Kontaktpartner aus Stahl, wird eine der Oberflächen, in der Regel der Nockenfolger, mit einer zusätzlichen (Tribo-)Schicht versehen, die den direkten Metall-zu-Metall-Kontakt verhindert. Übliche Triboschichten (G) sind Nitrierschichten oder PVD-Schichten (G), wie z. B. DLC (G).

Ein Nachteil im Vergleich zum Rollenabgriff ist die höhere Reibung des Gleitabgriffs. Über einem weiten Drehzahlbereich des Motors wurde in Vergleichsversuchen eine erhöhte Reibung gemessen, **Bild 5.3**.

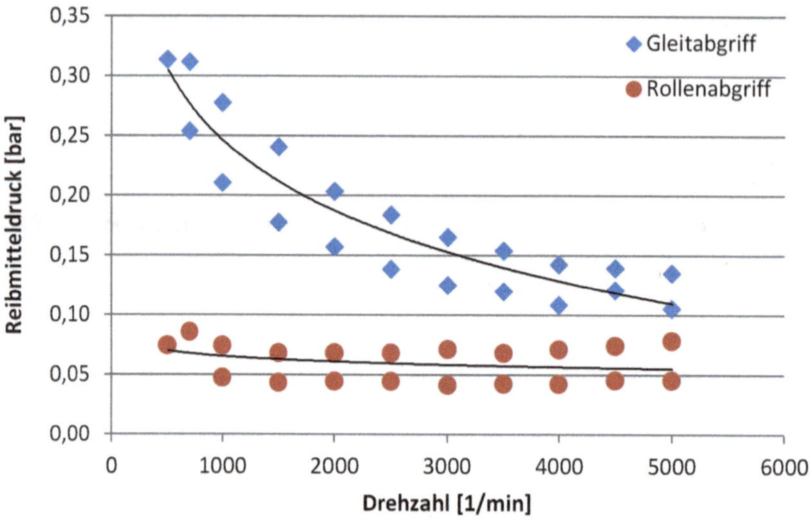

Bild 5.3: Vergleichsmessung für Gleit- und Rollenabgriff

Lediglich Motoren für den Stationärbetrieb mit einem einzigen Betriebspunkt, z. B. bei Motoren zur Stromerzeugung, bieten die Möglichkeit, die Komponenten so aufeinander abzustimmen, dass der Reibungsnachteil des Gleitabgriffs nur noch eine untergeordnete Bedeutung hat.

Eine weitere wesentliche Beschränkung des Gleitabgriffs ist die maximal übertragbare Kraft bei gleichem Bauraum. Da der Bauraum durch den Zylinderabstand bestimmt wird, ist der Wechsel auf den Rollenabgriff oft der einzige Weg, höhere Kräfte zu ermöglichen.

Hinsichtlich der einsetzbaren Werkstoffe müssen auch beim Rollenabgriff die besonderen Anforderungen dieses Kontakts berücksichtigt werden. Die eingesetzten Materialien müssen

	Vorteile	Nachteile
Gleitabgriff	▪ Einfache Bauteile ▪ Kostengünstig ▪ Konvexes Nockenprofil ▪ Niedrige bewegte Masse	▪ Höhere Reibung ▪ Funktion stark abhängig von Materialauswahl ▪ Beschichtungen bei St-St-Kontakt erforderlich
Rollenabgriff	▪ Hohe übertragbare Last ▪ Niedrige Reibung ▪ Geringer Verschleiß	▪ Verdrehsichere Aufnahme / Lagerung notwendig ▪ Komponente komplexer und schwerer ▪ Evtl. Hohlradien in Nockenprofil

Bild 5.4:
Vor- und Nachteile von Gleit- und Rollenabgriff

den gegebenen Belastungen standhalten und für den Wälzkontakt geeignet sein. Der maßgebliche Kennwert ist die Wälzermüdungsfestigkeit, der durch die ertragbare Hertz'sche Pressung ausgedrückt wird.

Für die Rolle wird normalerweise ein Einheitswerkstoff eingesetzt (100Cr6 in Wälzlagerqualität), sodass die Werkstoffe der Nocken die maximal ertragbaren Pressungen bestimmen. **Bild 5.4** fasst die Vor- und Nachteile von Gleit- und Rollenabgriff zusammen.

Die Wahl zwischen Rollen- oder Gleitabgriff hat auch Einfluss auf die Gestaltung der Nocken, **Bild 5.5**. Aufgrund der unterschiedlichen Kinematikverhältnisse von Rollen- und Gleitkontakt muss bei gleichem Ventilhubverlauf (G) die Nockenprofilform anders aussehen als beim Rollkontakt. Der Nocken ist beim Rollkontakt fülliger ausgeführt, mit einer breiteren Nockenspitze.

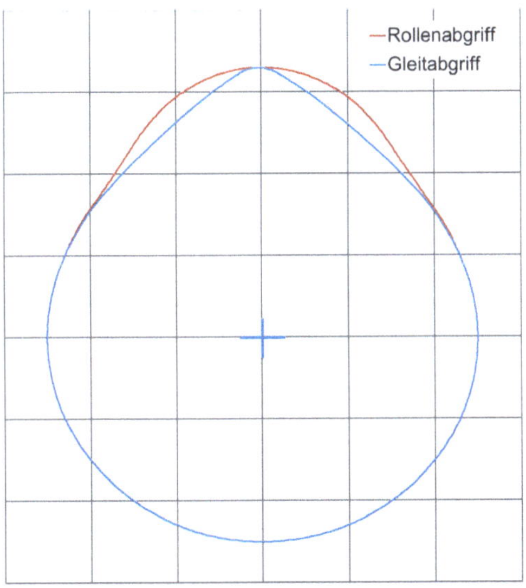

Bild 5.5:
Nockenform für Rollen- und Gleitabgriff. Vergleich zwischen Nockenform bei Gleit- und Rollenabgriff für die identische Ventilbewegung. Beim Rollenabgriff (rot) konkave Nockenform in den Flanken und fülligerer Verlauf. Beim Gleitabgriff verläuft die Kontur immer konvex

In der Nockenflanke können als Folge des Rollenabgriffs Hohlradien erforderlich sein. Hohlradien bestimmen die maximal zulässige Größe der Schleifscheibe bei der Nockenherstellung und sind somit bei Betrachtung der Herstellbarkeit von Nockenwellen zu berücksichtigen.

5.3 Anwendungsfelder

Nockenfolger kommen bei verschiedenen Anwendungen zum Einsatz: für den Ladungswechsel, die Pumpenbetätigung oder den Bremsbetrieb.

Der Ladungswechsel über die direkte Betätigung von Einlass- und Auslassventil in OHC-Motoren mit einer Tasse oder einem Schlepphebel oder die indirekte Betätigung in OHV-Trieben ist die bekannteste Anwendung, **Bild 5.6**; dabei werden die Einlass- und Auslassventile getrennt betätigt. Bei Mehrventilmotoren (drei, vier oder fünf Ventile pro Zylinder) gibt es die Möglichkeit der Einzelbetätigung je Ventil (in der Regel Tasse oder Schlepphebel) oder auch gemeinsame Ventilbetätigung durch einen Nockenfolger (Hebel in Gabelform oder Hebel plus Ventilbrücke).

Daneben gibt es Nockenfolger für den Pumpenantrieb. Diese findet man in Dieselmotoren mit diesen Einspritzsystemen:

- Pumpe-Düse- (G) (PD)
- Pumpe-Leitung-Düse- (G) (PLD)
- Spezielle Common-Rail-Konfiguration (CR)

Wegen der hohen zu übertragenden Kräfte wird der Pumpenantrieb überwiegend als Rollenabgriff ausgeführt. Üblich ist ein Pumpenhub je Einspritzung. Je nach Anzahl an Pumpen pro Motor werden Ein- bis Vierfachnocken für den Pumpenantrieb eingesetzt, **Bild 5.7**.

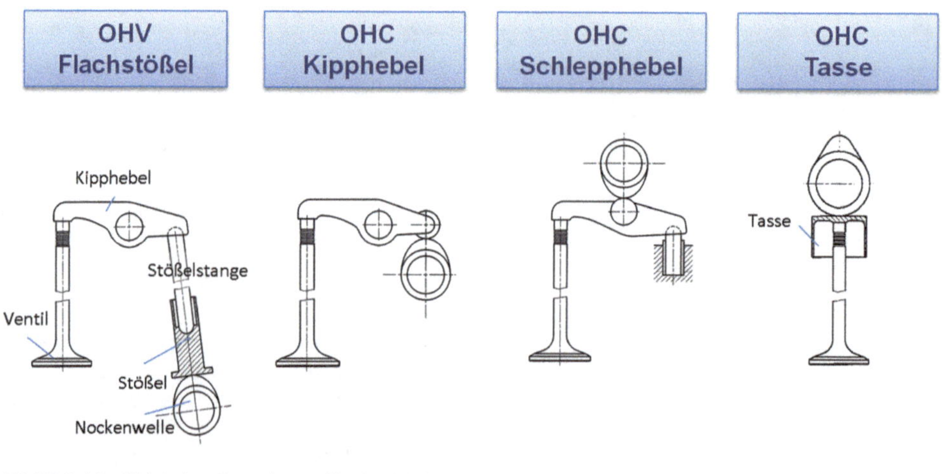

Bild 5.6: Ventiltriebskonfigurationen für den Ladungswechsel

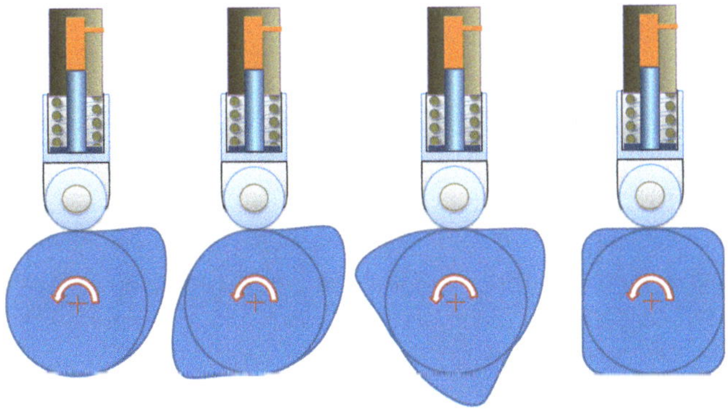

Bild 5.7:
Beispiele für Pumpennocken mit ein bis vier Hüben pro Umdrehung

Ein weiterer Anwendungsfall ist der Einsatz in internen Motorbremssystemen (IMB), unter anderem auch bekannt als Jacobs-Bremse, **Bild 5.8**. Hierbei wird im Bremsbetrieb das Auslassventil gegen Ende des Kompressionshubs geöffnet. Das Ventil öffnet in diesem Fall gegen einen hohen Zylinderdruck. Die unter Druck stehende Luft entweicht aus dem Zylinder und die für die Verdichtung aufgebrachte Arbeit wird als Wärme- und Bewegungsenergie dissipiert. Durch besondere Maßnahmen kann die Verdichtungsarbeit soweit angehoben werden, dass die Bremsleistung eines Motors die maximale positive Leistung überschreitet, also die Verzögerung infolge Motorbremse stärker sein kann als die Beschleunigung durch den Motor.

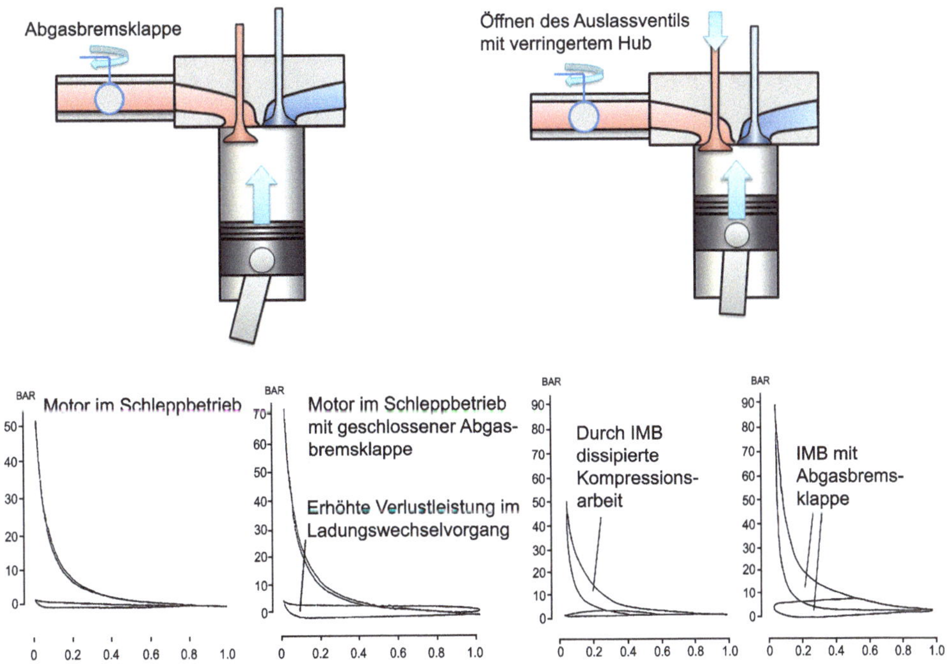

Bild 5.8: Schema für den Motorbremsbetrieb [interne Motorbremse (IMB)]

5.4 Komponenten im Detail

5.4.1 Hebel

5.4.1.1 Kipphebel

Der Kipphebel ist ein Hebel zur Richtungsumkehr. Er lenkt den Hub von der Nockenseite auf die Ventilseite um. Kipphebel haben in der Regel auf der Ventilseite einen längeren Hebelarm, sodass neben der Richtungsumkehr auch eine Hub- und Kraftübersetzung stattfindet.

So lenken Kipphebel im OHV-Trieb den Hub des Nockens um, der über den Stößel und die Stößelstange übertragen wird, und geben ihn an das Ventil oder Pumpenelement weiter. Im OHC-Trieb läuft der Kipphebel direkt auf der Nockenwelle und lenkt die vom Nocken vorgegebene Aufwärtshubbewegung um in die Abwärtsbewegung an das Ventil oder die Pumpe.

In beiden Fällen stützt sich der Hebel an der Kipphebelachse ab. Im Gegensatz zum Schlepphebel weist die Belastungsrichtung vom Zylinderkopf weg, somit sind die Befestigungsschrauben durch die Betriebslast einer zusätzlichen Zugbelastung unterworfen. Die auf die Kipphebellagerung einwirkende Kraft ist abhängig von der Ventilbetätigungskraft und dem Kipphebelverhältnis. Für sie gilt (ohne Berücksichtigung der Massenträgheiten):

$$\textit{Achslast} = \textit{Ventilkraft}\ (1 + \textit{Kipphebelverhältnis})$$

$$Fa = Fv\ (1 + i)$$

Die Betätigungskraft auf der Nockenfolgerseite ist unter gleichen Bedingungen direkt proportional zu Ventilbetätigungskraft und Kipphebelverhältnis, **Bild 5.9**.

Ein wichtiges Auslegungskriterium für Kipphebel ist die Steifigkeit des Körpers. Im Vergleich zu den anderen Komponenten eines OHV-Triebs ist die Steifigkeit des Kipphebels dominant

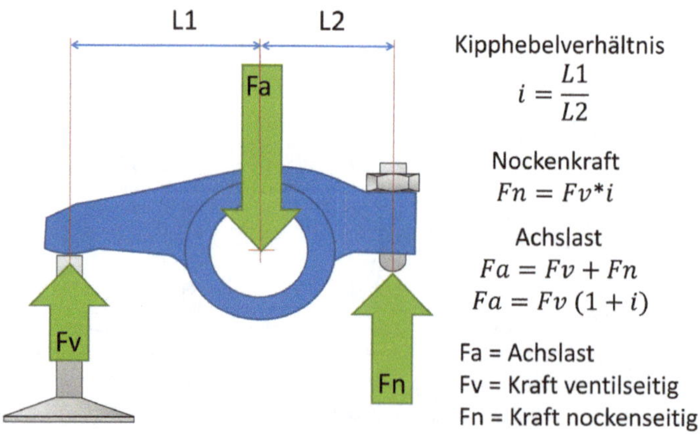

Bild 5.9: Kipphebel: Kräfte und Übersetzungsverhältnis

niedrig. Sie bestimmt maßgeblich die Eigenfrequenz des Ventiltriebsystems und damit das dynamische Verhalten. So können infolge großer Eigenbewegungen die Ventilaufsetzgeschwindigkeit kritische Werte erreichen oder die Grenzdrehzahl gegenüber Ventilabhebern verringert sein. Angestrebt wird ein Design, welches bei möglichst geringen Massenträgheitsmomenten eine möglichst große Steifigkeit annimmt.

Kipphebel in einem OHV-Trieb haben Packagingvorteile. Sie ermöglichen einen flacheren Aufbau der Ventilhaube als bei einem OHC-Trieb. Kipphebel im OHC-Trieb haben einen größeren Platzbedarf. Die Kipphebel müssen oberhalb der Nockenwelle im Zylinderkopf gelagert werden, was zu einem vergleichsweise hohen Aufbau der Ventilhaube führt. Dieser Platzbedarf, der höhere Aufwand zur Abstützung der Kräfte sowie die komplexeren Montageabläufe führen dazu, dass Kipphebel in OHC-Trieben von Pkws nur selten vorkommen. In Nfz-Trieben ist es das derzeit bei vielen Herstellern bevorzugte Ventiltriebslayout, bedingt durch andere Anforderungen, wie z. B. Zugänglichkeit der Hebel für die mechanische Spieleinstellung. Aus Reibungs- und Verschleißgründen wird hier meist der Rollenabgriff eingesetzt.

5.4.1.2 Schlepphebel

Schlepphebel sind Hebel, die den Hub in der gleichen Richtung an die nachfolgenden Betätigungselemente weitergeben.

Man findet Schlepphebel in großen OHV-Trieben von Heavy-Duty-Motoren als Übertragungselemente zwischen Nocken und Stößelstange (anstelle eines Stößels) und bei Pkw-OHC-Trieben als Betätigungselemente in Zylinderköpfen.

Der Abgriff am Nocken erfolgt über Gleitflächen oder Rollen. Bei hydraulischem Ventilspielausgleich (G) in OHC-Trieben findet die Abstützung des Hebels auf dem Ausgleichselement statt, sodass keine zusätzlich Achse als Lagerung des Hebels vorgesehen werden muss. Das Ausgleichselement steckt im Zylinderkopf, und nur sein Kolben mit dem Kugelkopf führt eine Bewegung aus. Prinzipbedingt sind die Übersetzungsverhältnisse von Schlepphebeln meist kleiner als zwei. Die Auflagerkraft ist ähnlich der Kraft auf der Ventilseite und liegt somit deutlich niedriger als bei der Betätigung mit einem Kipphebel.

Ein Schlepphebel ist bei gleicher Betätigungskraft, gleichem Übersetzungsverhältnis und gleicher Steifigkeit leichter und kleiner als ein Kipphebel.

Bei Pkw-Anwendungen haben sich mittlerweile Rollenschlepphebel mit Blechkörper durchgesetzt. Die Blechkörper werden auf Schnellläuferpressen in mehreren Stufen ausgeformt und benötigen anschließend nur noch geringen Zerspanungsaufwand, z. B. an der Bohrung für den Rollenbolzen. Die Rollen – ausgeführt als Stützrolle mit vollrolligem Nadellager – haben bei niedrigen Kosten deutlich geringere Reibung.

Ist der Schlepphebel auf dem HVA drehbar gelagert, richtet er sich im Betrieb am Nocken aus. Die Rollen sind daher an ihrer Lauffläche eben mit einer Endprofilierung ausgeführt. **Bild 5.10** zeigt die Kräfte und das Übersetzungsverhältnis beim Schlepphebel.

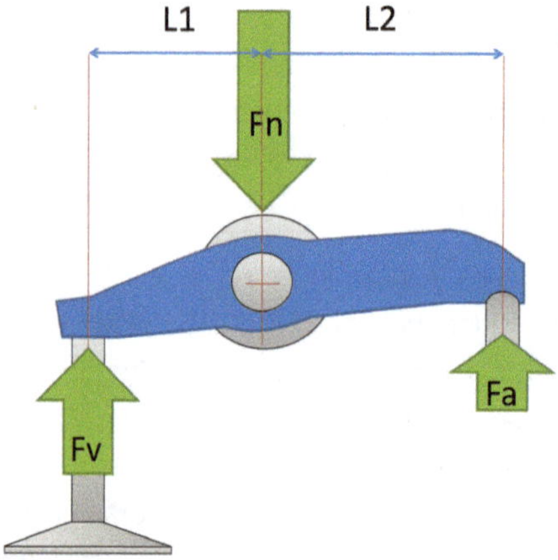

Schlepphebelverhältnis

$$i = 1 + \frac{L1}{L2}$$

Nockenkraft

$$Fn = Fv{*}i$$

Auflagerlast

$$Fa = Fn - Fv$$

$$Fa = Fv * \frac{L1}{L2}$$

Fa = Auflagerlast
Fv = Kraft ventilseitig
Fn = Kraft nockenseitig

Bild 5.10: Schlepphebel: Kräfte und Übersetzungsverhältnis

Hebel für den Gleitabgriff werden aus Gründen der besseren Werkstoffpaarung bevorzugt aus Guss hergestellt. Bei Stahlhebeln sind wiederum zusätzliche Triboschichten in Form von Nitrierschichten oder PVD (DLC) erforderlich. Hebel für hochdrehende Motoren (Motorräder, Motorsport) sind oft als DLC-beschichtete Gleithebel ausgeführt, weil geringe bewegte Massen und gute Gleiteigenschaften bei hohen Drehzahlen gefordert sind. **Bild 5.11** zeigt die Vor- und Nachteile verschiedener Hebelbauformen im Überblick.

5.4.1.3 Spieleinstellung bei Hebeln

Eine Ventilbetätigung muss immer spielbehaftet sein, damit ein sicheres und vollständiges Schließen des Ventils garantiert ist. Man unterscheidet zwei Arten der Spieleinstellung, **Bild 5.12**:

- Mechanische Ventilspieleinstellung
- Hydraulischer Ventilspielausgleich

	Vorteile	**Nachteile**
Kipphebel	▪ Gute Zugänglichkeit (Mechanische Spieleinstellung einfach) ▪ Robuste Lösung (Nfz)	▪ Hohe Kräfte ▪ Mehr Masse ▪ Größeres MTM (Massenträgheitsmoment) ▪ Packaging (baut höher)
Schlepphebel	▪ Geringere Kräfte ▪ Kostengünstiger (Pkw, Lagerung auf HVA) ▪ Leichter (Pkw OHC) ▪ Niedrigeres MTM	▪ Aufwendiger als Stößel (OHV) ▪ Aufwendiger als Kipphebel (Nfz OHC)

Bild 5.11: Vor- und Nachteile der Hebelbauformen

	Vorteile	**Nachteile**
Mechanische Ventilspiel-einstellung	▪ Einfache Konstruktion ▪ Geringe Bewegte Masse ▪ Robuste Lösung ▪ Motorbremse einfach umsetzbar	▪ Stoßbelastung: – Nockenform mit Rampen – Geräuschentwicklung ▪ Regelmäßige Werkstattarbeit
Hydraulische Ventilspiel-einstellung	▪ Geräuscharmer Lauf ▪ Kein Nachstellen notwendig	▪ Aufwendigerer Aufbau ▪ Ölversorgung mit gefiltertem Drucköl ▪ Höhere bewegte Masse ▪ Komplexe Konstruktion bei interner Motorbremse

Bild 5.12: Mechanische und hydraulische Ventilspiel-einstellung im Vergleich

5.4.1.4 Mechanische Spieleinstellung

Die mechanische Spieleinstellung wird am Hebel normalerweise mit einer Schraube mit Kontermutter zur Fixierung realisiert. Sie wird benutzt, um am kalten Motor das Spiel mit Hilfe einer Fühlerlehre (G) auf die Vorgabewerte des Herstellers einzustellen. Die Vorgabewerte berücksichtigen die Wärmeausdehnung von Zylinderkopf, Motorblock und Ventilbetätigungselementen, sodass sich im Betrieb ein Spiel von etwa 0,1 mm einstellt, **Bild 5.13**.

Wegen des Verschleißes in den Kontaktflächen der Ventilbetätigungselemente steigt das Spiel allmählich an. Tritt Verschleiß im Kontakt Ventilsitz/Ventilsitzring (G) auf, verringert sich das Spiel.

Aus den in Motorversuchen ermittelten Verschleißwerten leiten die Motorenhersteller die Intervalle für das Nachstellen des Ventilspiels ab.

Eine mechanische Spieleinstellung findet man vornehmlich in Nutzfahrzeugen. Das liegt einerseits daran, dass die Entwicklungszyklen bei Nutzfahrzeugen länger sind. Andererseits ist in vielen Nutzfahrzeugen eine interne Motorbremse vorgesehen, welche den Einsatz des hydraulischen Ventilspielausgleichs komplizierter macht.

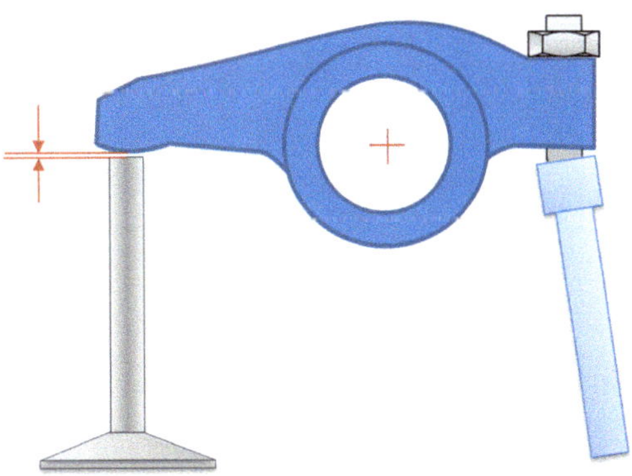

Bild 5.13: Ventilspiel bei einem Kipphebel mit mechanischer Spieleinstellung

Bei der internen Motorbremse wird mindestens ein Auslassventil durch zusätzliche Betätigungselemente, z.B. Bremshebel oder hydraulische Brücke, geöffnet. Ist ein hydraulischer Spielausgleich in der Ventilbetätigung implementiert, wird dieser im Bremsbetrieb das öffnende Auslassventil als erhöhtes Spiel „sehen" und nachstellen. Als Folge bleibt das Ventil dann offen stehen, mit der daraus resultierenden Gefahr von Überhitzungs- oder Kollisionsschäden. Dies wird verhindert, indem beim Bremsbetrieb der hydraulische Spielausgleich deaktiviert wird, was die Komplexität vergrößert.

5.4.1.5 Hydraulische Spieleinstellung

Die hydraulische Spieleinstellung erfolgt mit speziellen kolbenförmigen hydraulischen Elementen, die mit Drucköl versorgt werden und bei geschlossenem Ventil das Spiel auf Null stellen. Während des Hubs sinkt das Element einen definierten Weg ab, da über den eingestellten Leckagespalt zwischen Kolben und Wand Öl herausläuft. Über ein Rückschlagventil wird verhindert, dass das Öl in die Zuführung zurückströmt.

Nach Ende des Hubs liegt ein Spiel vor, das durch den anliegenden Öldruck wiederum nachgestellt wird, **Bild 5.14**. Die Summenkraft aus Rückstellfeder und Öldruck ist kleiner als die rückwirkende Kraft der Ventilfeder. Sie reicht also nicht aus, um das Ventil aufzudrücken.

Der folgende Ventilhub beginnt somit spiel- und damit auch stoßfrei. Beim nächsten Hub sinkt das hydraulische Ventilspiel-Ausgleichselement (HVA) wiederum ab, und durch die erneute Leckage während des Folgehubs wird erneut ein sicheres Schließen gewährleistet.

Im Stillstand sinkt das HVA des offen stehenden Ventiltriebs vollständig ab. Beim Motorstart treten daher kurzzeitig laute Ventiltriebsgeräusche auf, bis durch ausreichenden Öldruck die HVA-Funktion vollständig wiederhergestellt ist.

Bei Kipphebeln werden HVAs in die Hebel integriert und über die Kipphebelachse mit Öl versorgt. Bei Schlepphebeln sind die HVAs im Zylinderkopf eingesetzt und dienen als Auf-

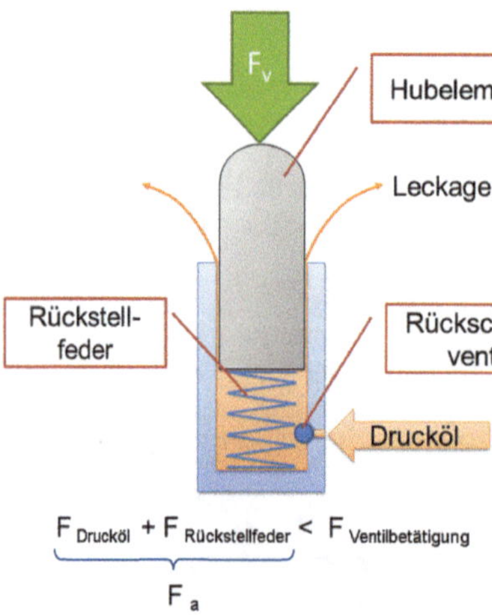

Bild 5.14:
Prinzipieller Aufbau und Funktion eines hydraulischen Ventilspiel-Ausgleichselements

lager für den Hebel. Dies hat den Vorteil, dass das HVA nicht mitbewegt wird, sich also die bewegte Masse nicht erhöht. Der Nachstellweg der HVAs ist begrenzt, was den erlaubten Summenverschleiß über die Fahrzeuglebensdauer einschränkt.

Vorteil des hydraulischen Ventilspielausgleichs ist die Geräuscharmut und Wartungsfreiheit. Geräuscharm, da bei Hubbeginn kein Spiel überwunden werden muss, wodurch der geräuscherzeugende Stoß ausbleibt. Lediglich beim Motorstart treten kurzzeitig Geräusche infolge abgesunkener HVAs auf. Wartungsfreiheit, weil ein Werkstattaufenthalt zur Spieleinstellung nicht erforderlich ist. Dem gegenüber stehen höhere Kosten sowie der Aufwand für die gezielte Ölversorgung mit mindestens 0,5 bar Öldruck und die größere translatorisch bewegte Masse bei Kipphebeln oder hydraulischen Tassen.

5.4.1.6 Hubverlauf mit/ohne Öffnerrampe

Die Methode des Spielausgleichs hat einen Einfluss auf die Gestaltung der Erhebungskurve (G), insbesondere zu Beginn des Hubs.

Bei der mechanischen Spieleinstellung wird für den zulässigen Spielbereich eine konstante Rampe vorgesehen, die die Stoßbelastung zum Hubbeginn abmildert und für alle zugelassenen Spielzustände auf ein konstantes Niveau einstellt.

Auch bei der Verwendung von HVAs kann ein stoßmildernder Verlauf gewählt werden, siehe Beispiel in **Bild 5.15**.

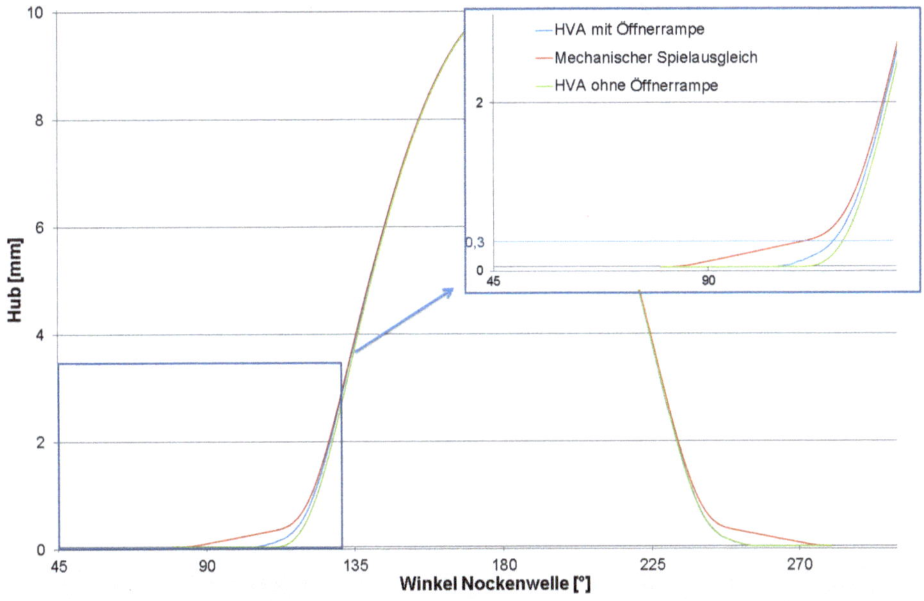

Bild 5.15: Beispiel für Erhebungskurven mit und ohne Öffnerrampe

5.4.2 Stößel

5.4.2.1 Flachstößel (OHV)

Stößel für den Gleitabgriff in OHV-Ventiltrieben werden Flach-, Teller- oder Ventilstößel genannt. **Bild 5.16** zeigt zwei Flachstößel-Ausführungsformen. Sie werden überwiegend in einfachen und robusten Motoren sowie in Stationärmotoren, welche oft mit konstanter Drehzahl betrieben werden, eingesetzt. Gründe hierfür sind:

- Ausreichend gute Genauigkeit des Ventilhubverlaufs gegeben, kein Bedarf für andere Lösungen
- Günstige Kosten
- Bei konstanter Drehzahl gute Reibeigenschaften

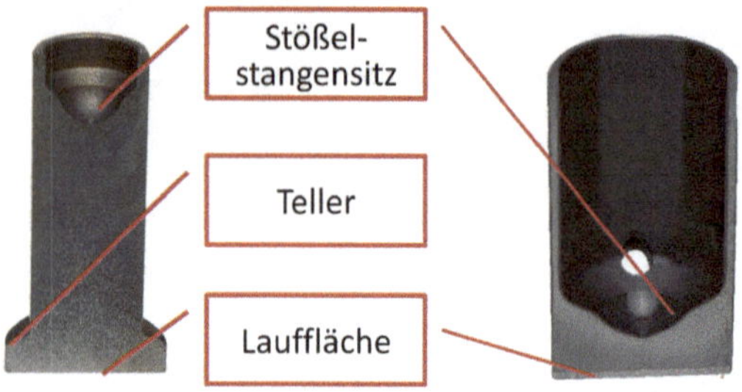

Bild 5.16:
Flachstößel-Ausführungsformen:
Pilz- und Fassstößel

Tellerstößel, auch Pilzstößel genannt, bestehen aus einem tellerförmigen Element, das die Lauffläche enthält und einem – im Durchmesser kleineren – Bereich (Schaft) über den der Stößel geführt wird. Der Schaft enthält die Pfanne für die Stößelstange. Tellerstößel bieten den Vorteil, dass sie nur kleine Führungsbohrungen benötigen und damit Platz für Kühlkanäle, Ölbohrungen oder einen verformungsarmen Motorblock bieten. Ihr Nachteil im Vergleich zu anderen Gleitstößeln ist die Zugänglichkeit. Tellerstößel müssen zu Beginn der Montage von der Nockenwellenseite aus in ihre Führungen gesteckt werden, bevor die Nockenwelle eingebaut wird. Entsprechend wird zu Reparatur- oder Inspektionszwecken die Demontage der Nockenwelle erforderlich.

Bei Tassen- und Fassstößeln in OHV-Ventiltrieben ist der Durchmesser des Schafts genauso groß wie die Lauffläche. Diese Stößel können meist nach oben in Richtung Zylinderkopf herausgezogen werden. Folglich sind sie einfacher auszutauschen, sie benötigen jedoch eine große Führungsbohrung mit dem daraus resultierenden geringeren Platz im Motorblock für Ölbohrungen oder Kühlkanäle. Bei einem Motorlayout mit Tassen- oder Fassstößeln ist der Wechsel auf einen Rollenabgriff mit Rollenstößeln relativ einfach. Im Motorblock ist lediglich eine Verdrehsicherung für die Rollenstößel vorzusehen. Daneben müssen das Nockenprofil angepasst und gegebenenfalls die Länge der Stößelstange verändert werden.

Die Lauffläche der Stößel hat eine leicht ballige Form. Das Zentrum der Lauffläche ist in der Regel einige Mikrometer gegenüber dem Rand erhaben. Diese Profilierung hat den Zweck, Pressungsüberhöhungen an der Kontaktstelle Stößellauffläche zum Nockenrand zu vermeiden.

Die Werkstoffauswahl für Flachstößel, **Bild 5.17**, richtet sich nach der Kontaktpressung und nach dem Werkstoff der Nockenwelle. Da die Kontaktflächen aufeinander gleiten, ist eine tribologisch verträgliche Werkstoffpaarung erforderlich. Für einfache Stößel mit vergleichsweise niedriger Pressung kommen Gusswerkstoffe zum Einsatz. Diese zeigen bereits im Ausgangszustand eine geringe Adhäsionsneigung (G) (Fressverschleiß).

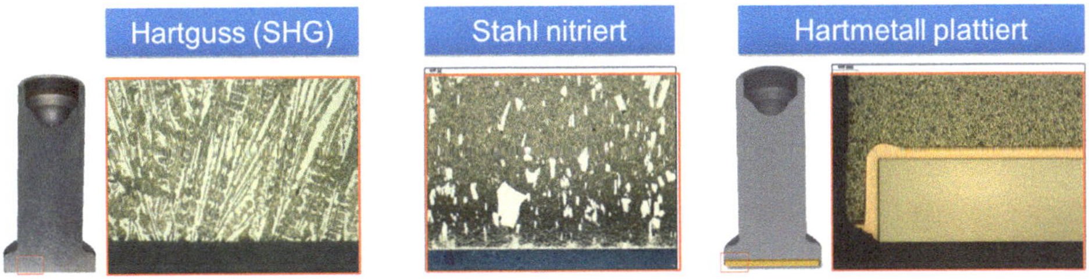

Bild 5.17: Werkstoffvarianten für den Flachstößel

Grundsätzlich sind alle MAHLE Stößel aus Gussmaterial im Schalenhartguss – einem Hartgussverfahren – hergestellt. Der SHG wird während des Gießvorgangs in der Form schnell abgeschreckt, wodurch ein hartes karbidhaltiges Gefüge entsteht, das außerordentlich günstige Eigenschaften für den Gleitabgriff bietet.

Zur Leistungssteigerung bezüglich Pressung und Verschleißwiderstand werden Legierungselemente wie Nickel oder Molybdän zugesetzt und/oder ein zusätzliches Härteverfahren nachgeschaltet.

Bestehen Anforderungen, die auch mit legierten und/oder gehärteten Gusswerkstoffen nicht erfüllt werden können, wird Stahl eingesetzt, der im Verbund mit einer Stahlnockenwelle zwingend eine Triboschicht benötigt, um Adhäsivverschleiß zu vermeiden. Übliche Triboschichten sind Nitrierschichten oder PVD-Schichten, wie DLC.

Als weitere Steigerung ist der Wechsel auf Hartmetall möglich. Aus Kostengründen wird beim HM-Stößel nur die nockenseitige Lauffläche durch eine eingelötete Hartmetallplatte ersetzt. Die tribologischen Eigenschaften und Verschleißeigenschaften von Hartmetall sind exzellent.

5.4.2.2 Tassenstößel (OHC)

Tassenstößel in OHC-Motoren (Pkw) stecken direkt auf dem Ventil. Sie nehmen Seitenkräfte auf, entlasten somit die Ventilführung (G) und das Ventilschaftende. Der gesamte Ventiltrieb ist sehr steif, leicht und kompakt. Je nach Anwendungsfall kann die Lauffläche der Tasse völlig eben oder ballig ausgeführt sein. Nachteilig sind der Platzbedarf für die Führung der Tasse und der große Arbeitsaufwand bei mechanischer Spieleinstellung.

Die mechanische Spieleinstellung erfolgt mit einem Plättchen (Shim) zwischen Tasse und Ventil oder zwischen Tasse und Nocken, **Bild 5.18**. Das bedeutet, dass die Nockenwelle zum Einlegen des passenden Shims ausgebaut werden muss.

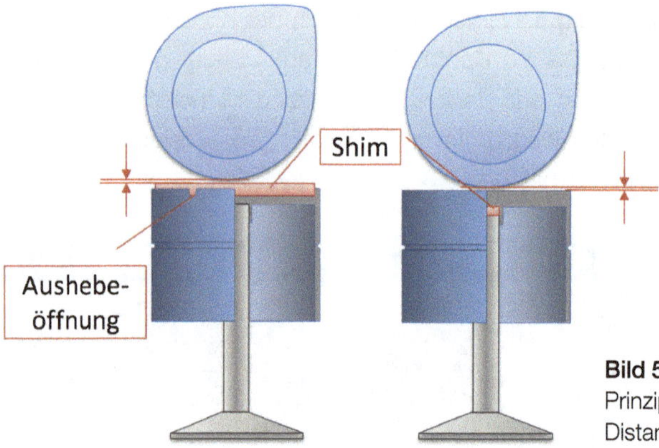

Bild 5.18:
Prinzipien mechanischer Spieleinstellung mit Distanzstück (Shim) bei Tassen

Ein anderer Lösungsansatz der mechanischen Spieleinstellung nutzt klassifizierte Tassen, also Tassen unterschiedlicher Bauhöhen, von denen die jeweils passende eingesetzt wird.

Werden Hydrotassen (Tassen mit integriertem hydraulischem Ventilspielausgleich) verwendet, steigt die bewegte Masse. Schließlich muss das in die Tasse integrierte HVA mitbewegt werden. Die erhöhte Masse hat einen negativen Einfluss auf die Maximaldrehzahl oder erfordert stärkere Ventilfedern, was wiederum die Reibung erhöht.

Tassen werden auch für Einspritzpumpen-Antriebe verwendet; ihr Anteil ist rückläufig, da durch die steigenden Einspritzdrücke die abgegriffenen Kräfte steigen, was den Wechsel auf Rollenabgriff erfordert.

Übliche Tassenwerkstoffe sind Schalenhartguss **(G)** und Einsatzstahl (meist 16MnCr5), weil dieser sich gut umformen, härten und beschichten lässt. Zusätzlich gibt es eine Auswahl verschiedener Oberflächenbehandlungen zur Optimierung der Verschleiß- und Gleiteigenschaften. Das Spektrum reicht hier von Phosphatierungen über Nitrierschichten bis hin zu DLC-Schichtsystemen.

5.4.2.3 Rollenstößel

Rollenstößel laufen mit einer Rolle auf dem Nocken (Rollenabgriff). Sie werden in Nutzfahrzeugen mit OHV-Konfiguration für den Ladungswechsel und bei Pkw-Motoren mit OHC-Trieben für die Hochdruckpumpe zur Benzindirekteinspritzung verwendet. **Bild 5.19** zeigt beispielhaft den Aufbau von Rollenstößeln.

Gründe für den Ersatz von Gleitstößeln durch Rollenstößel sind:

- Geringere Reibung, Kapitel 5.2
- Höhere Langzeitstabilität durch geringeren Verschleiß (Ventilspiel)
- Höhere übertragbare Kräfte

Im Zuge der Entwicklung von Nfz-Vierventilmotoren (zwei Ventile betätigt durch einen Stößel) und dem Anstieg der Zylinderdrücke (erhöhter Abgasgegendruck beim Auslassöffnen) sind

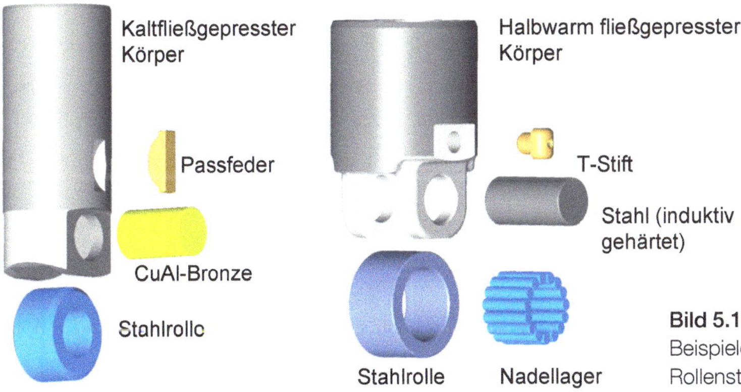

Bild 5.19: Beispiele für den Aufbau von Rollenstößeln

die auftretenden Kräfte im vorhandenen Bauraum kaum noch über den Gleitabgriff zu bewältigen.

Beim Wechsel auf den Rollenabgriff kann – bei Beibehaltung des grundsätzlichen Ventiltriebslayouts als OHV-Motor – der Gleitstößel durch einen Rollenstößel ersetzt werden. Die erforderlichen Veränderungen am Motorblock sind moderat. Der Block muss eine ausreichend große Führungsbohrung zulassen, und es ist eine Verdrehsicherung erforderlich. Die Verdrehsicherung sorgt dafür, dass die Rolle sich im Hubbereich am Nocken ausrichten kann und im Grundkreis der Winkelfehler der Rolle nicht zu groß wird.

Bei zu großer Winkelabweichung würde die Rolle stehen bleiben und schräg oder quer auf dem Nocken gleiten, was unmittelbar massiven Verschleiß beider Kontaktpartner zur Folge hätte. Bei einer zu engen Führung kann sich die Rolle nicht am Nocken ausrichten. Es kommt zu erhöhten Kontaktpressungen oder zu schrägem Gleiten der Rolle auf dem Nocken.

Die Verdrehsicherung muss also spielbehaftet sein. Übliche konstruktive Lösungen bestehen aus Nut-Stift- (Nut im Stößel, Stift im Block oder umgekehrt) oder Flächen-Flächen-Anordnungen, z. B. Abflachung am Stößel und Sicherungsplatte am Motorblock, **Bild 5.20**.

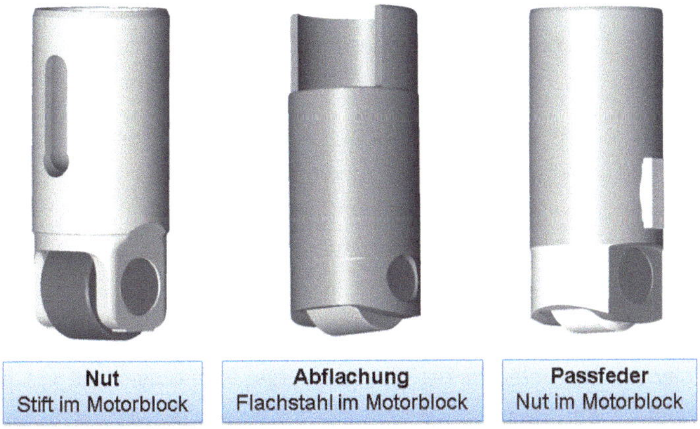

Bild 5.20: Ausführungsformen für Verdrehsicherungen

Die Lauffläche der Rolle ist ballig ausgeführt. Damit ist die Mitte der Lauffläche gegenüber dem Rand um einige Mikrometer erhaben. Diese Profilierung dient dazu, Kantenträger (G) zu vermeiden, dies sind Pressungsüberhöhungen an der Kontaktstelle Rollenkante zu Nocken (die Nockenlauffläche ist meist breiter als die Rolle). Außerdem dient die ballige Rollenkontur dazu, Winkelfehler auszugleichen, welche durch die Bearbeitungstoleranzen an Nockenwelle, Zylinderblock und Rollenstößel auftreten.

5.4.2.4 Werkstoffe

Üblicherweise sind die Rollen aus Wälzlagerstahl (100Cr6; 1.3505) hergestellt. Dieses Material ist in verschiedenen Qualitäten gut verfügbar. Die Rollen sind durchgehärtet, und die Kontaktflächen sind geschliffen bzw. bei Bedarf gefinisht. Für große Dimensionen wird – wegen der dann besseren Durchhärtbarkeit – manganhaltiges 100Cr6 verwendet. In seltenen Fällen kommen verwandte Legierungen wie 115CrV oder auch Keramikrollen zum Einsatz.

Die Körper bestehen je nach Fertigungsverfahren aus Einsatzstahl (16MnCr5, 17Cr3) oder Drehstahl. Ansonsten richtet sich die Werkstoffauswahl nach den Festigkeiten und der Härtbarkeit. Der Körper ist im Fertigzustand einsatzgehärtet, um an den Kontaktflächen zu Rolle, Motorblock und Stoßstange einen hohen Verschleißwiderstand zu bieten.

5.4.3 Schaltbare Nockenfolger

Schaltbare Nockenfolger werden für drei verschiedene Funktionen eingesetzt:

- Hubumschaltung
- Zylinderabschaltung (G)
- Bremsbetrieb (interne Motorbremse/Dekompressionsbremse)

Über die Hubumschaltung wird erreicht, dass zwei unterschiedliche Nockenprofile verwendet werden können. Die Profile sind dann jeweils für einen bestimmten Betriebspunkt oder -bereich optimiert. Üblich sind auf Volllast und Teillast optimierte Profile. Teillastoptimal kann bedeuten, dass ein verringerter Hub zur Entdrosselung (G) des Motors umgesetzt wird. Es sind auch weiterreichende Veränderungen des Ladungswechsels in Richtung Atkinson- oder Miller-Zyklus (G) mit geänderten Öffnungszeiten (Dauer und Zeitpunkt) denkbar.

Bei der Zylinderabschaltung führen die Ventile keinen Hub aus. Durch die Deaktivierung der Ventile wird der Ladungswechsel unterbrochen, das verhindert eine Auskühlung des Zylinders sowie Ladungswechselverluste. Das eingeschlossene Luftvolumen dient zusätzlich als Feder mit positivem Einfluss auf das Laufverhalten. Die Zylinderabschaltung wird bei Teillast eingesetzt. De facto wird damit der Hubraum des Motors verkleinert, was den Betrieb der aktiven Zylinder in einem günstigeren Betriebspunkt erlaubt.

Der Bremsbetrieb einer internen Motorbremse bei Nutzfahrzeugen wird umgesetzt, indem mindestens ein Auslassventil gegen Ende des Verdichtungshubs geöffnet wird, also kurz vor Zünd-OT (G) – einer Phase, in der im Normalbetrieb die Ventile geschlossen gehalten werden. Das Auslassventil führt nur einen Teilhub aus und lässt die komprimierte Luft in den Auslasstrakt entweichen. Ein zusätzliches Ventilöffnen – zu Beginn des Verdichtungshubs – ermöglicht einen höheren Anfangsdruck im Zylinder und damit eine bessere Bremswirkung. Alternativ kommen auch eigenständige Bremsventile zum Einsatz, die mit elektro-hydraulisch aktivierten Hebeln betätigt werden.

Schaltbare Nockenfolger bestehen in der Regel aus zwei Elementen, die mit einem Verriegelungsmechanismus gekoppelt werden können. Die Betätigung des Verriegelungsmechanismus erfolgt mit elektro-magnetischen Stellelementen oder hydraulischer Ansteuerung mit Drucköl.

5.4.3.1 Schaltbare Tassenstößel

Schaltbare Tassenstößel werden vornehmlich in OHC-Motoren zur Umschaltung zwischen zwei verschiedenen Hubverläufen eingesetzt. Theoretisch kann man auch eine Zylinderabschaltung darstellen, indem ein Hubverlauf mit einem Nullhub (G) versehen wird.

Der schaltbare Tassenstößel besteht aus zwei konzentrisch angeordneten Elementen, die mit einem Verriegelungsmechanismus miteinander verbunden oder getrennt werden. Der äußere Teil des Stößels läuft auf zwei größeren Nocken, der innere auf einem kleinen.

Das vielleicht bekannteste Beispiel einer Schalttasse ist der Ventiltrieb bei Porsche (VarioCam plus) [1] mit einer Hubumschaltung zwischen teillast- und volllastoptimaler Nockenkontur auf der Einlassseite sowie einem Phasensteller (G) für die zeitliche Veränderung der Ventilöffnungszeiten.

5.4.3.2 Schaltbare Rollenstößel

Schaltbare Rollenstößel kommen prinzipbedingt in OHV-Motoren zum Einsatz. Üblicherweise sind dies Ottomotoren in V-Bauweise im sogenannten „Cam-in-Block“-Design, d. h. einer zentral im Motorblock gelegenen Nockenwelle, von der aus die Ventilbetätigung beider Zylinderköpfe angetrieben wird. Der schaltbare Rollenstößel dient der Zylinderabschaltung. Es wird also zwischen vollem Hub und Nullhub umgeschaltet.

Beispiele für in Serie befindliche Systeme sind der Bentley 6,75 Liter V8 [2] und Chrysler HEMI 5,7-Liter-V8.

5.4.3.3 Schlepphebel/Kipphebel mit Schaltfunktion

Schlepphebel und Kipphebel mit einer Schaltfunktion gibt es sowohl als Zylinderabschaltung als auch als Systeme zur Hubumschaltung. Bedingt durch die beschränkten Platzverhältnisse in Pkw-Anwendungen ist dort mindestens ein Abgriff, z. B. der kleine Hub, als Gleitabgriff ausgeführt.

Systeme zur Zylinderabschaltung sind z. B. das ZAS bei Mercedes oder das VTEC bei Honda. Als Hubumschaltung mit schaltbaren Hebeln ist das Honda VTEC II in Serie.

Bei Nutzfahrzeugen werden schaltbare Hebel bisher vor allem im Zusammenhang mit internen Motorbremssystemen eingesetzt. Sie sind meist so aufgebaut, dass ein Kolben hydraulisch ausgefahren wird, um das im Normalbetrieb bestehende Spiel zwischen Bremsnocken und zugehörigem Ventil zu überwinden. Die Bremsnocken können auf dem Auslassnocken integriert sein, oder es wird ein eigener Bremsnocken mit eigenem Bremshebel verwendet. Einige Beispiele für Ausführungsvarianten sind die Motoren DAF MX, MAN D08, Mercedes HDEP und Volvo D16.

Mit dem sich abzeichnenden Trend der Variabilität im Ladungswechsel bei Dieselmotoren werden in Zukunft Systeme zur Hubumschaltung auch für Dieselmotoren entwickelt werden.

5.5 Lager bei Nockenfolgern

An Nockenfolgern findet man verschiedene Lagerungselemente:

- Rollenlagerung bei Rollenkipphebeln, Rollenschlepphebeln und Rollenstößeln
- Hebellagerungen (Hauptlager)
- Lagerung des Druckstücks („Elefantenfuß“) auf der Einstellschraube bei mechanischer Ventilspieleinstellung

5.5.1 Lagerung der Rolle

5.5.1.1 Nadellager

In Pkw-Ventiltrieben kommen bei Nockenfolgern in der Regel vollrollige (käfiglose) Nadellager zum Einsatz. Die Rolle, die aus Wälzlagerstahl gefertigt ist, dient als Außenring, der Bolzen – ebenfalls aus Wälzlagerstahl – bildet den Innenring, und dazwischen sitzen dicht gepackt die Nadeln.

Vorteile dieser Lösung sind die geringe Reibung und die bei kleinen Abmessungen und hohen Stückzahlen attraktiven Kosten. Nachteile der Wälzlagerung sind die geringe Robustheit gegenüber Stoßbelastungen und die begrenzte Tragfähigkeit des Lagers. Stoßbelastungen treten bei Ventiltrieben mit mechanischer Ventilspieleinstellung auf, daher findet man die Wälzlagerung vor allem in Ventiltrieben mit hydraulischen Ausgleichselementen.

Hinsichtlich der Dimensionierung der Rolle ist die Tragfähigkeit und damit die Lebensdauer der Lagerung die limitierende Größe. Betrachtet man die maximal erlaubte Kontaktpressung zwischen Rolle und Nocken, könnten die Rollen in vielen Ventiltrieben schmaler ausgeführt werden, dürfen dies aber nicht, da das Nadellager sonst unterdimensioniert wäre.

5.5.1.2 Gleitlagerung

Für hohe Belastungen, mechanischen Ventilspielausgleich und hohe Lebensdaueranforderungen wird die Rolle gleitgelagert. Die verwendeten Lösungen reichen dabei von dem Bolzen aus Lagermaterial bis hin zu PVD-Beschichtungen oder auch keramischen Materialien.

Für die Bolzen aus Lagermaterial kommen meist Bronzen zum Einsatz. Das können die weicheren, niedriger festen Mangan-Bronzen (CuMn) sein, die ein gutes Einbettungsvermögen (G) für Fremdkörper bieten, hinsichtlich des Verschleißverhaltens jedoch eher zu den ungünstigeren Werkstoffen zählen. Als hochfeste Bronze wird oft eine Aluminiumbronze (CuAl) eingesetzt, wie sie auch bei anderen hochbelasteten Lagerungen im Motor verwendet wird. Sie zeichnet sich vor allem durch einen sehr geringen Verschleiß und hohe Festigkeit aus.

Ist ein kupferfreies Bauteil notwendig, ist es möglich, die Rolle auf einer nitrierten Stahlzwischenbuchse, die wiederum auf einem Stahlbolzen gelagert ist, zu lagern, **Bild 5.21 links**. Hierbei muss der Vor- und Nachteil von zwei Schmierspalten bzw. Gleitkontakten berücksichtigt werden: Es gibt zwar zwei zusätzliche Gleitflächen, die verschleißen können, die Bedingungen für ein hydrodynamisches Aufschwimmen sind jedoch günstiger, da die Differenzgeschwindigkeiten der Gleitflächen zueinander kleiner sind. Hierdurch baut sich im Lagerspalt ein dickerer Ölfilm auf, der die Oberflächen besser voneinander trennt und theoretisch etwas niedrigere Reibung bewirkt.

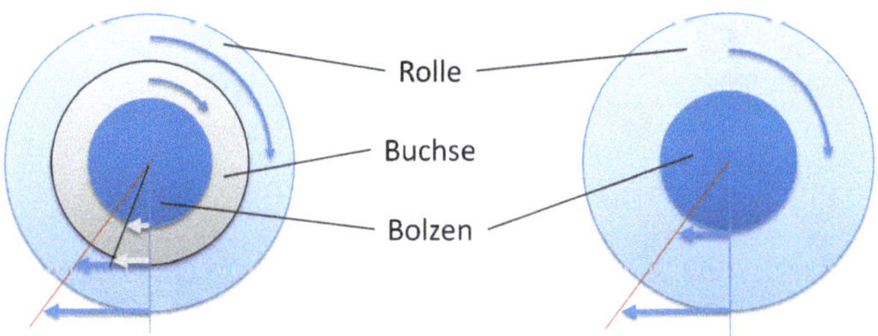

Bild 5.21: Standard-Geschwindigkeitsverteilung und Lagerung mit Zwischenbuchse

In hochbelasteten Anwendungen findet man auch Stahlbolzen mit einer DLC-Schicht [Diamond-like Carbon (G)], die im Niedrigtemperatur-PVD-Verfahren bei weniger als 200 °C aufgetragen wird. Die DLC-Schicht ist nur einige wenige Mikrometer dick, hat aber eine derart hohe Abriebfestigkeit, dass in Laufversuchen mit Nockenfolgern meist kein Verschleiß messbar ist.

Ein kritischer Punkt beim Einsatz von DLC ist die im Vergleich zu metallischen Schichten geringere Adhäsion, die bei ungeeignetem Grundwerkstoff (Substrat genannt) zum Abblättern der Schicht führen kann. Die Schichthersteller und Anwender arbeiten daher aktiv an der Weiterentwicklung der Schichtsysteme.

In Großmotoren für den Stationärbetrieb oder für Schiffe werden auch Lagerbuchsen, die in die Rollenbohrung eingepresst sind, eingesetzt. Dies ist im Vergleich zu Bolzen aus Lagermaterial eine durchaus kostengünstige Alternative, da die Bolzen aus massivem Material angefertigt werden und der Materialpreis der Lagerwerkstoffe sehr hoch ist. Insbesondere der Kupfer- und der Aluminiumpreis dominieren hier die Werkstoffkosten.

Eine Sonder- und Nischenanwendung sind Bolzen aus technischen Keramiken, z.B. aus Zirkonoxid, als Rollenlagerung. Diese Lösung besticht durch ihre Verschleißfestigkeit, Fresssicherheit, geringe Reibung und – je nach Werkstoff – niedrigere Masse und geringere Verformung. Bauteile aus technischer Keramik sind in der Bearbeitung sehr aufwendig und kostspielig, es müssen Diamantwerkzeuge eingesetzt werden, daher sind sie nicht weit verbreitet.

5.5.1.3 Befestigungsverfahren von Bolzen

Grundsätzlich können die Rollenbolzen entweder per Formschluss oder Reibschluss im Gehäuse befestigt werden.

Ein Formschluss wird z.B. mit Sicherungsringen oder -stiften sichergestellt, **Bild 5.22**. Abhängig von der Gestaltung erlaubt der Formschluss eine fixierte oder eine schwimmende Lagerung des Bolzens.

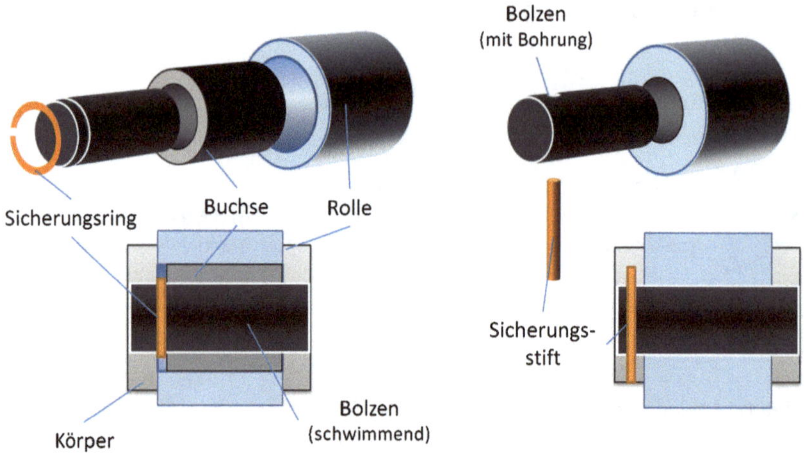

Bild 5.22: Bolzenbefestigung mit Sicherungsring/Sicherungsstift

Ein zentrales Kriterium bei der Gestaltung des Formschlusses ist, dass hinzugefügte Sicherungselemente, wie Sicherungsringe oder auch -stifte, sicher am Bauteil befestigt sind und sich bei Versagen (Bruch, Lösen) nicht frei im Motor verteilen können, was schwere Folgeschäden verursacht.

Für Bolzen aus Bronze ist eine verdrehsichere Befestigung erforderlich. Ihr Abrasionswiderstand ist vergleichsweise gering, was bei einer schwimmenden Lagerung massiven Verschleiß im Kontakt zum Körper (Bohrung im Nockenfolger) zur Folge hätte.

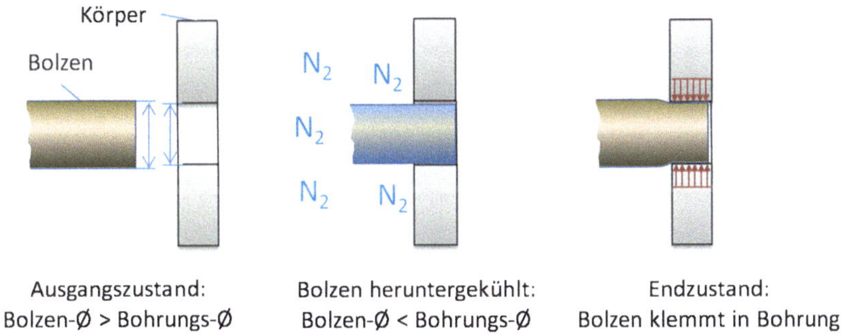

Bild 5.23: Bolzenmontage: Thermisches Fügen durch unterkühltes Einsetzen

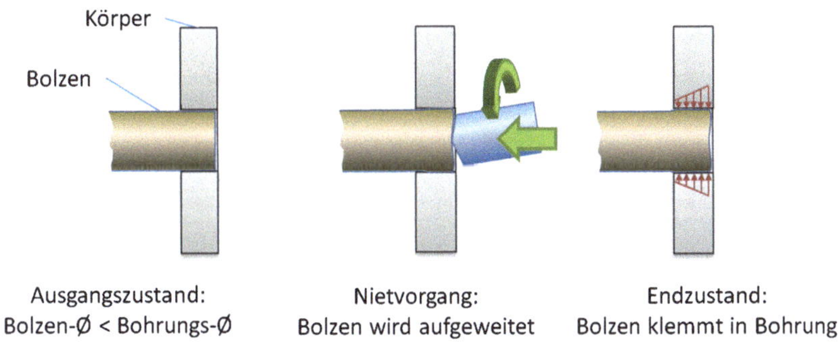

Bild 5.24: Bolzenmontage durch Taumelnieten

Bronzebolzen werden mit einer reibschlüssigen Verbindung befestigt. Konkret kommen hier das thermische Fügen (Kühlen der Bolzen mit flüssigem Stickstoff), **Bild 5.23**, oder Nietverfahren zum Einsatz [Verstemmen (G), Radialnieten (G)]. In beiden Fällen ist nach der Montage des Bolzens eine Überdeckung (G) zwischen Bohrung und Bolzen gegeben. Der Bolzen ist in der Bohrung eingespannt.

Beim thermischen Fügen ist die maximal mögliche Überdeckung zwischen Bolzen und Bohrung durch den Wärmeausdehnungskoeffizienten des Bolzenmaterials und die erzielte Temperaturdifferenz begrenzt.

Die maximal nutzbare Temperaturdifferenz unterliegt ökonomischen und technischen Zwängen, die eine Art natürlicher Grenze bilden. So ist es üblich, die Bolzen mit flüssigem Stickstoff zu kühlen, mit dem Vorteil der konstanten Temperatur im Stickstoffbad. Sobald die Bauteile dieses Bad verlassen, erwärmen sie sich wieder. Da ein Minimalspiel beim Fügen erforderlich ist, ist die Prozesszeit nach Verlassen des Stickstoffbads begrenzt. Beim Radialnieten hingegen kann die Überdeckung und damit die Qualität des Festsitzes mit den Nietparametern eingestellt werden, **Bild 5.24**.

Das Verstemmen wird vor allem bei Stahlbolzen in Pkw-Nockenfolgern verwendet. Hier werden mit einem Ringstempel die weichen (angelassenen) Stirnflächen der Bolzen ebenfalls

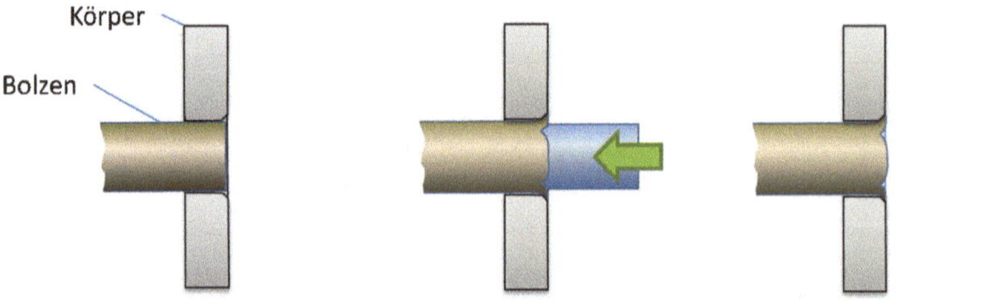

Bild 5.25: Bolzenbefestigung durch Verstemmen mit Ringstempel

verformt, **Bild 5.25**. Das Ergebnis ist eine Mischung aus Reib- und Formschluss, da sowohl der Bolzen aufgeweitet (Reibschluss), aber auch die Fase an der Bohrung gefüllt wird (Formschluss).

5.5.1.4 Schmierölversorgung von Rollenlagerungen

In Pkw- und Lkw-Anwendungen wird die Ölversorgung des Rolle-Bolzen-Kontakts meist mit Ölnebel oder Schleuderschmierung sichergestellt. Bei größeren Motoren im Heavy-Duty- und Super-Duty-Bereich (G) kann es erforderlich sein, Drucköl (G) oder druckloses Rücklauföl direkt in die Lagerstelle hineinzuleiten. Insbesondere wegen der kleineren Drehzahlen und damit ungünstigeren Gleitlagerbedingungen lohnt sich bei diesen Anwendungen der Aufwand, da damit höhere Lebensdaueranforderungen und Funktionssicherheit sichergestellt werden können.

5.5.2 Hebellagerung

Die Lagerung von Kipphebeln erfolgt entweder auf dem Hebelgrundmaterial oder mit einer Gleitlagerbuchse. Die Lagerung des Hebels direkt auf der Hebelachse setzt voraus, dass die tribologische Kompatibilität von Hebel und Achse gegeben ist, gegebenenfalls werden Hebel oder Achse mit einer Nitrierschicht geschützt. Bei höheren Anforderungen bezüglich Verschleißfestigkeit und Fresssicherheit kommen auch DLC-Schichten auf der Hebelachse zum Einsatz.

Lagerbuchsen sind wegen des Einpressvorgangs und der dazu gehörigen Vorbearbeitung aufwendiger. Sie bieten die Möglichkeit, eine optimale Materialpaarung von Achse zur Bohrung zu realisieren. Sind die Genauigkeitsanforderung an Durchmessertoleranz und -form sehr hoch, z. B. um geringe Ölleckagen und genaue Hubverläufe zu erzielen, wird eine Nacharbeit nach dem Einpressen der Buchse notwendig. Hieraus erklärt sich, dass Hebel – ausgestattet mit nachbearbeiteten Lagerbuchsen – bevorzugt in Premium-Motoren eingesetzt werden. Hebel ohne Lagerbuchse findet man dagegen besonders bei kostengünstigeren Motoren.

Hebel werden meist direkt mit Drucköl versorgt. Sie werden dann dazu benutzt, das Öl an andere Kontaktstellen wie Einstellschraube, Ventilkontakt oder Stößelstange zu leiten. Dies geschieht mit Bohrungen im Hebelkörper und/oder Nuten im Hauptlager.

5.5.3 Lagerung Elefantenfuß auf Einstellschraube

Einstellschrauben haben oft ebenfalls eine Lagerstelle, **Bild 5.26**. Im Falle einer Kraftübertragung über einen sogenannten Elefantenfuß (G) wird dieser auf der Einstellschraube gelenkig gelagert. In diesem Fall ist die Schraubenseite kugelförmig ausgeführt, der Elefantenfuß enthält eine passende Kugelpfanne.

Bild 5.26: Einstellschrauben mit und ohne Elefantenfuß in verschiedenen Größen

Beide Elemente sind aus Stahl, wobei die Schraube bevorzugt aus einem induktiv gehärteten Kohlenstoffstahl und die Pfanne aus einsatzgehärtetem Stahl hergestellt sind. Um die Funktion der Lagerung sicherzustellen, werden die Oberflächen nicht nur hart, sondern auch glatt, z. B. über eine Läppbearbeitung, ausgeführt. Eine Triboschicht in Form von Phosphatieren oder Nitrieren ist in der Regel nicht erforderlich.

Eine Schmierölversorgung des Elefantenfußes ist in vielen Fällen nicht zwingend erforderlich. In der Kugelpfanne hält sich das bei der Montage verwendete Fett oder aus der Umgebung stammendes Öl sehr gut. Der Kontakt des Elefantenfußes zur Ventilbrücke oder zum Ventil ist hingegen stärker gefährdet, trocken zu fallen, sodass eine Ölversorgung der Einstellschraube und des Elefantenfußes, sei es durch eine Leitung oder gezieltes Spritzen, mehr der Schmierung diese Kontaktes dient.

5.5.4 Verschleißanforderungen

Lagerungen müssen Anforderungen verschiedenster Art erfüllen. So ist durch die Materialpaarung sicherzustellen, dass die Fressneigung möglichst gering ist, die Reibung sollte möglichst gering sein und ebenso der Verschleiß. Bei Lagerstellen, die über einen Kanal oder eine Bohrung mit Drucköl versorgt werden, kann das Vermögen, Hartpartikel einzubetten, die Funktion der Lagerung deutlich verbessern.

Die Anforderung an niedrigen Verschleiß nimmt eine herausragende Position ein, da der Verschleiß weitreichende Auswirkungen auf den Motor hat:

- Begrenzte Motorlebensdauer bei erhöhtem Verschleiß durch vorzeitiges Versagen der Lagerung oder Erreichen des maximal zulässigen Verstellwegs von hydraulischen Ausgleichselementen
- Instabiles Emissionsverhalten infolge von variierendem Ventilhub
- Verkürzte Einstellintervalle für Ventilspiel (bei mechanischer Spieleinstellung) infolge erhöhten Verschleißes

Die Forderung nach geringerem Verschleiß ermöglicht außerdem eine höhere Langzeitstabilität und geringere Wartungskosten. In Ventiltrieben gibt es eine Vielzahl an Kontaktstellen, deren Verschleiß sich aufsummiert. Aufwendige OHV-Triebe, **Bild 5.27**, haben bis zu 14 Kontaktstellen, sodass – bei mechanischer Spieleinstellung – beim Verschleiß in der Größenordnung von 10 µm je Kontaktstelle bereits das Nachstellen des Ventilspiels erforderlich sein kann.

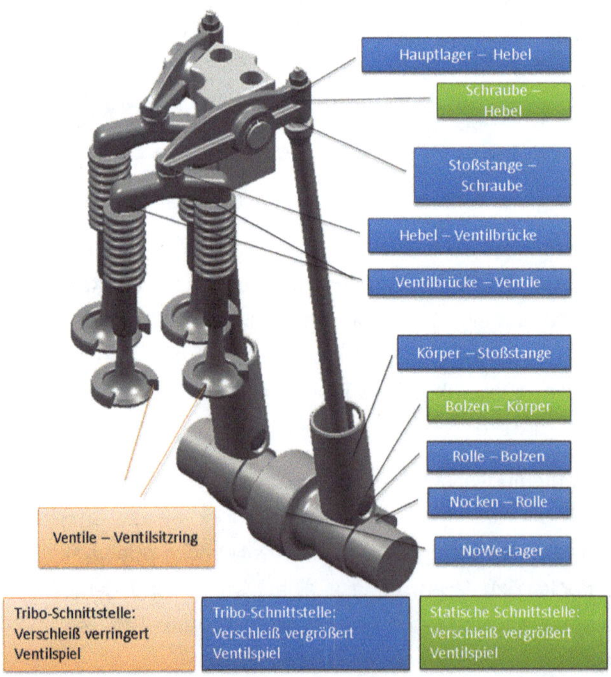

Bild 5.27: Beispiel OHV-Trieb mit ausgewiesenen Kontaktstellen

Im Idealfall gleicht sich der Summenverschleiß auf der Betätigungsseite mit dem Verschleiß zwischen Ventilsitz und Ventilsitzring aus. Dann ist kein Nachstellen notwendig, das Ventilspiel bleibt konstant. Allein aus der Anschauung wird deutlich, dass dieser Idealzustand nur zu erreichen ist, indem die Verschleißwerte auf der Betätigungsseite minimiert werden, denn Verschleißwerte von mehr als 0,5 mm auf der Ventilseite am Ende der Fahrzeuglebensdauer werden nicht akzeptiert.

Neben dem Verschleiß im regulären Betrieb gilt es, zunehmend neuen Anforderungen standzuhalten. So treten vermehrt Laufbedingungen mit schlechten Schmierbedingungen (kein Öl oder kaum Öl im Schmierspalt) auf. Das sind konkret:

- Der erste Motorstart, bei dem der Öldruck im Motor erst aufgebaut werden muss
- Start-Stopp-Betrieb, z. B. bei Hybridanwendungen

5.5.4.1 Erster Motorstart

Oft sind die Ölkanäle beim ersten Anlassen des Motors noch nicht gefüllt. Dem dann auftretenden Trockenlauf wurde in der Vergangenheit entgegengewirkt, indem die entsprechenden Stellen während der Motormontage geschmiert wurden, Rollenstößel wurden z. B. vor der Montage in Öl getaucht. Aus Sauberkeitsgründen wird jedoch versucht, Öl in der Montagelinie zu vermeiden, was dazu führt, dass die Komponenten trocken verbaut werden und die Anfangsschmierung erst am (teil-) komplettierten Motor durchgeführt wird. Dies führt zu dem Risiko von Fressverschleiß beim ersten Motoranlassen, wenn das Öl noch nicht alle Kontaktflächen erreicht hat.

5.5.4.2 Start-Stopp-Betrieb

Beim Start-Stopp-Betrieb wird der Öldruck bei stehendem Motor nicht aufrechterhalten. Die Kontaktstellen sind mit Öl benetzt. Die Bedingungen entsprechen denen eines initial geschmierten Motors.

Startet der Motor wieder, muss in den Kontaktstellen der Gleitlagerungen die Haftreibung überwunden und das Mischreibungsgebiet durchfahren werden. Der aus der vielfach höheren Anzahl an Starts resultierende Verschleiß kann sich als abrasiver Verschleiß in verkürzten Wartungsintervallen niederschlagen oder als adhäsiver Verschleiß **(G)** (Fresser) zu einem vorzeitigen Versagen des Nockenfolgers führen.

5.6 Reibung

Auch im Ventiltrieb tritt Reibung auf. Der Anteil an der Gesamtreibung im Motor beträgt je nach Drehzahl zwischen 10 und 30 %, **Bild 5.28**.

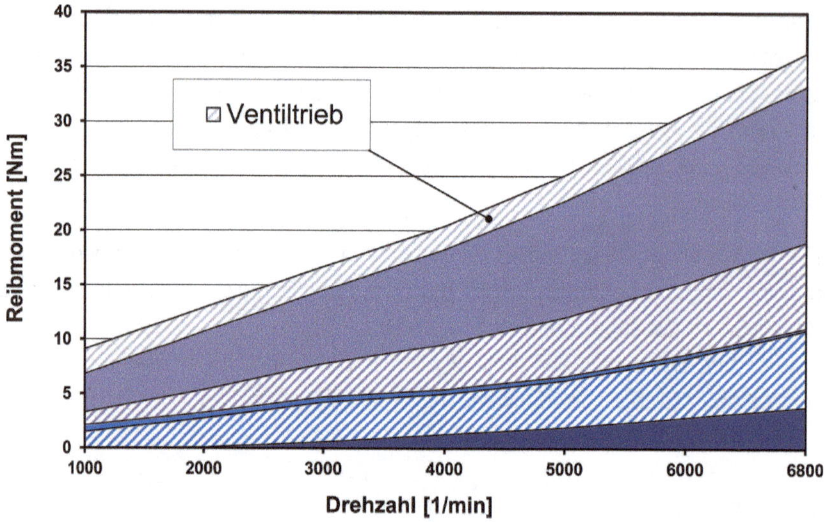

Bild 5.28: Der Ventiltrieb hat einen Anteil von 10 bis 30 % an der Motorreibung. Restliche Anteile stellen die Reibung von Kolbengruppe, Kurbelwelle, Dichtungen und Nebenaggregaten dar.

Ein Teil davon entfällt auf die Nockenfolger. Im Weiteren wird auf die Unterschiede zwischen Rollenabgriff und Gleitabgriff eingegangen.

Der Rollenabgriff ist im Vergleich zum Gleitabgriff reibungsärmer. Das gilt insbesondere für niedrige Drehzahlen, da hier beim Gleitabgriff die Bedingungen für hydrodynamische Lagerungen ungünstig sind und meist Mischreibung auftritt. In einem direkten Vergleich konnte MAHLE den Unterschied zwischen Gleitabgriff und Rollenabgriff an einem M160-Zylinderkopf von Mercedes-Benz darstellen. Für den Rollenabgriff wurden die Rollenschlepphebel aus der Serie verwendet, für den Gleitabgriff modifizierte Hebel, indem anstelle der Rolle eine angepasste Gleitfläche eingesetzt wurde.

Bild 5.3 in Kapitel 5.2 zeigt deutlich den Unterschied in der Reibung (hier Reibmitteldruck) zwischen Gleit- und Rollenabgriff. Bei höheren Drehzahlen schrumpft der Vorteil des Rollenabgriffes deutlich.

Dies ist eine Erklärung dafür, warum einige Hersteller von Stationärmotoren keine reibungstechnischen Vorteile des Rollenabgriffs sehen. Da Stationärmotoren zur Stromerzeugung in nur einem Drehzahlpunkt betrieben werden, bietet sich hier die Möglichkeit, den Gleitkontakt auf minimale Reibung in genau diesem Drehzahlpunkt auszulegen, sodass ein Rollenabgriff keine Vorteile bringt, vgl. Punkt 5.000 1/min in **Bild 5.3**.

Neben dem Kontakt zum Nocken haben Nockenfolger noch andere Berührungspunkte mit der Umgebung, in denen ebenfalls Reibung auftritt. Hier findet in der Regel eine alternierende Bewegung statt:

- **Stößel (Tassen-, Rollen-, Gleit-):** Hubbewegung in Bohrung der Stößelführung
- **Hebel (Kipp-, Schlepp-):** Schwenkbewegung auf Hebelachse bzw. Auflagerpunkt

Die an den Nockenfolgern auftretenden Gleitgeschwindigkeiten sind verglichen mit den Geschwindigkeiten anderer Motorkomponenten wie etwa Kolben vergleichsweise niedrig. So überschreiten die maximalen Gleitgeschwindigkeiten meist nicht 10 m/s. Um eine gute Schmierung zu erhalten, d. h. die Oberflächen durch das Öl vollständig voneinander zu trennen, werden somit aus Sicht der Nockenfolger hohe Ölviskositäten bevorzugt. Dies steht jedoch im Widerspruch zum Streben nach minimierter Reibung durch möglichst niedrige Ölviskositäten.

In ihrer Summe sind die im Ventiltrieb durch die Reibung umgesetzten Energien ausreichend groß, sodass sich bereits im geschleppten Betrieb, ohne Temperatureintrag durch die Verbrennung, eine Öltemperatur von etwa 50 bis 70 °C einstellt.

Im Ventiltrieb eingesetzte Triboschichten dienen in erster Linie dem Verschleißschutz. Eine signifikante Reibungsminimierung durch Schichten, die den Ruf haben, besonders reibungsarm zu sein, konnte bisher nicht zuverlässig nachgewiesen werden. In einigen Fällen, z. B. bei DLC, ist bei Vergleichsmessungen zu berücksichtigen, dass die DLC-Schicht auf Oberflächen besonders guter Qualität (niedrige Rauheiten) aufgebracht wird. Im Vergleich mit einer unbeschichteten, geschliffenen Oberfläche niedrigerer Qualität bleibt dann unklar, ob Reibungsverbesserungen auf die Schicht selbst oder auf die geringere Rauheit zurückzuführen sind.

5.7 Lebensdauer

Grundsätzlich besteht die Forderung, dass Ventiltriebsteile so ausgelegt sind, dass sie eine Motorlebensdauer halten. Für Pkw-Anwendungen beträgt die zu erreichende Lebensdauer 250.000 km (entspricht circa 3.000 h Betriebsdauer), und bei Nutzfahrzeugen geht der Trend in Richtung 2.000.000 km, was einer Betriebsdauer von über 30.000 h entspricht.

Bei Stationärmotoren kann es vorkommen, dass ein Austausch von Ventiltriebskomponenten, wie Nockenfolgern, nach einer Laufzeit von mehr als 36.000 h zwar nicht angestrebt, aber dennoch akzeptiert wird (36.000 h entsprechen 4,1 Jahren Dauerbetrieb).

Der Nachweis der Dauerfestigkeit erfolgt über die klassischen Methoden des Maschinenbaus. Das sind einfache Auslegungsrechnungen mit analytischen Formeln, z. B. die Berechnung der Hertz'schen Pressung aus einer Kinematikrechnung, Berechnung des dynamischen Verhaltens mit einer Mehrkörpersimulation [MKS (G)] sowie die Berechnung der Beanspruchung mit der Methode der Finiten Elemente [FEM (G)].

Es gibt einen klaren Trend, die Ergebnisse der FEM-Rechnungen nicht als reine Spannungs- oder Dehnungswerte auszugeben, sondern Erweiterungsmodule wie FEMFAT (G) zu benutzen. Als Ergebnis wird dann ein Sicherheitsfaktor für den berechneten Lastfall und die im Modul hinterlegten Werkstoffkennwerte ausgegeben.

Als weiteren Schritt des Dauerfestigkeitsnachweises bietet sich der Prüfstandsversuch in Form einer dynamischen Festigkeitsprüfung an. Dabei wird das Bauteil dynamisch, entsprechend dem schwerwiegendsten Lastfall, belastet. Unter der Annahme, dass für Stahlwerkstoffe nach 10^7 Lastwechseln der Dauerfestigkeitshorizont erreicht ist, wird für eine statistisch relevante Zahl an Prüflingen ermittelt, auf welchem Lastniveau der Durchlaufhorizont liegt. Hieraus leitet sich dann wiederum der Sicherheitsfaktor für den geprüften Lastfall ab.

Für die Beurteilung des Lauf- und Verschleißverhaltens verwendet MAHLE Modellprüfstände. Das sind Stößel- oder Zylinderkopfprüfstände, Kapitel 8. Auf diesen Prüfständen werden die Original-Nockenwellen und Nockenfolger in einem festgelegten Drehzahlprogramm geschleppt. Es lassen sich somit schnell vergleichende Aussagen zum Verhalten verschiedener Ausführungsformen, Varianten oder Konfigurationen ermitteln.

Voraussetzung für eine zuverlässige Aussage ist, dass die Belastungen und die daraus abgeleiteten Lastfälle die realen Beanspruchungen ausreichend genau widerspiegeln und dass ein Modell zur Berechnung oder Prüfung des kritischen Lastfalls besteht.

So ist das Zusammenspiel der Bauteile mit den Randbedingungen (Vibrationen, Schmierölangebot und -temperatur, Umgebungstemperatur sowie dynamischen Einflüssen) nur unvollständig und nicht hinreichend beschreibbar.

Eine Erprobung im befeuerten Motor und auch im Fahrzeug unter realen Einsatzbedingungen ist daher erforderlich. Nur so lassen sich nicht erkannte kritische oder nicht rechnerisch abbildbare Belastungen absichern.

Literaturnachweis

[1] Brüstle, C.: „Porsche 911 Turbo with VarioCam Plus“. Auto Technology 05/2001

[2] Gush, B. et al.: „Der neue 6¾-l-V8-Turbomotor für den Bentley Mulsanne“. MTZ Motortechnische Zeitschrift 70 (2009), Nr. 11

6 Variabilitäten im Ventiltrieb

6.1 Gründe für Variabilitäten im Ventiltrieb

Der Ventiltrieb eines Hubkolben-Verbrennungsmotors hat die Aufgabe, den Ladungswechsel (G) durchzuführen, d.h. die Abgase aus dem Brennraum zu entfernen und ihn mit Frischladung neu zu füllen. Die Ventilsteuerzeiten haben maßgeblichen Einfluss auf die dabei auftretende Ladungswechselarbeit (G), die erreichbare Füllung (Drehmoment und Leistung) und die Emissionen. Der Ladungswechsel ist durch die Ventilhubverläufe von Ein- und Auslassventil und deren Lage relativ zueinander, wie auch absolut in Bezug zur Kolbenposition bestimmt. Ohne Ventiltriebsvariabilitäten ist die Steuerzeitenauslegung immer ein Kompromiss: unterschiedliche Betriebsmodi des Motors, wie z.B. Teillast/Volllast, niedrige Drehzahlen/hohe Drehzahlen, Kaltstart/Warmbetrieb, stationärer Betrieb/Transientbetrieb, haben konträre Forderungen hinsichtlich optimaler Steuerzeiten (G). Auch das Optimierungsziel differiert bezüglich Emissionen, Verbrauch und Leistung.

Für einen quantitätsgeregelten Ottomotor in der Teillast sollte eine Reduktion der Füllung, bei Volllast hingegen eine Steigerung ohne viel Ladungswechselarbeit ermöglicht werden. Ohne Ventiltriebsvariabilitäten bedeutet das eine Kompromissauslegung der Einlasssteuerzeit zwischen Teillastverbrauch und erreichbarem Drehmoment an der Volllast. Beim Kaltstart sollte ein möglichst hoher Abgasenthalpiestrom zur schnellen Erwärmung des Abgasnachbehandlungssystems zur Verfügung stehen, beim Warmbetrieb soll er aus Verbrauchsgründen so weit wie möglich reduziert sein. Beim Instationärverhalten eines abgasturboaufgeladenen Motors kann ein hoher Abgasenthalpiestrom zur Verkürzung der Ansprechzeit hingegen wieder vorteilhaft sein.

Variabilitäten im Ventiltrieb sind ein probates Mittel, strikter werdende Emissions- und Verbrauchsanforderungen ohne Nachteile bei der erreichbaren Leistung zu erfüllen.

6.1.1 Definitionen

Zur Beschreibung des Ladungswechsels ist es üblich, statt der kompletten Ventilhubverläufe lediglich die sogenannten Steuerzeiten, d.h. Beginn und Ende der Öffnung von Ein- und Auslassventil, anzugeben, **Bild 6.1**.

- **Auslass Öffnet (AÖ)**
  Position im Arbeitsspiel, an welcher der Auslass eines Zylinders öffnet
- **Auslass Schließt (AS)**
  Position im Arbeitsspiel, an welcher der Auslass eines Zylinders schließt

- **Einlass Öffnet (EÖ)**
  Position im Arbeitsspiel, an welcher der Einlass eines Zylinders öffnet
- **Einlass Schließt (ES)**
  Position im Arbeitsspiel, an welcher der Einlass eines Zylinders schließt

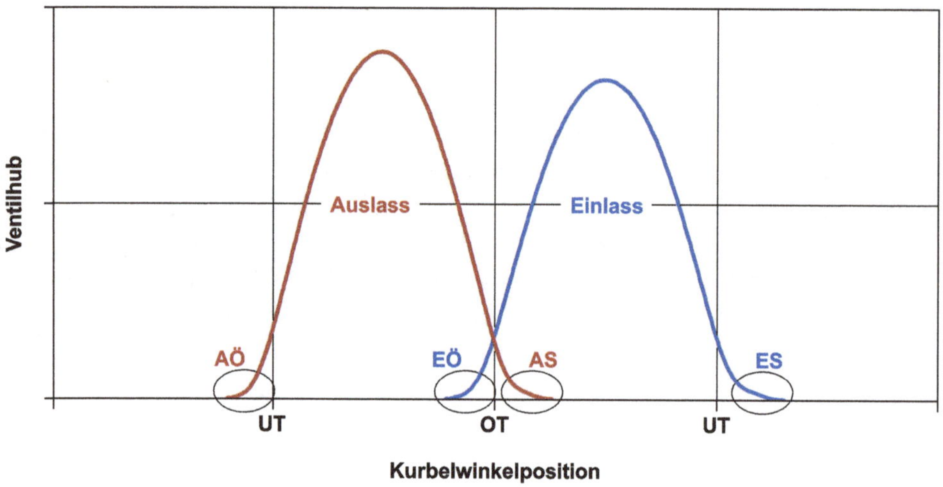

Bild 6.1: Definition von Ventilhubverläufen und Ventilsteuerzeiten

Aufgrund der Öffnungs- und Schließrampen werden die Steuerzeiten überwiegend nicht bei 0 mm sondern bei 0,5 oder 1,0 mm Ventilhub angegeben.

Die Positionsangabe in Grad Kurbelwinkel (°KW) bezieht sich meist auf Zylinder Nr. 1. Sie erfolgt häufig relativ zum nächstliegenden oberen oder unteren Totpunkt (OT bzw. UT). Alternativ ist ein absoluter Bezug möglich, bei dem 0 °KW einem festen Punkt im Arbeitsspiel zugeordnet ist, wie z. B. dem Zünd-OT (G) (ZOT, oberer Totpunkt zwischen Kompressions- und Arbeitstakt).

6.1.2 Grad der Variabilität

Wie in Kapitel 6.1 dargestellt, ist der optimale Ventilhubverlauf (G) von Betriebszustand und Zielgröße abhängig. Variable Ventiltriebsysteme erlauben, die Ventilhubverläufe während des Motorbetriebs zu ändern und zu optimieren. Hierzu werden die Lage und/oder die Öffnungsdauer (G) [bis zum Nullhub (G)] gestuft oder kontinuierlich variabel gestaltet. Prinzipiell steigt mit dem Grad der Variabilität auch die dazu nötige Systemkomplexität des Ventiltriebs. Die gängigen Systeme lassen sich wie folgt grob einteilen und werden in den späteren Kapiteln 6.2 bis 6.4 genauer erläutert.

- **Phasensteller** (G)
  Mit einem einfachen Phasensteller (Nockenwellenversteller) ist eine Verschiebung des Ventilhubverlaufs möglich. Öffnungs- und Schließzeitpunkt werden gemeinsam im Arbeitsspiel

verschoben. Das ist auf der Einlass- und auf der Auslassseite möglich, sofern separate Nockenwellen für Einlass und Auslass bestehen. Mit besonderen Ausführungen lässt sich auch die effektive Öffnungsdauer variieren [8].

- **Mechanisch teilvariable Systeme**
  Sie sind in der Lage, die Öffnungsdauer und/oder den Ventilhub in diskreter Abstufung zu ändern. Ein kleiner Ventilhub kann hierbei mit späterer Öffnungsflanke, mit früherer Schließflanke und/oder auch mit einem flacheren Hubverlauf realisiert sein. Auch eine Schaltstufe mit Nullhub, d.h. Ventilabschaltung (G) ist möglich.
- **(Mechanisch) vollvariable Systeme**
  Vollvariable Systeme erlauben die stufenlose Veränderung von Öffnungsdauer, Ventilhub und Lage. Je nach Ausführung sind ggf. sogar mehrere Öffnungen pro Arbeitsspiel möglich.

6.1.3 Anwendung beim Ottomotor

Aktuelle Ottomotoren mit Benzindirekteinspritzung werden derzeit meist homogen mit Quantitätsregelung (G) betrieben, d.h. die Last wird durch die im Brennraum vorhandene Ladungsmenge und nicht durch deren Zusammensetzung bestimmt. Beim Ottomotor werden Ventiltriebsvariabilitäten eingesetzt, um

- bei Volllast eine hohe Zylinderfüllung über dem Drehzahlband darzustellen,
- bei niedrigen Drehzahlen und Volllast eine Restgasausspülung [Scavenging (G)] zu ermöglichen,
- bei Teillast die Ladungswechselverluste durch nicht füllungsoptimale Einlasssteuerzeiten und interne Abgasrückführung zu minimieren,
- bei Teillast die Ladungswechselverluste durch Ventilabschaltung [Zylinderabschaltung (G)] zu minimieren,
- beim Kaltstart die Restgasmenge zu reduzieren, um eine möglichst hohe Verbrennungsstabilität bei späten Schwerpunktlagen zu erreichen,
- die Ladungsbewegungs- und Restgassteuerung (G) betriebspunktabhängig zu optimieren,
- eine Temperaturabsenkung zur Wirkungsgradsteigerung bei Volllast zu ermöglichen.

6.1.3.1 Maximierung der Füllung bei Volllast über dem Drehzahlband

6.1.3.1.1 Trägheitseffekt

Die in den Brennraum strömende Frischluft oder das den Brennraum verlassende Abgas hat aufgrund seiner Masse auch eine Trägheit. Während bei geschlossenen Ventilen die Frischluftmasse und auch Abgasmasse näherungsweise in Ruhe ist, wird diese für den Einlass- oder Auslassvorgang beschleunigt. Aufgrund der Massenträgheit folgt die Bewegung jedoch zeitversetzt zur Kolbenbewegung. Zum Ende des Ansaugvorgangs strömt Frischluft aufgrund ihrer Trägheit weiterhin in den Zylinder, auch wenn der Kolben schon im unteren Totpunkt in Ruhe ist. Dieser Effekt ist umso größer, je höher die Drehzahl ist, und erfordert

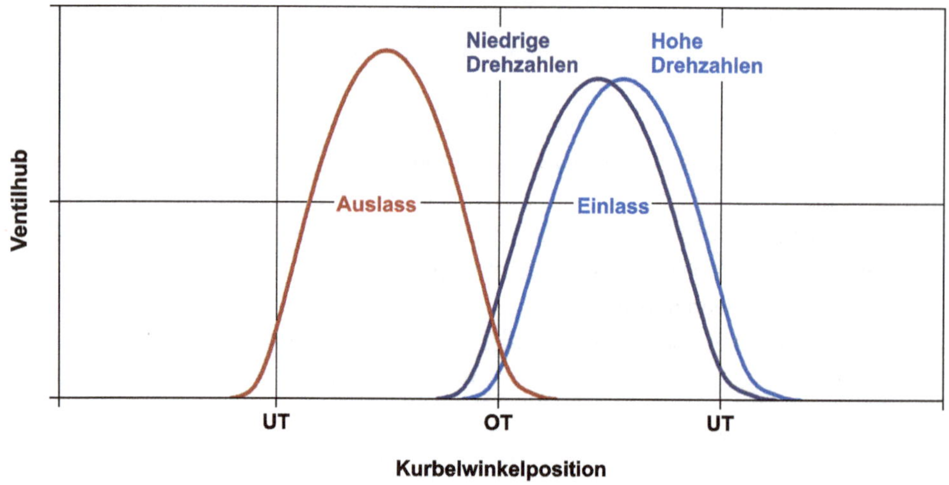

Bild 6.2: Füllungsmaximierung durch drehzahlabhängigen Einlassschluss

eine Spätverstellung des Einlassschlusses mit steigender Drehzahl zur optimalen Umsetzung, **Bild 6.2**. Wird die Spätverstellung des Einlassschlusses mit einem Phasensteller realisiert, verschlechtert sich zu Beginn des Ansaugvorgangs die Füllung des Zylinders im Vergleich zu einem frühen Beginn der Saugphase. Dieser Nachteil wird jedoch durch die bessere Füllung zum Ende des Ansaugvorganges hin überkompensiert.

Auch die abgasseitige Gasmassenträgheit wird zur Optimierung des Ladungswechsels genutzt. Die zum Ende des Ausschiebens noch in Bewegung befindliche Abgassäule kann zur Spülung des Brennraums mit Frischluft genutzt werden. Das erfordert neben einem ausgeglichenen Druckniveau zwischen Saug- und Abgasseite eine mit der Drehzahl möglichst variable Ventilüberschneidung (G).

6.1.3.1.2 Schwingrohraufladung

Insbesondere bei Saugmotoren wird zusätzlich der Effekt der Schwingrohraufladung (G) zur Füllungssteigerung genutzt. Hierzu muss eine Druckschwingung zunächst angeregt und darüber hinaus auch mit dem richtigen Timing genutzt werden.

Beim Ansaugen wird aufgrund der Trägheit der im Brennraum befindlichen Luftmasse eine Unterdruckwelle im Saugrohr erzeugt. Wenn dabei zu Beginn der Ansaugphase das Einlassventil noch geschlossen ist, während der Kolben sich bereits abwärts bewegt, wird im Brennraum ein Unterdruck gegenüber dem Saugrohr aufgebaut. Die Druckdifferenz ist umso stärker, je später das Einlassventil schließlich öffnet. Die bei EÖ entstehende Unterdruckwelle wandert im Saugrohr in Richtung Luftsammler. Dort wird sie am offenen Saugrohrende als Überdruckwelle reflektiert und wandert wieder zurück in Richtung Brennraum. Die Amplitude der Druckschwingung hängt vom zuvor aufgebauten Differenzdruck und vom Kanalquerschnitt ab. Für eine optimale Füllung wird nun der Einlass kurz nach dem Eintreffen der Überdruckwelle im Brennraum geschlossen, **Bild 6.3**. Die Druckwelle bewegt sich mit Schallgeschwindigkeit, welche nur temperaturabhängig ist. Zur Nutzung der Schwingrohraufladung bei unterschiedlichen Motordrehzahlen muss daher entweder der Weg (Anpassung der Saugrohrlänge durch Schaltsauganlage) oder die zeitliche Dauer des Einlassöffnens entsprechend angepasst werden. Letzteres wird durch einen Ventiltrieb erreicht, der die Einlassöffnungsdauer variieren kann.

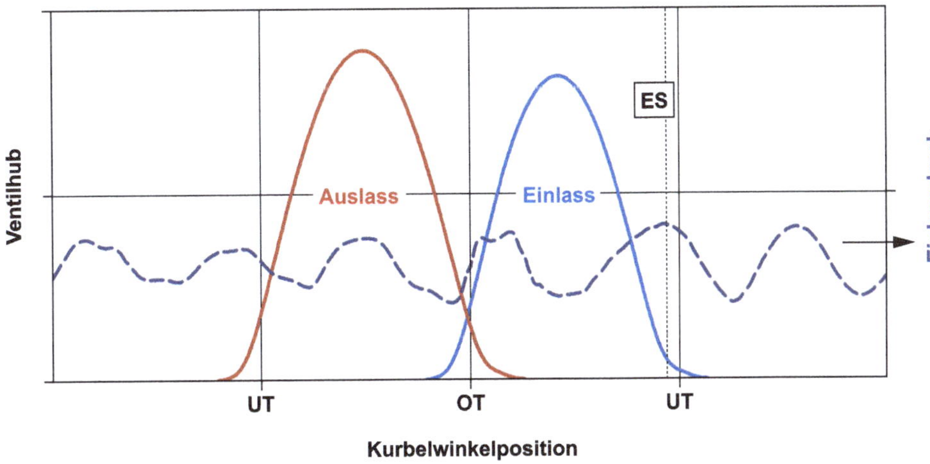

Bild 6.3: Schwingrohraufladung

6.1.3.2 Entdrosselung in der Teillast

Ein Ottomotor wird mit einem stöchiometrischem (G) Luft-Kraftstoff-Verhältnis (λ = 1) betrieben, damit der Katalysator optimal arbeiten kann. Um das Luft-Kraftstoff-Verhältnis konstant zu halten, wird bei Teillast mit dem Kraftstoff auch die Luftmenge im Brennraum reduziert. Hierzu wird häufig eine Drosselklappe verwendet, die den Druck im Saugrohr absenkt und so die Dichte der einströmenden Luft und letztlich die Füllung verringert. Dies ist mit zum Teil erheblichen Drosselverlusten (G) bzw. Ladungswechselarbeiten verbunden.

6.1.3.2.1 Variable Einlassöffnungsdauer

Eine variable Öffnungsdauer des Einlassventils reduziert die bei der Quantitätsregelung im Teillastbereich anfallende Ladungswechselarbeit signifikant. Idealerweise öffnet der Einlass bei voll geöffneter Drosselklappe nur so lange, wie zum Ansaugen der für den jeweiligen Teillastbetriebspunkt benötigten Ladungsmenge erforderlich ist. Bei sehr niedriger Teillast kann eine Regelung der Ladungsmenge allein mit dem Ventilhub sensitiv sein. In einem weiten Teillastbereich lassen sich jedoch mit variabler Ventilsteuerung Drosselverluste effektiv reduzieren und lässt sich damit der Kraftstoffverbrauch senken.

Um die Luftmenge mit der Öffnungsdauer der Einlassventile zu regeln, existieren zwei Verfahren: Mit dem Prinzip „Frühes Einlass-Schließen" (G) (FES, **Bild 6.4**) wird das Einlassventil

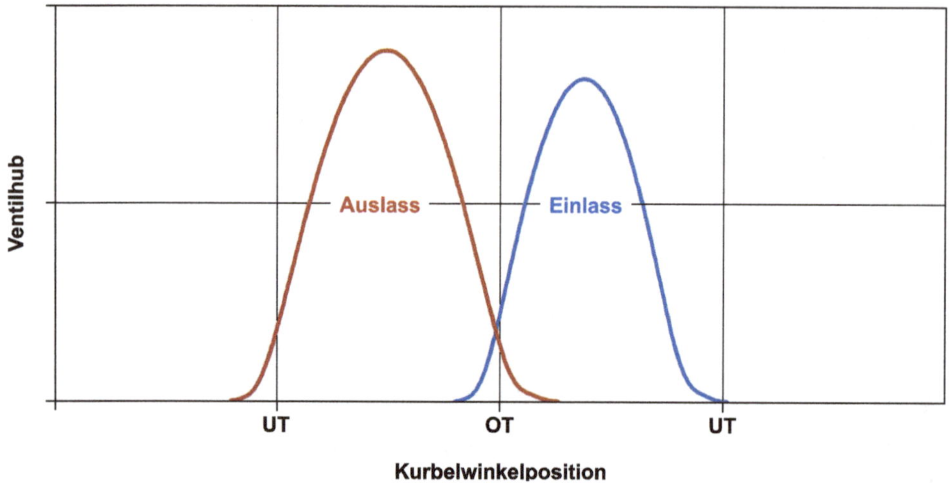

Bild 6.4: Frühes Einlass-Schließen

bereits vor dem unteren Totpunkt (UT) geschlossen, sobald die für den Betriebspunkt benötigte Luftmenge angesaugt wurde.

Dagegen wird beim Prinzip „Spätes Einlass-Schließen“ (G) (SES, **Bild 6.5**) das Einlassventil über den UT hinaus offen gehalten und ein Teil der angesaugten Luft wieder zurück in den Ansaugtrakt geschoben. Der Einlass schließt erst, wenn nur noch die für den Betriebspunkt benötigte Luftmenge im Zylinder verbleibt.

Während variable Ventiltriebe mit FES und SES zwar die Ladungswechselarbeit in der Teillast deutlich reduzieren, bedarf es einer angepassten Ladungsbewegung, um dies in einen Verbrauchsvorteil zu überführen: Durch FES oder SES sinken das effektive Verdichtungsverhältnis

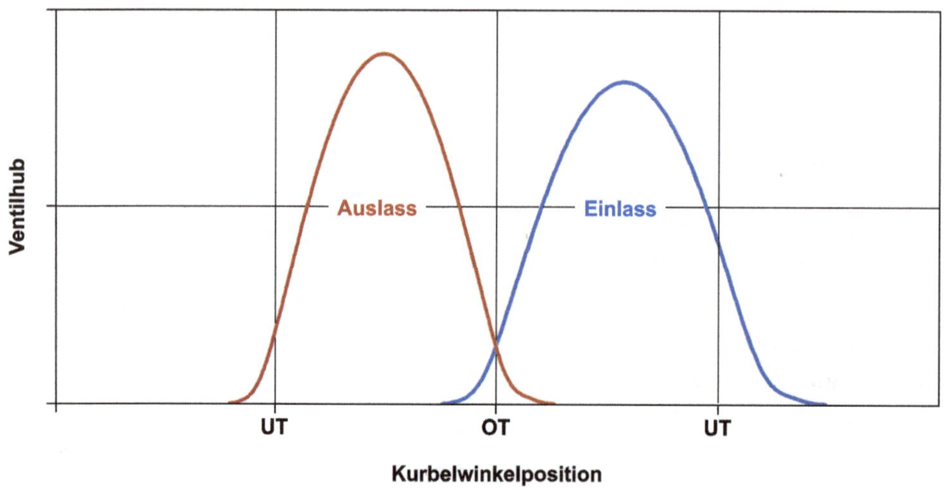

Bild 6.5: Spätes Einlass-Schließen

und die Ladungsbewegung im Vergleich zu konventionellen Steuerzeiten. Ohne Gegenmaßnahmen würde sich die Brenndauer verlängern und die Verbrauchsvorteile schmälern bzw. ggf. sogar überkompensieren. Zur Erhöhung der Ladungsbewegung kann die Einlasskanalgeometrie angepasst, der Ventilsitzring (G) maskiert oder eine Ladungsbewegungsklappe (G) in das Saugrohr integriert werden.

6.1.3.2.2 Ventilabschaltung (Zylinderabschaltung)

Eine andere Möglichkeit, Ottomotoren in der Teillast zu entdrosseln, ist die Abschaltung einzelner Zylinder. Dazu werden die Ventile einzelner Zylinder deaktiviert, indem durch eine Ventilhubumschaltung auf einen Nullhub gewechselt wird, **Bild 6.6**. Die jeweiligen Zylinder saugen keine Frischluft an, bekommen keinen Kraftstoff eingespritzt und geben keine Arbeit ab. Der Verbrauchsvorteil resultiert aus der Betriebspunktverschiebung der aktiven Zylinder und der Vermeidung von Ladungswechselarbeit der nicht-aktiven Zylinder.

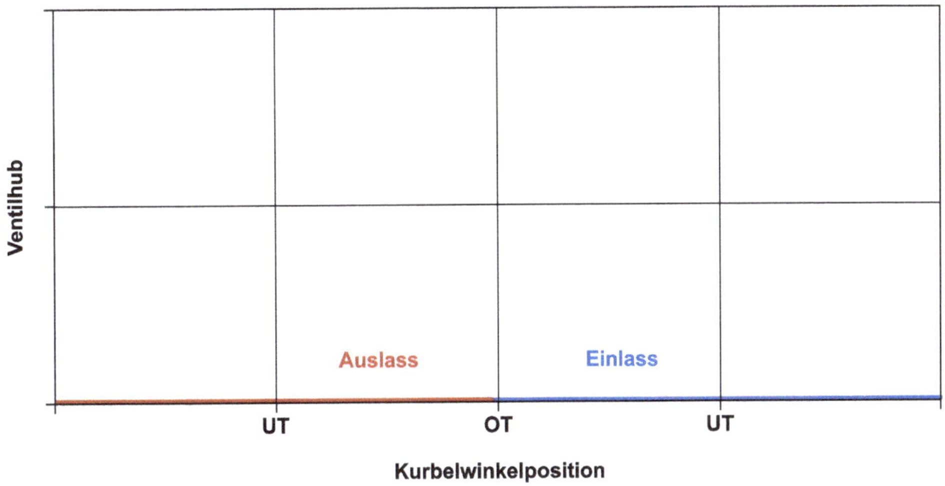

Bild 6.6: Ventilabschaltung ein- und auslassseitig

Zylinderabschaltung durch Ventilabschaltung wurde in der Vergangenheit aus Komfortgründen nur bei Motoren mit hoher Zylinderzahl verwendet. Aktuell nutzt Volkswagen dieses Prinzip nun auch bei Vierzylindermotoren [4], in denen dann betriebspunktabhängig zwei Zylinder abgeschaltet werden.

6.1.3.3 Restgassteuerung

Bei der Restgassteuerung mit variablen Ventilsteuerzeiten sind verschiedene Verfahren möglich:

- Bei der Einlasskanal-Rückführung, **Bild 6.7**, sind Einlass- und Auslassventile gegen Ende der Ausschiebephase gemeinsam geöffnet (frühe positive Ventilüberschneidung). Während der Ventilüberschneidungsphase schiebt der Kolben Abgas auch in den Einlasskanal und

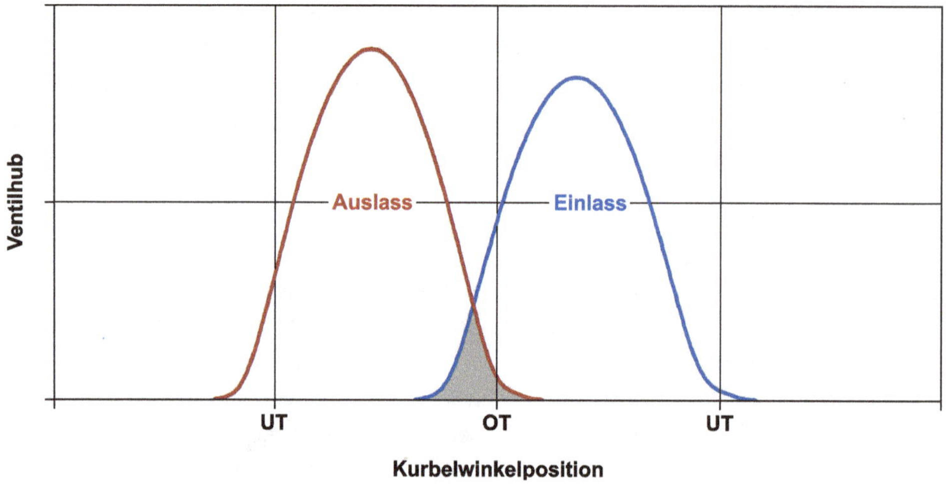

Bild 6.7: Einlasskanal-Rückführung

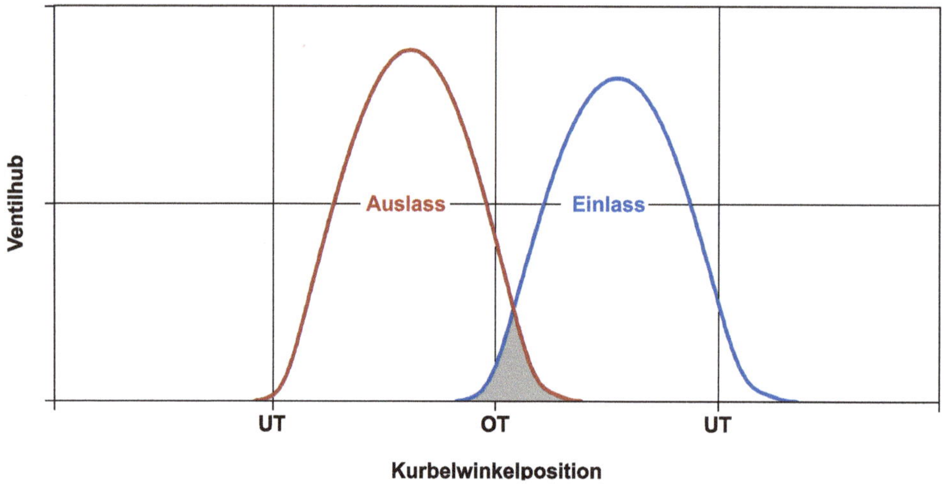

Bild 6.8: Auslasskanal-Rückführung

verdünnt dort die nachfolgend angesaugte Frischluft. Dieses Verfahren wird auch zur Verbesserung der Gemischbildung im Einlasskanal benutzt [1].

- Bei der Auslasskanal-Rückführung, **Bild 6.8**, sind Einlass- und Auslassventil zu Beginn der Ansaugphase gemeinsam geöffnet (späte positive Ventilüberschneidung). Es wird sowohl Frischluft aus dem Ansaugtrakt als auch Abgas aus dem Auslasstrakt angesaugt.
- Die Brennraum-Rückführung, **Bild 6.9**, arbeitet mit negativer Ventilüberschneidung. Durch ein frühes Schließen des Auslassventils wird Abgas im Brennraum zurückgehalten. Es wird durch die Kolbenaufwärtsbewegung verdichtet und die Kolbenabwärtsbewegung wieder entspannt. Erst wenn das so gespeicherte Restabgas wieder auf Ansaugdruckniveau ist, öffnet das Einlassventil.

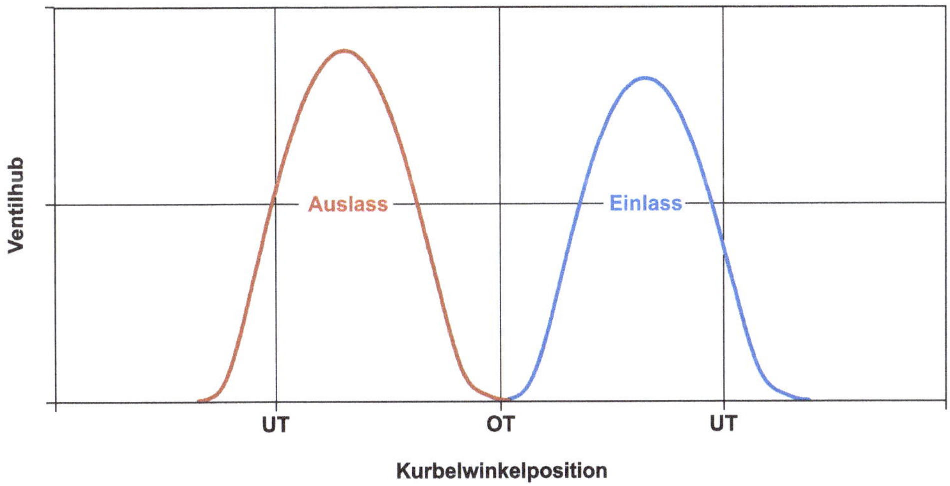

Bild 6.9: Brennraum-Rückführung

Diese durch variable Ventilsteuerzeiten gesteuerte interne Abgasrückführung bewirkt, dass beim nächsten Ansaugvorgang ein Teil des Brennraumvolumens mit Restgasen gefüllt wird oder bereits gefüllt ist. Bei niedrigen und mittleren Lastzuständen tragen zwei Effekte zur Entdrosselung (G), d. h. zur Senkung der Ladungswechselverluste an der Drosselklappe bei: Erstens erhöht das warme Restgas die mittlere Temperatur der Ladung. Durch diese sogenannte thermische Entdrosselung muss der Druck an der Drosselklappe weniger stark reduziert werden, um die gleiche mittlere Ladungsdichte zu erzielen. Zweitens sind die Restgasbestandteile Inertgase, die bereits einen gewissen Raum im Zylinder belegen, aber nicht erneut an der Verbrennung teilnehmen. Somit muss weniger stark angedrosselt werden. Außerdem führt die höhere spezifische Wärmekapazität (G) des Abgases zu geringeren Verbrennungstemperaturen, was sowohl die Klopfneigung (G) als auch die Entstehung der Stickoxide vermindert.

Mit AGR (G) verschlechtert sich jedoch die Verbrennungsstabilität. Betriebspunkte mit niedriger Last bzw. Leerlauf vertragen überwiegend kein AGR, da sonst die geforderte Laufruhe nicht zu erreichen ist.

6.1.3.4 Spülender Ladungswechsel (Scavenging)

Scavenging bedeutet, den Brennraum während des Ladungswechsels mit Frischluft zu spülen. Es wird zur Drehmomentsteigerung bei Volllastbetriebspunkten mit niedriger Drehzahl und mit geschlossenem Wastegate (G) eingesetzt.

Obwohl die während der Spülphase durchgesetzte Masse (Spülluftmasse) als Verlust zu sehen ist, da diese nicht an der Verbrennung im Brennraum teilnimmt, überwiegen doch die positiven Effekte: Aufgrund der Restgasausspülung erhöht sich die Füllung, und die Klopfneigung nimmt ab. Die Erhöhung des Massenstroms durch die Spülluftmasse verschiebt den Betriebspunkt des Verdichters von der Pumpgrenze weg, Verdichter- und Turbinenwirkungsgrad nehmen zu. Dies führt zu einer Erhöhung des Ladedrucks, wodurch sich eine höhere Abgasenthalpie einstellt. Letztendlich handelt es sich um selbstverstärkende Abhängigkeiten, welche die Drehmomentsteigerung bewirken.

Durch die Spülluftmasse unterscheidet sich das lokale Luft-Kraftstoff-Verhältnis im Zylinder vom globalen. Bei der Berechnung des globalen Luft-Kraftstoff-Verhältnisses wird der Gesamtmassenstrom der Frischluft berücksichtigt, beim lokalen wird von diesem der Spülluftmassenstrom abgezogen. Scavenging-Betriebspunkte können „global **mager**" (G) oder „global **stöchiometrisch**" eingestellt werden. Wird im Brennraum (lokal) stöchiometrisch appliziert, ergeben sich durch die Spülluftmasse global magere Bedingungen. Der Abgaskatalysator ist praktisch wirkungslos, da er nur in einem engen Fenster um global stöchiometrische Bedingungen hohe Konvertierungsraten hat [14]. Wird die Spülluftmasse hingegen durch eine erhöhte Kraftstoffmasse im Brennraum entsprechend vorgehalten, können global stöchiometrische Luft/Kraftstoff-Verhältnisse erreicht werden. Bei der global stöchiometrischen Applikation können sich Limitierungen aus der Entflammbarkeit des fetten Gemisches (fette Zündgrenze) oder durch den hohen Wärmeeintrag im Katalysator ergeben, welche aus der Umsetzung des unverbrannten Gemisches herrühren. Der Vorteil der global stöchiometrischen Applikation ist der Erhalt der Funktionsfähigkeit des Dreiwegekatalysators.

Zur Realisierung von Scavenging sind eine Ventilüberschneidung von Auslass und Einlass und ein entsprechendes Druckgefälle erforderlich. Hierbei muss insbesondere eine Zündfolgetrennung (G) der Auslassstöße berücksichtigt werden. Diese kann z.B. durch eine räumliche Trennung der Auslasskanäle von in der Zündfolge benachbarter Zylinder oder durch eine entsprechend kurze Auslassöffnungsdauer erfolgen. Bei einer Zündfolgetrennung durch die Auslassöffnungsdauer sollte diese kürzer als der Zündabstand sein, d.h. bei Vierzylindermotoren kleiner 180 °KW. **Bild 6.10** zeigt hierfür typische Steuerzeiten. Derart

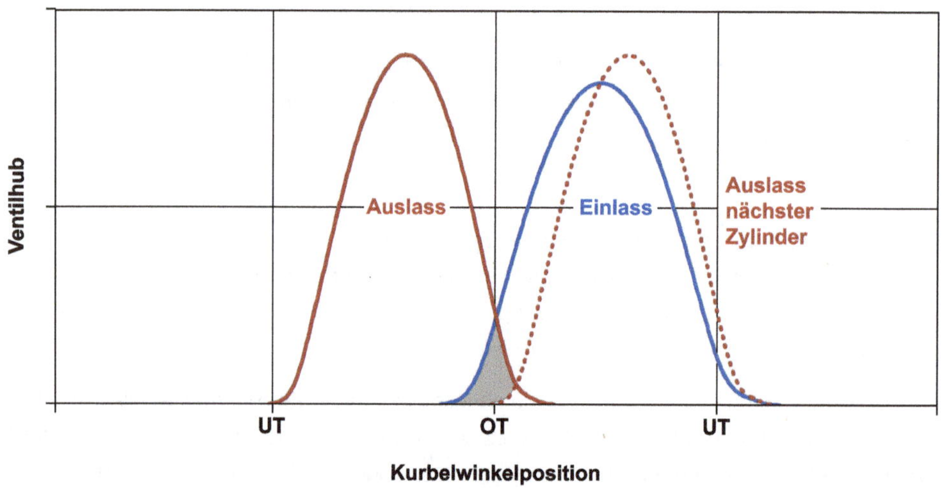

Bild 6.10: Scavenging

kurze Auslassöffnungsdauern haben ggf. Nachteile im Bereich hoher Lasten und Drehzahlen, weshalb sich hier eine variable Öffnungsdauer anbietet.

Die Ventilüberschneidung kann mit einem Nockenwellensteller (G) realisiert werden. Eine variable Auslassöffnungsdauer wird durch eine Ventilhubumschaltung [16] mechanisch vollvariable Systeme oder auch durch zwei ineinander liegende Nockenwellen, die durch Verdrehen der Nocken der beiden Auslassventile die effektive Gesamtauslassöffnungsdauer variieren [15], ermöglicht.

6.1.3.5 Dynamische Temperaturabsenkung

Im Ansaugtrakt vorhandene Luftschwingungen führen zu Verdichtungen und Entspannungen der Gassäule, die mit deren Temperaturerhöhungen bzw. -absenkungen verbunden sind. Während bei Saugmotoren in der Regel der Einlassschluss auf maximale Füllung optimiert wird, kann bei aufgeladenen Motoren ggf. eine Optimierung auf minimalen Druck vorteilhaft sein um eine entsprechende Temperaturabsenkung der Frischluft im Zylinder zu bewirken, **Bild 6.11**. Die dadurch reduzierte Klopfneigung erlaubt die Applikation einer verbrauchsgünstigeren Verbrennungsschwerpunktlage.

Der durch das Einfangen des Druckminimums entstehende Füllungsverlust wird durch Anheben des Ladedrucks kompensiert. Dies erfordert eine entsprechende Auslegung der Aufladegruppe. Die Optimierung auf minimale Füllung kann durch Einsatz von Schwingrohraufladung, Kapitel 6.1.3.1.2, sowie [10] oder Resonanzaufladung [12] erfolgen.

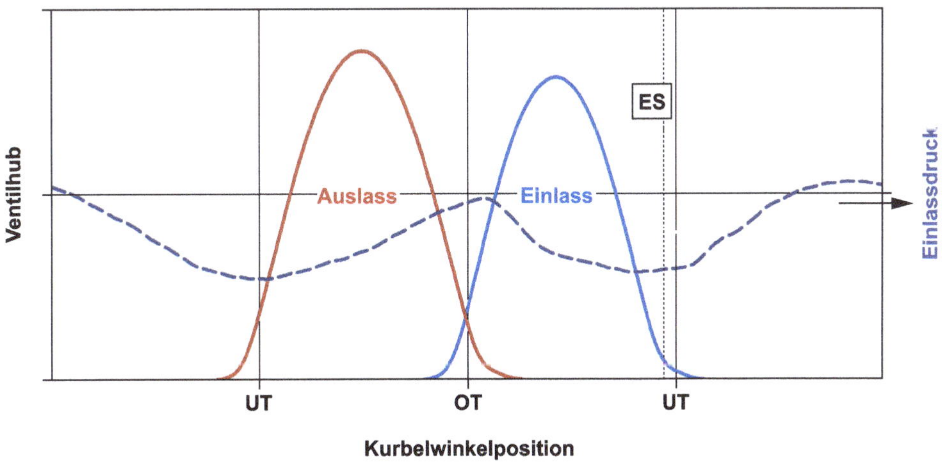

Bild 6.11: Dynamische Temperaturabsenkung

6.1.4 Anwendung beim Dieselmotor

Ventiltriebsvariabilitäten beim Dieselmotor sind bislang weniger verbreitet als beim Ottomotor. Das hat verschiedene Gründe: Bedingt durch die Qualitätsregelung (G) ist die Ladungswechselarbeit auch bei Teillast gering. Klopfende Verbrennung und Anfettung (G) treten beim konventionellen Dieselbrennverfahren nicht auf. Aufgrund des im Vergleich zum Ottomotor schmäleren Drehzahlbandes ist der Nutzen von drehzahloptimierten Steuerzeiten geringer. Eine Ventilüberschneidung im Bereich des Ladungswechsel-OT ist durch die hohe Verdichtung und die Kolbenform nur schwer realisierbar. Zusätzlich ist die Kostensituation aufgrund der aufwendigen mageren Abgasnachbehandlung schärfer als beim Ottomotor [14].

Als Folge von verschärften Emissionsvorschriften und Verbrauchszielen gibt es mittlerweile auch Beispiele für Ventiltriebsvariabilitäten bei Dieselmotoren. Eine Studie von Toyota [13] zeigt, welche positiven Einflüsse eine einlassseitige Variation von Ventilsteuerzeiten, Ventilhub und -öffnungsdauer auf die Ladungswechselarbeit, den Verbrauch und die Emissionen hat. Mazda reduziert beim Skyactiv-D [7] die NO_X-Emissionen durch eine Absenkung des geometrischen Verdichtungsverhältnisses und realisiert die Kaltstartfähigkeit durch eine auslassseitige Ventiltriebsvariabilität.

Beim Dieselmotor können Ventiltriebsvariabilitäten mit folgenden Zielen eingesetzt werden:

- Ruß/NO_X-Zielkonflikt verbessern
- Verbrauch verringern
- Kat Light-off verkürzen, Abgasenthalpie für Partikelfilterregeneration erhöhen
- Sicherstellen der Zündbedingungen bei reduziertem Verdichtungsverhältnis

6.1.4.1 Ladungsbewegung zur Reduzierung von Rußemissionen

Zur Erzeugung einer betriebspunktoptimalen Ladungsbewegung hat der Dieselmotor einen Drall- und Füllkanal sowie eine Drallklappe (G) zum Verschließen des Füllkanals. Durch das teilweise oder vollständige Verschließen des Füllkanals erhöht sich der Massenstrom durch den Drallkanal und damit die Ladungsbewegung. Die dadurch verbesserte Gemischbildung reduziert die Rußentstehung und fördert die Rußoxidation. Die Erzeugung der Ladungsbewegung durch das Drosseln des Massenstroms durch den Füllkanal erhöht jedoch die Ladungswechselarbeit. Einlassseitige Ventiltriebsvariabilitäten, wie z. B. das phasenversetzte Öffnen der Ventile oder die Hubreduktion in Kombination mit Ventilsitzmaskierung, ermöglichen die Reduktion der Ladungswechselarbeit bei gleicher Ladungsbewegung oder die Erhöhung dieser bei gleicher Ladungswechselarbeit [13]. Das phasenversetzte Öffnen der Einlassventile eines Zylinders kann auch durch eine CamInCam® Nockenwelle (G) realisiert werden [9].

6.1.4.2 Verringerung von NO_X-Emissionen

Eine Verringerung von NO_X-Emissionen wird mit einer Absenkung hoher Verbrennungstemperaturen erzielt. Stand der Technik ist hier die Abgasrückführung (AGR) (G). Das rückgeführte Abgas erhöht dabei den Inertgasanteil und die spezifische Wärmekapazität der Zylinderladung, was zur Senkung der Verbrennungstemperaturen und der NO_X-Emissionen führt.

Es gibt jedoch weitere Möglichkeiten, die Verbrennungstemperaturen und damit die NO_X-Emissionen zu senken. Sie nutzen den Effekt, dass bei einer geringeren Verdichtung, verursacht durch ein kleineres Verdichtungsverhältnis, die Verbrennungstemperaturen und damit die NO_X-Emissionen sinken. Das geometrische oder das effektive Verdichtungsverhältnis kann verringert werden. Die beiden Möglichkeiten werden in den nächsten Abschnitten beschrieben.

Zur Einhaltung zukünftiger NO_X-Grenzwerte kann es erforderlich sein, im gesamten Betriebsbereich der Emissions-Testzyklen wesentlich höhere Abgasrückführraten anzuwenden als bisher üblich. Dazu muss die Verbrennung über Maßnahmen erhöhter Ladungsbewegung und/oder intensivierter Einspritzung stabil gehalten werden.

Dieser Weg kann mit einem abgesenkten geometrischen Verdichtungsverhältnis kombiniert werden. Bei dieser Maßnahme sind ebenfalls unterstützende Techniken nötig, um die Betriebssicherheit unter allen Bedingungen sicherzustellen.

6.1.4.2.1 Reduziertes geometrisches Verdichtungsverhältnis

Eine Absenkung des geometrischen Verdichtungsverhältnisses hat geringere Verbrennungsdrücke und -temperaturen und damit auch niedrigere Stickoxidemissionen zur Folge. Das Verdichtungsverhältnis beim Dieselmotor wird jedoch hoch ausgelegt, um den Kaltstart sicherzustellen. Die beim Kaltstart mit abgesenktem Verdichtungsverhältnis fehlende Ladungstemperatur wird durch heiße interne AGR kompensiert. Die in Kapitel 6.1.3.3 beschriebenen Verfahren zur Restgassteuerung beim Ottomotor sind beim Dieselmotor nicht anwendbar, da eine Kollisionsgefahr der Ventile mit dem Kolben im OT besteht. Hier ermöglicht der variable Ventiltrieb durch ein Doppelöffnen auf der Auslassseite, das Auslassventil während der Ansaugphase erneut zu öffnen, wie in **Bild 6.12** dargestellt.

Zusätzlich zur kalten Frischluft wird auch heißes Abgas angesaugt. Die Temperatur zum Verdichtungsende kann damit so weit erhöht werden, dass wieder ausreichende Zündbedingungen vorliegen. Damit kann das geometrische Verdichtungsverhältnis entsprechend kleiner ausgelegt werden. Der Kaltstartbetrieb bleibt sichergestellt, während das niedrigere Verdichtungsverhältnis gleichzeitig Vorteile in Bezug auf niedrigere NO_X-Emissionen im warmen Betrieb erbringt. Das beschriebene Verfahren setzt Mazda im Skyactiv-D [7] ein.

6.1.4.2.2 Reduziertes effektives Verdichtungsverhältnis

Eine andere Möglichkeit zur Senkung der Verbrennungstemperaturen besteht in der Reduzierung des effektiven Verdichtungsverhältnisses. Dies kann durch eine variable Einlassventilöffnungsdauer mit den Prinzipien Frühes oder Spätes Einlass-Schließen (FES/SES) realisiert werden, Kapitel 6.1.3.2.1. Die Kaltstartprobleme einer geometrisch geänderten

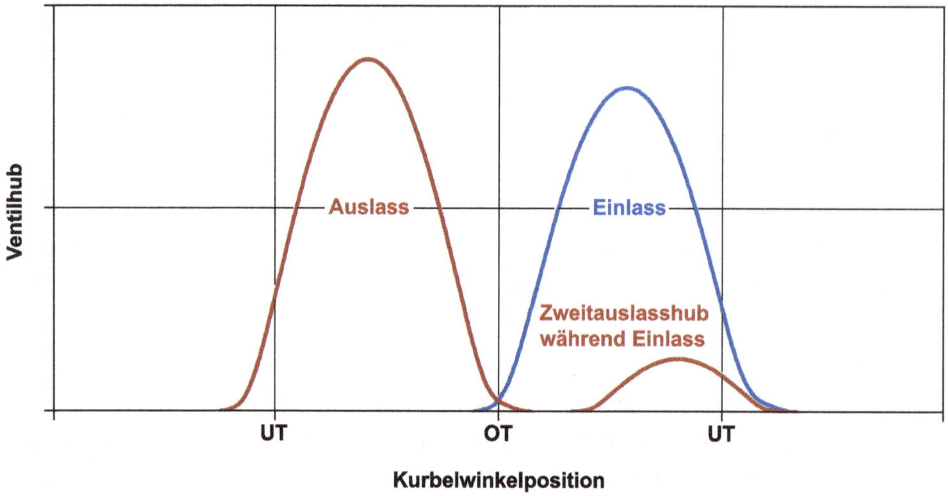

Bild 6.12: Doppelhub auslassseitig

Verdichtung sind hier nicht gegeben, da das effektive Verdichtungsverhältnis variabel auf Betriebspunkt und Betriebsbedingungen eingestellt werden kann. Üblicherweise sinkt bei konventionellen FES/SES-Steuerzeiten das Ladungsbewegungsniveau ab. Dem wird durch zeitlich versetzte Betätigung beider Einlassventile entgegengewirkt. Das Potenzial einer derart variablen Einlassventilsteuerung beim Dieselmotor wird in [3] gezeigt.

6.1.4.3 Erhöhung Abgasenthalpie zum Katheizen und zur DPF-Regenerierung

Auch beim Dieselmotor ist die Konvertierungsrate der Abgasnachbehandlungssysteme von der Temperatur abhängig. Außerdem wird eine erhöhte Abgastemperatur bei der Regeneration des Dieselpartikelfilters (DPF) benötigt [14].

Wenn nun eine auslassseitige Ventiltriebsvariabilität ein früheres Öffnen des Auslasses schon deutlich vor dem unteren Totpunkt ermöglicht, so verringert dies zwar die Arbeit auf den Kolben und damit den Wirkungsgrad (G) in dieser Betriebsweise, erhöht jedoch das Abgasenthalpieangebot für die Abgasnachbehandlungssysteme und verkürzt deren Aufheizphase. Dieses Prinzip kann auch während der DPF-Regenerierung zur Erhöhung des Abgasenthalpieangebots angewendet werden.

6.1.5 Homogenes Niedertemperatur-Brennverfahren

Die homogene Niedertemperatur-Verbrennung ist ein Brennverfahren, das Merkmale konventioneller Otto- und Dieselbrennverfahren vereint. Es handelt sich um die Kompressionszündung eines homogenen Gemisches. Das Ziel besteht darin, die Vorteile beider Verfahren, d. h. niedrige Emissionen und hohen Wirkungsgrad, zu kombinieren. Mithilfe von heißer interner AGR kann die Voraussetzung für die Selbstzündung des an sich zündunwilligen Ottokraftstoffs bei üblichen Verdichtungsverhältnissen erreicht werden [5, 11]. Beim Dieselmotor ermöglicht eine angepasste Einspritzstrategie und ggf. eine Absenkung des Verdichtungsverhältnisses die Homogenisierung des Gemisches vor der Selbstzündung [14]. Die Schwierigkeit besteht in der Kontrolle der Verbrennung insbesondere im dynamischen Betrieb, da die direkte Einflussmöglichkeit auf den Brennbeginn fehlt [5, 6, 14].

Die Zündung des homogenen Luft/Kraftstoff/AGR-Gemisches wird durch den Kompressionsdruck und die vorherrschenden Temperaturen initiiert und erfolgt an mehreren Stellen im Brennraum gleichzeitig (Raumzündung). Im Gegensatz zur Ausbreitung einer Flammenfront bei einem konventionellen Ottobrennverfahren (Wärmetransport) bzw. zur Diffusionsverbrennung eines konventionellen Dieselmotors (Massentransport) wird die homogene Verbrennung maßgeblich durch die chemische Kinetik gesteuert, weshalb sehr hohe Brenngeschwindigkeiten erreicht werden können [14]. Aus Gründen der mechanischen Belastung des Triebwerks und des Verbrennungsgeräusches wird die hohe Brenngeschwindigkeit durch die Verdünnung der Zylinderladung mit Luft (Magerbetrieb) und/oder Abgas reduziert. Im Niedriglastbereich liegt die Limitierung in der Bereitstellung der benötigten Zündenergie und der erzielbaren Verbrennungsstabilität, im höheren Lastbereich sind das stöchiometrische Luft/Kraftstoff-Verhältnis oder der Druckanstiegsgradient bzw. klopfähnliche Phänomene derzeit die Grenze für die homogene Niedertemperatur-Verbrennung [14].

Der Ventiltrieb hat bei der homogenen Niedertemperatur-Verbrennung eine große Bedeutung, da mit dem Schließen der Ventile die Voraussetzung für die zuverlässige Zündung und kontrollierte Umsetzung des Kraftstoffs geschaffen wird und eine spätere Eingriffsmöglichkeit, wie sie üblicherweise der Zündzeitpunkt oder der Einspritzbeginn ermöglichen, nicht existiert. Neben den bereits in Kapitel 6.1.3.3 aufgeführten Restgasstrategien kann durch eine Kombination, z. B. aus Brennraum- und Auslasskanalrückführung oder Anpassung der zeitlichen Lage der Ein- oder Auslasskanalrückführung, eine Erweiterung des Betriebsbereichs der homogenen Selbstzündung erreicht werden [2]. Zur Absenkung des effektiven Verdichtungsverhältnisses stehen unter anderem die in Kapitel 6.1.3.2 beschriebenen Verfahren FES und SES zur Verfügung und unterstützen die Homogenisierung des Gemischs bei Einsatz eines zündwilligen Kraftstoffs. Gleichermaßen ermöglichen FES oder SES die Absenkung des effektiven Verdichtungsverhältnisses bei hohen Lasten und hohem geometrischen Verdichtungsverhältnis, um in diesen Betriebsbereichen wieder das konventionelle Brennverfahren einzusetzen.

Die Anforderungen an einen variablen Ventiltrieb bestehen unter anderem darin, auch im dynamischen Motorbetrieb ohne Komfortverlust für den Fahrer schnell zwischen den Steuerzeiten für ein konventionelles Brennverfahren und denen für eine homogene Kompressionszündung umzuschalten [5]. Gegenüber den technischen Alternativen zur Umsetzung der homogenen Niedertemperatur-Verbrennung, wie z. B. einem variablen geometrischen Verdichtungsverhältnis oder einer betriebspunktabhängig angepassten Kraftstoffzusammensetzung, erscheint die Realisierung mit Ventiltriebsvariabilitäten am ehesten umsetzbar, da auf aus der Großserie bewährte Technik zurückgegriffen wird [5, 11].

6.2 Variable Ventiltriebsysteme

Konventionelle Ventilsteuerungen mit festen Steuerzeiten haben einen unveränderlichen Ventilhub mit einer definierten Winkellage des Ventilhubs zur Winkellage der Kurbelwelle. Bei einer variablen Ventilsteuerung wird der Ventilhub in seinem zeitlichen Verlauf und/oder die relative Position des Ventilhubs zur Kurbelwellen-Winkellage verändert. Variable Ventilsteuerungen können die Ventilhubhöhe, die Ventilöffnungsdauer, den Ventilhubverlauf sowie die relative Phasenlage des Ventilhubs zur Kurbelwellen-Winkellage entweder als einzelnen Parameter oder mehrere dieser Parameter gleichzeitig verändern und an den jeweiligen Motorbetriebspunkt anpassen, **Bild 6.13**.

Für diese vielfältigen Einflussmöglichkeiten wurden viele unterschiedliche Systeme entwickelt, die aufgrund ihrer Konzeption verschiedene Einstellmöglichkeiten bieten. Die Unterschiedlichkeit und Anzahl dieser Konzepte erschweren eine einheitliche Einteilung oder Katalogisierung von variablen Ventilsteuerungssystemen, sodass verschiedene Einteilungsarten veröffentlicht wurden. Die Vielzahl an unterschiedlichen motorischen Anforderungen machen es dem Entwickler schwer, das richtige System oder die richtige Systemkombination auszuwählen, sodass eine fein gegliederte Einteilung der Systeme die Vergleichbarkeit und Validierung des eigenen Systems erleichtert.

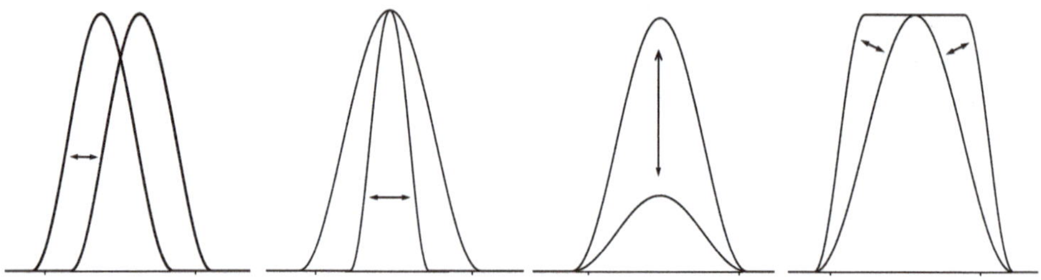

Bild 6.13: Prinzipielle Variabilität im Hubverlauf (Ventilhub über Kurbelwellenwinkel) [23]

Eine der frühesten und einfachsten Systematiken zur Einteilung ist die nach Freiheitsgraden bzw. Generationen. Die erste Generation der Systeme beschreibt die Freiheit, die relative Phasenlage eines unveränderlichen Ventilhubs frei zur Kurbelwellen-Winkellage einzustellen. Systeme der ersten Generation sind somit Nockenwellenversteller, auch Phasensteller genannt. Hierbei gibt es keine Unterscheidung hinsichtlich des Wirkprinzips, ob hydraulisch, pneumatisch oder mechanisch.

Die zweite Generation umfasst Systeme, die neben der Phasenlage auch den Verlauf des Ventilhubs verändern können, jedoch immer noch eine direkte Kopplung mit dem Kurbelwellentrieb, z. B. mit einer Steuerkette oder einem Riementrieb, haben. Dies ist die umfangreichste Generation, da hier alle Ventilhubumschaltungen, Zylinderabschaltungen und fast alle vollvariablen Ventilsteuerungen zusammengefasst sind. Vollvariable Ventilsteuerungssysteme sind Konzepte, welche die Laststeuerung des Motors nur mit dem Ventiltrieb ermöglichen. Auch bei dieser Generation gibt es keine Unterscheidung nach Wirkprinzipien oder dem Wirkort der Variabilität, wie z. B. an der Nockenwelle oder am Element zwischen Nockenwelle und Ventil.

Wird nun zusätzlich die direkte Kopplung zwischen Ventil- und Kurbeltrieb aufgehoben, sodass die Ventile völlig unabhängig von der Kurbelwelle geöffnet und geschlossen werden, spricht man von der dritten Generation. Systeme der dritten Generation betätigen die Ventile mit elektrischen, pneumatischen oder hydraulischen Aktuatoren. Solche Systeme werden schon seit Jahrzehnten in Forschungsmotoren zur Entwicklung von Brennverfahren und zur Ermittlung von Verbrauchseinsparpotenzialen bei der motorischen Verbrennung eingesetzt, haben jedoch bis heute aufgrund der hohen Kosten und des technischen Aufwands keinen Einzug in eine Serienanwendung geschafft.

Diese Einteilungssystematik ist zwar einfach und übersichtlich, allerdings auch sehr grob, da sie keine Wirkmechanismen umfasst oder nach dem Wirkort unterscheidet. Eine Kategorisierung der Arten der variablen Ventiltriebsysteme ist in dieser Form zu ungenau.

Eine weitere bekannte Einteilung ist die Systematik von Prof. Hannibal, **Bild 6.14**. Diese Systematik beruht auf der Gliederung nach Art der Ventilbetätigung, Wirkort der Variabilität und dem Wirk- und Funktionsprinzip.

Die erste Unterscheidung beschreibt den Ursprung der Ventilbewegung, d. h. ob die Bewegung durch eine konventionelle Nockenwelle, durch eine spezielle Nockenwelle mit unterschiedlichen oder besonderen Nockenprofilen oder durch Aktuatoren, also ohne Nockenwellen, erzeugt wird. Hierbei sind Nockenwellen, die nach etablierten Fertigungsverfahren hergestellt werden und nockenwellentypische Geometrien haben, konventionelle Nockenwellen. Unkonventionelle Nockenwellen umfassen Sondernockenformen, Schaltnockenwellen oder sonstige Sonderformen.

Im nächsten Schritt wird der Wirkort der Variabilität spezifiziert, wie z. B. der Nockenwellenantrieb, das Übertragungsglied zwischen Nockenwelle und Ventil, z. B. der Nockenwellenfolger, eine zusätzliche Nockenwelle, die Ventilfeder oder der -sitzring bzw. die Variabilitäten an der Nocke oder Nockenwelle selbst.

Die dritte Gliederungsebene beschreibt das Wirk- und Funktionsprinzip auf physikalischer Ebene. Die Kategorisierung ist sehr strukturiert und bietet das logische Grundgerüst, unterschiedliche Ventiltriebsysteme logisch zuzuordnen. Einschränkung bei dieser Systematik ist die z. T. zusammenfassende Einordnung von Wirkprinzipien wie bei Phasenstellern.

Die Einteilung nach Lechner, **Bild 6.15**, ist nicht wie bei Hannibal in Ebenen aufgeteilt, sondern orientiert sich an der Realisierung eines Ventiltriebs. So ist die erste Unterscheidung in Systeme mit und ohne Nockenwellen. Danach wird sich an den Ventiltriebskomponenten und zuletzt an Wirkprinzipien orientiert. Die Unterteilung folgt mehr dem Systemgedanken und bietet aufgrund der etwas gröberen Einteilung die Möglichkeit, ähnliche Systeme zusammenzufassen und zu vergleichen, da nicht zu präzise zwischen speziellen Einzelheiten

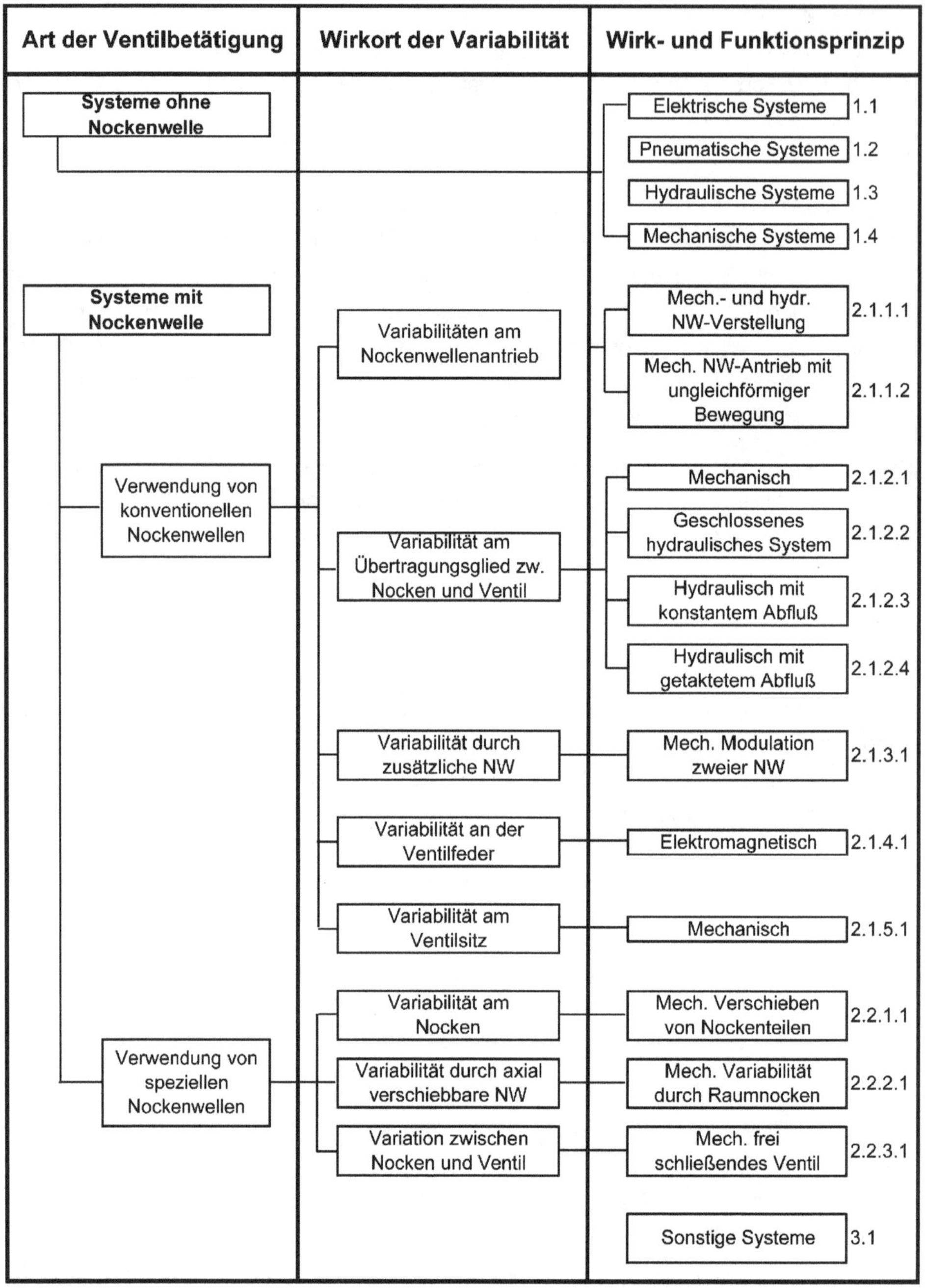

Bild 6.14: Systematische Gliederung der variablen Ventilsteuerungen nach Hannibal [22]

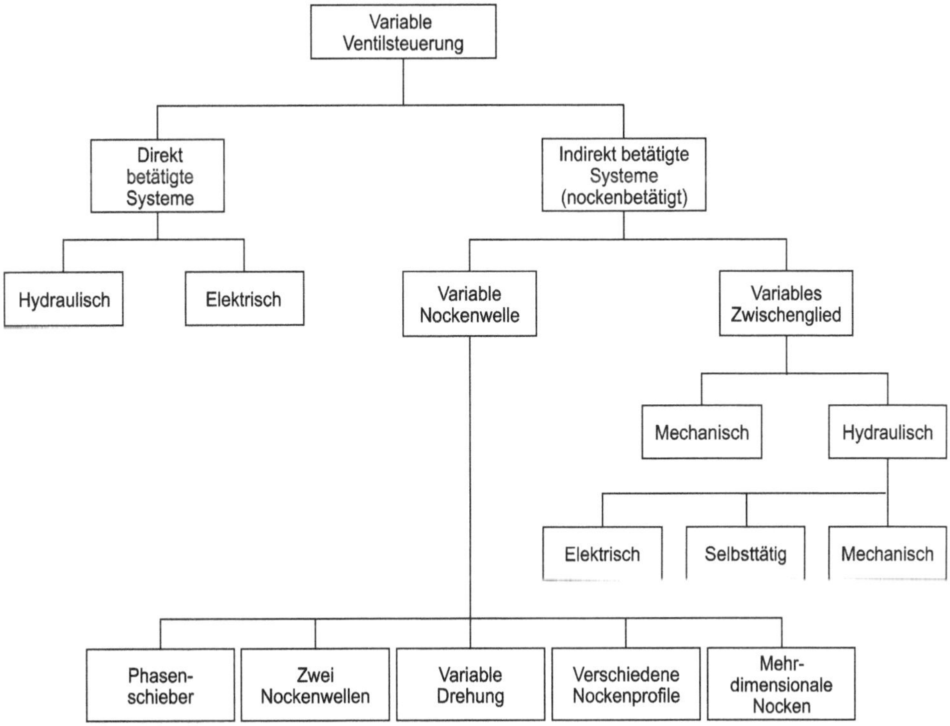

Bild 6.15: Möglichkeiten zur Realisierung von VVS-Systemen nach Lechner [23]

unterschieden wird. Diese Art der Einteilung ist einfacher zu erfassen, bietet allerdings nicht überall die physikalische und bauartbedingte Verfeinerung von einzelnen Komponenten.

Um eine Systematik zu erstellen, die sowohl für den Entwicklungsingenieur als auch den technikinteressierten Laien gut erfassbar ist und in den einzelnen Komponentengruppen eine feinere Unterscheidung ermöglicht, wurde das Diagramm nach Lechner zugrunde gelegt und an den erforderlichen Stellen weiter durch Wirkprinzipien und Bauarten erweitert, **Bild 6.16**. Diese Vorgehensweise bietet auch für die Weiterführung dieser Kategorisierung die Option, auf neue zukünftige Systeme zu reagieren und einzelne Bereiche, falls erforderlich, weiter zu verfeinern.

Die Ventiltriebsysteme werden in direkt betätigte und indirekt betätigte (ohne bzw. mit Nockenwelle) unterschieden. Die direkt betätigten Systeme, d. h. Ventiltriebsysteme ohne Nockenwelle, werden nach dem physikalischen Wirkprinzip hydraulisch, pneumatisch und elektrisch unterschieden. Bei den elektrisch direkten Systemen wird weiter aufgrund der bekannten Systeme in Bauarten unterschieden, die einer linearen bzw. einer rotatorischen Bewegung folgen. Bei den indirekt betätigten Systemen mit Nockenwelle und Phasensteller wurde den heutigen Entwicklungen Rechnung getragen, nach dem Wirkprinzip unterschieden und bei hydraulischen Lösungen weiter nach der Bauart unterschieden, die unterschiedlichen linearen und rotatorischen Bewegungen folgen.

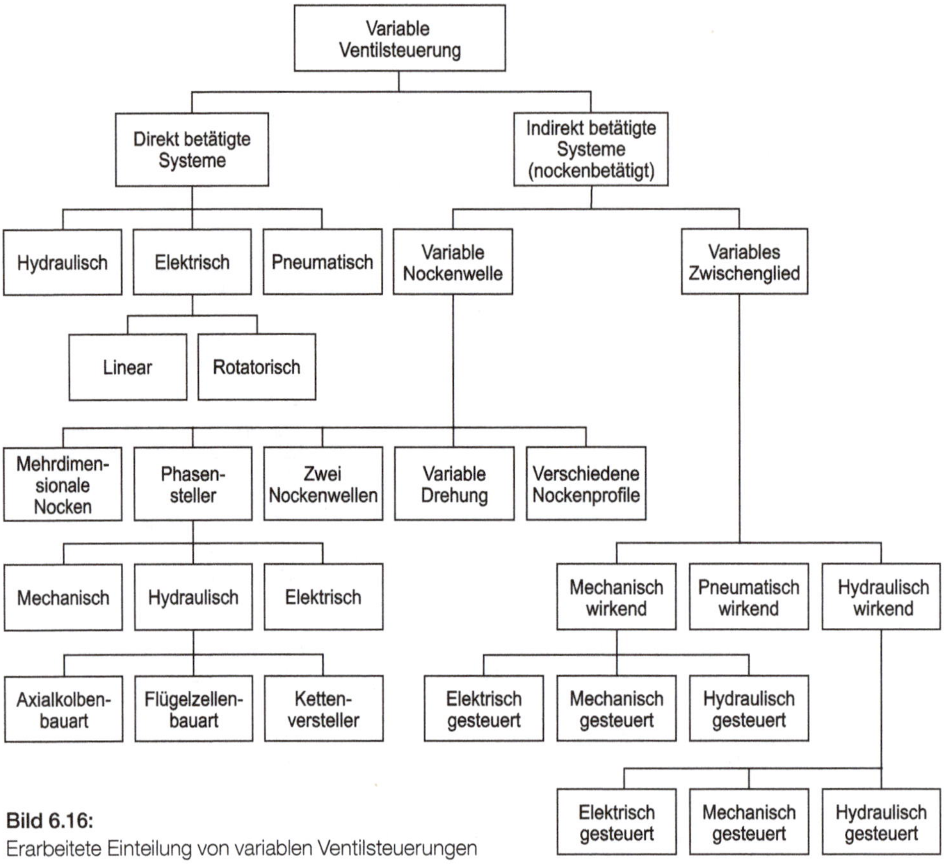

Bild 6.16:
Erarbeitete Einteilung von variablen Ventilsteuerungen

Eine weitere Aufteilung gibt es bei den indirekt betätigten Systemen mit variablem Zwischenglied. In dieser Gruppe finden sich alle mechanisch vollvariablen Ventilsteuerungen sowie fast alle hubumschaltenden Systeme. Deshalb wird hier eine feinere Gliederung in die physikalischen Wirk- und Ansteuerungsprinzipien vorgenommen, die sich herauskristallisiert haben.

Selbstverständlich könnte man alle Gruppen weiter aufteilen, allerdings würde hierdurch die Übersicht und Verständlichkeit leiden. Für einen einfachen und schnellen Einstieg in die variablen Ventilsteuerungssysteme wird in den nächsten Kapiteln nur auf Nockenwellen-Verstellsysteme, schaltbare Ventilsteuerungen, Zylinderabschaltsysteme und vollvariable Ventilsteuerungssysteme eingegangen. Damit die einzelnen Systeme weiterhin eingegliedert werden können, wird der Bezug zur Gliederung an den entsprechenden Stellen grafisch dargestellt.

6.2.1 Nockenwellen-Verstellsysteme

Die meisten Konzepte, Varianten, Hersteller und Anwendungen gibt es im Bereich Nockenwellen-Verstellsysteme, auch Phasensteller genannt, **Bild 6.17**.

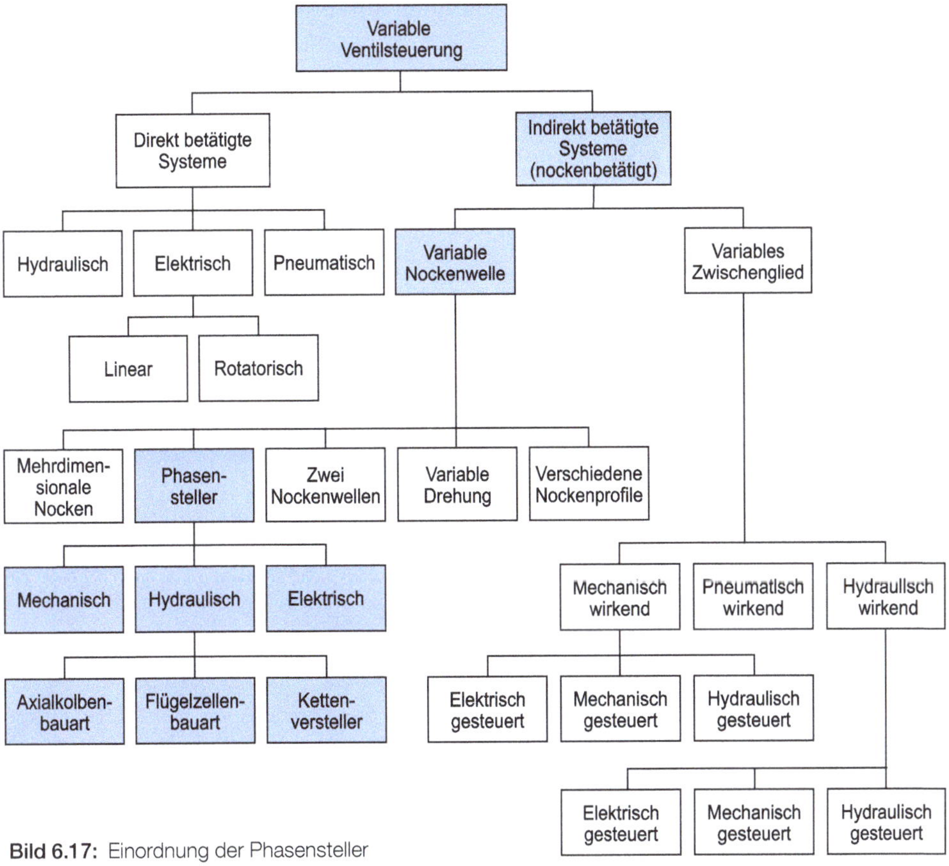

Bild 6.17: Einordnung der Phasensteller

Es gibt fast keine Pkw-Motoranwendung, die ohne Phasensteller angeboten wird. Abhängig vom vorliegenden Motorenkonzept wie Reihen- oder V-Motor und der applizierten Ventiltriebsbauart wie OHV, SOHC oder DOHC werden bis zu vier Phasensteller benötigt, um die Phasenlage der Ventilhübe zu verstellen und an den jeweiligen Motorbetriebspunkt anzupassen. Mechanische, elektrische und hydraulische Konzepte sind in der Literatur und Serienanwendung zu finden. Der größte Teil der Phasensteller-Applikationen sind hydraulische Phasensteller, wobei bereits heute erste mechanische Phasensteller in Serie eingesetzt werden. Der Grund für die Dominanz der hydraulischen Lösungen ist, dass Verbrennungsmotoren immer mindestens einen Ölkreislauf haben, in denen Phasensteller integriert werden können. Außerdem realisiert eine Hydraulik schnell und einfach hohe Stellkräfte.

Bei den hydraulischen Phasenstellern untergliedern sich die Konzepte in Flügelzellenversteller, Axialkolbenversteller und Kettenversteller. Die Flügelzellenversteller haben sich durchgesetzt und die beiden anderen Konzepte verdrängt. Die Flügelzellenversteller arbeiten nach dem Schwenkmotorprinzip, d.h. es gibt einen innenliegenden Rotor, der mit der Nockenwelle verbunden ist, und den außenliegenden Stator, der über den Steuerriemen oder die Steuerkette mit der Kurbelwelle verbunden ist.

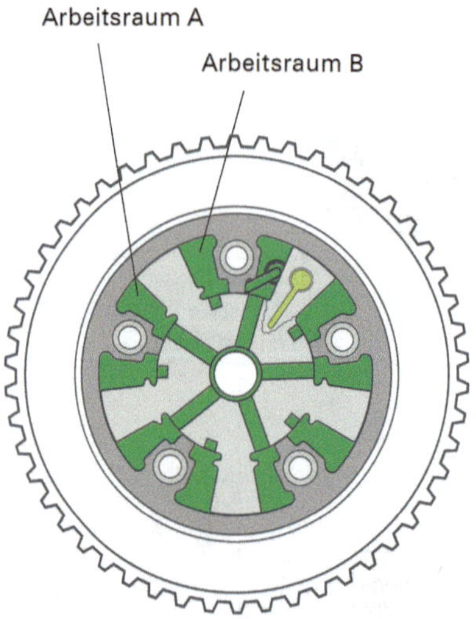

Bild 6.18: Grundprinzip eines Flügelzellenphasenstellers [44]

Bild 6.19: Flügelzellenphasensteller in der Endlage [44]

Die Rotorflügel teilen die Statorkammern in zwei Kammerbereiche, die mit einem elektromagnetischen Stellventil angesteuert und wechselweise mit Öldruck beaufschlagt werden können. Eine einseitige Öldruckbeaufschlagung führt zu einer relativen Verdrehung des Rotors zum Stator und somit zu einer relativen Verdrehung der Nockenwelle zur Kurbelwelle und zur Phasenlagenänderung der Ventilerhebung. Wird der Rotorflügel beidseitig mit gleichem Öldruck beaufschlagt, bleibt der Rotor an jeder vom Steuersignal vorgegebenen Stellung, **Bild 6.18**.

Die relative Winkeländerung des Rotors zum Stator zwischen beiden Endlagen der Rotorflügel gibt den Bereich der relativen Phasenlagenänderung der Ventilerhebung vor, **Bild 6.19**. Durch das Drehzahlverhältnis Nocken- zu Kurbelwelle von eins zu zwei entspricht die Nockenwellenwinkeländerung der doppelten an der Kurbelwelle.

Durch den prinzipbedingt geringen Bauraumbedarf und dem an jedem Motor vorhandenen Ölkreislauf sind Phasensteller dieser Bauart sehr leicht in Motorarchitekturen zu integrieren. Durch die verschiedenen Möglichkeiten, Stator und Rotor fertigungstechnisch darzustellen, haben sich auf diesem Gebiet viele Hersteller wie Denso, Hydraulik-Ring, **Bild 6.20**, Delphi [45], BorgWarner, INA, **Bild 6.21**, und viele mehr etabliert.

Obwohl sich die Lösungen der hydraulischen Phasensteller auf den ersten Blick nur wenig unterscheiden, sind hier noch viele Detailverbesserungen zu erwarten. So wird das Ölmanagement in dem Phasensteller optimiert, um schnellere Stellzeiten zu erreichen. Erste Konzepte wie das Fast-Phaser-System von Hydraulik-Ring oder das Cam-Torque-Assist-System von BorgWarner werden bereits in Serie eingesetzt. Bei diesen Systemen werden durch intelligentes Verschalten der Ölzuführung mit den Rückläufen der sich leerenden Ölkammer im Phasensteller bzw. das Nutzen des momentanen positiven oder negativen Nockenwellenmoments schnellere Stellzeiten erreicht. Außerdem unterliegen diese Motor-

Bild 6.20: Flügelzellenphasensteller von Hydraulik-Ring [44]

Bild 6.21: Flügelzellenphasensteller von Schaeffler [Bild: Schaeffler]

komponenten auch der allgemeinen Forderung nach Gewichtsreduzierung. Dementsprechend gewinnen auch hier Kunststoff und Aluminium mehr an Bedeutung, ebenso auch Blechumformkonzepte. Bei der Systemintegration werden solche Phasensteller künftig mehr und mehr auf die Nockenwelle fest montiert und bilden ein System. Wird nun, wie schon in ersten Systemanwendungen zu sehen, das elektromagnetische Stellventil integriert, sind deutliche Kosten, Dynamik- und Gewichtspotenziale erschlossen. Es gibt aber auch hydraulische Nockenwellenversteller, die nach dem Axialkolbenprinzip arbeiten, **Bilder 6.22**.

Dabei wird ein Kolben durch den Öldruck axial entlang der Nockenwelle vor- oder zurückverschoben. Dieser Kolben ist verdrehsicher im äußeren Gehäuse gelagert und hat in der

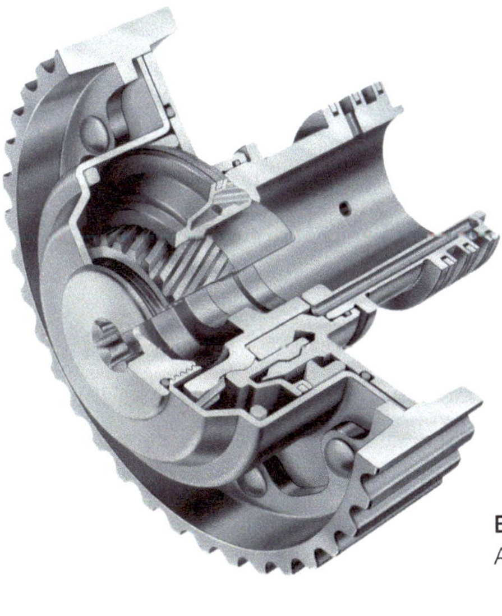

Bild 6.22:
Axialkolbenphasensteller von Schaeffler [Bild: Schaeffler]

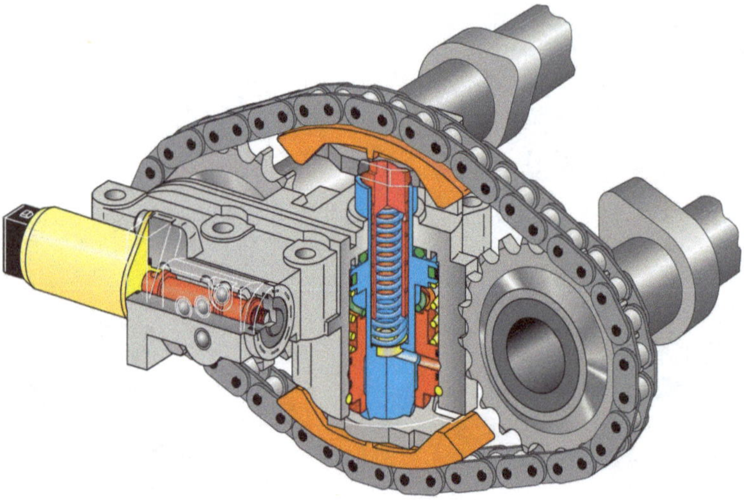

Bild 6.23: Kettenversteller von Hydraulik-Ring [44]

mittig angeordneten Bohrung eine Schrägverzahnung. Auf der Nockenwelle ist ebenfalls eine Schrägverzahnung, die im zusammengebauten Zustand in die Verzahnung des Kolbens im Phasensteller greift. Verschiebt man nun den Kolben axial, verdreht sich die Nockenwelle stufenlos. Dieses Verfahren wurde bereits 1983 von Alfa Romeo auf den Markt gebracht [14]. Bis auf den Ort der Öleinleitung und der Wegmessung unterscheiden sich die Systeme der unterschiedlichen Hersteller kaum.

Neben den bereits aufgezählten Systemen stufenlos einstellbarer Flügelzellen- und Axialkolbensystemen gibt es Kettenversteller, um die Lage der Nockenwellen gegenüber der Kurbelwelle zu verstellen, **Bild 6.23**.

Kettenversteller werden bei DOHC-Ventiltrieben eingesetzt, bei denen die beiden Nockenwellen über eine Kette miteinander verbunden sind. Mit einer hydraulischen Stelleinheit, die mit einem elektromagnetischen Stellventil angesteuert wird, wird die Zugtrumlänge der Kette verändert und so die relative Winkellage einer Nockenwelle zur anderen, die weiter synchron zur Kurbelwelle läuft, verstellt. Weil mit diesem Verstellsystem nur eine Nockenwelle in ihrer Phasenlage variiert wird, das System aber auf beide Nockenwellen zugreift, hat der Kettenversteller Bauraumnachteile im Vergleich zum Flügelzellenversteller. Deshalb findet der Kettenversteller heute keine Anwendung mehr.

Die Gruppen der mechanischen und der elektrischen Phasensteller sind eine eher seltene Variante, die aber zunehmend an Interesse gewinnt. Patente in diesem Bereich gibt es schon länger, nur die Umsetzung wurde bisher meist nicht zufriedenstellend gelöst. Bei diesem Prinzip werden feststehende elektrische Spulen verwendet. Nockenwelle und treibendes Rad sind verdrehbar zueinander gelagert und werden durch eine Feder permanent in die Endlage des frühen Ventilöffnens gedrückt. Mit der elektrischen Spule, die weder mit dem angetriebenen Rad noch mit der Nockenwelle verbunden ist, wird ein Magnetfeld erzeugt. Ist das

Bild 6.24: Elektrischer Phasensteller von Timken Company [48]
[Bild: Timken Company]

Magnetfeld stark genug, wird eine mit der Nockenwelle verbundene Scheibe verzögert. Der Ventilöffnungszeitpunkt verschiebt sich somit nach „später". Verliert das Magnetfeld an Intensität, wird die Nockenwelle durch die Federkraft wieder in Richtung „früh" zurückgeschoben. Unternehmen wie Eaton Corporation, Nissan Motor Company oder Timken Technology Center, **Bild 6.24**, beschäftigen sich mit dem Thema der elektrischen Phasensteller [46, 47, 48].

Mechanische Phasensteller können dagegen sehr unterschiedlich ausfallen. Um eine Phasenverstellung der Nockenwelle zur Kurbelwelle mechanisch zu erreichen, ist ein Getriebe notwendig. Zum Einsatz kommen beispielsweise Taumelscheibengetriebe, Zahnradgetriebe oder auch Wellgetriebe [49, 50, 51]. Alle Getriebe haben eines gemeinsam: Zur Verstellung ist ein zusätzlicher elektromotorischer Antrieb erforderlich, **Bild 6.25** und **Bild 6.26**.

Bild 6.25: Elektrischer Phasensteller von Schaeffler mit Taumelscheibengetriebe
[Bild: Schaeffler]

Bild 6.26: Mechanischer Wellgetriebephasensteller von OVALO
[Bild: OVALO GmbH]

6.2.2 Schaltbare Ventilsteuerungen

Ventiltriebssysteme, die den Ventilhub und die Ventilöffnungsdauer in festen Stufen umschalten können, waren nach den Nockenwellen-Verstellsystemen die nächsten variablen Systeme, die in Serie eingesetzt wurden.

Die Möglichkeiten sind mannigfaltig. So können bei einem Ventiltrieb mit vier Ventilen pro Zylinder die Ventile zwischen großem und kleinem Ventilhub ein- oder mehrstufig umgeschaltet oder die Ventile der Einlassseite asymmetrisch mit unterschiedlichen Ventilhüben geschaltet werden. Auch können Ventile völlig in ihrer Hubfunktion abgeschaltet oder deaktiviert werden. Wird z. B. nur ein Einlassventil von zwei abgeschaltet, spricht man von einer Kanalabschaltung. Bei einer Zylinderabschaltung werden alle Ventile eines Zylinders abgeschaltet.

Um die unterschiedlichen Systeme verständlich aufzuteilen, werden zuerst die ventilhubumschaltenden Systeme und danach die Systeme erläutert, die die Ventilhubfunktion abschalten.

6.2.2.1 Ventilhubumschaltende Systeme

Systeme, die den Schaltmechanismus in den Nockenfolger – also Rollenschlepphebel, Tasse, Kipp- oder Schwinghebel – integrieren, arbeiten alle mit einem ähnlichen Prinzip. Hier wird mit einem über ein Steuerventil freigegebenen Öldruck ein Verriegelungsbolzen verschoben, der die einzelnen Bauteile der Nockenfolger miteinander koppelt oder entkoppelt bzw. über die unterschiedlichen Koppelungszustände verschiedene Nockenkonturen in Eingriff bringt. Die Rückstellung des Verriegelungsbolzens in seine Ausgangsstellung erfolgt mit einer Rückstellfeder, die während des Verstellvorgangs betätigt wird.

Bereits 1983 hat Honda in einem Motorradmotor das erste System dieser Art auf den Markt gebracht. Damals war die Steigerung der Motorleistung wichtig; über die Jahre hinweg hat sich der Entwicklungsschwerpunkt bei der variablen Ventilsteuerung auf die Kraftstoffeinsparung und Emissionsminderung verschoben.

Honda hat das schaltbare System mit dem Namen VTEC (G) für unterschiedliche Ventiltriebsbauarten konzipiert und auf den Markt gebracht, **Bild 6.27**.

So ist das System in SOHC- und DOHC-Ventiltrieben an Kipp- und Schwinghebeln appliziert. Auch bei den Schaltungen des Ventilhubs gibt es je nach Motoranwendung Unterschiede.

Beim DOHC-VTEC werden mehrere Schwinghebel miteinander gekoppelt. In der ersten Variante wird ein Ventil von der Nockenbetätigung abgekoppelt. Durch das hydraulisch angesteuerte Verschieben des Verriegelungsbolzens im Schwingehebel wird nur noch ein Ventil über den Nockenfolger angesteuert. Dies ist eine Kanalabschaltung für den unteren Drehzahlbereich.

Mit der Koppelung können aber auch verschieden Nockenkonturen in Eingriff gebracht werden. In der zweiten Variante befinden sich auf der Nockenwelle pro Zylinder drei Nockenkonturen, wobei der innere Nocken den großen Ventilhub für beide Ventile gleichzeitig er-

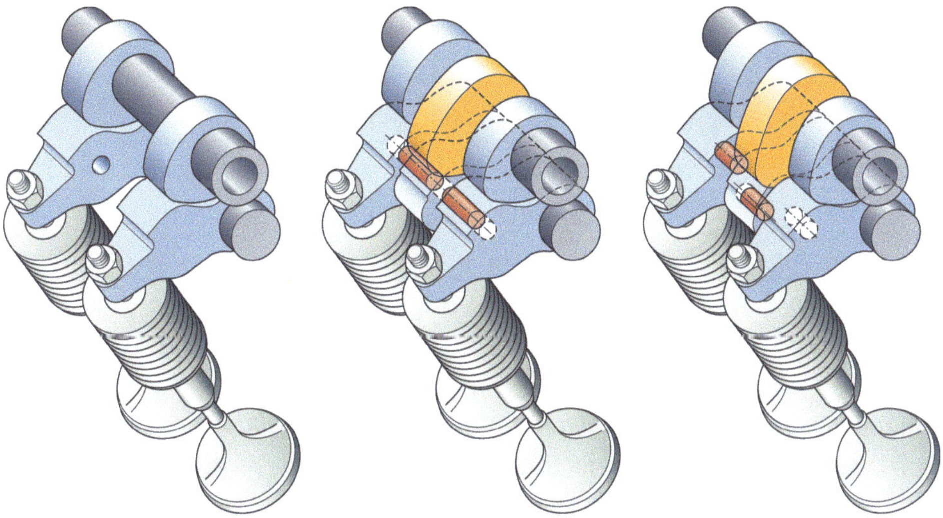

Bild 6.27: VTEC-Mechanismen von Honda [69]

möglicht. Die beiden äußeren Nocken sind kleiner und ermöglichen im Teillastbetrieb des Motors eine Entdrosselung mit verringerten Ladungswechselverlusten. In der dritten Variante haben die beiden Motorventile eines Zylinders auch einen unterschiedlichen Hub und eine unterschiedliche Phasenlage, um neben der Entdrosselung auch das Brennverfahren hinsichtlich Ladungsbewegung positiv zu beeinflussen.

Honda nutzt die Ventilhubumschaltung ebenfalls bei Motoren mit SOHC-Ventiltrieben und Schwinghebeln. Dabei werden verschiedene Schaltungsmöglichkeiten für den Ventilhub verfolgt. Um je nach Motorlastpunkt eine verbesserte Ladungsbewegung zu realisieren, kann bei den zweistufigen Ausführungen bei beiden Ventilen eines Zylinders sowohl zwischen großem und kleinem Ventilhub für die Entdrosselung des Motors geschaltet werden als auch nur ein Ventil des Zylinders im Ventilhub umgeschaltet werden. Bei dem dreistufigen Konzept, z. B. beim VTEC-IMA-Konzept, kann der Ventilhub dreistufig sogar ganz abgeschaltet werden. Dies ermöglicht bei Einsatz des Motors in einem Hybrid-Antriebsstrang bei der Rekuperation eine höhere Energie-Rückgewinnungsrate aufgrund der reduzierten Ladungswechselverluste im Schubbetrieb. Diese Schaltstufe des Ventiltriebs ist eine Zylinderabschaltung, die auch im nächsten Kapitel aufgegriffen wird.

Bei allen Honda-Systemen dieser Bauart ist anzumerken, dass der notwendige Ventilspielausgleich (G) immer mit mechanischen Einstellschrauben realisiert wird, die im Fahrzeug- und Motorwartungsplan berücksichtigt werden müssen.

Ähnliche Systeme mit gleichem Wirkprinzip, jedoch unterschiedlicher konstruktiver Ausgestaltung gibt es auch von Toyota (VVTLi), Subaru (AVLS), Nissan (VVL-i) oder Mitsubishi (MIVEC).

Bei Ventiltrieben mit Tassen als Nockenfolger ist seit Jahren Porsche mit dem System VarioCam Plus aktiv, **Bild 6.28**.

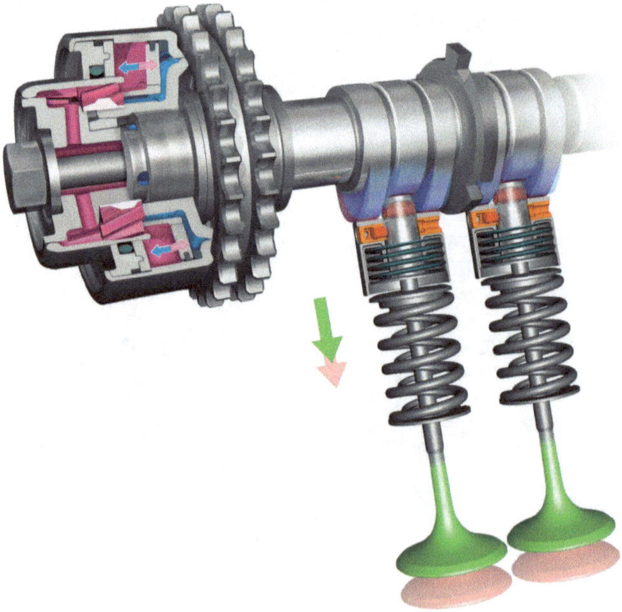

Bild 6.28:
Porsche VarioCam Plus
[Bild: Porsche]

Auch bei Ventiltriebstassen ist ein Verriegelungsbolzen integriert, der mit Öldruck verschoben wird und durch eine Rückstellfeder wieder in seine Ausgangslage gelangt. Den notwendigen Ventilspielausgleich bei diesen Ausführungen übernimmt ein in die Tasse integriertes hydraulisches Ventilspiel-Ausgleichselement. Das Element benötigt während der Einsatzzeit keine Nachstellung und muss somit nicht im Fahrzeug- und Motorwartungsplan berücksichtigt werden.

Grundsätzlich ist die Funktion die gleiche wie bei den Lösungen mit Hebeln als Nockenfolger. Jedoch wird hier nur zwischen zwei Ventilhüben geschaltet, um den Motor zu entdrosseln. Varianten mit unterschiedlichen Ventilhüben an den einzelnen Ventilen eines Zylinders oder einer Zylinderabschaltung sind zwar technisch ohne größeren Aufwand möglich, jedoch nicht in Serie bekannt. Weitere Ventiltriebsanwendungen mit schaltbaren Tassen zur Ventilhubumschaltung sind ebenfalls von Volvo (CPS) und Subaru (DVVL) bekannt.

Ventilhubumschaltsysteme mit Rollenschlepphebeln sind aufgrund der Bewegungscharakteristik und der filigranen Bauweise der Nockenfolger eine besondere technische Herausforderung, um die Schaltfunktion kostentechnisch sinnvoll zu realisieren. Den Einzug in die Serie hat bis Redaktionsschluss nur der schaltbare Rollenschlepphebel von Schaeffler, **Bild 6.29**, bei Mazda geschafft.

Der Schaltmechanismus ist ebenfalls ein hydraulisch angesteuerter, rückstellfederbelasteter Verriegelungsbolzen. Die Ansteuerung erfolgt mit dem Öldruck, der durch das hydraulische Ventilspielausgleichselement zum Verriegelungsbolzen im Rollenschlepphebel geleitet wird. Die Besonderheit bei diesem System, das in einem Dieselmotor eingesetzt wird, besteht

Bild 6.29:
Mazda Skyactive Schalthebel von Schaeffler
[Bild: Schaeffler]

darin, dass hier der Auslassventilhub geschaltet wird. Die Auslassventile werden in der Kaltstartphase des Motors im Ansaugtakt kurzzeitig gering geöffnet, um so die Ansaugluft aufzuwärmen und an diesem Motorkonzept Fehlzündungen zu vermeiden. Weitere Entwicklungen zu dieser Bauform gab es viele, wie z. B. von Delphi, **Bild 6.30**, Denso, Eaton, **Bild 6.31**, FEV, Meta Motorentechnik oder Schaeffler.

Eine weitere Möglichkeit, den Ventilhub zu schalten, ist, die Variabilität nicht im Nockenfolger zu integrieren, sondern in der Nockenwelle. Eine solche variable Nockenwelle ist bei Audi in Serie (Audi AVS), **Bild 6.32**, und wird wohl auch bald in anderen Motoren des Volkswagen-Konzerns integriert werden.

Bei diesem System besteht die gebaute Nockenwelle aus einer Grundwelle mit Verzahnungen. In diese Verzahnung eingreifend, befinden sich auf der Grundwelle Nockensegmente mit unterschiedlicher Nockengeometrie. Werden diese Nockensegmente axial auf der Grundwelle verschoben, kommen die unterschiedlichen Nocken über den Rollenschlepphebeln in Eingriff. Die Verstellung der Nockensegmente erfolgt mit elektromagnetischen Aktuatoren, die in Spiralnuten eingreifen, die sich ebenfalls auf den Nockensegmenten befinden. Gelagert wird die Nockenwelle nicht an der Grundwelle, sondern an den einzelnen Nockensegmen-

Bild 6.30: Schalthebel von Delphi [Bild: Delphi]

Bild 6.31: Schalthebel von Eaton [Bild: Eaton]

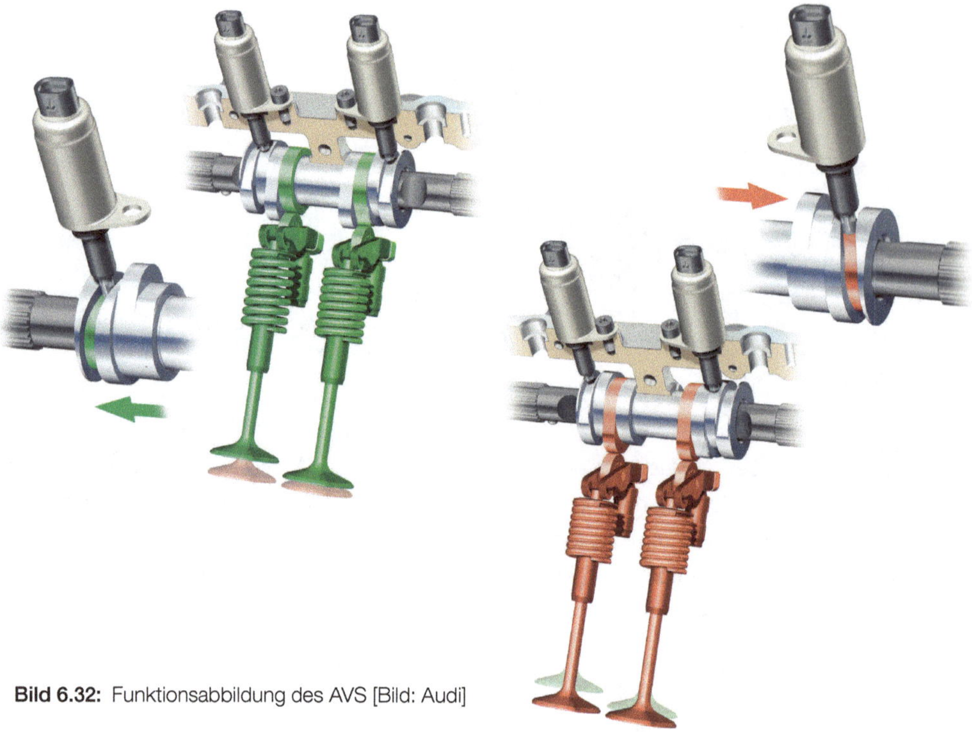

Bild 6.32: Funktionsabbildung des AVS [Bild: Audi]

ten. Anzumerken ist hier, dass die Verstellung nicht mit Öldruck, sondern elektromagnetisch erfolgt. Dieses System ist von der Ölpumpenleistung unabhängig und erzeugt somit keine zusätzlichen Verlustleistungen am Motor. Außerdem kann dieses System jederzeit geschaltet werden, wohingegen die öldruckbasierten Systeme erst ab einer vorgegebenen Öltemperatur aktiviert werden, um durch die bei kalten Temperaturen höhere Ölviskosität keine Fehlschaltungen zu provozieren.

Wird das AVS-System auf der Einlassseite des Ventiltriebs eingesetzt, wird der Motor in der Teillast entdrosselt und durch unterschiedliche Ventilhübe der beiden Ventile eines Zylinders die Ladungsbewegung auf den vorliegenden Motorbetriebspunkt angepasst.

Das AVS-System wird auch bei abgasturboaufgeladenen Benzinmotoren mit Direkteinspritzung auf der Auslassseite genutzt, um das Motordrehmoment bei niedrigen Motordrehzahlen und niedrigem Drehmoment für eine spontane Beschleunigung des Fahrzeugs schnell anzuheben. Hierbei wird durch einen verringerten Ventilhub und eine verkürzte Ventilöffnungsdauer eine abgasseitige Flutentrennung vorgenommen und mit einer entsprechend angepassten Steuerzeit der Ventilhübe ein- und auslassseitig ein ausreichendes Scavenging erzielt.

In einer Weiterentwicklung kann das System Variable Nockenwelle mit Schiebenocken auch dreistufig ausgestaltet werden, wie das System von Schaeffler zeigt, **Bild 6.33** [74].

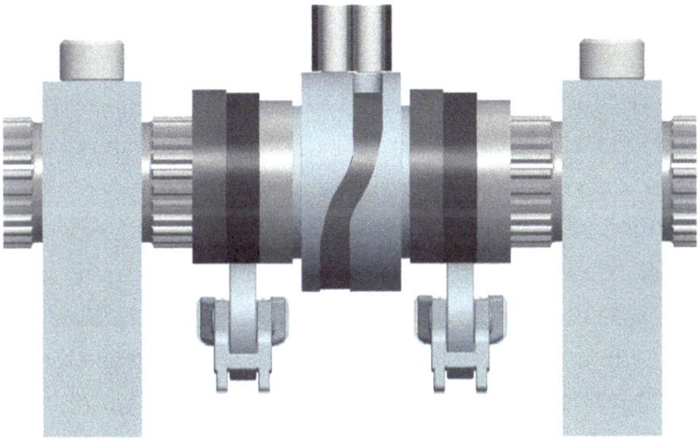

Bild 6.33:
Schiebenockensystem von Schaeffler [Bild: Schaeffler]

Schaltbare Ventiltriebe haben bereits eine große Marktdurchdringung, die in den nächsten Jahren weiter zunehmen wird. Allerdings muss man bei der Einführung von Ventiltriebsvariabilitäten beachten, dass neben der Integration in das jeweilige Motorenkonzept auch die ganze Motorauslegung – wie die Motorkennfeldsteuerung, Kraftstoffzufuhr, Luftmanagement etc. – überarbeitet werden muss, um das volle Kraftstoffeinsparpotenzial zu erschließen.

Abschließend ist zu den stufenweise schaltbaren Ventiltriebsystemen anzuführen, dass mit ihnen auch grundsätzlich eine Zylinderabschaltung möglich ist, wenn die zweite Nockenkontur einen Nullhub ermöglicht. Der weitere technische Aufwand für die Anpassung des Ventiltriebs ist eher gering. Allerdings entstehen motorseitig weitere Aufgaben, die bei einer solchen Anwendung gelöst werden müssen.

6.2.2.2 Ventilhubabschaltende Systeme (Zylinderabschaltung)

Die in diesem Kapitel beschriebenen Systeme schalten entweder ein Ventil oder Ventilpaar (ein- und auslassseitig) ab, man spricht dann von einer Kanalabschaltung, Kapitel 6.2.2.1, oder es werden alle Ventile eines oder mehrerer Zylinder abgeschaltet (Zylinderabschaltung).

Die Zylinderabschaltung wurde schon 1981 von Cadillac mit einem System von Eaton eingeführt, allerdings nach kurzer Zeit wieder vom Markt genommen. Das Abschaltsystem funktionierte, allerdings wurden die motorischen Randbedingungen wie Lastschlagdämpfung und Lastzuschaltung nicht ausreichend gelöst. Dies führte zu einer Komforteinbuße und letztendlich zu Kundenunzufriedenheit. Etwa zehn Jahre später folgte Mitsubishi mit MIVEC MD, nahm die Technologie aber später mit der Einführung der Benzindirekteinspritzung wieder zurück. Später führte Mercedes-Benz ebenfalls eine Zylinderabschaltung an ihren V8-und V12-Motoren als teure Zusatzausstattung ein, scheiterte damals aber daran, dass die Kunden von Fahrzeugen mit dieser Motorisierung nur sekundär an Kraftstoffeinsparung interessiert waren.

Allerdings erlebt die Zylinderabschaltung seit einigen Jahren wieder ein großes Comeback. Die nachgewiesenen Einsparpotenziale, besonders bei Motoren mit großen Hubraum und hoher Leistung, sind vor allem bei der immer höher werdenden Verkehrsdichte und damit verbundenen Standzeiten und Teillastbetriebsbereichen sehr hoch. Die Zylinderabschaltung ist in niedrigen Lastbereichen ein probates Mittel, Kraftstoff zu sparen und die Emissionen zu mindern, ohne dabei die Maximalleistung zu verringern. Die Grundidee der Zylinderabschaltung ist die Lastpunktverschiebung, d. h. werden alle Zylinder beispielsweise bei circa 25% Last betrieben, muss der Motor angedrosselt werden, damit die niedrige Motorlastanforderung erfüllt wird. Schaltet man jeden zweiten Zylinder ab, werden die verbleibenden Zylinder bei doppelter Last, somit bei höherem effektivem Mitteldruck und mit geringeren Ladungswechselverlusten entdrosselter betrieben. Die vermiedenen Ladungswechselverluste senken den Kraftstoffverbrauch und die Emissionswerte. Die notwendigen Motorsteuerungsfunktionen wie Lastschlagdämpfung, Luftmassenanpassung, Motorvibrationsausgleich, zylinderweise Unterbrechung der Kraftstoffzufuhr etc. sind heute beherrschbar.

Anwendung findet die klassische Zylinderabschaltung bei Motoren mit vier, sechs, acht und zwölf Zylindern, d. h. Motoren mit gerader Zylinderzahl. Hintergrund ist, dass alle Motoren einen gleichmäßigen Zündabstand zwischen den einzelnen Zylindern haben. Wird jeder zweite Zylinder abgeschaltet, bleibt der gleichmäßige Zündabstand bestehen und das Motorvibrationsverhalten mit reduzierter Zylinderzahl verursacht beim Kunden keine drastischen Komfortnachteile. Liegt aufgrund von Fahrzeugbeschleunigung mehr Motorlast an oder geht die Drehzahl über gewisse Grenzen hinaus, werden wieder alle Zylinder zugeschaltet. Obwohl besonders im Leerlauf oder bei sehr niedrigen Motorlasten die Kraftstoffeinsparung am höchsten ist, kann es sein, dass die Zylinderabschaltung deaktiviert wird und der Motor mit allen Zylindern in einem verbrauchsungünstigeren Betriebspunkt betrieben wird. Grund ist die Laufruhe und der damit verbundene Komfort, da der Kunde eines Fahrzeugs mit Sechszylindermotor im Fahrzeugstillstand den Unterschied durch die Zylinderabschaltung bemerkt und nicht akzeptiert. Bei der nicht klassischen Zylinderabschaltung gibt es Motorbetriebsbereiche, in denen die Zylinder auch unsymmetrisch befeuert betrieben werden, z. B. ein Vierzylindermotor läuft auf drei Zylindern oder ein Sechszylindermotor läuft auf vier Zylindern. Honda und General Motors haben dies in Serie umgesetzt, um die Verbrauchspotenziale dieser Technologie vollends auszuschöpfen. Dies geschieht nur in Bereichen, in welchen der Kunde dies nicht bemerkt.

Die Abschaltung der Zylinder erfolgt durch Deaktivierung der Auslassventilbewegung, gefolgt von der Deaktivierung der Einlassventilbewegung. In den abgeschalteten Zylindern verbleiben die heißen Abgase des letzten Verbrennungstaktes und es wird kein weiterer Kraftstoff mehr zugeführt. Entsprechend der Funktion einer Gasfeder werden die heißen Abgase in dem verschlossenen Zylinder ständig komprimiert und dekomprimiert. Die in das Gas eingebrachte Kompressionsarbeit wird wieder bis auf geringe mechanische und geringe Blow-by-Verluste an den Kolben abgegeben. Eine Auskühlung des Zylinders tritt aufgrund der heißen Abgase nicht auf und ist außerdem beim Zuschalten der Zylinder hilfreich, insbesondere bei der Abgasnachbehandlung. Bei der Zuschaltung der Zylinder ist dabei darauf zu achten, dass zuerst die Auslassventile zugeschaltet werden, damit das im Zylinder eingeschlossene Abgas ausgeschoben wird. Sollte es zu einer Fehlschaltung kommen und sollten zuerst die Einlassventile aktiviert werden, wird versucht, die Einlassventile gegen den Kompressionsdruck zu öffnen. Dies führt unweigerlich zu einem Motorschaden.

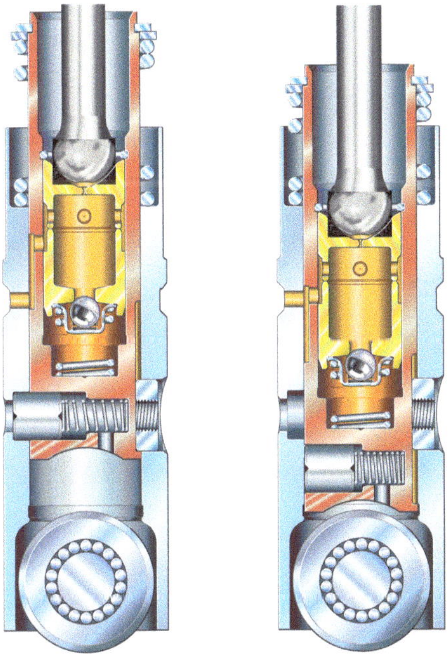

Bild 6.34:
Schaltrollenstößel von Schaeffler [Bild: Schaeffler]

Die Zylinderabschaltung bei OHV-Motoren, also mit einer zentralen Nockenwelle, erfolgt mit schaltbaren Rollenstößeln, wie sie von Delphi, Eaton und Schaeffler [72], **Bild 6.34**, entwickelt wurden.

Der schaltbare Rollenstößel hat einen Außenstößel, der einem herkömmlichen Rollenstößel entspricht. In diesem Außenstößel befindet sich ein Innenstößel mit integriertem hydraulischem Element für den Ventilspielausgleich. Der innere und der äußere Stößel können mit einem hydraulisch angesteuerten Verriegelungsbolzen miteinander steif gekoppelt und entkoppelt werden. Im entkoppelten Zustand wird der Nockenhub auf den Außenstößel übertragen, jedoch nicht auf den Innenstößel, sodass der Ventilhub deaktiviert ist. Damit der Innenstößel wieder in seine Ausgangslage zurückgelangt, ist zwischen Innen- und Außenstößel eine Rückstellfeder angebracht. Wird der Steueröldruck wieder abgesenkt, drückt eine weitere Rückstellfeder den Verriegelungsbolzen wieder in seine Ausgangslage und koppelt wieder die beiden Stößel. Bei der nächsten Nockenerhebung wird wieder ein Ventilhub ausgeführt.

Das Zylinderabschaltsystem mit Rollenstößel erlangte ab 2004 in den USA einen Durchbruch und wurde von Chrysler und General Motors in fast allen Motoren eingeführt. In Europa wird die Zylinderabschaltung, die mit anderen Systemen realisiert wird, fast ausschließlich in OHC-Motoren eingesetzt.

Eine der ersten Zylinderabschaltungen auf dem europäischen Markt war die Zylinderabschaltung ACC von Mercedes-Benz. Die Zylinderabschaltung funktioniert ebenfalls mit einem hydraulisch angesteuerten Verriegelungsbolzen, der verschiedene Hebel miteinander koppelt/entkoppelt, **Bild 6.35**.

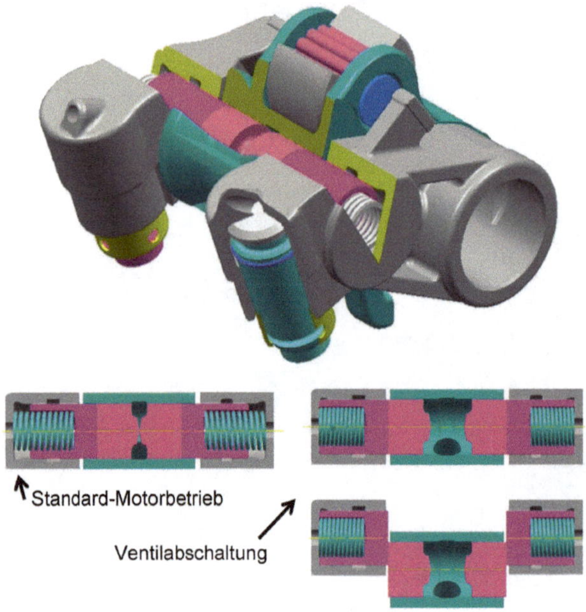

Bild 6.35: Zylinderabschaltung Mercedes-Benz [73]

Die Besonderheit an diesem System war, dass es das einzige Schwinghebelkonzept ist, das integrierte hydraulische Ventilspielausgleichselemente hat [66]. Über ein vergleichbares System, jedoch ohne integriertes hydraulisches Element für den Ventilspielausgleich, verfügt Honda (VCM), **Bild 6.36**. Das System basiert auf dem VTEC-System, Kapitel 6.2.2.1, wobei bei dieser Lösung nicht von großem Ventilhub auf kleinen Ventilhub geschaltet, sondern der Ventilhub ganz abgeschaltet wird.

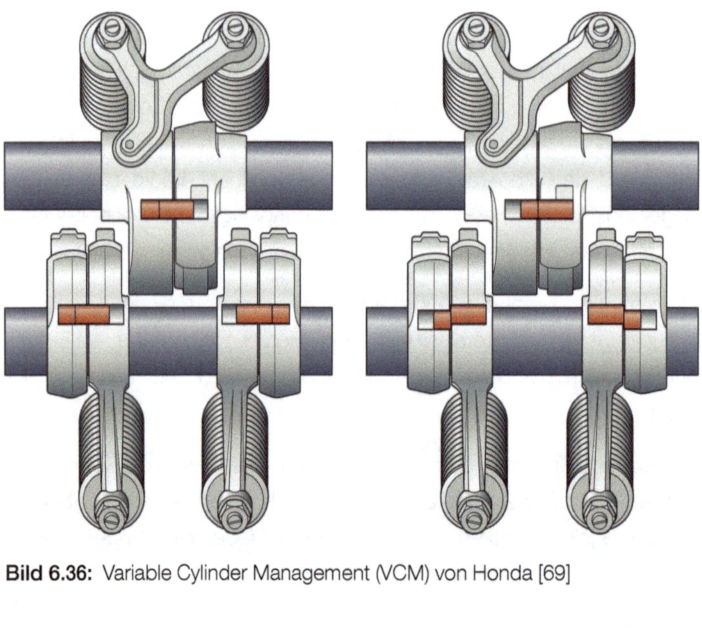

Bild 6.36: Variable Cylinder Management (VCM) von Honda [69]

Mercedes-Benz bietet heute wieder eine Zylinderabschaltung an, jedoch bislang ausschließlich in einem V8-Motor von AMG. Hier kommt ein anderes Bauteil zum Einsatz: das schaltbare hydraulische Ventilspielausgleichselement von Schaeffler. Im unteren Teil des herkömmlichen Ventilspielausgleichselements ist wiederum ein Verriegelungsbolzen integriert, der sich gegen ein zusätzliches äußeres Gehäuse abstützt. Der Bolzen wird hydraulisch angesteuert und lässt bei Nockenbetätigung des Rollenschlepphebels mit dem Schaltelement eine Relativbewegung des inneren Elements zum äußeren Gehäuse, das sich im Zylinderkopf abstützt, zu. Der Nockenhub wird somit von der Relativbewegung kompensiert und nicht an das jeweilige Ventil weitergegeben. Eine Rückstellfeder zwischen innerem Element und äußerem Gehäuse sorgt für die Rückstellung des inneren Elements in seine Ausgangslage.

Den Abschaltmechanismus kann man auch in den Rollenschlepphebel integrieren. Der Verriegelungsmechanismus ist – wie bei allen vergleichbaren Systemen – ein über das Ventilspielausgleichselement hydraulisch angesteuerter Bolzen. MAHLE hat hierzu einen Rollenschlepphebel konzipiert und erprobt [17], **Bild 6.37**, der keine weiteren Abstützflächen an den Hebelköpern benötigt und außer den Reibungseigenschaften des Rollenkontakts keine anderen Gleitreibungsverluste zur Abstützung erzeugt, die das motorische Verbrauchspotenzial unnötig reduzieren würden. Die Gleitreibungsflächen sind bei den sonst in Entwicklung befindlichen Systemen notwendig, um beim Koppelungsvorgang der beiden Hebelteile – also bei der Zuschaltung von deaktivierten Hebeln oder Zylindern – beide Hebelteile so zueinander zu positionieren, dass der Koppelbolzen in dem kurzen zur Verfügung stehenden Zeitfenster ungehindert durch die Rückstellfeder seine Ausgangslage erreicht.

Bild 6.37:
MAHLE Rollenschlepphebel

Ähnliche Rollenschlepphebelkonzepte zur Zylinderabschaltung, allerdings mit Stützgleitflächen an den Hebelkörpern, wurden von Eaton, Meta Motorentechnik oder Schaeffler entwickelt.

Eine Zylinderabschaltung mit der Variabilität in der Nockenwelle wird von Audi und Volkswagen angeboten. Das System basiert auf dem AVS-System mit variabler Nockenwelle mit Schiebenocken, Kapitel 6.2.2.1. In dieser Konfiguration wird von einem Nockenhub auf einen Nullhub geschaltet und werden somit die Zylinder deaktiviert, **Bild 6.38**. Vorteil dieses Systems ist, wie bereits im vorherigen Kapitel geschildert, dass die Schaltung nicht von Öldruck und -temperatur abhängt, sondern dass der Schaltvorgang über einen elektromagnetischen Aktuator erfolgt. Mit dem dreistufigen System von Schaeffler kann sogar

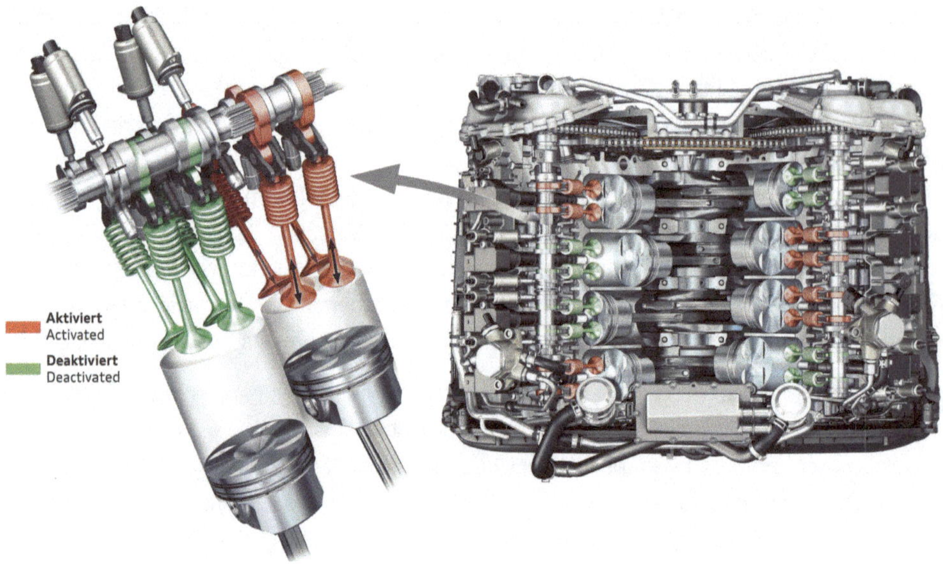

Bild 6.38: Zylinderabschaltung Audi [Bild: Audi]

eine Hubumschaltung mit einer Zylinderabschaltung kombiniert werden; damit lassen sich weitere Verbrauchspotenziale erschließen.

Die Zylinderabschaltung ist das probateste Mittel, um eine kosteneffiziente Verbrauchseinsparung darzustellen und gleichzeitig die Beschleunigungswerte und die Laufruhe des „größeren" Motors beizubehalten. Vor allem mehrstufige Systeme, die eine Ventilhubumschaltung und eine Zylinderabschaltung mit dem gleichen System realisieren, sind für künftige Anwendungen vorteilhaft.

6.2.3 Stufenlos variierende Ventiltriebsysteme

Der Motorbetrieb unterliegt verschiedensten Randbedingungen wie Drehzahl und Last sowie Temperaturen und Drücken sowohl in der Umgebung als auch im Motor. Der Übergang von einem Betriebszustand in den nächsten ist fließend stufenlos. Ebenso stufenlos sind somit auch die Anforderungen an das Ventiltriebsystem. Dementsprechend ist es das Ziel der Ingenieure, stufenlose Systeme zu entwickeln. Jedoch gibt es bis heute kein System, das alle Freiheitsgrade wie Ventilhubhöhe, Ventilöffnungsdauer, Ventilhubverlauf, Phasenlage und Ventilhubabschaltung gleichzeitig und unabhängig voneinander variieren kann. Einige Systeme sind nah dran, haben jedoch immer noch abhängige Freiheitsgrade. Ist mit einem System der Motorbetrieb ohne Drosselklappe möglich, indem die Phasenlage und die Ventilhubhöhe mit -öffnungsdauer stufenlos steuerbar sind, spricht man von einer vollvariablen Ventilsteuerung. Da in diesem Kapitel neben vollvariablen Ventilsteuerungen auch weitere stufenlos variierende Systeme zusammengefasst sind, die einen drosselfreien Motorbetrieb nicht ermöglichen, wird nur an den relevanten Stellen von einer vollvariablen Ventilsteuerung gesprochen, um den üblichen, inflationären Gebrauch dieser Begrifflichkeit nicht fortzuführen.

6.2.3.1 Nockenwellenlose Ventilsteuerungen (direkt betätigte Systeme)

Die Ventilsteuerungssysteme der direkt betätigten Systeme ohne Nockenwelle, **Bild 6.39**, bieten die größten motorischen Freiheiten.

So können bei diesen Systemen die Phasenlage und die Öffnungsdauer frei gewählt, eine Zylinder- oder Ventilabschaltung und bei manchen Systemen auch ein variabler Ventilhub integriert werden.

In den Veröffentlichungen zu elektrischen Ventilsteuerungssystemen, **Bild 6.40**, abgekürzt EMVT für elektromagnetische Ventiltriebe, mit einer linearen Bewegungscharakteristik sind viele namhafte Firmen wie BMW, Daimler [25], FEV, **Bild 6.41**, Magnese, MAHLE, Renault, Siemens, TRW, Valeo [27], **Bild 6.42** oder Visteon [28] zu finden, woraus man schließen kann, welch hohes motorisches Potenzial hier besteht. Jedoch ist der Realisierungs- und Kostenaufwand sehr hoch, sodass diese Systeme trotz Entwicklungsleistungen seit mehr als 20 Jahren noch nicht in eine Serienanwendung umgesetzt wurden [24, 29, 31, 33].

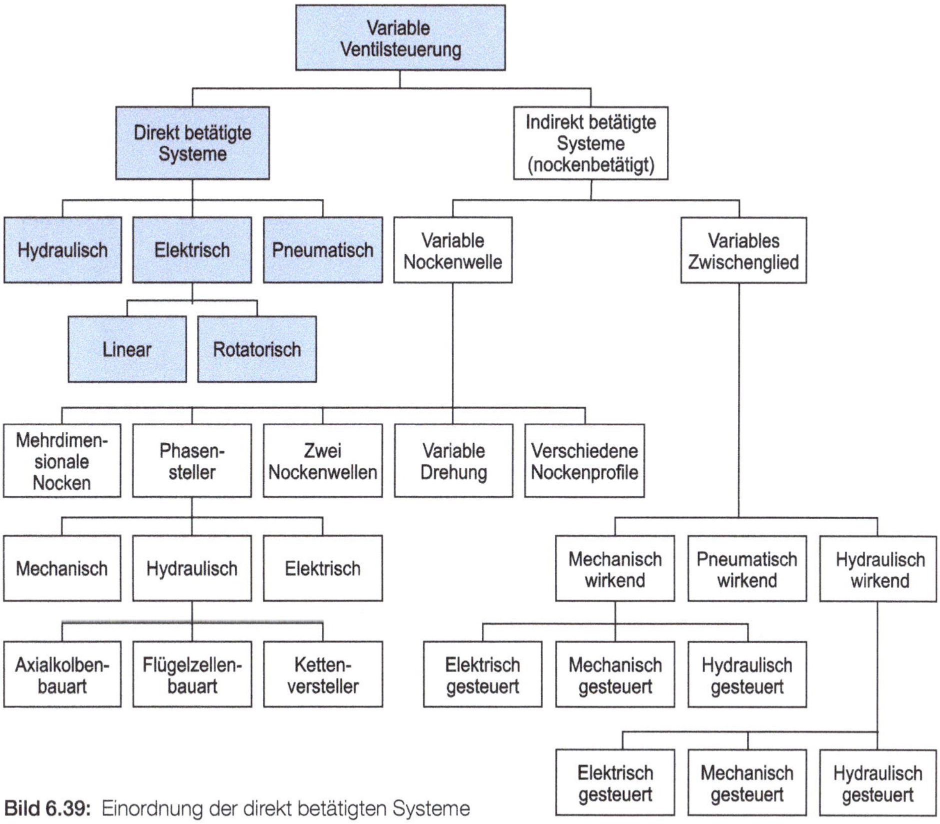

Bild 6.39: Einordnung der direkt betätigten Systeme

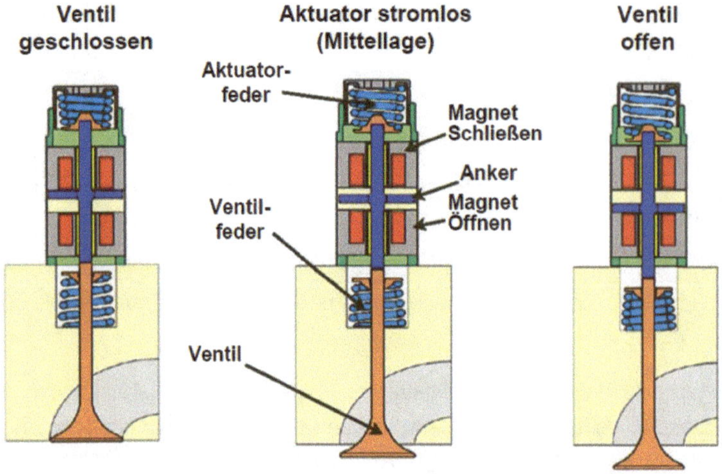

Bild 6.40: Elektromechanischer Ventiltrieb nach dem Schwingankerprinzip [26]

Bild 6.41: EMVT von FEV [26]

Systeme mit elektrischen Aktuatoren mit linearer Bewegungsrichtung sind harmonische Schwingsysteme, in welchen sich ein Anker zwischen zwei Endlagen bewegt, die die beiden Positionen „Motorventil offen" und „Motorventil geschlossen" darstellen. Die Bewegungsenergie wird wechselseitig in der Ventilfeder und der Aktuatorfeder gespeichert und steht für den nächsten Ventilhub wieder zur Verfügung. Die signalgesteuerten Endlagenmagnete übernehmen nur die Haltefunktion für den Anker und den Reibungsverlustausgleich während der Ankerbewegung.

Die für den motorischen Betriebspunkt notwendige Zylinderladungsmenge wird bei solchen Systemen ausschließlich mit der Phasenlage und der Öffnungsdauer des Ventilhubs gesteuert. Eine Beeinflussung der Ladungsbewegung kann mit der zeitversetzten Öffnung von zwei Einlassventilen erfolgen.

Eine Zylinder- oder Ventilabschaltung ist programmiertechnisch einfach zu implementieren; ein variabler Ventilhub ist bei solchen Systemen aufgrund der endlagenbasierenden Bewegung sehr schwer zu realisieren.

Ist der Motor ausgeschaltet, sind diese Systeme stromlos, und der Anker befindet sich in der Mittenposition. Das Motorventil steht somit auf halber Ventilhubhöhe im Brennraum. Diese Ventilposition muss an der Kolbenoberfläche mit Mulden zur Kollisionsvermeidung vorgehalten werden, welche wiederum die Ladungsbewegung im Brennraum behindern. Das System von Valeo, **Bild 6.42**, hat hierfür in der oberen Endlage einen Permanentmagneten, um das Motorventil stromlos geschlossen zu halten.

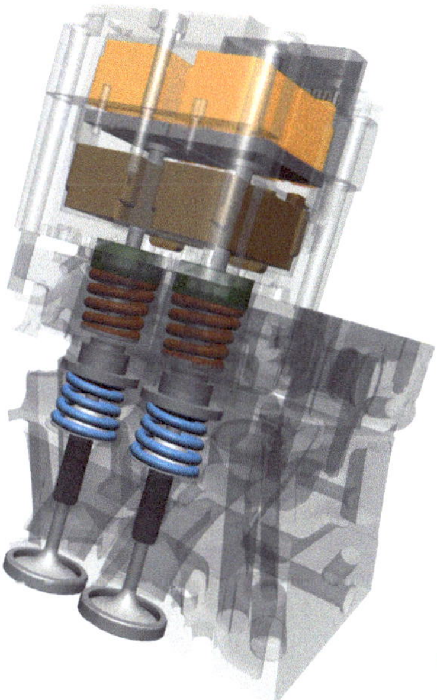

Bild 6.42:
EMVT von Valeo [27]

Um den weiteren Freiheitsgrad des variablen Ventilhubs zu ermöglichen, wurden Systeme mit Tauchspulen oder Linearmotoren entwickelt. Bei ihnen ist im Vergleich zu den endlagenbasierten Systemen eine ventil- und zylinderselektive Hubeinstellung möglich. Diese Systeme nutzen Lorenzkraft, ähnlich der Funktion bei einem Lautsprecher. Die Spulen werden über eine Hülse gewickelt und über ein Magnetfeld bewegt. Der Aufbau ist leichter und generell auch kleiner, allerdings bedeutet dieser zusätzliche Freiheitsgrad auch einen größeren Steuerungs- und Energieaufwand, welcher in eine höhere thermische Belastung und einen zusätzlichen Kühlungsaufwand mündet.

Das Linearmotorkonzept [30, 60], **Bild 6.43**, arbeitet prinzipiell gleich, hat allerdings im Vergleich zum Tauchspulenkonzept Vorteile in der Verdrahtung zur Ansteuerung. Dem gegenüber

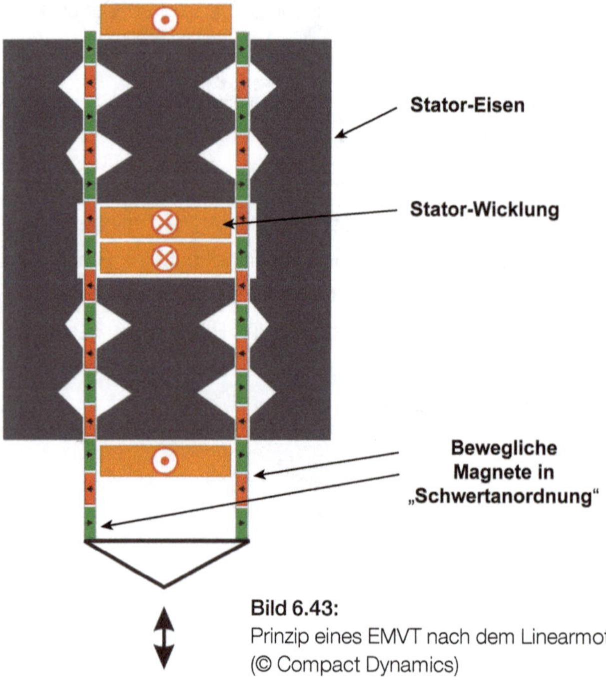

Bild 6.43:
Prinzip eines EMVT nach dem Linearmotorprinzip [30]
(© Compact Dynamics)

steht der höhere Bauraum und das höhere Gewicht, sowohl bei der bewegten Masse als auch bei der Gesamtmasse der Ventilaktuatoren.

Eine Alternative zur linearen Bewegung ist die rotatorische Bewegung. Diese Bewegung erfolgt sowohl endlagenbasiert als auch kontinuierlich variabel.

Bei den endlagenbasierten Systemen, **Bild 6.44**, ist der funktionelle Hintergrund gleich dem der linearen Systeme, nur die Bewegungsart des Ankers wurde durch die Verlagerung der Bewegungsachse geändert. Folgt nun der Anker nicht mehr der Längsachse, so dreht der

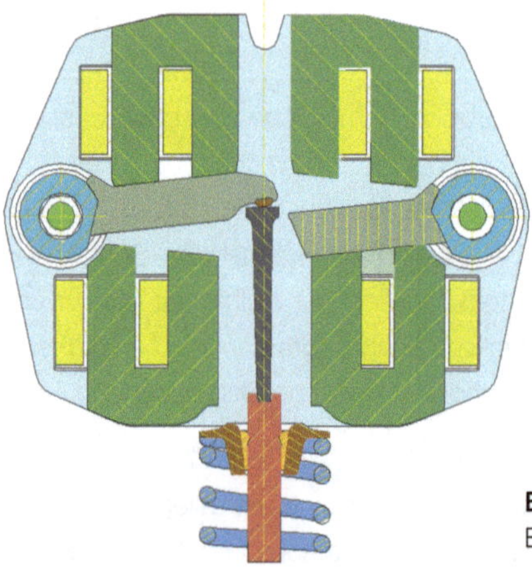

Bild 6.44:
EMVT von LSP und DaimlerChrysler [Bild: LSP]

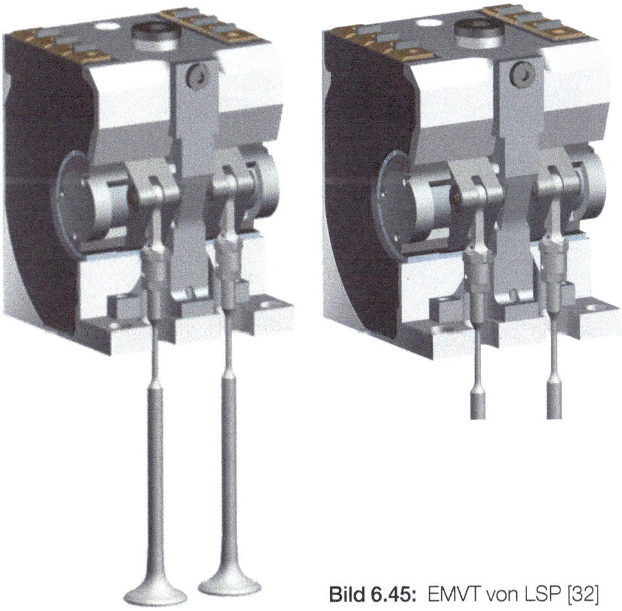

Bild 6.45: EMVT von LSP [32]

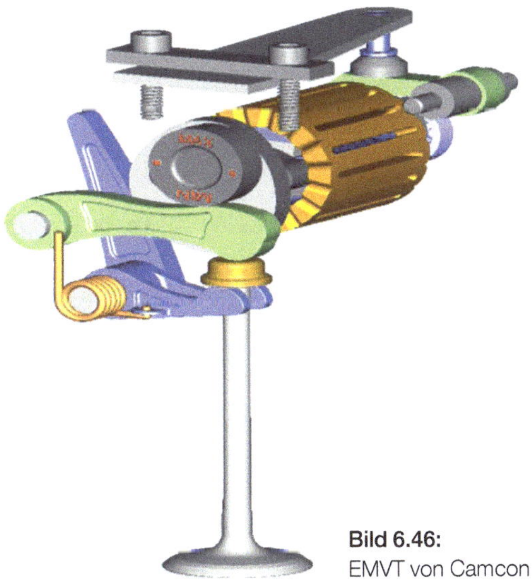

Bild 6.46: EMVT von Camcon [34]

Anker nun um eine außermittig angebrachte Drehachse. Funktion und Freiheitsgrade sind gleich.

Systeme mit kontinuierlicher rotatorischer Bewegung arbeiten nach dem Schrittmotorprinzip, **Bild 6.45** und **Bild 6.46**. Der Anker umfasst die Permanentmagnete und am außenliegenden Stator die Spulen, über welche die Hubhöhe angesteuert werden kann. Die Vor- und Nachteile der beiden rotatorischen Systemarten sind den der beiden linearen gleich.

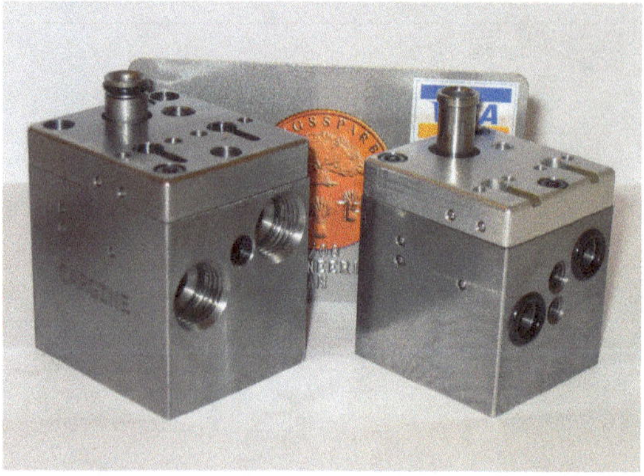

Bild 6.47:
PVT von Cargine [35]

Neben den elektrisch direkt betätigten Ventiltriebsystemen EMVT gibt es auch pneumatisch betätigte, PVT, **Bild 6.47**.

Hierbei werden die Motorventile mit doppeltwirkenden Zylindern geöffnet und geschlossen. Das kraftübertragende Medium ist Luft, die von Kompressoren zur Verfügung gestellt wird. Die im Fall eines elektrischen Aktuators benötigte Startenergie für den Ventiltrieb wird bei solchen Systemen nicht von der Batterie, sondern von einem Pufferspeicher bereitgestellt. Eine Herausforderung solcher Systeme ist die Dichtheit, die im Betrieb die Leistungsaufnahme beeinflusst und im Fall eines längeren Motorstillstands auch die Startfähigkeit des Motors. Somit erhöht sich der Umfang eines solchen Gesamtsystems im Vergleich zu anderen Systemen. Dafür haben fluidbasierte Systeme den Vorteil, variable Ventilhübe einfach über die Steuerung des Fluidstroms zu ermöglichen.

Bei einem elektrohydraulischen Ventiltrieb (EHVT) wird das kompressible Arbeitsmedium Luft gegen inkompressibles Öl getauscht. Da Öl in einem Motor vorhanden ist, Leckagen leicht mit dem Motorkreislauf kompensiert werden können und auch Pumpsysteme schon vorhanden sind, haben sich in der Vergangenheit ebenfalls viele Unternehmen wie Lotus, **Bild 6.48**,

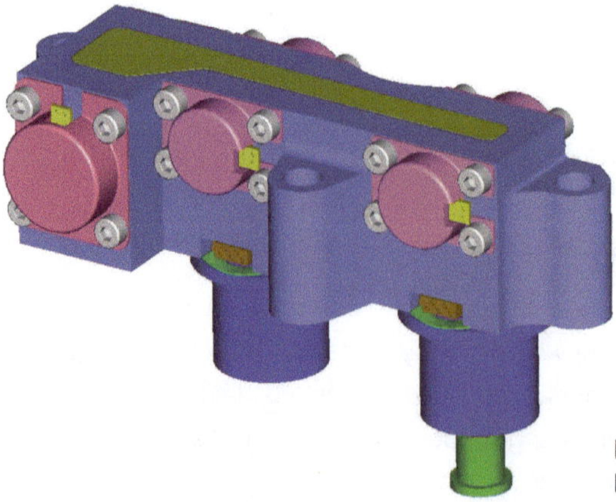

Bild 6.48:
EHVT von Lotus [36]

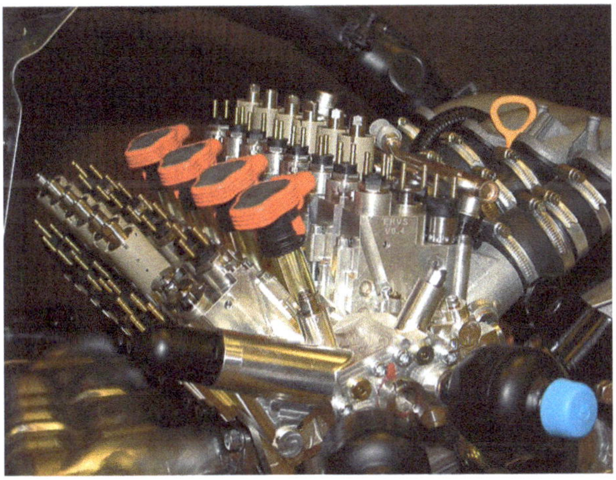

Bild 6.49:
EHVT von Bosch und AVL [37]

Bosch, AVL, **Bild 6.49**, Eaton, Sturman Industries [38], IAV oder Navistar mit solchen Systemen auseinandergesetzt.

Durch Inkompressibilität von Öl können Verzögerungen der Ventilbewegung steuerungstechnisch vernachlässigt werden. Diesen Vorteil erkauft man sich allerdings mit der Herausforderung, das Strömungsverhalten des viskosen Arbeitsmediums bei niedrigen Temperaturen zu gewährleisten, indem auf Vorheizsysteme oder ein anderes vom Motoröl zu trennendes Öl zurückgegriffen wird. Weiterhin ist die Pumpleistung für Öl höher als für Luft, um einen permanenten Systemdruck für die hydraulischen Aktuatoren zu gewährleisten.

Ein besonderes Ventiltriebskonzept bei den hydraulisch direkt betätigten Systemen sind die piezohydraulischen Ventiltriebe (PHVT), **Bild 6.50**.

Dort wird die Pumpe, sogenannte Piezostacks, direkt in das Öl gebracht. Piezostacks dehnen sich bei Anlegen einer elektrischen Spannung aus und verdrängen das Öl, das

Bild 6.50:
PHVT von IAV [39]

wiederum das Motorventil mit einem kleinen Kolben öffnet. Das Prinzip des Piezokristalls ist in umgekehrter Form von Feuerzeugen bekannt, bei welchen durch mechanische Energie (Fingerdruck) und schlagartiger Entlastung ein Funke (elektrische Energie) erzeugt wird. Die hervorragenden Eigenschaften solcher Piezostacks sind die enormen Kräfte und Reaktionsgeschwindigkeiten, die so erzeugt werden können, wohingegen die Stack-Ausdehnung und auch die Lebensdauer sehr gering sind.

Das motorische Potenzial von nockenwellenlosen Ventiltriebsystemen hinsichtlich Verbrauchs- und Emissionsreduzierung ist unbestritten am höchsten. Allerdings steigen demgegenüber der Steuerungsaufwand, Bauteilanzahl, Bauraum, Kosten und Entwicklungsaufwand exponentiell an. Das ist der Grund, warum solche Systeme noch nicht in Serie eingesetzt werden.

6.2.3.2 Stufenlos variierende Ventilsteuerungen mit Nockenwelle (indirekt betätigte Systeme)

In diesem Unterkapitel wird auf Anwendungen zu den indirekt betätigten Systemen mit variablen Nockenwellen, **Bild 6.51**, und variablem Zwischenglied eingegangen.

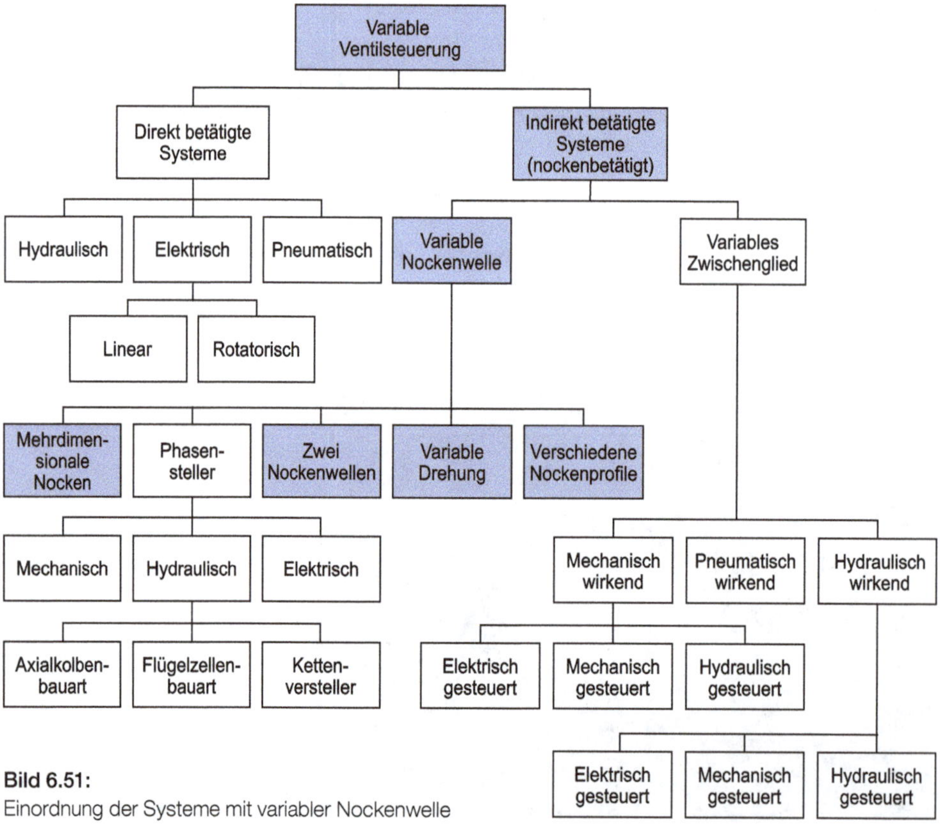

Bild 6.51:
Einordnung der Systeme mit variabler Nockenwelle

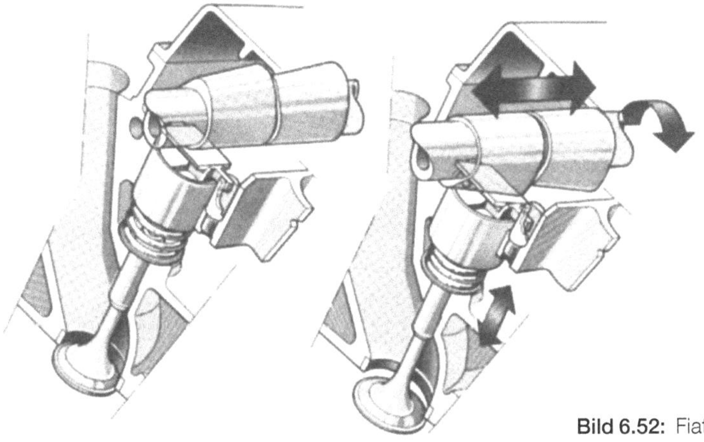

Bild 6.52: Fiat-System [40]

Bei den zuerst vorgestellten Systemen handelt es sich um die Systeme „Zwei Nockenwellen", „Mehrdimensionale Nocken" und „Variable Drehung".

Der mehrdimensionale Nocken erlebt wieder eine gewisse Renaissance, nachdem dieses Konzept bereits 1986 von Fiat/Ferrari, **Bild 6.52**, veröffentlicht wurde. In jüngerer Zeit wird dieses Konzept von der Schaeffler Gruppe, **Bild 6.53**, und von Suzuki, **Bild 6.54**, wieder aufgegriffen.

Der Nocken hat verschiedene Profile, die fließend ineinander übergehen. Durch eine axiale Verschiebung wird das für den jeweiligen Motorbetriebspunkt optimale Nockenprofil über dem Nockenfolger in Eingriff gebracht.

Bild 6.53: Stufenlose Schiebenockensystem von Schaeffler [Bild: Schaeffler]

Bild 6.54: Suzuki-System [75] (Bild: Suzuki)

Herausforderung bei einem solchen System ist das Schleifen des Nockenprofils. Während bei dem Fiat-System ein Gleitabgriff als Nockenfolger im Einsatz war, ist bei den heutigen Systemen eine reibungsgünstiger Rollenabgriff vorhanden. Das Schleifen des Gleitnockens war einfacher, da auf dem Nockenprofil kein Hohlradius integriert werden muss, wohingegen er bei Rollenabgriff erforderlich ist. Dieser Hohlradius wird bei kleinen Ventilhüben und somit kleinen Nockenprofilen auch kleiner. Dabei darf der Durchmesser des Rollenabgriffs nicht erreicht werden, da sonst die Rolle des Nockenfolgers in diesem Hohlradius einrastet und unweigerlich einen Ventiltriebs- und Motorschaden hervorruft. Das Schleifen und Auslegen eines solchen variablen Hohlradius ist heute zwar möglich, jedoch von der Berechnung und der Schleiftechnik sehr aufwendig. Funktionell bietet ein solcher Ventiltrieb die volle Variabilität, stellt aber neue Anforderungen an die Seitenstabilität der Nockenfolger und die Kompensation der Nockenwellen-Längendehnung während unterschiedlicher Motorbetriebstemperaturen. Auch die Rolle des Nockenfolgers muss der schrägen Nockenform folgen können, entweder über eine Profilierung wie bei Suzuki oder einer zusätzlich im Nockenfolger integrierten Drehachse wie beim Schaeffler-System.

Bei den „Zwei Nockenwellen"-Systemen gibt es hauptsächlich zwei Lösungsarten: die parallele und die konzentrische Bauart. Bei der parallelen Bauart, wie sie in Veröffentlichungen von Meta, **Bild 6.55**, Daimler und Opel zu finden sind, ist der Nockenfolger zwischen den beiden Nockenwellen angeordnet und wird gleichzeitig von Nockenprofilen beider Nockenwellen betätigt.

Eine Nockenwelle trägt das Nockenprofil zum Öffnen des Motorventils und die andere das Profil zum Schließen des Ventils. Der Ventilhub ist das Additionsergebnis der Nockenprofile.

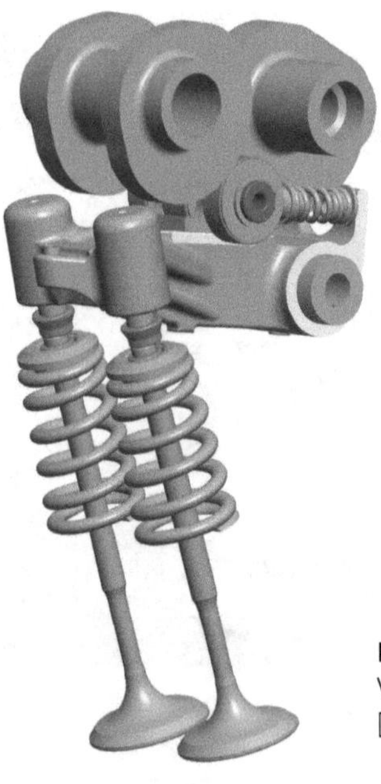

Bild 6.55:
VVH von Meta [41]
[Bild: Meta Motoren- und Energietechnik GmbH]

Soll der Ventilhub verringert werden, werden die Öffnungsprofile und die Schließprofile überlagert. Weist das Profil des Öffnungsnockens eine stärkere Beschleunigung auf als das Schließprofil, erfährt das Ventil in Summe eine positive Beschleunigung und wird geöffnet, im entgegengesetzten Fall geschlossen. Bei diesem System werden auch die Toleranzen addiert, sodass die Herausforderung bei der Realisierung das Toleranzmanagement ist, um über die unterschiedlichen Zylinder hinweg auch den gleichen Ventilhub und somit eine drosselfreie Laststeuerung zu realisieren. Eine Zylinderabschaltung ist bei diesem System nur über zusätzliche Ventiltriebskomponenten möglich.

Konzentrische „Zwei Nockenwellen"-Systeme sind von MAHLE bereits in Serie eingeführt. Der Markenname CamInCam®, **Bild 6.56**, bezeichnet ein Nockenwellensystem, bei welchem die Nocken zueinander verdreht werden können [15].

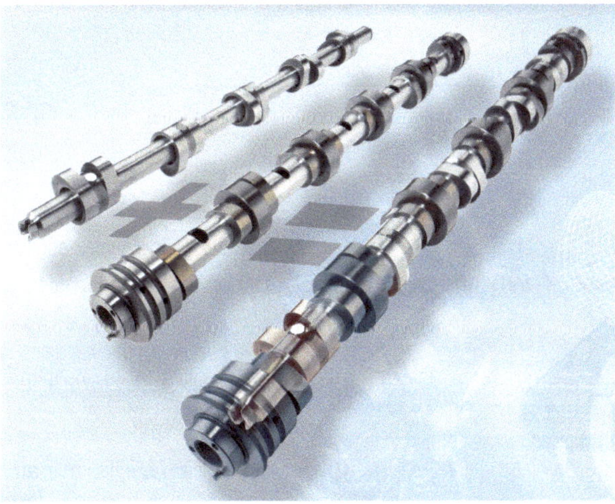

Bild 6.56:
MAHLE CamInCam®

Wie bei einer klassisch gebauten Nockenwelle sind die Nocken fest auf das Nockenwellenrohr aufgebracht. Zwischen den zum Nockenwellenrohr festen Nocken befinden sich drehbare Nocken, die durch Öffnungen im Nockenwellenrohr mit der im Nockenwellenrohr befindlichen Welle verbunden sind. Werden das Rohr und die Welle relativ zueinander verdreht, ändert sich gleichzeitig der relative Phasenlage der zugehörigen Nocken. Die Drehung von Welle und Rohr zueinander kann mit einem herkömmlichen Phasensteller erfolgen.

In SOHC-Motoren kann nun eine relative Phasenverschiebung zwischen Einlassventilen und Auslassventilen erfolgen, indem die festen Nocken z. B. die Einlassventile betätigen und die beweglichen Nocken die Auslassventile. Die Funktion der MAHLE CamInCam® bietet die Freiheit einer DOHC-Ventilsteuerung mit nur einer Nockenwelle.

In DOHC-Motoren kann die Nockenwelle auf der Einlassseite oder der Auslassseite eingesetzt werden. Auf der Einlassseite wird die Gesamtöffnungsdauer der einlassseitigen Ventile variiert und somit ein Miller- oder Atkinsonverfahren (G) realisiert. Wird die MAHLE CamInCam®

Bild 6.57: VLD von MAHLE [43]

auf der Auslassseite eingesetzt, kann man über die Ventilöffnungszeiten eine Abgasflutentrennung darstellen, um so das Ansprechverhalten an turboaufgeladenen Vierzylindermotoren zu verbessern [42].

Eine Weiterentwicklung der MAHLE CamInCam® ist der mechanisch vollvariable Ventiltrieb (VLD = Variable Lift and Duration), **Bild 6.57**.

Basierend auf dem konzentrischen „Zwei Nockenwellen"-Konzept sind hier wie beim parallelen Konzept Nocken mit Ventilöffnungsprofilen auf dem Nockenwellenrohr fest gefügt. Dazwischen befindet sich der mit der Innenwelle verbundene Nocken mit dem Schließprofil. Der Nockenfolger rollt nun außen an den Profilen ab und addiert wie beim parallelen „Zwei Nockenwellen"-Konzept beide Nockenprofilarten zu einem resultierenden Ventilhub. Durch die relative Verdrehung des Nockenwellenrohrs zur Innenwelle variieren die Ventilhubhöhe und gleichzeitig die Ventilöffnungszeit. Grundsätzlich ist die Funktion des vollvariablen konzentrischen und parallelen „Zwei Nockenwellen"-Konzepts gleich. Vorteile bestehen hier im Bauraum und der auftretenden Toleranzen, da diese in einem Bauteil vereint wurden. Sie erfordern jedoch im Montageprozess ein höheres Fertigungswissen.

Die zweite große Gruppe der stufenlos variierenden Systeme sind Systeme mit einem variablen Zwischenglied, **Bild 6.58**.

Bei diesen Systemen wird überwiegend der Nockenhub einer herkömmlichen Nockenwelle mit dem variablen Zwischenglied in Form von Übersetzungen oder Getrieben in einen stufenlos variablen Ventilhub umgewandelt. Eine Ausnahme ist das System von Hitachi und Nissan. Bei dieser Ausführung wurde die Nockenwelle durch eine Exzenterwelle ersetzt. Die Über-

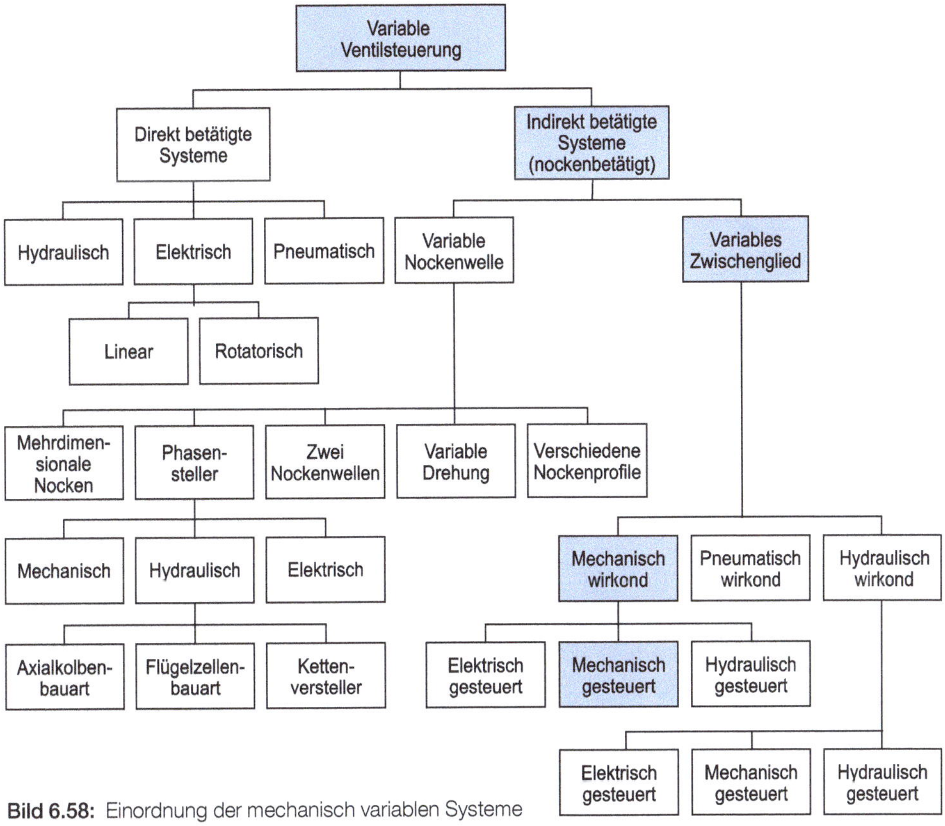

Bild 6.58: Einordnung der mechanisch variablen Systeme

setzungen oder Getriebe sind sowohl mechanisch als auch hydraulisch, wobei die mechanischen Lösungen überwiegen. Als Beispiel für eine hydraulische Übersetzung wird später das System Multiair von Schaeffler vorgestellt.

2001 wurde von BMW die Valvetronic, **Bild 6.59**, eingeführt und wird Schritt für Schritt an allen kommenden Motorenkonzepten appliziert und zur drosselfreien Laststeuerung auf der Einlassseite eingesetzt.

Bei der Valvetronic betätigt die Nockenwelle einen Zwischenhebel, der am unteren Ende eine weitere Formkontur hat. Durch eine Schwenkbewegung betätigt der Zwischenhebel mit der Formkontur den Rollenschlepphebel, der das Ventil betätigt. Der Zwischenhebel wird mit einer Rückstellfeder spielfrei gegen die Nockenwelle gedrückt und stützt sich am oberen Ende an einer Kulisse und einer exzentrischen Stellwelle ab. Die Stellwelle wird von einem Elektromotor, der in ein Zahnrad auf der Stellwelle eingreift, verdreht.

Mit der elektromotorisch betätigten Stellwelle wird der Zwischenhebel in seiner relativen Momentanlage verändert. Somit wird das Übersetzungsverhältnis zwischen dem Nockenhub und der Hubbewegung am Rollenschlepphebel variiert und führt zu einem veränderlichen Ventilhub. Die volle Variabilität des Ventilhubs in der Höhe sowie Öffnungsdauer und relativen

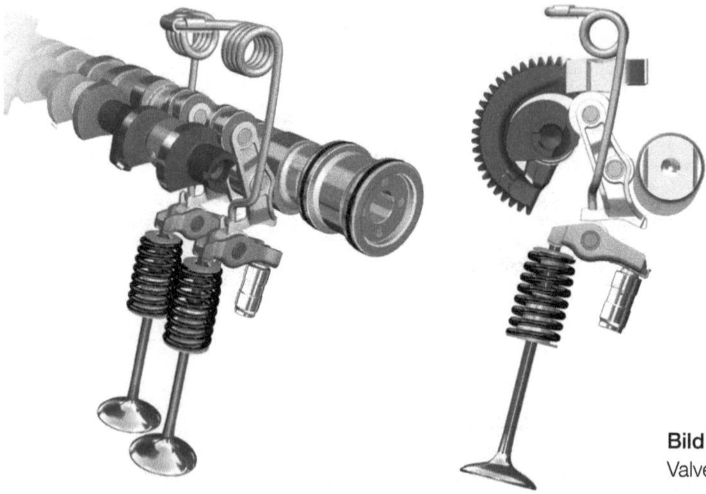

Bild 6.59:
Valvetronic II von BMW [52, 53]

Phasenlage wird wie bei allen Systemen in Verbindung mit einem Nockenwellen-Verstellsystem erreicht.

Seit 2007 ist auch die Valvematic von Toyota, **Bild 6.60**, zur drosselfreien Laststeuerung in Serie. Kernstück des Systems ist ein schrägverzahntes Getriebe als Zwischenglied.

Das Zwischenglied besteht aus drei achsgelagerten Hebelteilen, bei welchen die beiden äußeren die Formkontur für die Betätigung der Rollenschlepphebel und somit der Ventile beinhalten. Der innere Hebel folgt über einen Rollenkontakt der Nockenkontur, **Bild 6.61**. Verbunden sind die Hebelteile mit einer schrägverzahnte Hebelachse, die für die beiden äußeren Hebelteile eine linksgeneigte Schrägverzahnung und für den mittleren Hebel eine rechtsgeneigte Schrägverzahnung trägt, **Bild 6.62**.

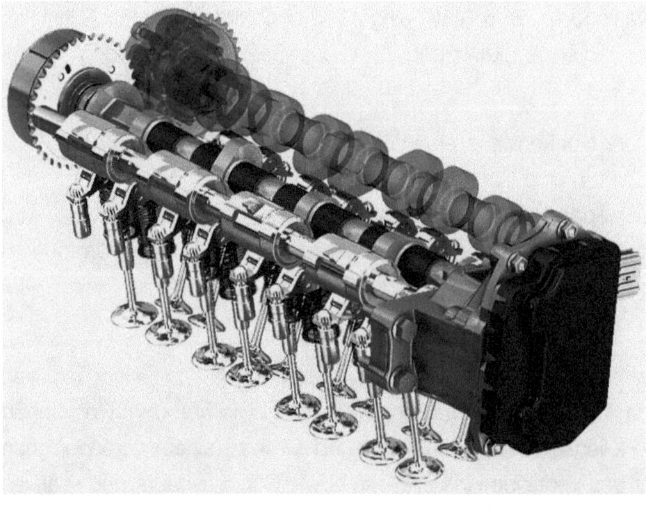

Bild 6.60:
Valvematic von Toyota [54]

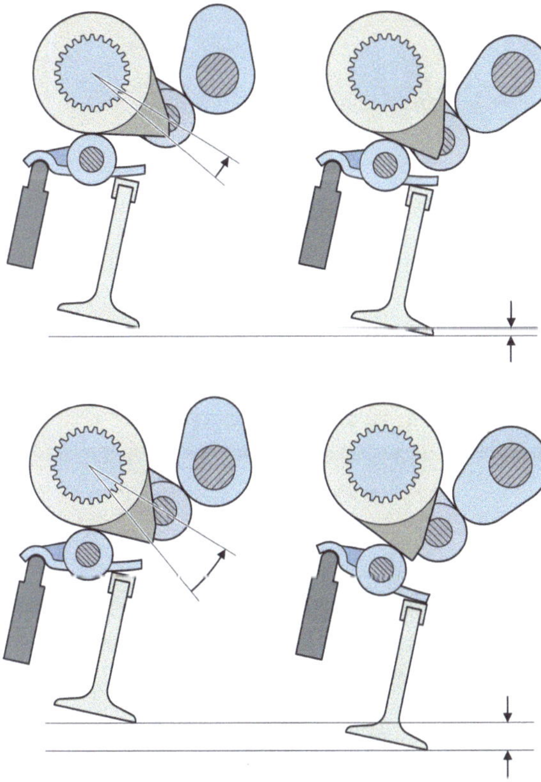

Bild 6.61:
Hubvariation mit der Valvematic [76]

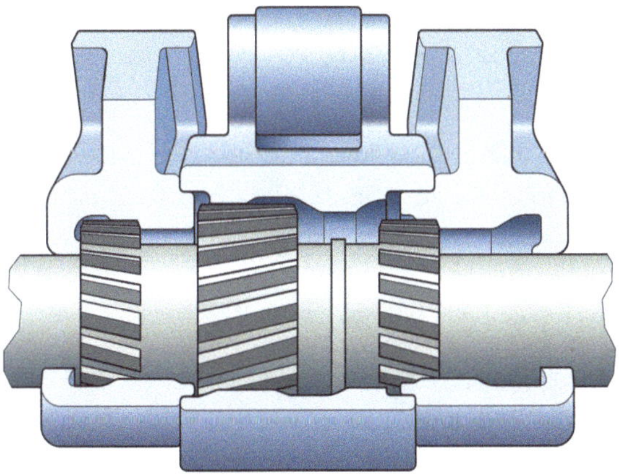

Bild 6.62:
Verzahnung im Hebel der Valvematic [76]

Wird die Hebelachse in der Achsenlängsrichtung mit dem elektromotorischen Aktuator verschoben, ändert sich die relative Winkellage der Hebelteile zueinander, sodass sich die relative Lage der Formkontur und somit auch das Übersetzungsverhältnis des Nockenhubs bis zum Rollenschlepphebel ebenfalls ändert. Durch eine stufenlose Verschiebung der Hebelachse wird der Ventilhub stufenlos in Höhe und Öffnungsdauer variiert. Ein besonderes System ist das VVEL-System von Nissan und Hitachi, **Bild 6.63**.

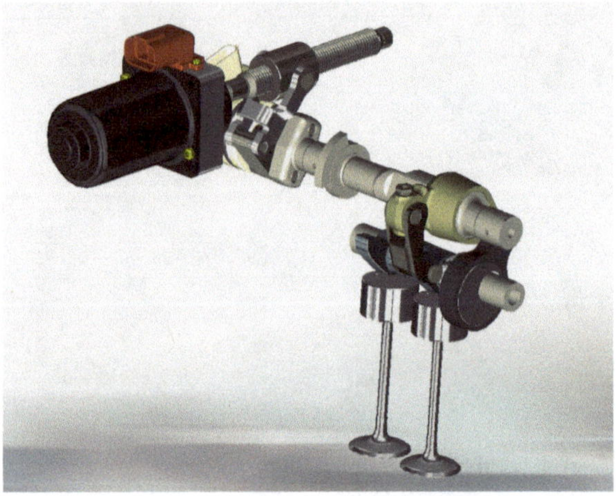

Bild 6.63:
VVEL von Nissan
[Bild: Nissan Europe]

Die Besonderheit besteht darin, dass anstatt einer Nockenwelle eine Exzenterwelle eingesetzt wird. Die Hubkontur der Exzenterwelle wird mit einem dreiteiligen Hebelsystem auf eine ortsfeste, aber drehbar angeordnete Nockenhalbkontur übertragen, die wiederum die Nockenhubfunktion auf eine Ventiltasse überträgt. Die Hubverstellung erfolgt durch eine weitere exzentrische Achslagerung des mittleren der drei Hebel, **Bild 6.64**.

Wird die Achslagerung und somit der Exzenter mit einem elektromotorisch angetriebenen Gewindestangengetriebe verdreht, ändert sich die relative Winkellage der Nockenhalbkontur und einhergehend der resultierende Ventilhub. Diese Lösung ist allerdings nur bei wenigen Motoren in Serie zu finden, da sie wegen der Bauteilanzahl kostenintensiv ist und wegen den Gleitreibungskontakte anstatt von Rollenkontakten eine vergleichsweise höhere Reibung und somit Verlustleistung hat.

Neben den vorgestellten Systemen von BMW, Nissan und Toyota gibt es noch weitere, beispielsweise von Delphi [56], Eaton [59], Mitsubishi, **Bild 6.65**, MAHLE, **Bild 6.66**, Hyundai, Hydraulik-Ring, **Bild 6.67**, etc. Besonders die Vielfalt dieser Lösungen auf dem Gebiet der stufenlos variierenden Systeme mit variablem Zwischenglied [62, 63, 65, 67] zeigt, dass in den kommenden Jahren weitere Anwendungen folgen werden.

Ein Beispiel für eine hydraulische Übersetzungsvariabilität zwischen Nockenwelle und Ventil ist das UniAir-System von Schaeffler [68], **Bild 6.68**. Die Nockenwelle überträgt den Nockenhub auf eine kleine zylinderselektive Ölpumpe. Das geförderte Ölvolumen betätigt hydraulische Kolben, die ihrerseits die Motorventile betätigen. Zwischen der Pumpe und den Ventilbetätigungskolben befindet sich jeweils für einen Zylinder ein Schaltventil, mit welchem der Ölvolumenstrom variiert wird. Ist das Schaltventil geschlossen, arbeitet das System wie ein klassischer Ventiltrieb, d. h. der Nockenhub wird direkt mit dem inkompressiblen Öl eins zu eins auf den Betätigungskolben und somit die Ventilbewegung übertragen. Wird das Schaltventil frühzeitig geöffnet, ehe der maximale Nockenhub erreicht wird, wird der Kraftfluss zwischen Nocken und Ventil unterbrochen und das Motorventil schließt früher.

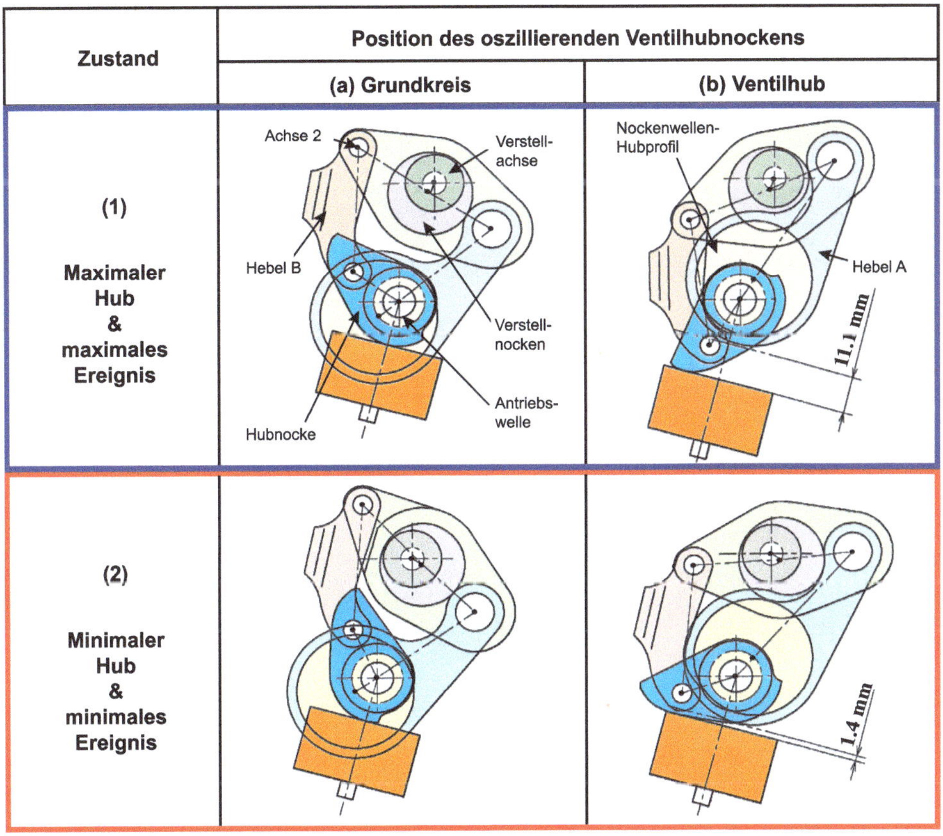

Bild 6.64: Hubvariation mit dem VVEL [55]

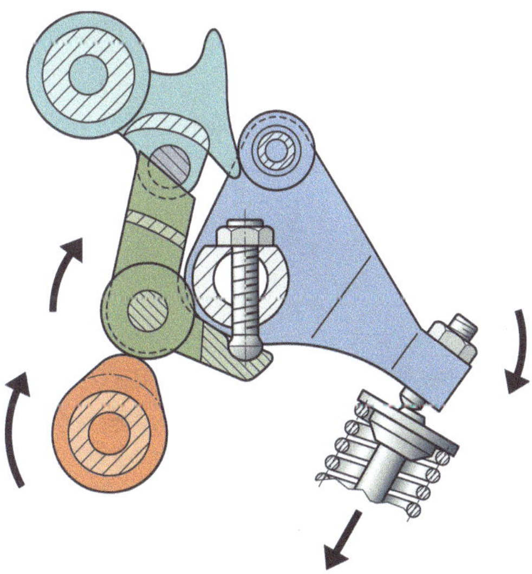

Bild 6.65: Next-Generation Mivec von Mitsubishi [57]

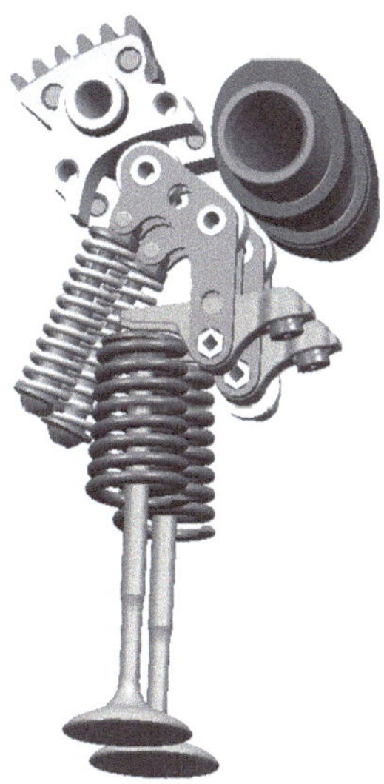

Bild 6.66: MV^{2}T von MAHLE [58]

Bild 6.67: UniValve [64]
[Bild: enTec CONSULTING GmbH]

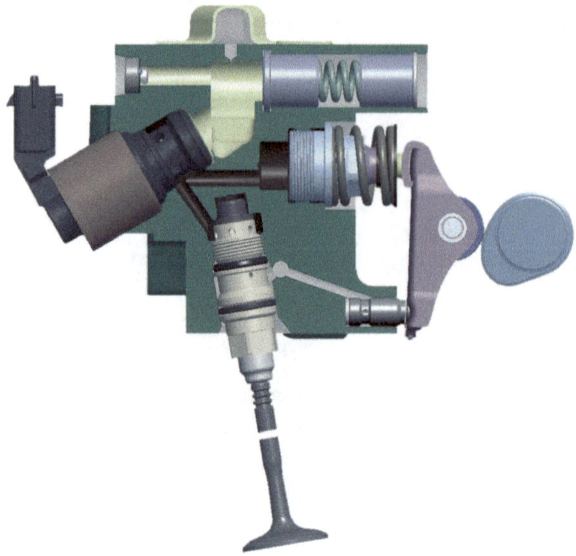

Bild 6.68: UniAir von Schaeffler
[Bild: Schaffler]

Durch das frei ansteuerbare Schaltventil ist es möglich, verschiedene Ventilerhebungskurven (G) zu generieren, wie frühes Einlassventilschließen (FES), spätes Einlassventilöffnen (SEÖ) oder auch ein mehrfaches Ventilöffnen. Randbedingung für die Ventilhubvariation ist, dass die variierten Ventilhubverläufe innerhalb der maximalen Ventilhubkurven liegen. Damit das Motorventil während den unterschiedlichen Betriebsstrategien nicht unkontrolliert auf den Ventilsitzring prallt, ist in dem Betätigungskolben eine hydraulische Bremse integriert, damit die Ventilaufsetzgeschwindigkeit innerhalb der vorgegebenen Auslegungswerte bleibt.

Mit diesem System ist eine drosselfreie Laststeuerung möglich, allerdings ist bei der in Serie befindlichen Variante nur bedingt eine Veränderung der Ventilüberschneidung möglich, da sich die Einlass- und Auslassnocken auf einer Nockenwelle befinden.

6.2.4 Ausblick und Perspektiven

Unabhängig davon, ob nun 2% oder beispielsweise 15% der Fahrzeuge in den nächsten Jahrzehnten rein elektrisch betrieben sein werden, alle anderen Fahrzeuge oder Antriebe allgemein werden einen verbrennungsmotorischen Zusatz- oder Hauptantrieb haben. Somit wird es für die Entwickler die Aufgabe sein, unabhängig vom eingesetzten Kraftstoff ein optimales Verbrennungssystem darzustellen, um der Forderung nach reduziertem Kraftstoffverbrauch und minimalsten Emissionen gerecht zu werden. Von dem Ventiltriebsentwickler verlangt dies ein Ventiltriebsystem, das es ermöglicht, die minimal erforderliche Ladungsmenge zum optimalen Zeitpunkt am richtigen Ort des Verbrennungsraumes mit der idealen Ladungsbewegung der Verbrennung zur Verfügung zu stellen.

Um sich dem physikalischen Ideal in allen Motorbetriebspunkten zu nähern, ist eine Zunahme der Variabilitäten im Ventiltrieb unumgänglich und an den eingeführten Motorkonzepten deutlich zu beobachten. Nockenwellen-Verstellsysteme zur Variation der Phasenlage sind Standard geworden, schaltbare Ventiltriebe sowie Zylinderabschaltsysteme durchdringen den Markt, und auch die Anzahl an Motoren mit vollvariablen Ventiltriebsystemen nimmt stetig zu.

Trotzdem zeigen die wissenschaftlichen Veröffentlichungen immer noch Potenziale auf, die hinsichtlich Verbrauchsreduzierung und Emissionsminderung im Teillast- und Volllastbereich sowie der Kaltstartphase und Beschleunigungsphase des Motorbetriebsbereichs mit einem verbesserten Ventiltrieb erschlossen werden können. Dabei steht der Ventiltrieb mit anderen Technologien wie beispielsweise Thermomanagement oder Abgasrückführung zum Teil im Wettbewerb oder ermöglicht erst in Kombination damit Einsparpotenziale. Die Umsetzung der motorischen Potenziale ist allerdings immer mit Zusatzkosten verbunden, sodass nur Systeme in die Serie kommen werden, die letztendlich unter gesamtwirtschaftlichen Zusammenhängen von Kunde, Hersteller, Gesetzgebung und Umweltschutz eine Verbesserung des Kosten-Nutzen-Verhältnisses versprechen.

Literaturnachweis

[1] Braess, H.; Seiffert, U. (Hrsg.): Vieweg Handbuch Kraftfahrzeugtechnik. 3. Auflage. Vieweg Verlag, Wiesbaden, 2003

[2] Bücker, C.: Betriebsstrategien zur kontrollierten Selbstzündung in Ottomotoren. Dissertation, RWTH Aachen, 2008

[3] Cutrona, R.; Dingelstadt, R.; Genieser, P.; Schneider, F.: Was kann die „CamInCam®"-Technologie beim Otto- und Dieselmotor? MTZ-Konferenz: Ladungswechsel im Verbrennungsmotor, Stuttgart, 2011

[4] Middendorf, H.; Theobald, J.; Lang, L.; Hartel, K.: Der 1,4-l-TSI-Ottomotor mit Zylinderabschaltung. In: MTZ 73 (2012), Nr. 3

[5] Jelitto, C.; Willand, J.; Jakobs, J.; Magnor, O.; Schultalbers, M.; Millich, E.: Gasoline Compression Ignition – Aus den Forschungslabors in die Anwendung. Aachener Kolloquium, 2007

[6] Loch, A.; Geringer, B.: Untersuchung der Ursachen für Kohlenwasserstoff-Emissionen beim Ottomotor mit homogener Selbstzündung (HCCI). VDI Verlag, Düsseldorf, 2007

[7] Sakano, T.; Nakai, E.; Kataoka, M.; Takamats, H.; Terazawa, Y.: MAZDA SKYACTIV-D 2.2L Diesel Engine. Aachener Kolloquium, 2011

[8] Schneider, F.; Lettmann, M.: MAHLE CamInCam®, die neue Lösung für variable Ventilsteuerzeiten. Aachener Kolloquium, 2007

[9] Schneider, S.; Genieser, P.; Birke, S.; Bücker, C.: Potenziale von Ventiltriebsvariabilitäten am modernen Pkw-Dieselmotor mit der Mahle CamInCam. In: MTZ 73 (2012), Nr. 3

[10] Stehlig, J.; Taylor, J.; Dingelstadt, R.; Gurney, D.: Längenvariables Luftansaugmodul für turboaufgeladene Motoren. In: MTZ 73 (2012), Nr. 1

[11] Süss, M.; Günther, M.; Rottenburger H.: Gemischbildung beim ottomotorischen HCCI-Brennverfahren. In: MTZ 72 (2011), Nr. 5

[12] Theilemann, L.: Die Expansionsaufladetechnik des neuen Porsche 911 GT2 – Wege zur Höchstleistung. MTZ-Konferenz: Ladungswechsel im Verbrennungsmotor, Stuttgart, 2007

[13] Tomoda, T.; Ogawa, T.; Ohki, H.; Kogo, T.; Nakatani, K.; Hashimoto, E.: Improvement of Diesel Engine Performance by Variable Valve Train System. Wiener Motorensymposium, 2009

[14] Van Basshuysen, R.; Schäfer, F. (Hrsg.): Handbuch Verbrennungsmotor. 6. Auflage. Vieweg+Teubner Verlag, Wiesbaden, 2012

[15] Wieske, P.; Lüddecke, B.; Ewert, S.; Elsäßer, A.; Hoffmann, H.; Rückauf, J.: Neue Konzepte zur Optimierung des transienten Drehmomentaufbaus und zur Verbrauchsoptimierung von aufgeladenen Ottomotoren. Aachener Kolloquium, 2009

[16] Wurms, R.; Budack, R.; Böhme, J.; Dornhöfer, R.; Eiser, A.; Hatz, W.: Der neue 2.0L-TFSI mit Audi valvelift system für den Audi A4 – die nächste Generation der Audi Turbo-FSI-Technologie. Aachener Kolloquium, 2008

[17] MAHLE GmbH, Geschäftsbericht 2008, Stuttgart, 2009

[18] Scharrer, O.: Einflusspotenzial Variabler Ventiltriebe auf die Teillast-Betriebswerte von Saug-Ottomotoren. Dissertation TU Berlin. Berlin, 2005

[19] Van Basshuysen, R.; Schäfer, F. (Hrsg.): Handbuch Verbrennungsmotoren: Grundlagen, Komponenten, Systeme, Perspektiven. 3. Auflage; Vieweg & Sohn Verlag; ISBN 3-528-23933-6. Wiesbaden, 2005

[20] Löbbert, P.: Möglichkeiten und Grenzen der Teillaststeuerung von Ottomotoren mit vollvariablem Ventilhub. Dissertation Technische Universität Dresden. Dresden, 2006

[21] Kettner, M.: Skriptum zur Vorlesung Verbrennungsmotoren. Hochschule Karlsruhe. Karlsruhe, 2009

[22] Hannibal, W.: Vergleichende Untersuchung verschiedener variabler Ventilsteuerungen für Serien-Ottomotoren. Dissertation Universität Stuttgart. Stuttgart, 1993

[23] Lechner, M.: Möglichkeiten und Grenzen einer vollvariablen Ventilsteuerung im Vergleich mit anderen variablen Ventilsteuerungen. Dissertation Technische Universität Wien. Wien, 1995

[24] Melbert, J.: Vom sanften Aufprall: Elektronik ersetzt Nockenwelle. Rubin – Wissenschaftsmagazin 2/99. Bochum, 1999

[25] Daimler Benz AG: Elektromagnetische Ventilbetätigung. Europäische Patentschrift EP 0 793 004 B1. Stuttgart, 1997

[26] Salber, W.; Kemper, H.; Van der Staay, F.; Esch, T.: Der elektromagnetische Ventiltrieb – Systembaustein für künftige Antriebskonzepte. MTZ – Motortechnische Zeitschrift 61(2000)12. Wiesbaden, 2000

[27] Durrieu, D.; Rochette, C.; Frederic, A.; Gelez, N.; Hobraiche, J.; Picron, V.: Elektromagnetischer variabler Ventiltrieb: Optimierung der Systemfunktion und -kosten in Verbindung mit einem Hybridantrieb. Haus der Technik Fachbuch – Variable Ventilsteuerung. Aachen, 2009

[28] VISTEON GLOBAL TECHNOLOGIES, INC.: Electromagnetic Valve Actuator with Soft-Seating. United States Patent US 6,817,592 B2. Dearborn, 2002

[29] Hartwig, C.: Simulation effizienter Aktuatoren für den elektromagnetischen Ventiltrieb von Ottomotoren. KEM – Ausgabe 03/2007 Seite 40. Leinfelden-Echterdingen, 2007

[30] Mörtl, F.: Hochdynamischer elektrischer Linearantrieb für vollvariable Ventilsteuerung. Haus der Technik Fachbuch – Variable Ventilsteuerung. Aachen, 2009

[31] Enderle, C.; Wunderlich, K.; Kaufmann, TH.; Keller, U.: Die elektromagnetische Ventilsteuerung (EVC) als kraftstoffverbrauchsreduzierende Zukunftstechnologie im Spannungsfeld Variabilität, Komplexität und Kosten. 24. Internationales Wiener Motorensymposium Wien, 2003

[32] Keller, J.; Köglsperger, C.; Leiber, T.: Der rotatorische Ventiltrieb (RVT) – ein vollvariabler, elektromechanischer Ventiltrieb zur Betätigung von Gaswechselventilen. Haus der Technik Fachbuch – Variable Ventilsteuerung. Aachen, 2009

[33] Kramer, K.; Braune, S.: Neuer vollvariabler elektromechanischer Ventiltrieb. Hochschule Harz und Institut für Automatisierung und Informatik GmbH. Wernigerode, 2007

[34] CAMCON TECHNOLOGY: Intelligent Valve Actuation (IVA). 100. SAE Kongress Detroit, 2005

[35] CARGINE ENGINEERING AB. Homepage der Firma http://www.cargine.com/tech2.html. Abruf: Stuttgart, 16.02.2010 14:00 Uhr

[36] Milovanovic, N.; Turner, J.: Requirements for the Valve Train and Technologies for Enabling HCCI Over the Entire Operating Range. Lotus Engineering. Norfolk, 2005

[37] Denger, D.; Mischker, K.: Die elektrohydraulische Ventilsteuerung. MTZ – Motortechnische Zeitschrift 65(2004)12. Wiesbaden, 2004

[38] STURMAN INDUSTRIES, INC. Homepage der Firma http://www.sturmanindustries.com/main/hydraulicValveActuation.htm. Abruf: Stuttgart, 16.02.2010 15:30 Uhr

[39] Meißner, T.: Potenzialstudie – Piezo-hydraulischer Ventiltrieb. HCCI Abschlussseminar. Berlin, 2008

[40] Titolo, A.: MTZ – Motortechnische Zeitschrift (1986) 5. Wiesbaden, 1986

[41] Böcker, O.; Peter, U.; Stein, P.; Fettes, C.; Reinicke, J.: Vollvariable Ventilhubsteuerung VVH: eine ideale Ergänzung für den CNG-Betrieb von Ottomotoren. Haus der Technik Fachbuch – Variable Ventilsteuerung. Aachen, 2009

[42] Wieske, W.; Lüddecke, B.; Ewert, S.; Elsäßer, A.; Hoffmann, H.; Rückauf, J.; Taylor, J.; Fraser, N.: Neue Konzepte zur Optimierung des transienten Drehmomentaufbaus und zur Verbrauchsoptimierung von aufgeladenen Ottomotoren. 18. Aachener Kolloquium Fahrzeug- und Motorentechnik 2009. Stuttgart, 2009

[43] Hoffmann, H.; Lancefield, T.; Mohr, U.: Modularität im Ventiltrieb. MTZ – Motortechnische Zeitschrift, Sonderausgabe – Antriebe mit Zukunft. Wiesbaden, 2005

[44] HILITE INTERNATIONAL, INC. Unternehmensbroschüre, Stand 0507. Marktheidenfeld, 2007

[45] DELPHI AUTOMOTIVE SYSTEMS: Produktbroschüre – Variable Camphaser (VCP) Vane. Flint, 1999

[46] EATON CORPORATION: Device for Varying Engine Valve Timing. United States Patent US 4,754,727. Cleveland, 1987

[47] NISSAN MOTOR CORPORATION: Variable Valve Timing Apparatus. United States Patent US 6,390,7045 B1. Kanagawa, 2001

[48] Ai, X.; Wilmer, M.; Remboski, D.: Electrical Variable Cam Phase Shifter for Internal Combustion Engine. SAE Technical Paper Series, SAE 2008-01-1351. Detroit, 2008

[49] Neubauer, D.; Pfützenreuter, L.: EVCP – Ein neues Verständnis für Nockenwellenversteller. MTZ – Motortechnische Zeitschrift 66(2005) 1. Wiesbaden, 2005

[50] META MOTOREN- UND ENERGIETECHNIK GMBH: Homepage der Firma http://www.metagmbh.de/metaweb/seite/vvh.html. Abruf: Stuttgart, 18.02.2010 10:30 Uhr

[51] Path, S.: Zahn um Zahn – Elektromechanische Nockenwellenversteller für emissionsarme Motoren. Automobil Konstruktion 3/2009. Leinfelden- Echterdingen, 2009

[52] Landerl C.: Der neue BMW Reihensechszylinder Ottomotor mit Magnesium-Aluminium-Verbundkurbelgehäuse – Trends in der Motorentechnologie. Bayern Innovativ. Passau, 2004

[53] Borgmann, K.; Hofmann, R.; Liebl, J.; Melcher, T.: Der BMW 4-Zylinder-Motor – Der erste Mitglied der neuen Ottomotoren-Generation. Pressemitteilung der BMW AG. München, 2000

[54] Wandt, H.-P.: Effizienzsteigerung von Toyota Motoren durch neue Ventilsteuerung. Bayern Innovativ. Passau, 2007

[55] Fujita, T.; Onogawa, K.; Kiga, S.; Mae, Y.; Akasaka, Y.; Tomogane, K.: Development of Innovative Variable Valve Event and Lift (VVEL) System. SAE Technical Paper Series, SAE 2008-01-1349. Detroit, 2008

[56] Pierik, R.; Burkhard, J.: Design and Development of a Mechanical Variable Valve Actuation System. SAE Technical Paper Series, SAE 2000-01-1221. Detroit, 2000

[57] Hannibal, W.; Flierl, R.; Groenewold, C.; Paulov, M.: Konzepte des variablen Ventiltriebs im Vergleich mit Hinblick auf das Potenzial zur Kraftstoffverbrauchsreduzierung. Haus der Technik Fachbuch – Variable Ventilsteuerung. Aachen, 2009

[58] Lechner, M.; Hoffmann, H.; Duesmann, M.; Lauer, S.: Ein neuer vollvariabler Ventiltrieb von FEV und MAHLE. 12. Aachener Kolloquium Fahrzeug- und Motorentechnik 2003. Aachen, 2003

[59] N.N.: Veröffentlichung von Eaton Corporation & Patentschrift US 6,659,053 B1

[60] Wurms, R.; Löbbert, P.; Dengeler, S.; Budack, R.; Eiser, A.: Welche Ventiltriebsvariabilität ist sinnvoll? Haus der Technik Fachbuch – Variable Ventilsteuerung. Aachen, 2007

[61] HONDA MOTOR CORPORATION: Variable Valve Actuation Device. United States Patent US 6,968,819 B2. Tokyo, 2005

[62] Maas, G.; Neukirchner, H.; Dingel, O.; Predelli, O.: Potential of an Fully Variable Valvetrain. SAE Technical Paper Series, SAE 2004-01-1393. Detroit, 2004

[63] HYUNDAI MOTOR COMPANY: Vorrichtung zur kontinuierlich-variablen Ventilhub-Einstellung. Offenlegungsschrift, DE 10 2006 062 080 A1. Seoul, 2008

[64] Flierl, R.; Volpert, B.: Entwicklungspotentiale von mechanisch vollvariablen Ventiltrieb. Haus der Technik Fachbuch – Variable Ventilsteuerung. Aachen, 2007

[65] N.N.: Veröffentlichung von ThyssenKrupp Presta Camshafts

[66] Hack, G.: Hut ab – Die Zylinderabschaltung. Auto Motor Sport, Ausgabe 18/98. Stuttgart, 1998

[67] Gecim, B.; Raghavan, M.: Simulation and Test Results for Several Variable-Valve-Actuation Mechanisms. SAE Technical Paper Series, SAE 2009-01-0229. Detroit, 2009

[68] Bernard, L.; Ferrari, A.; Micelli, D.; Perotto, A.; Rinolfi, R.; Vattaneo, F.: Elektrohydraulische Ventilsteuerung mit dem „MultiAir"-Verfahren. MTZ – Motortechnische Zeitschrift 70(2009) 12. Wiesbaden, 2009

[69] Hompage HONDA www.honda.co.jp

[70] Homepage Porsche www.porsche.de

[71] Hompgae Delphi www.delphi.com, Dokument 2-step-valve-lift-system.pdf

[72] Schaeffler, Unternehmensbroschüre „Motorsysteme“

[73] Mahle Ventiltrieb GmbH

[74] Schaeffler Kolloquium 2010

[75] www.motorradonline.de, Bild: Suzuki

[76] www.autozine.org

7 Auslegung von Ventiltriebskomponenten

7.1 Auslegungsziele

Primäres Auslegungsziel aller Ventiltriebskomponenten ist die Funktion, die die Komponente für den Ladungswechsel (G) hat. Die Nockenwelle betätigt den Nockenfolger derart, dass das Ventil den gewünschten Öffnungsverlauf aufweist. Das Ventil erlaubt den Gaswechsel und dichtet beim Arbeitshub ab, sodass Leckagen keine Leistung kosten.

7.1.1 Steifigkeit

Die erforderlichen Steifigkeiten ergeben sich aus den kinematischen Anforderungen im Ventiltrieb. Zu hohe Nachgiebigkeiten würden bei der Nockenwelle, z. B. an den hinteren Nocken, einen Phasenfehler verursachen. Vor allem aber sind die Komponenten resonanzfrei auszulegen, um keine Schwingungsanregung auf die Kinematik zu erhalten.

7.1.2 Gewicht

Die Motordrehzahl wird in der Regel von der Feder und der Masse des Einlassventils limitiert. Dieses darf beim Schließen nicht zurückspringen, wodurch der Ladungswechsel beeinträchtigt würde. Das führt gelegentlich zu extrem schlanken Konstruktionen für das Einlassventil, die mit klassischen Ventilstählen nicht mehr dauerfest wären. Bei Renn- und auch Motorradmotoren werden in diesem Fall gelegentlich Ventile aus Titan eingesetzt, die aufgrund der geringen spezifischen Dichte von Titan höhere Drehzahlen ermöglichen.

Grundsätzlich sollte der Ventiltrieb so leicht wie möglich ausgelegt werden, da es sich um bewegte Massen handelt, die die Dynamik des Motors mitbestimmen.

7.1.3 Tribologie

Die Kontaktstellen zwischen Ventilsitzring (G) und Ventil sowie auch zwischen Ventilschaft und Ventilführung (G) bilden potenzielle Verschleißstellen. Während sich das Problem zwischen Ventilführung und Ventilschaft weitgehend auf eine Sicherstellung der Ölschmierung reduzieren lässt, ist der Kontakt Ventil und Ventilsitzring wesentlich komplexer.

Bei starren Ventiltrieben ohne hydraulischen Spielausgleich gibt es auf der einen Seite teilweise sehr strikte Verschleißgrenzen über die Motorlebensdauer. Andererseits führen Benzin-Direkteinspritzung und Gasbetrieb heute vermehrt zu sehr trockenen Bedingungen im Kontakt. Nur bei Dieselmotoren kann durch Ruß- und Ölreste aus einer AGR (G) noch eine Art von Schmierung auftreten.

Infolge der schnellen Weiterentwicklung der Verbrennungsführung, getrieben durch Emissions- und Effizienzvorgaben, ändern sich die Randbedingungen in einem Motor durch jede neue Stufe der Kalibrierung (G):

- Die Verbrennungstemperaturen können steigen.
- Die Spitzendrücke können steigen.
- Höhere Drehzahlen verlangen leichtere (elastischere) Ventile.

Das kann im schlimmsten Falle zu höheren Temperaturen bei höheren Drücken und größeren Durchbiegungen führen. Dies wiederum bedeutet weniger Härte bei höheren Kräften und mehr Relativverschiebung unter Belastung, was tribologisch extrem ungünstig ist.

Die Flächenpressung wird häufig mit einem reduzierten Sitzwinkel verringert, von anfänglich 45 herunter auf 35, 30 oder sogar nur noch 20°. Eine Nitrierschicht auf dem Sitz am Ventil verhindert oft den adhäsiven Verschleiß, da diese Schicht keramisch ist und mit dem metallischen Ventilsitzring keine Adhäsionsneigung (G) zeigt. Auch eine Panzerung des Sitzes am Ventil durch Pulverauftragsschweißung kann hier helfen. Ein relativ gut wärmeleitender Sitzring-Werkstoff senkt das Temperaturniveau am Sitz ab. Die härtesten Bedingungen herrschen aufgrund der sehr trockenen und harten Verbrennung im Gasmotor. Dort werden in der Regel sehr harte Werkstoffe eingesetzt, die sich allerdings auch nur noch sehr schwer bearbeiten lassen. Allgemeine Regeln über a priori zulässige Paarungen Sitz/Sitzring gibt es nicht. Letztendlich zeigt sich erst im Motor, nach abgeschlossener Kalibrierung der Verbrennung, wie sich eine konkrete Werkstoffpaarung tribologisch bewährt.

Keine Gegenmaßnahmen im Ventiltrieb gibt es bei extremen Deformationen des Zylinderkopfs, die zu einer Verschiebung der Achsen zwischen Ventilsitzring und Ventilführung und exzentrischem Kontakt führen. Das bedeutet oft sehr einseitigen Verschleiß, der die effektive Lebensdauer des Motors stark verkürzen kann. Hier muss die Asymmetrie vom Zylinderkopf her reduziert werden.

7.1.4 Ventilerhebungskurve

Da die Idealvorstellung eines Rechteckverlaufs von Ventil-Zu und Ventil-Auf nicht realisierbar ist, wird das Ventil beim Öffnen vom Nockenfolger (Tasse oder Hebel) beschleunigt, bleibt dann möglichst lange offen, damit der Gaswechsel verlustarm realisiert wird, und folgt dann mit Hilfe der Federkraft dem Nockenprofil bis auf den Ventilsitz zum Schließen. Kinematische, dynamische und akustische Störeffekte begrenzen allerdings die Schnelligkeit dieses Vorgangs. Es geht um einen optimalen Kompromiss zwischen „lange weit offen" und „nicht zu laut" sowie der erforderlichen Lebensdauer des Ventiltriebs. Dabei wird natürlich auch eine markentypische Anpassung vorgenommen, je nach Kundenprofil eines Motorherstellers von „leise schnurrend" bis „kraftvoll brüllend". Auch hier allerdings macht der Gesetzgeber zunehmend schärfere Auflagen an die akustischen Emissionen, die nur noch eine weniger scharfe Kinematik im Ventiltrieb zulassen.

7.2 Kontaktauslegung

Die auf Ventiltriebsteile wirkenden Kräfte sind immer als Lasten zu betrachten, die auf einer endlichen Kontaktfläche übertragen werden müssen. Die dabei entstehende Druckbelastung muss vom Werkstoff auf Dauer ertragen werden und ist somit ein wichtiges Kriterium bei der Auslegung eines Ventiltriebsystems. Die Berechnung dieser Druckbelastung erfolgt üblicherweise nach Hertz [1]. Weiterhin sind bei der Auslegung von Kontakten neben der reinen Druckbelastung insbesondere auch tribologische Gesichtspunkte zu beachten, Kapitel 8.1.3.

7.2.1 Analytische Betrachtung nach Hertz

Grundsätzlich geht die Berechnung der Druckbelastung nach Hertz von idealen geometrischen und physikalischen Bedingungen aus. In der Hertz'schen Theorie werden die beiden Kontaktpartner als unendlich oder zumindest sehr groß gegenüber der Kontaktfläche vorausgesetzt. Für die Werkstoffe gilt das Hook'sche Gesetz, sie sind homogen und isotrop. Diese Randbedingungen sind unter anderem in [1] und [2] ausführlich beschrieben.

Die Hertz'schen Gleichungen definieren verschiedene Kontaktmodelle mit idealisierten Geometrien im Bereich der Berührflächen. Im Hinblick auf den Ventiltrieb sind zwei Varianten von Bedeutung: Zum einen die Modellierung des Kontakts zweier gleich langer Zylinder, zum anderen als „beliebig gekrümmte Oberflächen", die jeweils durch zwei konstante Hauptkrümmungsradien definiert werden [2]. Als Kontaktgeometrie (Berührfläche) ergeben sich somit – je nach Modellierung – ein Rechteck, **Bild 7.1**, bzw. eine Ellipse, **Bild 7.2**.

Da also die errechnete Kontaktfläche und damit auch die maximale Pressung von dem der Berechnung zugrunde liegenden Modell abhängen, ist es bei der Interpretation eines Pressungswertes unbedingt notwendig, die Information zu den Randbedingungen der Berechnung mit einzubeziehen. Die Unterschiede in den Ergebnissen der beiden Methoden können, abhängig von der Balligkeit, durchaus einige 10% betragen, **Bild 7.3**.

Zylinder gegen Zylinder

$$p_H = \sqrt{\frac{F\,E}{2\pi r L(1-\nu^2)}}$$

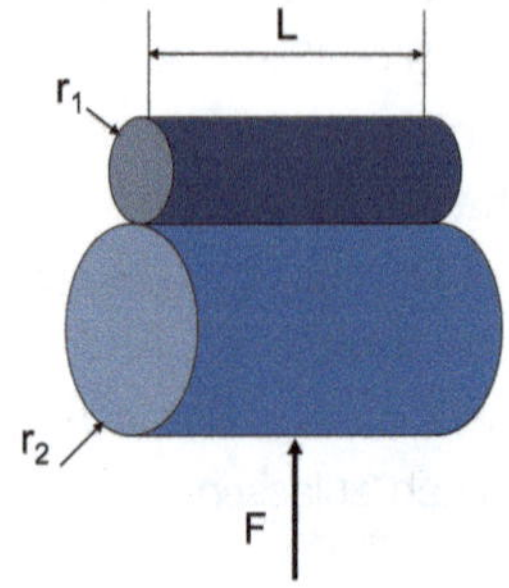

$$b = \sqrt{\frac{8Fr(1-\nu^2)}{\pi E L}}$$

$$1/r = 1/r_1 + 1/r_2$$

$$E = 2\,\frac{E_1\,E_2}{E_1 + E_2}$$

Bild 7.1: Pressungsberechnung Modell Zylinder gegen Zylinder

Beliebig gekrümmte Oberflächen

$$p_H = \frac{1.5\,F}{\pi\,a\,b}$$

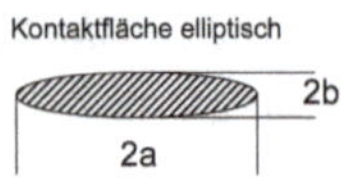

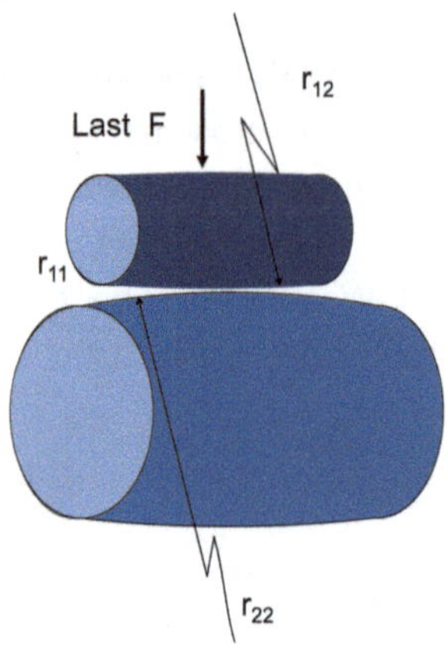

$$a = c_1 \sqrt[3]{\frac{F\,(1-n^2)}{E}}$$

$$b = c_2 \sqrt[3]{\frac{F\,(1-n^2)}{E}}$$

$$c_1\,,\ c_2 = f\,(r_{11}, r_{12}, r_{21}, r_{22})$$

$$E = 2\,\frac{E_1\,E_2}{E_1 + E_2}$$

Bild 7.2: Modell Pressungsberechnung mit Hauptkrümmungsradien

Im Allgemeinen hat zumindest einer der Kontaktpartner im Kontaktbereich eine räumlich gekrümmte Oberfläche, sodass die Modellierung mittels Hauptkrümmungsradien vorgezogen werden sollte.

Die Hertz'sche Pressung beschreibt die reine Druckbelastung der Kontaktpartner in der Kontaktfläche. Die maximale Werkstoffbelastung tritt dabei unter der Oberfläche auf, wandert jedoch mit zunehmender Schubbeanspruchung (Reibkraft) zur Oberfläche hin.

7.2.2 Hertz'sche Pressungen

Da der Berechnung eine Idealisierung der Kontaktgeometrie zugrunde liegt, ist in der Praxis immer zu prüfen, inwieweit diese Randbedingungen verletzt werden.

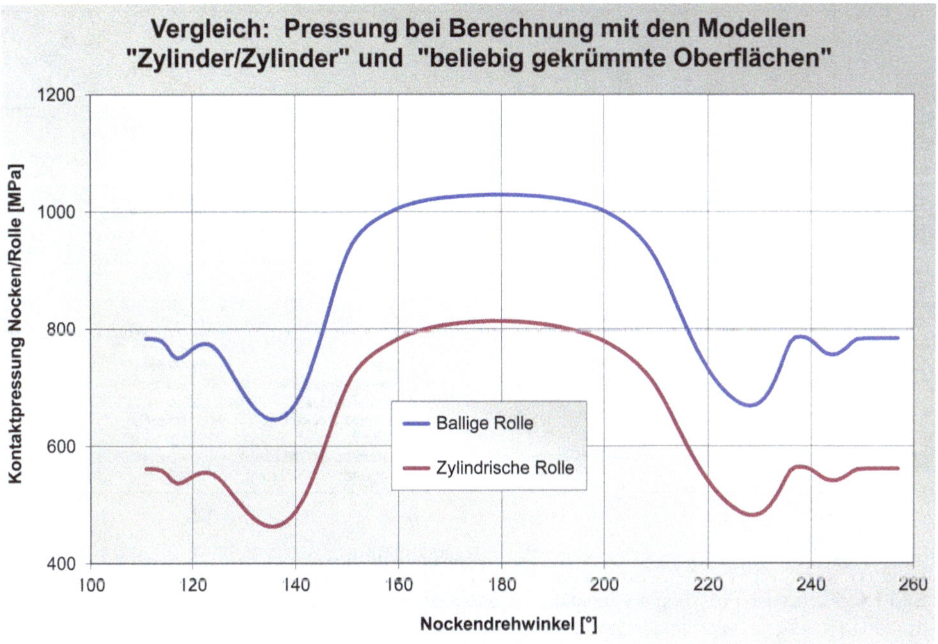

Bild 7.3: Vergleich der Hertz'schen Pressung bei unterschiedlichen Berechnungsmodellen

Wird die Pressungsberechnung beispielsweise unter Berücksichtigung der Hauptkrümmungsradien durchgeführt, muss zusätzlich kontrolliert werden, ob die Ausdehnung der berechneten Kontaktellipse nicht größer wird als die tatsächlich vorhandene Kontaktfläche. In einem solchen Fall ergeben sich an den Bauteilkanten erhöhte Pressungen. Für Nockenfolger mit Rolle ist es beispielsweise tolerierbar, wenn die theoretische Kontaktellipse maximal 10 bis 20 % größer ist als die tatsächlich vorhandene tragende Rollenbreite. Bei einem Überschreiten dieser Grenze ergibt sich eine Pressungsüberhöhung an den Bauteilkanten, die den berechneten Hertz'schen Maximalwert deutlich überschreiten kann und die unter Umständen zu einem erhöhten Verschleißrisiko führt. Es gibt verschiedene Berechnungsansätze, die Belastung auf die tatsächliche, zur Verfügung stehende Kontaktgeometrie zu verteilen und somit die Genauigkeit der Berechnung zu erhöhen. Die Kantenüberhöhung wird jedoch in keinem Fall mit ausreichender Genauigkeit ermittelt. Genauere Ergebnisse sind mit einer FEM-Analyse (G) möglich. Im Stadium der Auslegung sollten solche kritischen Belastungsfälle allerdings von vorneherein vermieden werden, **Bild 7.4**.

Trotzdem ergibt die Berechnung nach Hertz sehr gute Ergebnisse, solange eben die Randbedingungen der Idealisierung des Kontakts nicht signifikant verletzt werden [4]. Der große Vorteil der Berechnung nach Hertz im Vergleich zur FEM-Analyse liegt darin, dass kein aufwendiges Modell erstellt werden muss, sondern die Berechnung sehr einfach innerhalb einer Tabellenkalkulation durchgeführt werden kann. Die Zuverlässigkeit der Ergebnisse lässt sich sehr gut und schnell an der Geometrie (Ausdehnung) der Kontaktfläche abschätzen.

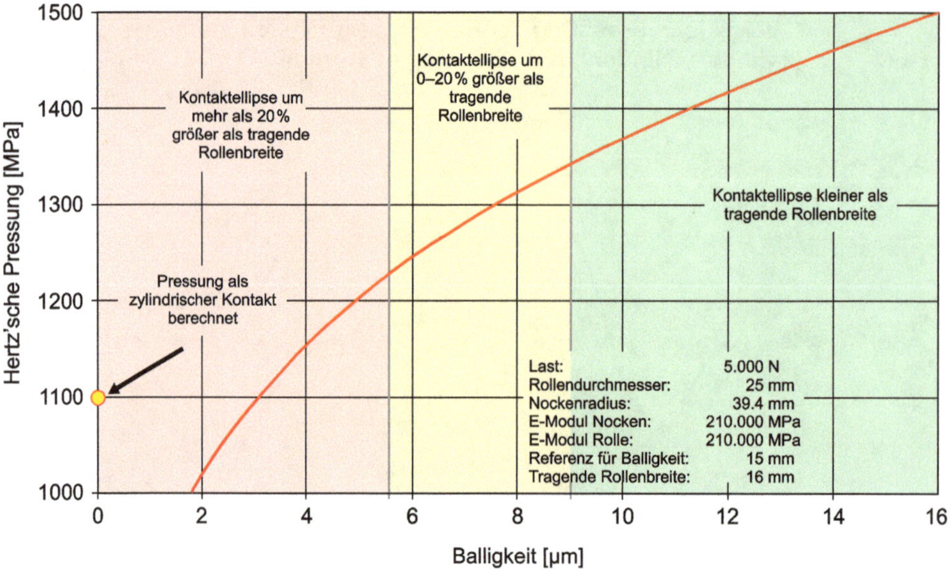

Bild 7.4: Hertz'sche Pressung als Funktion der Balligkeit und Beschränkung der Ausdehnung der theoretischen Druckellipse durch tragende Rollenbreite

7.2.3 Balligkeit

Im Zusammenhang mit der Hertz'schen Pressung taucht häufig der Begriff der Balligkeit auf. Die Balligkeit beschreibt die Geometrie einer Oberfläche als Abweichung von einer ideal ebenen Form. Beispielsweise ist die Kontur der Rolle eines Rollenschlepphebels oder -stößels nicht ideal zylindrisch, sondern üblicherweise tonnenförmig, **Bild 7.5**.

Auch ein Tassenstößel ist in dem Kontaktbereich zum Nocken nicht eben, sondern hat eine definierte Konvexität. Mit der Angabe der Balligkeit und deren Bezugsmaß lässt sich ein lokaler Krümmungsradius berechnen, der dann als einer der Hauptkrümmungsradien in der Hertz'schen Berechnung berücksichtigt wird. Wie jedes zu fertigende Maß ist auch die Balligkeit mit einer Toleranz behaftet. Das heißt, es ergeben sich Minimal- und Maximalwerte

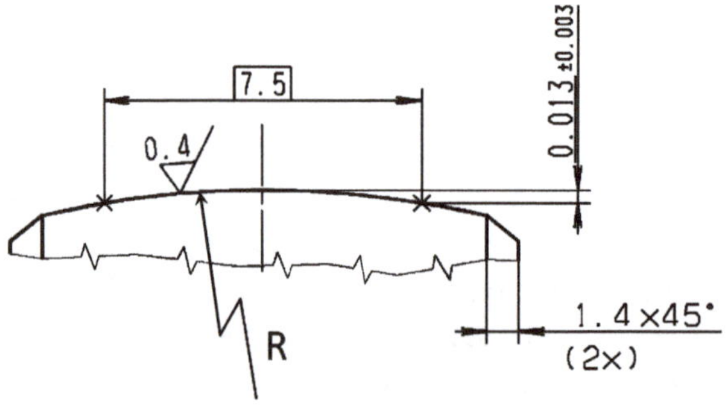

Bild 7.5: Balligkeit – Ausschnitt aus Rollenzeichnung

der zugehörigen Radien und damit für die jeweiligen Extremwerte auch unterschiedliche Ergebnisse der Pressungsrechnung. Somit wird für die Ermittlung der maximalen Pressung auch die maximale Balligkeit (kleinster Radius) und für die Bestimmung der maximalen Kontaktellipse die kleinste Balligkeit (größter Radius) herangezogen. In den meisten Fällen lässt sich bei einer Rollenauslegung durch eine Anpassung der Toleranzmitte – die Toleranzbreite ist fertigungstechnisch weitestgehend vorgegeben – ein guter Kompromiss zwischen maximaler Pressung und Kantenträgerrisiko (G) erreichen.

7.2.4 Werkstoffauswahl

Die Hertz'sche Pressung ist eine Kenngröße, welche die Druckbelastung zweier Kontaktpartner beschreibt. Mit Kenntnis der zu erwartenden maximalen Hertzpressung lässt sich eine Vorauswahl der möglichen verwendbaren Werkstoffe treffen. Als grobe Richtlinie für den Kontakt Nocken/Nockenfolger dienen die in **Tabelle 7.1** aufgelisteten Grenzwerte.

Tabelle 7.1: Erfahrungswerte ertragbarer Hertzpressungen (Balligkeit berücksichtigt)

Materialpaarung	Rollkontakt	Gleitkontakt
Stahl/Stahl	2.000 MPa	800 MPa
Stahlguss/Stahl	1.700 MPa	–
Sphäroguss gehärtet/Stahl	1.700 MPa	–
Schalenhartguss/Stahl	1.100 MPa	800 MPa
Sinterwerkstoff/Stahl	1.300 MPa	–

Zu beachten ist dabei, dass diese Belastungsgrenzen von weiteren Parametern wie etwa Schmierung, Oberflächentemperatur usw. abhängen. So gibt es dauerfeste Anwendungen, in denen diese Grenzen deutlich überschritten werden, aber auch Applikationen, die bereits bei geringeren Belastungen versagen.

7.3 Tribologische Auslegung (Ventiltrieb)

Der Ventiltrieb ist für einen wesentlichen Anteil der Reibungsverluste im Motor verantwortlich. Ferner weist er einige anspruchsvolle tribologische Kontakte auf. Der Tribologie im Ventiltrieb kommt daher eine hohe Bedeutung zu.

Bei der Betrachtung der Verschleißbeständigkeit von Werkstoffen ist es wichtig, sich vor Augen zu führen, dass die Verschleißbeständigkeit keine Werkstoffeigenschaft ist, sondern ein Werkstoff in einem gegebenen System mehr oder weniger verschleißbeständig ist. Zu diesem System gehören neben Grundkörper und Gegenkörper der Zwischenstoff, etwa Schmiermittel, die Belastungsgrößen und der Bewegungszustand [5], **Bild 7.6**. Ebenso sind die Mikro- und Makrogeometrie der Kontaktpartner wichtige Einflussgrößen, da diese über die erforderliche Schmierfilmdicke oder ein ausreichendes Ölrückhaltevermögen entscheiden. Der Schmierstoff hat die Aufgabe, die sich gegeneinander bewegenden Kontaktpartner durch die Ausbildung eines tragfähigen hydrodynamischen Schmierfilms vollständig voneinander zu trennen.

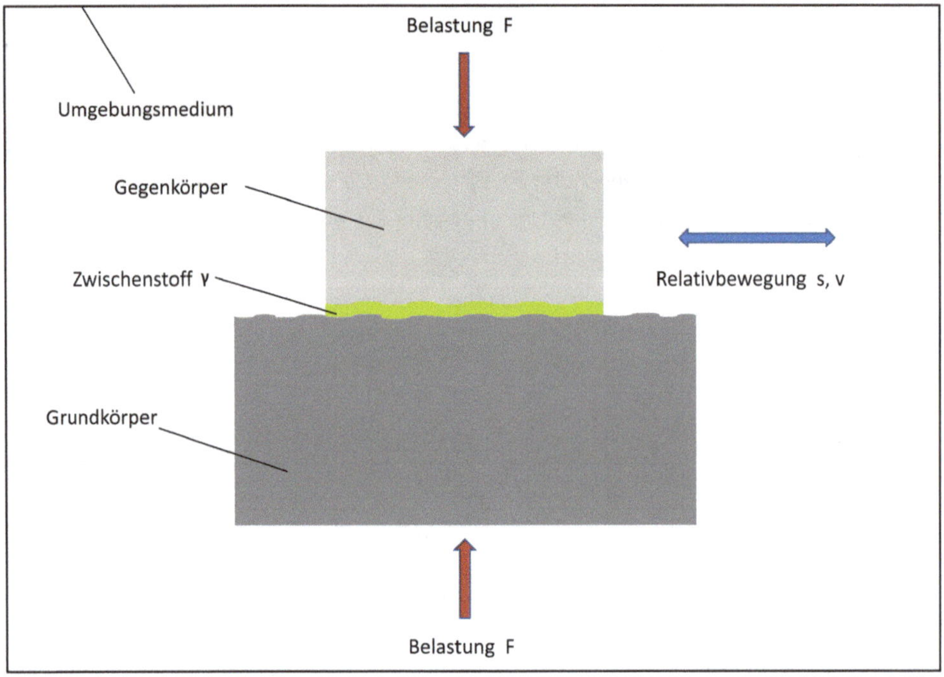

Bild 7.6: Tribologisches System [6]

Reibung und Verschleiß können als Verlustgrößen bezeichnet werden und sind deshalb zu reduzieren. Durch Verschleiß verändert sich die Geometrie der Bauteile und damit auch die auslegungsgemäße Funktion des Systems. Durch Reibung entstehen Energieverluste, die die Effektivität des Systems vermindern. In der Einlaufphase eines Systems kann Verschleiß aber auch erwünscht sein, weil sich dadurch die Oberflächen der Kontaktpartner aneinander anpassen und die Reibung reduziert wird. Abhängig von den Reibungs- und Schmierbedingungen können an den Kontaktpartnern die unterschiedlichen Reibungszustände Festkörperreibung, Mischreibung und Flüssigkeitsreibung auftreten, welche in der Stribeck-Kurve dargestellt werden, **Bild 7.7**.

Da in den Tribokontakten des Ventiltriebs in der Regel ein Festkörperkontakt auftritt, muss im Allgemeinen mit Verschleiß gerechnet werden.

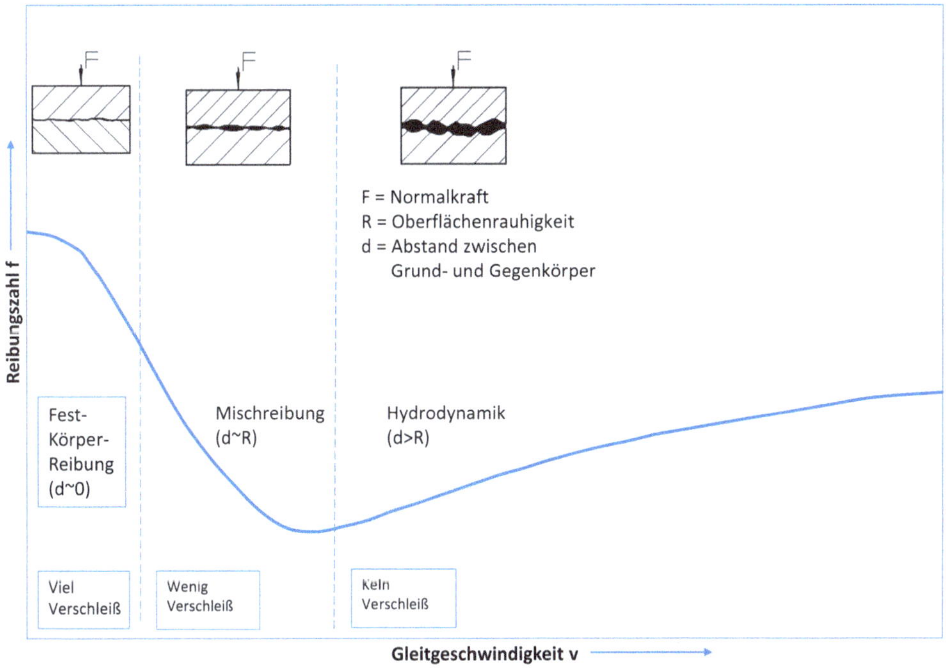

Bild 7.7: Stribeck-Kurve [7], Darstellung der Reibungszustände in der Funktion Reibungszahl = f (Gleitgeschwindigkeit)

Die Tribokontakte im Ventiltrieb werden in Gleit- oder Rollkontakt unterschieden. Gleit- und Rollkontakt gehen mit typischen Verschleiß- und Schadensbildern einher. Die Anforderungen an die Werkstoffeigenschaften unterscheiden sich erheblich.

Im Ventiltrieb werden die bekannten Verschleißmechanismen abrasiver und adhäsiver Verschleiß (G), Triboermüdung und Tribooxidation gefunden [8, 9]

Adhäsiver oder Fressverschleiß basiert auf Kaltverschweißungen, die anschließend wieder getrennt werden. Anschaulich spricht man auch von Klebeverschleiß. Hierbei treten Oberflächenschädigungen, Verschmierungen und eventuell Werkstoffübertrag auf. Metallographisch kann Adhäsion durch Oberflächendeformationen und bei Fe-Basis-Werkstoffen Reibmartensitbildung nachgewiesen werden. Werkstoffe mit geringer Härte und mit kubisch-flächenzentrierter Gitterstruktur, z. B. Kupfer, Aluminium, austenitische (G) Stähle, neigen besonders zu adhäsivem Verschleiß. Ein trennender Schmierfilm und eine geeignete Beschichtung wirken dem adhäsiven Verschleiß entgegen.

Unter abrasivem Verschleiß versteht man Furchung und Mikrozerspanung des Grundkörpers durch harte Rauheitsspitzen des (härteren) Gegenkörpers oder durch Partikel des Zwischenstoffs. Der Widerstand gegen abrasiven Verschleiß wird erhöht, wenn die Oberflächenhärte des verschleißenden Bauteiles gesteigert wird, z. B. durch eine geeignete Wärmebehandlung. Beispiel für gewollte abrasive Verschleißvorgänge sind die Bearbeitungsverfahren Schleifen und Polieren.

Triboermüdung: Rissbildung und Risswachstum bis zum Abtrennen von Partikeln infolge wechselnder mechanischer Spannungen, die in den Oberflächenbereichen von Grund- und Gegenkörper wirksam sind. Bekannte Beispiele für Triboermüdung sind das „Pitting", auf Deutsch „Grübchenbildung". Da es sich um Ermüdungsvorgänge handelt, wird der Widerstand gegen Triboermüdung durch alle Maßnahmen gesteigert, die die Schwingfestigkeit eines Werkstoffs erhöhen, z. B. Erhöhung der Härte, gezieltes Einbringen von Druckeigenspannungen, Verbesserung der Oberflächengüte. Ob die Rissbildung an der Oberfläche oder unter der Oberfläche stattfindet, hängt von der genauen Beanspruchung, dem Werkstoff und der Wärmebehandlung ab.

Die Tribooxidation ist die chemische Reaktion von Grund- und/oder Gegenkörper mit Bestandteilen des Schmierstoffs oder Umgebungsmediums infolge einer reibbedingten Aktivierung. Hier werden an den Oberflächen Oxide und eventuell Verschleißpartikel gebildet, die wiederum abrasiv sein können. Bekanntes Beispiel für Tribooxidation ist der Reibrost. Die Verringerung der Relativbewegung oder ein Luftabschluss des Systems sind in der Praxis meist als Abhilfemaßnahmen wenig praktikabel. Besser umsetzbar ist, die zu Tribooxidation neigenden Reibpartner durch verbesserte Schmierung oder eine geeignete Beschichtung möglichst vollständig zu trennen.

Die wichtigsten Verschleißarten im Ventiltrieb sind der adhäsive Verschleiß (in Verbindung mit Gleitkontakt) und die Triboermüdung (in Verbindung mit Rollkontakt). Die weiteren Verschleißmechanismen werden ebenfalls beobachtet. In der Regel tritt mehr als ein Verschleißmechanismus zu einer Zeit auf, z. B. wird häufig das gemeinsame Auftreten von adhäsivem Verschleiß und Triboermüdung beobachtet.

Ein wichtiges Beispiel für den Gleitkontakt ist die Paarung Nocken/Tassenstößel. Da hier in der Regel Fe-Basis-Werkstoffe verwendet werden, neigen diese Systeme zu adhäsivem Verschleiß. Dem kann man begegnen, indem einer der Partner im Gefüge nichtmetallische Komponenten aufweist, z. B. die Karbide im Schalenhartguss (G). Der nichtmetallische Charakter verhindert die Kaltverschweißungen und die Bildung von Werkstoffbrücken. So ist der Schalenhartguss im Gleitkontakt bis zu mittleren Pressungen der ideale Reibpartner von gehärtetem Stahl [Martensit (G)]. Ohne Schmierung tritt aber auch hier Fressen auf. Die Paarung gehärteter Stahl (Martensit) gegen gehärteten Stahl (Martensit) neigt im Gleitkontakt zum Fressen und ist generell zu vermeiden, auch hohe Härte schützt hier nicht. Nur bei geringen Pressungen und sehr günstigen Schmierbedingungen können diese Systeme stabil gehalten werden. In fast allen realen Fällen müssen die Partner durch geeignete Beschichtungen getrennt werden [Nitrieren, DLC-Schichten (G)].

Im Rollkontakt tritt im Idealfall des reinen Rollkontakts bei Überschreitung der Werkstoffkennwerte Triboermüdung („Pitting") auf. Im Rollkontakt werden fast ausschließlich Bauteile aus gehärtetem Stahl, z. B. der Wälzlagerstahl 100Cr6, eingesetzt, die hier nicht adhäsiv verschleißen. Der Hauptgrund für Bauteile aus gehärtetem Stahl ist ihre im Allgemeinen überlegene Schwingfestigkeit aufgrund der durch Wärmebehandlung erzielbaren hohen Härte. Wenn im Rollkontakt Schlupf auftritt, erhöht sich die Neigung zu adhäsivem Verschleiß.

Abrasiver Verschleiß in funktionsbeeinträchtigender Form tritt seltener auf und ist gelegentlich eine Folge ungeeigneter Werkstoffkombinationen oder Beschichtungen. Etwas häufiger tritt Abrasion in Verbindung mit Hartpartikeln im Schmierspalt (im Motorenöl) auf. Die bei vielen Bauteilen festzustellende Glättung, z. B. von Schleifriefen, hat neben der Komponente der mikroplastischen Deformation eine abrasive Komponente.

Die Tribooxidation hat bei den eigentlichen Tribokontakten des Ventiltriebs nur eine untergeordnete Bedeutung, Tribooxidation macht sich häufiger zwischen gefügten Bauteilen, z. B. Presspassungen, bemerkbar. Hier reichen sehr geringe Relativbewegungen im µm-Bereich zur Bildung von Oxidschichten.

7.4 Kinematische Auslegung

7.4.1 Kinematikmodell

Der Begriff „kinematische Berechnung" ist gebräuchlich – aber eigentlich falsch. Trotzdem hat sich diese Beschreibung der einfachen Modellierung von Einzelventiltrieben eingebürgert. Kinematik ist eigentlich die „Lehre von den Bewegungen", ungeachtet deren Ursachen (Kräfte). Werden die Kräfte mit einbezogen, redet man von Kinetik, der „Lehre von den Kräften und Bewegungen". Gelegentlich wird auch der Begriff der „quasistatischen" statt „kinematischen" Berechnung benutzt.

Bei der kinematischen (quasistatischen) Ventiltriebsberechnung werden die bewegten Massen des Einzelventiltriebs auf eine Einzelmasse und eine Feder (Ventilfeder) reduziert. Dieser Einzelmasse wird eine Sollbewegung – entsprechend dem Ventilhubverlauf (G) – aufgeprägt. Damit werden Massen- und Federkräfte berücksichtigt, **Bild 7.8**. Zusätzliche äußere Kräfte, wie beispielsweise Gaskräfte bei Auslassöffnen, können mit einbezogen werden.

Die wichtigsten Ergebnisse der kinematischen Berechnung sind hydrodynamisch wirksame Geschwindigkeit, Kontaktkräfte und Hertzpressung im Kontakt Nocken/Nockenfolger sowie

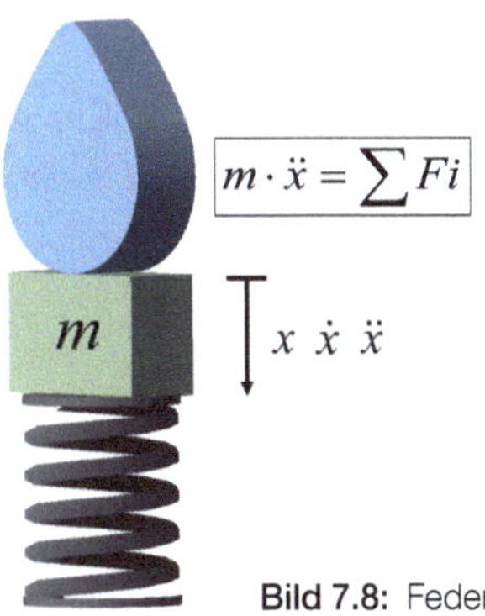

Bild 7.8: Feder-Masse-Modell Kinematik

Lagerbelastungen der Ventiltriebsteile. Gegebenenfalls können Kontaktkraft und Relativbewegung des Abtriebsglieds (Ventilfinger des Schlepphebels) auf dem Ventilschaftende bzw. einer Ventilbrücke berechnet werden. Ein weiteres Ergebnis ist die Drehmomentbelastung des Nockens, die für die Torsionsbelastung der Nockenwelle relevant ist.

Die Kinematiksimulation gibt auch Aufschluss über die Ausnutzung der Ventilfeder – das Verhältnis Massen- zu Federkraft und damit eine Information zum Risiko des Kontaktverlustes zwischen Nocken und Nockenfolger. Diese Kenngröße wird als Quotient aus der Differenz von Feder- und Massenkraft in Bezug zur Federkraft berechnet und in Prozent angegeben.

Die hydrodynamisch wirksame Geschwindigkeit, auch Summengeschwindigkeit oder Schmierzahl, ist ein Maß für die Tragfähigkeit des Schmierfilms zwischen den Kontaktpartnern. Beim Gleitabgriff treten üblicherweise während einer Nockenumdrehung zwei Nulldurchgänge dieser Kurve auf. In diesem kurzen Moment werden die Kontaktpartner nur noch durch die Verdrängungsströmung des Öls im Schmierfilm getrennt. Die Tragfähigkeit des Schmierfilms bricht also weitestgehend zusammen. Durch entsprechende Gestaltung der Hubkurve – steiler Nulldurchgang und damit kurzes Verweilen im kritischen Bereich – können Verschleißrisiken verringert werden.

Die Berechnung erfolgt mit spezialisierten, kommerziellen Berechnungstools. Häufig werden jedoch Tabellenkalkulationsprogramme wie MS-Excel verwendet. Die selbst erstellten Berechnungsabläufe sind flexibel in der Handhabung, und es ist relativ einfach, diese an neue Anforderungen gezielt anzupassen.

7.4.2 Ladungswechsel

Unter Ladungswechsel versteht man den Austausch des Mediums im Zylinder – also Abgas gegen Frischgas. Bei Viertaktmotoren geschieht dies durch ein oder mehrere Ein- und Auslassventile.

7.4.2.1 Öffnungsquerschnitt

Der Öffnungsquerschnitt ergibt sich als Funktion von Ventilhub und -durchmesser. Grundsätzlich ist eine schnelle Vergrößerung des Öffnungsquerschnittes anzustreben. Das bedeutet eine hohe Beschleunigung der Ventile und damit entsprechend große Kräfte.

7.4.2.2 Steuerzeiten

Die Steuerzeiten (G) beschreiben die Zeitpunkte Einlass Öffnen/Schließen und Auslass Öffnen/Schließen. Sie haben direkten Einfluss auf die Motorcharakteristik und werden entsprechend den Anforderungen an Drehzahl- und Drehmomentcharakteristik sowie den Abgasanforderungen usw. optimiert. Die Steuerzeiten werden in Grad Kurbelwinkel relativ zum OT bzw. UT angegeben.

7.4.3 Aufsetzgeschwindigkeit

Beim Schließen eines Ventils trifft es mit einer bestimmten Geschwindigkeit auf den Ventilsitz. Dies ist physikalisch ein Stoßvorgang mit entsprechend hohen Beschleunigungswerten. Dabei wird das Ventil in seiner Bewegung zuerst am äußeren Tellerrand verzögert, während sich der Rest des Ventils in diesem Moment noch weiterbewegt. Diese Verzögerung führt zur Verformung des Tellers und damit zu einer reibungsbehafteten Relativbewegung des Ventils im Sitz. Eine zu große Aufsetzgeschwindigkeit kann dann zu einem Springen/Wiederöffnen des Ventils sowie zu erheblichem Verschleiß führen. Als Obergrenze der Aufsetzgeschwindigkeit sind in der Auslegung etwa 0,5 m/s üblich.

Die Aufsetzgeschwindigkeit wird bei der Auslegung der Ventilhubkurve berücksichtigt, Kapitel 7.4.5.

7.4.4 Antriebsmoment

Beim Öffnen eines Ventils wird Arbeit verrichtet. Diese wird in der Feder gespeichert. Nach dem maximalen Ventilhub, beim Schließen, wird diese Federenergie wieder an die Nockenwelle abgegeben, das heißt, die Welle wird vom Nockenfolger angetrieben. Als Verlust innerhalb dieses Systems treten lediglich Reibungsverluste auf. Durch Superposition der Momente auf die einzelnen Nocken (Kraft × Hebelarm) ergibt sich das notwendige Moment, um die Bewegung der Ventile zu erreichen – das Antriebsmoment der Nockenwelle. Werden die Reibungsverluste nicht berücksichtigt, sind die Flächen unter der Momentenkurve – also das Integral – Null, **Bild 7.9**.

Werden zusätzliche Anbauteile wie Unterdruckpumpe, Kraftstoffpumpe usw. ebenfalls über die Nockenwelle angetrieben, können diese Lasten entsprechend superponiert werden.

Bei der Auslegung einer gebauten Nockenwelle ist die Kenntnis der angreifenden Momente von großer Bedeutung (Auslegung Fügesitz für Nocken und Stopfen).

7.4.5 Nockenprofil

Das zentrale Betätigungselement des Ventiltriebs (bei Motoren mit Nockenwelle) ist der Nocken – die Kurvenscheibe der klassischen Mechanik. Im Allgemeinen wird nicht das

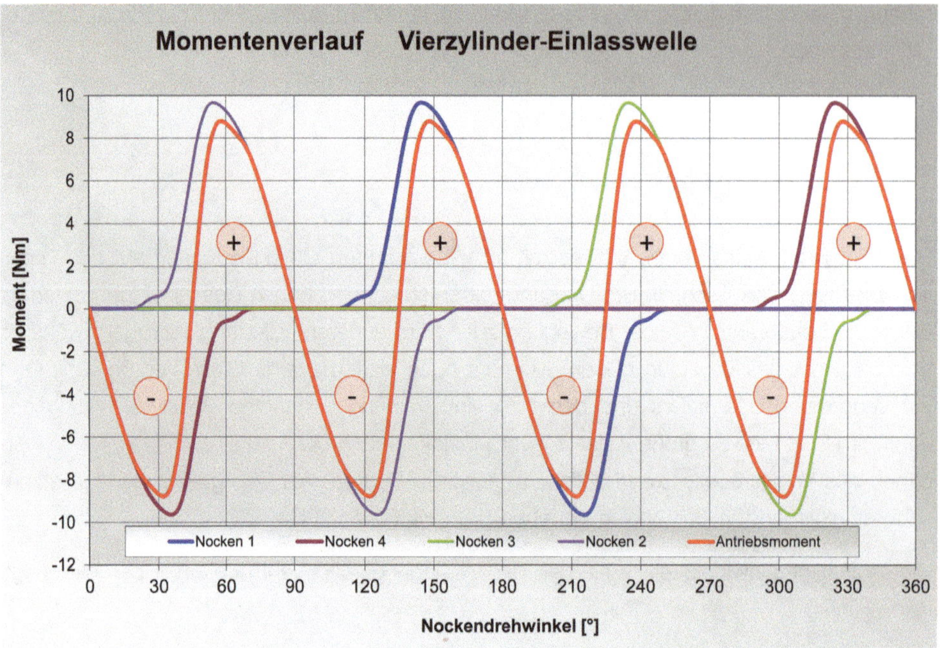

Bild 7.9: Momente auf die Nocken – Antriebsmoment

Nockenprofil explizit ausgelegt, sondern dieses ergibt sich aus den kinematischen Verhältnissen und dem geforderten bzw. angestrebten Ventilhubverlauf. Die wichtigsten Kennwerte des Ventilhubs wie Öffnungsdauer (G), Maximalhub usw. können demnach als gegeben vorausgesetzt werden. Da das Ventil im geschlossenen Zustand in Ruhe ist, muss es, um den Ein- bzw. Auslasskanal freizugeben, erst einmal in Bewegung versetzt – beschleunigt – werden. Dies ist in der Realität nicht stoßfrei möglich. Wird in der Auslegung ein mechanischer Spielausgleich gewählt, ist also zum Öffnen des Ventils ein Spiel zwischen Nocken und Ventilschaftende zu überbrücken. Dazu müssen entsprechende Öffnungs- und Schließrampen vorgesehen werden, um das Spektrum der möglichen Stoßgeschwindigkeiten der beteiligten Ventiltriebsteile einzuschränken. Bei Trieben mit hydraulischem Spielausgleich können diese Rampen wesentlich kleiner ausgeführt sein oder vollständig weggelassen werden, denn das hydraulische Spielausgleichselement bewirkt beim Ventilöffnen eine signifikante Dämpfung des Stoßimpulses. Das Absinken des hydraulischen Elements (Ölleckage) während der Hubphase verursacht wieder ein Spiel zwischen Ventil und Nocken, das mit einer entsprechenden Schließrampe berücksichtigt wird. Die Unterschiede der Rampenverläufe werden beim Vergleich der Ventilgeschwindigkeiten deutlich, **Bild 7.10**.

Beim Einsatz einer Rolle als Nockenfolger (Rollenstößel, Rollenhebel) ergeben sich häufig Hohlradien (konkave Konturen) in den Nockenflanken, **Bild 7.11**.

Hier müssen fertigungstechnische Grenzen, z. B. der Schleifscheibendurchmesser, beachtet werden. Unter Umständen ist es notwendig, Abweichungen von der geforderten Ventilhub-

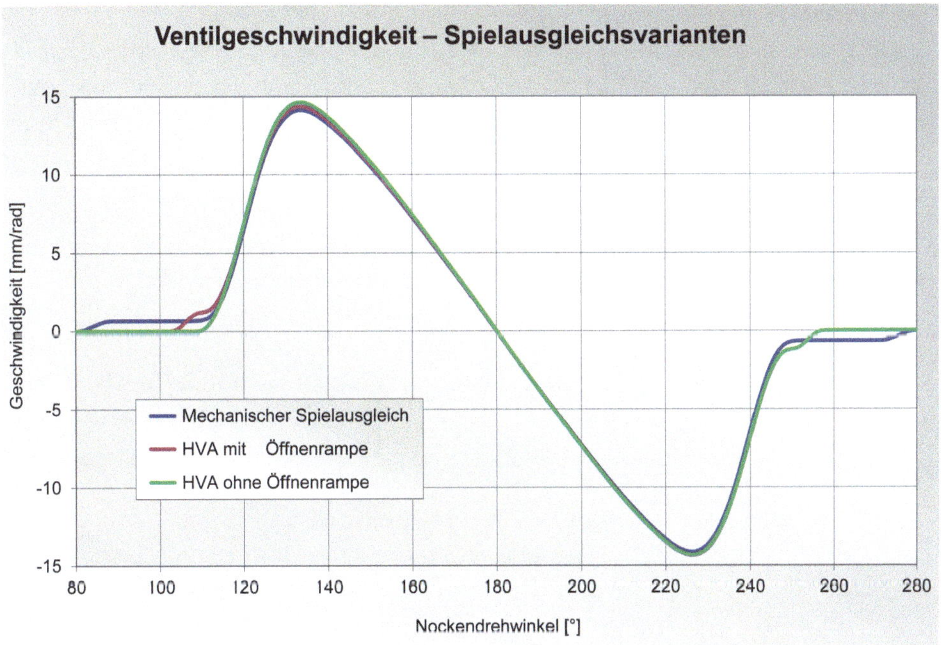

Bild 7.10: Ventilgeschwindigkeiten bei mechanischem und hydraulischem Spielausgleich (HVA)

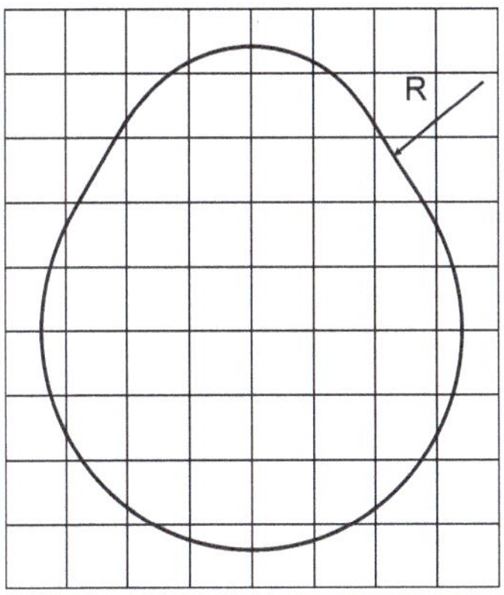

Bild 7.11: Konkave Nockenflanke

kurve zu akzeptieren. Beim Einsatz von Sinternocken, deren Außenkontur keiner Schleifbearbeitung mehr bedarf, kann im Prinzip jeder beliebige Hohlradius realisiert werden. Auf die Fragestellung „Warum dann überhaupt eine konkave Flanke?“ gibt es eine relativ einfache Antwort: Zwischen Beschleunigung des Nockenfolgers und dem Konturradius des Nockens im Berührpunkt gibt es einen eindeutigen mathematischen Zusammenhang. Mit anderen Worten: Unter bestimmten, vorgegebenen Randbedingungen kann eine gewünschte Ventilbeschleunigung nur mit einem konkaven Nocken realisiert werden.

7.4.5.1 Design des Nockenprofils

Grundsätzlich ist eine Nockenkontur das Ergebnis des gewünschten (Ventil-)Hubverlaufs. Bei einer Neuauslegung kann die Nockenkontur entweder direkt aus zusammengesetzten mathematisch definierten Kurven, z. B. harmonischer Nocken, ruckfreier Nocken, erstellt werden, oder man orientiert sich an einem vorhandenen Profil, das nur noch optimiert werden muss.

Ein Großteil der Charakteristika eines Ventiltriebs ergibt sich aus einem direkten – wenngleich nicht immer linearen – Zusammenhang mit der Beschleunigung, **Bild 7.12**.

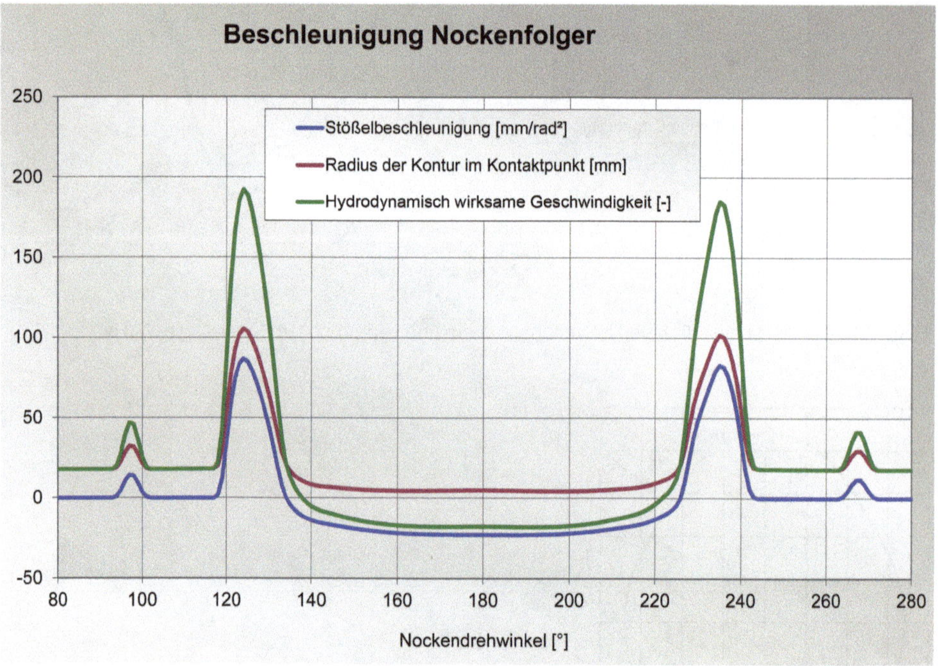

Bild 7.12: Beschleunigung, Nockenkonturradius und hydrodynamisch wirksame Geschwindigkeit

Die Kurvenverläufe der Schmierzahl, der Nockenkrümmung und des Massenkraftverlaufs sind typische Beispiele. Es liegt also nahe, eine Optimierung der Ventilhubkurve direkt am Beschleunigungsverlauf vorzunehmen. Einige Computerprogramme greifen diesen Gedanken auf und ermöglichen die Entwicklung der Hubkurve direkt über den Beschleunigungsverlauf, **Bild 7.13**.

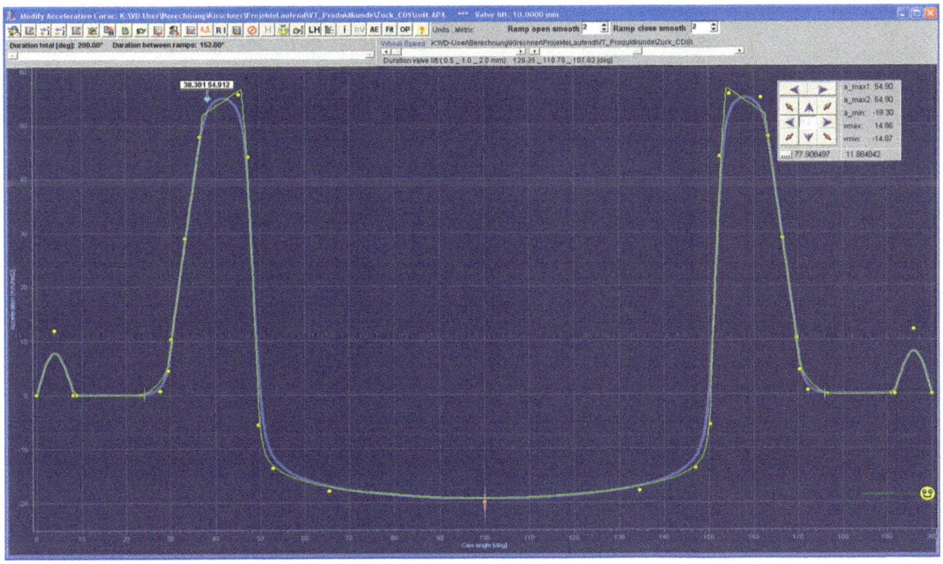

Bild 7.13: Screenshot Camshaft Design System (CDS®)

7.5 Dynamische Auslegung

Das Softwaretool für die dynamische Ventiltriebsanalyse ist die sogenannte Mehrkörpersimulation (G). Diesen Programmen ist gemeinsam, dass die mechanischen Systeme in Einzelmassen zerlegt werden und diese dann über Feder- und Dämpferelemente, die den Steifigkeiten der Bauteile und deren Dämpfungseigenschaften entsprechen, sowie Lager und Gelenke miteinander gekoppelt werden. Gegebenenfalls werden auch äußere Kräfte und hydraulische Teilsysteme (hydraulisches Ventilspielausgleichselement und ggf. Kettenspanner) mit in die Simulation eingebunden. Damit entsteht ein schwingungsfähiges Modell, das neben der Steifigkeit insbesondere auch Eigenfrequenzen des betrachteten Systems abbildet. Der Detaillierungsgrad der Dynamikrechnung ist beliebig tief und im Prinzip nur durch das Verhältnis Nutzen zu Aufwand beschränkt.

Einige Teilschritte einer solchen Modellierung mit der Simulationssoftware RecurDyn® sind in **Bild 7.14** dargestellt.

Zur Verdeutlichung der Abstraktion im Modell ist die via STEP-File importierte CAD-Geometrie auch abgebildet. Der Einzelventiltrieb wird in die bewegten Massen wie Schlepphebel, Rolle, Ventil, Nocken usw. aufgeteilt. Die Ersatzmodelle, unter anderem Rolle, Hebelarme, Ventilschaftstücke, sind dabei als starre Körper zu verstehen. Die Steifigkeiten der realen Bauteile werden über Feder-Dämpfer-Elemente berücksichtigt. Der Schlepphebel wird z. B. in drei Teile „zerlegt“: die beiden Hebelarme und die Rolle. Um die Elastizität des Hebels abzubilden, sind die Hebelarme mit einem Drehgelenk und einer Torsionsfeder verbunden.

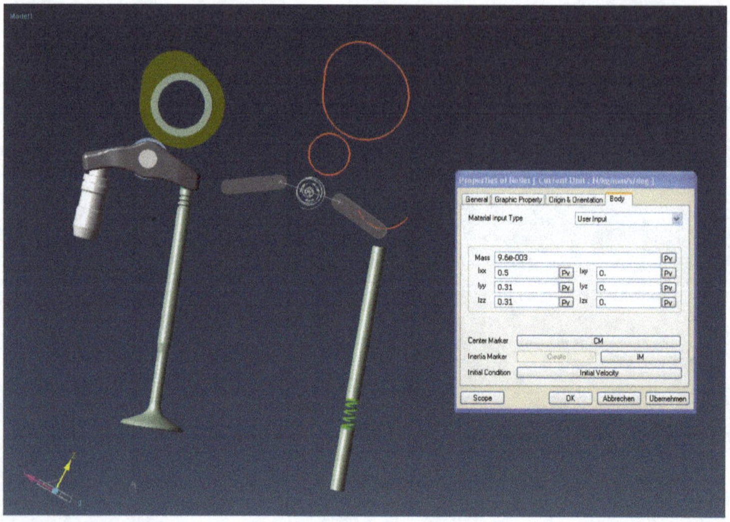

Bild 7.14: Modellerstellung – Screenshot RecurDyn®

Die Rolle selbst ist in diesem Beispiel nur noch als Geometrie (Kreis) dargestellt, jedoch mit den tatsächlichen Massenträgheiten versehen, kleines Fenster in **Bild 7.14**.

Ähnlich wird das Ventil in zwei (oder mehr) Einzelmassen aufgeteilt, die wieder mit Feder-Dämpfer-Elementen verbunden sind. Die Freiheitsgrade jedes einzelnen Körpers müssen jetzt noch definiert werden. So könnte der Hebelarm beispielsweise mit einem einfachen Gelenk – nur ein rotatorischer Freiheitsgrad – gelagert werden oder über eine Kontaktdefinition an einem Spielausgleichselement, die keinen der sechs Freiheitsgrade einschränkt.

Als Bauteil mit der niedrigsten Eigenfrequenz ist die Ventilfeder eine sehr wichtige Komponente des Ventiltriebsystems. Die Modellierungsmöglichkeiten beginnen mit dem Einsatz einer masselosen Feder als einfachste Variante bis hin zur Verwendung einer mit finiten Elementen modellierten Federstruktur. Dazwischen liegen mehr oder weniger aufwendige Varianten einer Mehrmassenmodellierung, bei der die Feder in mehrere Einzelmassen zerlegt wird, welche dann mit Feder-Dämpfer-Elementen verbunden sind. Die Kennlinien dieser Kopplungselemente können linear oder auch nichtlinear sein; dem Detaillierungsgrad sind kaum Grenzen gesetzt.

Die Dynamiksimulation kann sich auf einen Einzelventiltrieb beschränken oder auch das komplette Ventiltriebsystem mit Antrieb (Kette, Zahnriemen oder Rädertrieb) umfassen. Dabei müssen auch die Nockenwelle und ihre Lagerung mitmodelliert werden.

Eine Nockenwelle wird heute in den meisten Fällen in Gleitlagern gelagert. In einer ersten Näherung kann die Nockenwelle als starrer Körper angenommen und nur ein rotatorischer Freiheitsgrad zugelassen werden. Soll das dynamische Bewegungsverhalten der Nockenwelle mitsimuliert werden, wird sie zusätzlich mit biege- und torsionselastischen Elementen aufgebaut. An den Lagerstellen kann ein EHD-Kontakt berücksichtigt und in die Simulation mit einbezogen werden.

Beim Blick auf die kommerziellen Simulationstools ist zwischen verschiedenen Ansätzen zu unterscheiden. Zum einen existieren Programme, die gezielt auf den Ventiltrieb zugeschnitten sind und damit in diesem Spezialgebiet sehr effektiv eingesetzt werden können. Als Nachteil ergibt sich zwangsläufig die damit verbundene Einschränkung der Anwendbarkeit. Im Prinzip sind dies „eindimensionale" Systeme, die den modellierten Massen nur einen translatorischen Freiheitsgrad zugestehen. Zum anderen sind es allgemeine Tools zur Mehrkörpersimulation, die weitestgehend unbeschränkte Modellierungsmöglichkeiten bieten. Hier haben alle Körper grundsätzlich auch alle sechs Freiheitsgrade. Dass der Modellierungsaufwand in diesem Fall größer ist, lässt sich nachvollziehen. Andererseits bieten diese Systeme die Möglichkeit, sogenannte Templates zu verwenden, die als parametrisch erstellte Modelle relativ leicht an die tatsächliche Geometrie angepasst werden können. Diese Templates werden als Zusatzmodule angeboten, können aber auch vom User selbst erstellt werden.

Neue Entwicklungen tragen dem Wunsch Rechnung, eine FE-Simulation unter Berücksichtigung der Kräfte und Beschleunigungen auf ein Bauteil während des gesamten Lastzyklus durchführen zu können. Bei der Dynamiksimulation können dazu die FE-Strukturen komplett in das Lösungssystem integriert werden.

7.5.1 Ergebnisse einer Dynamiksimulation

Als Ergebnisse werden die Bewegung der einzelnen Komponenten sowie alle auf sie wirkenden Kräfte ermittelt. Damit lassen sich alle Auswertungen/Vergleiche mit Grenzwerten der Materialausnutzung analog der kinematischen Simulation durchführen. Dabei liefert die Dynamiksimulation ein wesentlich genaueres Abbild des realen Systemverhaltens als das relativ einfache Kinematikmodell. Insbesondere bei höheren Drehzahlen wird das Feder-Masse-System zu Schwingungen angeregt, die dem kinematischen Verlauf überlagert sind. Diese Überhöhungen zeigen sich deutlich, wenn die Kontaktkraftverläufe zwischen Nocken und Nockenfolger verglichen werden, **Bild 7.15**.

Nach dem ersten Kraftmaximum im Bereich der Ventilbeschleunigung kommt es auch während der Verzögerungsphase zu Oszillationen, die unter Umständen bis zum Kontaktverlust führen können. Besonders bei Ventiltrieben mit hydraulischem Spielausgleich ist während der Dauer der Ventilöffnungsphase eine minimale Restkraft zwischen Nocken und Nockenfolger erforderlich, um ein Aufpumpen des HVA zu vermeiden, was zu gravierenden Problemen führen würde.

Das Ziel einer Simulation ist die möglichst präzise Voraussage des Systemverhaltens. Oder, wenn die Auslegung schon mehr oder weniger abgeschlossen ist, die Untersuchung von Parameteränderungen, um das Teilsystem zu optimieren. Voraussetzung zur Erstellung eines qualitativ guten Modells ist natürlich die möglichst genaue Kenntnis möglichst vieler Parameter, die das Ventiltriebsystem beschreiben. Wenn bereits Prototypen oder Serienmotoren

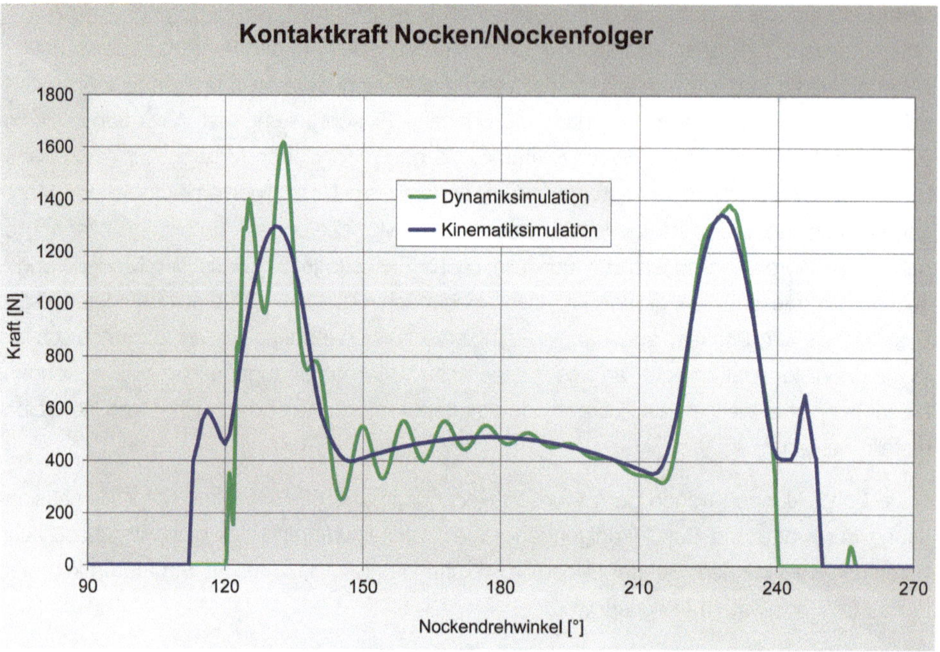

Bild 7.15: Vergleich kinematische und dynamische Simulation

existieren, von denen aus Prüfläufen Messergebnisse vorliegen, kann man die Modellqualität recht gut überprüfen.

7.5.1.1 Vergleich Simulation – Messung

Ein Beispiel aus der Praxis zeigt die sehr gute Korrelation zwischen Messung und Simulation, die mit moderner Software erreicht werden kann. Simuliert wurde ein Einzelventiltrieb. Die Messung erfolgte an einem mit Dehnungsmessstreifen bestückten Schlepphebel, Kapitel 8.5.1, in einem geschleppten Zylinderkopf. Die Ergebnisse von Simulation und Messung der Kontaktkraft zwischen Nocken und Rollenschlepphebel sind in **Bild 7.16** dargestellt.

Diese gute Übereinstimmung sollte sich natürlich auch bei anderen Drehzahlen wiederholen. Auf Basis eines solchen vertrauenswürdigen Simulationsmodells lassen sich dann sehr gut die Auswirkungen von Parametervarianten voraussagen.

7.5.1.2 Optimierung einer Ventilhubkurve

Bereits kleine Änderungen im Ventilhubverlauf, z. B. liegt die Hubdifferenz der in **Bild 7.17** dargestellten Beschleunigungsverläufe bei etwa ±30 µm, zeigen deutliche Auswirkungen auf die Beschleunigungskurve.

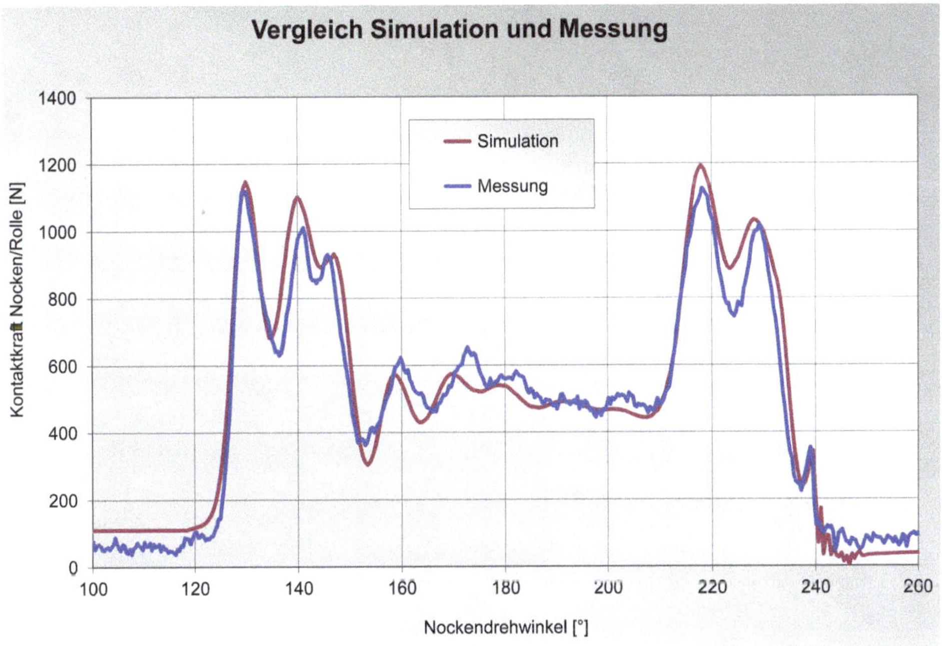

Bild 7.16: Gegenüberstellung Simulation und Messung

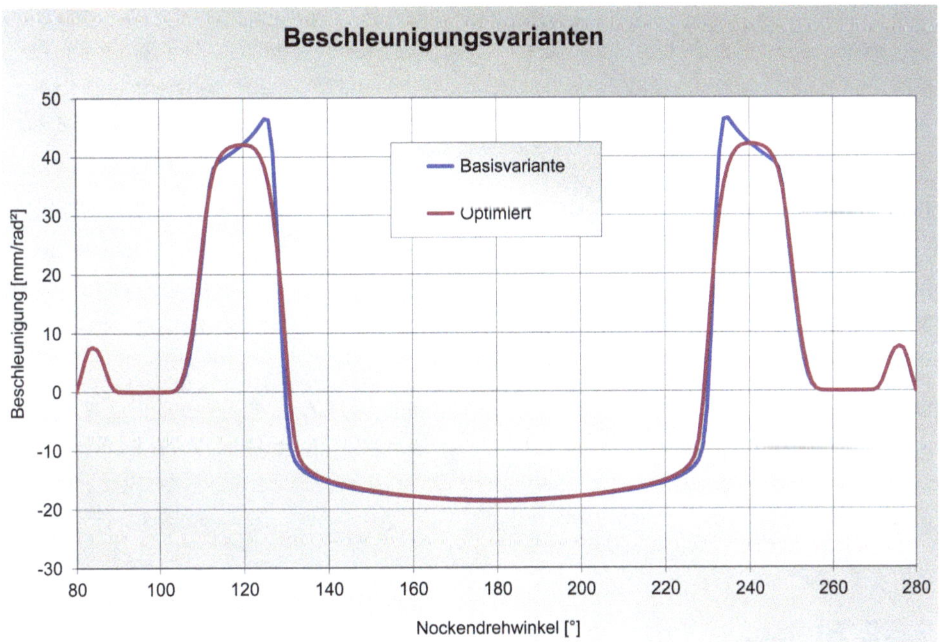

Bild 7.17: Variation des Beschleunigungsverlaufs

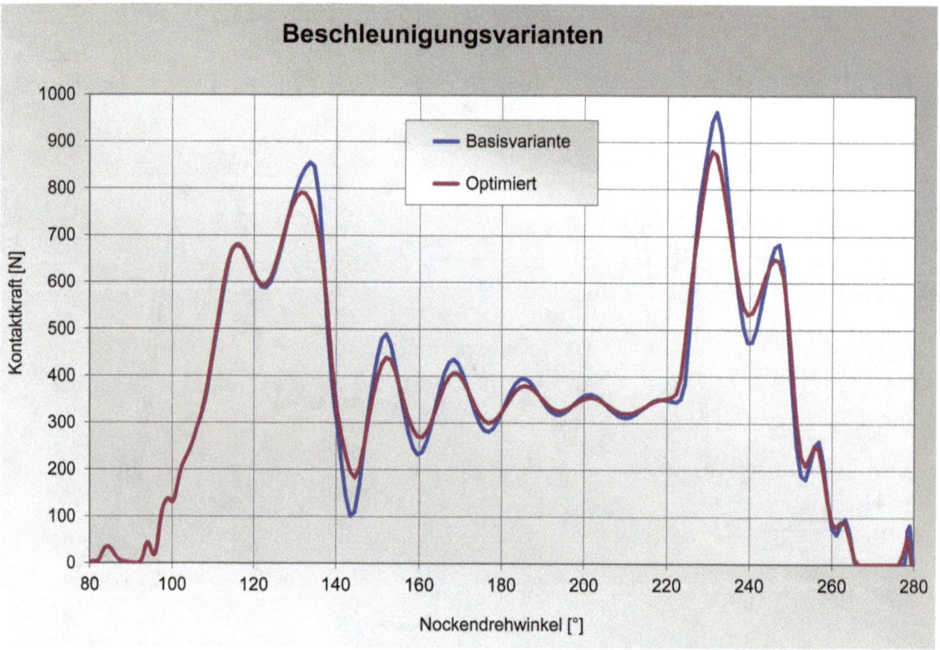

Bild 7.18: Einfluss der Variation aus **Bild 7.17** auf die Kontaktkraft Nocken/Rolle

Hier ist beispielhaft die Optimierung eines ungünstigen Beschleunigungsverlaufs (Basisvariante) hin zu einer deutlich harmonischeren Kurve (optimiert) dargestellt. Die Simulation zeigt dann auch, dass sich eine Hubänderung, die noch innerhalb der üblichen Fertigungstoleranz liegt, durchaus signifikant positiv auf das dynamische Verhalten auswirkt, **Bild 7.18** Kontaktkraft Nocken/Rolle.

Der visuelle Eindruck des gleichmäßigeren Kurvenverlaufs bestätigt sich in der Simulation. Das Abschwächen der schnellen Beschleunigungsänderungen bewirkt eine deutliche Verringerung der hochfrequenten Anregung des Ventiltriebsystems. Damit verbunden ist eine entsprechend reduzierte Kraftamplitude beim Wechsel von der Beschleunigungs- in die Verzögerungsphase des Ventilhubs.

Durch diese relativ kleine Maßnahme wurde die minimale Kontaktkraft bereits von 100 auf 200 N erhöht. Dies könnte jetzt als nicht zu vernachlässigender Gewinn an Sicherheit verbucht oder als Ausgangsbasis für eine weitere Optimierung mit dem Ziel der Reduktion des gesamten Kraftniveaus genutzt werden.

7.5.2 Steifigkeitsauslegung

Generell gilt der Grundsatz, die Bauteile so steif wie möglich zu konstruieren. Dass dies im Widerspruch zur Massenreduktion und Verringerung des Bauraums steht, liegt auf der Hand.

Die Auslegung der Ventiltriebsteile gezielt auf eine geforderte Steifigkeit ist nicht üblich – mit Ausnahme der Nockenwelle und in Einzelfällen bei Rollenschlepphebeln. In erster Linie ist die auf Dauer sicher ertragbare Belastung wichtig. Bei geringen Steifigkeiten entstehen auch entsprechend große Verformungen, die dann Maßnahmen zur Verringerung des maximalen Spannungsniveaus erforderlich machen. Diese führen dann meist auch zu einer steiferen Struktur des Bauteils. Bei der Nockenwelle liegt das Augenmerk üblicherweise auf der Torsionssteifigkeit. Die Verdrehung der Welle sollte einen bestimmten Wert, etwa 0,5°, bei der maximalen Belastung nicht überschreiten.

7.5.3 Eigenfrequenzen

Im Ventiltriebsystem sollten die Eigenfrequenzen der Bauteile möglichst groß sein. Beispielsweise sind Torsionseigenfrequenzen der Nockenwelle von mehr als 1,5 kHz anzustreben.

Die Schwingungsanregung in einem Ventiltrieb erfolgt über die Ungleichförmigkeit des Nockenwellenantriebs, die zeitvariante Belastung durch den Ventilhub und ggf. durch vorhandene Abtriebe zu Unterdruckpumpen oder einer weiteren Nockenwelle über Zahnräder oder eine Kette. Diese Anregungen entsprechen einem sehr breiten Frequenzspektrum, das je nach Motordrehzahl variiert.

Von Seiten des Ventiltriebs kann die Schwingungserregung durch den Nockenhub beeinflusst werden. Da es sich wiederum um ein Frequenzspektrum handelt, kann keine gezielte Isolation einer Anregungsfrequenz erfolgen – auch wegen des Drehzahlbereichs. Es gibt jedoch Softwarelösungen, die eine Optimierung der Nockenform bzw. des Ventilhubs erlauben, bei der ein gewisses Spektrum an Anregungsfrequenzen ausgefiltert bzw. abgeschwächt wird, um die Anregung in gewissen Frequenzbereichen zu verringern, z. B. Camshaft Design System CDS®.

Das „weichste“ Bauteil im Ventiltrieb ist die Ventilfeder, deren Eigenfrequenzen einige hundert Hertz betragen. Bei mittleren bis hohen Drehzahlen beginnt die Ventilfeder deutlich zu schwingen, was im Extremfall zum Versagen der Ventilfeder führen kann. An dieser Stelle kann gezielt eingegriffen werden, indem die Charakteristik der Feder verändert wird. Mögliche Maßnahmen sind konische oder tonnenförmige Federn. Auch eine Variation des Wicklungsabstands der Feder kann die Eigenschwingung der Feder insbesondere im Grundkreisbereich effektiv dämpfen. Dafür wird die Feder so ausgelegt, dass bei geschlossenem Ventil durch die Schwingung ein Teil der Federwindungen zueinander Kontakt bekommt und so im Wesentlichen durch Reibung die Schwingungen gedämpft werden.

7.5.4 Akustik

Da der Ventiltrieb zeitlich variable Kräfte übertragen muss, deren Frequenzen im hörbaren Bereich liegen, hat er zwangsläufig einen gewissen Anteil an den Schallemissionen des Motors. Stoßvorgänge und Verformungen aufgrund der Belastungen erzeugen Schallwellen. Die einzelnen „Beteiligten" sind eigentlich nur bei Fehlfunktionen unmittelbar zu erkennen. Eines der bekanntesten Geräusche ist das Ventilklappern bei falsch eingestelltem Ventilspiel bzw. bei Funktionsstörungen des hydraulischen Spielausgleichs. Bekannt sind ebenfalls störende Geräusche, die durch Unregelmäßigkeiten beim Schleifen der Nockenwelle entstehen. Dabei werden die Nocken nicht gleichmäßig geschliffen, sondern gleichen eher einem Polygon (Facetten oder Rattermarken), Kapitel 8.1.4. Ursächlich dafür sind meist Schwingungen der Schleifmaschine.

7.6 Bauteilauslegung mit FEM

Simulationsprogramme werden heute standardmäßig genutzt, um die Auslegung und Validierung von Ventiltriebsystemen und ihrer Komponenten zu unterstützen. Die wohl bekannteste Methode ist die FEM, die Finite Elemente Methode. Hierbei wird die 3D-CAD-Geometrie direkt oder über neutrale Formate in das Preprocessing Program eingelesen und vernetzt, das heißt, sie wird durch eine Vielzahl kleiner Elemente nachgebildet. Hierbei werden hauptsächlich Hexaeder- und quadratische Tetraederelemente eingesetzt, **Bild 7.19**.

Mit Hexaeder-Elementen entstehen kleinere Modelle, die schneller zu berechnen sind, weil sie weniger Speicherplatz benötigen. Auch die Berechnung von Kontakten gelingt schneller und genauer. Der Vorteil von Tetraeder-Netzen liegt vor allem in der schnellen, programmgestützten Vernetzung auch sehr komplexer Geometrien. Nach der Vernetzung schließt sich die Definition der Randbedingungen an, z. B. Lagerung des Bauteils, Definition von Bereichen mit Kontakt, Aufbringen von Lasten. Dann kann das FEM-Modell auf einem leistungsfähigen Computer numerisch berechnet werden. Abschließend werden die Ergebnisse mit einem Postprocessing Program ausgewertet und dokumentiert oder mit Hilfe anderer Programme weiterverarbeitet. Neben Auslegungsrechnungen während der Produktentwicklung ist die FEM natürlich auch ein sehr nützliches Werkzeug für andere Fragestellungen, wie z. B. bei

Bild 7.19: Verschiedene Typen von Finiten Elementen

der Entwicklung von Fertigungsprozessen oder bei der Klärung von Schadensfällen. Fortschritte in der Leistungsfähigkeit der Computer und die Weiterentwicklung der eingesetzten Programme ermöglichen immer detailliertere und realistischere Modelle, sodass teure Versuche reduziert werden oder zumindest nicht mehr an mehreren Varianten durchgeführt werden müssen.

7.6.1 Nockenwellen

7.6.1.1 Eigenfrequenz der Nockenwellen

Schwingfähige Systeme, wie z. B. ein Ventiltriebsystem, reagieren auf einmalige oder periodisch wirkende äußere Kräfte mit Schwingungen. Dies hängt von der Steifigkeit der Bauteile und der Dämpfung ab. Wenn man das System nur einmalig zum Schwingen anregt, so stellen sich ganz bestimmte Schwingungsformen mit spezifischen Frequenzen ein. Diese werden als Eigenformen und Eigenfrequenzen bezeichnet. Findet eine Anregung mit einer solchen Eigenfrequenz statt, so reichen selbst kleine Kräfte aus, um relativ große Amplituden zu erzeugen. Im Extremfall kann das Bauteil auch zerstört werden. Daher ist es wichtig, dass die Eigenfrequenz der Nockenwelle bestimmte Mindestanforderungen erfüllt, d. h. über einem bestimmten Wert liegt, der oft vom Kunden in einem Lastenheft spezifiziert wird. Üblicherweise bezieht sich bei Nockenwellen die Lastenheftvorgabe auf die erste Torsionseigenfrequenz. Solange die Nockenwelle an fünf oder sechs Stellen gelagert wird, haben die Biegeeigenfrequenzen nur eine untergeordnete Bedeutung.

Übliche Werte für Pkw-Motoren betragen zwischen 1.500 und 2.500 Hz für die erste Torsionseigenfrequenz. Sie hängt vom Material ab, genauer von der spezifischen Dichte und dem Elastizitätsmodul, von den Abmessungen sowie von der lokalen Massenträgheit der Nockenwelle. Je größer der Abstand zur Nockenwellenachse ist, desto stärker kann eine Masse schwingen.

Die Berechnung der Eigenfrequenzen ist mit FEM relativ einfach. Nach der Vernetzung des Bauteils muss man nur noch die Materialeigenschaften definieren, neben Elastizitätsmodul und Querkontraktionszahl auch die Dichte. Weitere Definitionen sind nicht notwendig. Ist die Nockenwelle aus mehreren Einzelteilen zusammengesetzt, so müssen diese fest miteinander verbunden werden; Kontakte sind nicht möglich.

Bild 7.20 zeigt die ersten drei Biegeschwingungen einer gebauten Pkw-Nockenwelle.

Die blauen Bereiche markieren den bzw. die Fixpunkte oder Drehpunkte, um die die Nockenwelle schwingt. Eine höhere Anzahl von Lagerstellen, z. B. fünf oder sechs Lagerstellen statt nur drei, lässt nur höherfrequente Biegeeigenschwingungen zu. Dies führt zu einem besseren dynamischen Verhalten der Nockenwelle und bietet daher grundsätzlich Vorteile. In **Bild 7.21** ist die erste Torsionseigenschwingung einer Pkw-Nockenwelle dargestellt.

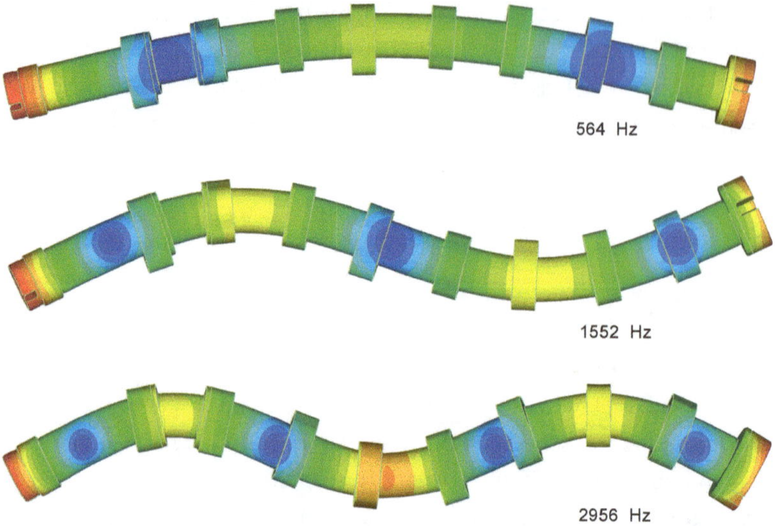

Bild 7.20: Eigenformen der ersten drei Biegeschwingungen einer gebauten Pkw-Nockenwelle

Bild 7.21: Erste Torsionseigenschwingung einer gebauten Pkw-Nockenwelle

Der Drehpunkt befindet sich meistens in der Mitte oder nahe bei der Mitte. Dies hängt aber auch von den Bauteilen an den Nockenwellenenden ab. Berücksichtigt man externe Anbauteile, wie z. B. einen Phasensteller (G) oder ein Antriebsrad, so verschiebt sich der Nullpunkt der Torsionsschwingung in Richtung der zusätzlichen Masse. Gleichzeitig wird die Eigenfrequenz deutlich abnehmen.

Es ist auch möglich, die Nockenwelle im FEM-Modell zu lagern und dafür eine Eigenfrequenzanalyse durchzuführen. In diesem Fall beschränken sich die Ergebnisse natürlich auf die höherfrequenten Eigenschwingungen.

Die Schwingungen des gesamten Ventiltriebsystems als Reaktion auf die äußeren, oszillierenden Lasten können ebenfalls berechnet werden, üblicherweise durch eine dynamische Mehrkörpersimulation, Kapitel 7.5.

7.6.1.2 Steifigkeit der Nockenwellen

Jedes belastete Bauteil verformt sich unter Last. Die Größe der Verformung hängt dabei vom Werkstoff, der Bauteilgeometrie und natürlich von der Belastung (Kraft, Drehmoment, Temperatur usw.) ab. Bezieht man die Verformung auf die Belastung, kann man eine Steifigkeit angeben. Je steifer ein Bauteil ist, desto weniger verformt es sich unter Last. Entsprechend der Art der Belastung spricht man dann von Torsionssteifigkeit oder von Biegesteifigkeit. Auch für die Steifigkeit der Nockenwelle gibt es oft eine konkrete Lastenheftvorgabe oder zumindest die allgemeine Forderung nach einem ausreichend steifen Bauteil.

Das Interesse an der Steifigkeit kommt zum einen daher, dass die Steifigkeit das Schwingungsverhalten der Nockenwelle und sogar des gesamten Ventiltriebs beeinflusst. Eine steifere Nockenwelle hat natürlich auch eine höhere Eigenfrequenz. Zum anderen kann die Verformung zu Ventilhubverlust und zu einem verzögerten Hubbeginn führen. Insbesondere bei Nockenwellen mit nur drei Lagerstellen kann sich die Welle stärker durchbiegen. Die Durchbiegung führt dann dazu, dass das Ventil weniger stark geöffnet wird, als es nach der Nockenkontur zu erwarten wäre. Ähnlich führt die Verdrillung der Nockenwelle durch das Antriebsmoment dazu, dass das Ventil etwas später öffnet als theoretisch.

In der einschlägigen Fachliteratur ist die Steifigkeit als Eigenschaft des Querschnitts definiert, als Produkt aus dem Elastizitätsmodul und dem Flächenträgheitsmoment bzw. als Produkt aus dem Gleitmodul und dem polaren Flächenträgheitsmoment für Torsion. Die Steifigkeit c kann man für den Rohrquerschnitt einer gebauten Nockenwelle oder für einen konstanten Querschnitt einer massiven Nockenwelle einfach analytisch berechnen [10]:

$$c_B = E \cdot I \qquad \text{bzw.} \qquad c_T = G \cdot Ip$$

Durch die Nocken und Anbauteile wird die Nockenwelle jedoch steifer. Man hat über die Länge der Nockenwelle keinen konstanten Querschnitt mehr, der oft auch zusätzlich nicht mehr kreisförmig ist. Dies ist dann analytisch nicht mehr sinnvoll zu berechnen. Hier bietet sich die FEM als besser geeignetes Werkzeug an.

7.6.1.2.1 Torsionssteifigkeit

Ähnlich wie bei der Berechnung der Eigenfrequenz ist das FEM-Modell zur Berechnung der Torsionssteifigkeit relativ einfach aufgebaut. Nach der Vernetzung und der Materialdefinition wird die Nockenwelle an einem Ende eingespannt und am anderen Ende mit einem Torsionsmoment belastet, z. B. mit 100 Nm. Solange alles im elastischen Bereich bleibt, ist die Höhe des Moments nicht wichtig. Die Kontakte zwischen den Bauteilen werden am einfachsten fest miteinander verbunden, sodass sich die Bauteile nicht zueinander verdrehen können.

Zur Auswertung ermittelt man zuerst den Verdrehwinkel φ am belasteten Endquerschnitt aus der tangentialen Verschiebung u und dem zugehörigen Radius r.

$$\varphi = \frac{(u_{tan} \cdot 180°)}{(r \cdot \pi)} \quad \text{[Winkel in Grad]}$$

Wird das Torsionsmoment durch den Verdrehwinkel dividiert, so bekommt man die Bauteil-Torsionssteifigkeit.

$$c_T = \frac{M}{\varphi} \quad \text{[Nm/Grad]}$$

Diese Steifigkeit wird sinnvollerweise als Bauteilsteifigkeit bezeichnet, weil sie keine Eigenschaft des Querschnitts, sondern eine Eigenschaft des Bauteils ist und auch von der Art der Lagerung und Belastung abhängt. Multipliziert man sie mit der Länge der Nockenwelle, bekommt man eine Art mittlere Torsionssteifigkeit, die der Querschnitt einer Welle mit konstantem Querschnitt hätte, um den gleichen Verdrehwinkel aufzuweisen.

Einfacher ist es, die Torsionssteifigkeit auf die Länge bezogen in ein Diagramm einzutragen, **Bild 7.22**.

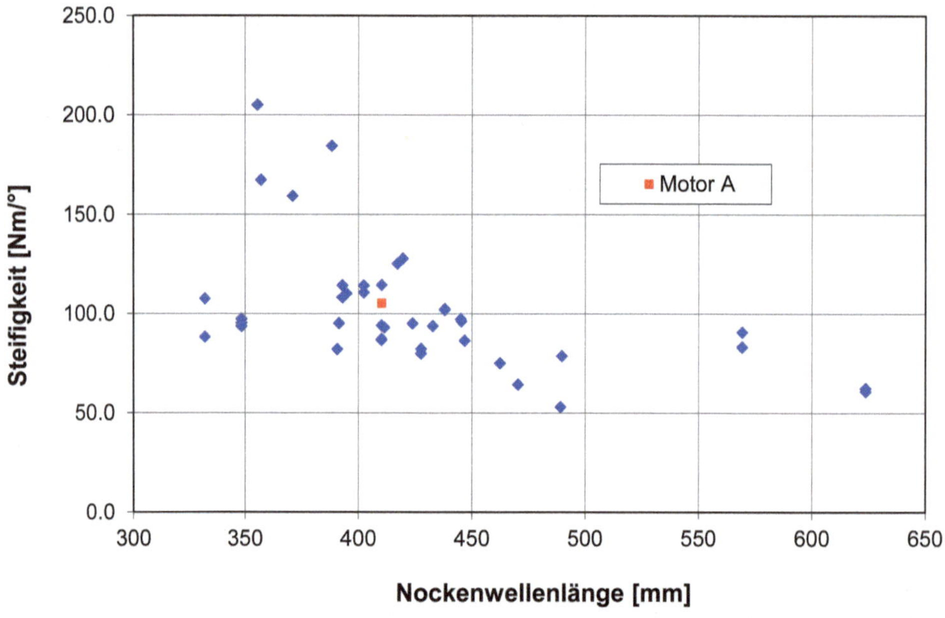

Bild 7.22: Bauteil-Torsionssteifigkeiten für gebaute Pkw-Nockenwellen

So kann man schnell die Steifigkeit einer neuen Nockenwelle, z. B. von Motor A, einordnen und mit anderen Motoren vergleichen. Dabei muss man natürlich die spezifischen Anforderungen für Motor A berücksichtigen.

Im Gegensatz zur Querschnittssteifigkeit, die von der Länge unabhängig ist, ist die Bauteilsteifigkeit sehr wohl von der Länge abhängig. Je länger die Nockenwelle ist, desto geringer wird die Bauteilsteifigkeit sein, ein konstanter Querschnitt vorausgesetzt. Bei gleicher Länge ist die Nockenwellensteifigkeit natürlich auch von der Steifigkeit des Querschnitts abhängig.

7.6.1.2.2 Biegesteifigkeit

Auch die Biegesteifigkeit einer Nockenwelle weist eine ähnliche Problematik auf. Die Biegesteifigkeit eines Nockenwellenrohrs – als Eigenschaft des Querschnitts – lässt sich einfach berechnen. Die Steifigkeit der Nockenwelle mit ihrem nicht konstanten Querschnitt wird etwas größer sein. Definiert man die Bauteil-Biegesteifigkeit als Kraft, dividiert durch die damit verbundene Verschiebung, hängt diese von der Lagerung und dem Ort der Belastung ab, z.B. ob man die Kraft auf einen Nocken aufbringt oder auf das Nockenwellenrohr in der Mitte zwischen zwei Lagern.

Eine Möglichkeit besteht darin, die Nockenwelle jeweils nur an zwei Stellen zu lagern und in der Mitte dazwischen zu belasten. Mit der per FEM berechneten Verschiebung an der Lasteinleitung und der dazugehörigen analytischen Gleichung aus der Balkenbiegungsrechnung kann man einen äquivalenten Wert EJ^* berechnen, der etwas höher sein wird als das EJ des Nockenwellenrohrs. Diese Steifigkeiten sind beide als Querschnittseigenschaft zu verstehen. In **Bild 7.23** ist ein Beispiel schematisch dargestellt.

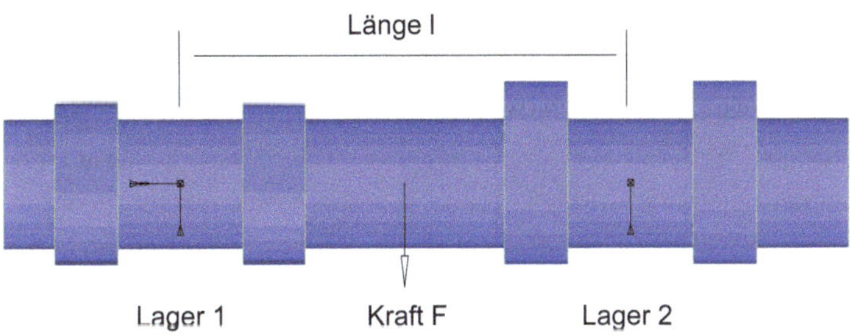

Bild 7.23: FEM-Modell zur Berechnung der Biegesteifigkeit einer Nockenwelle

Für einen beidseitig gelenkig gelagerten Biegebalken ist die Durchbiegung w an der Stelle der Kraft F einfach zu berechnen. Formt man die Gleichung um, kann man daraus dann ein EJ^* berechnen:

$$w_{max} = \frac{F \cdot l^3}{48 \cdot EJ} \qquad \text{und daraus} \qquad EJ^* = \frac{F \cdot l^3}{48 \cdot w_{FEM}}$$

Im vorliegenden Beispiel betrug EJ des Nockenwellenrohrs 2,33 kN/m² und die mit Hilfe der FEM berechnete Steifigkeit EJ^* der Nockenwelle mit Nocken 2,42 kN/m².

7.6.1.3 Verformungen und Spannungen unter Last

Die Nockenwelle muss natürlich in der Lage sein, alle auftretenden Lasten zu ertragen und die gewünschten Funktionen zu gewährleisten. Dies wird üblicherweise mit einer FEM-Berechnung überprüft. Die Lasten kann man unterscheiden in statische Belastungen, wie z.B. Pressverbindungen oder auch Drehmomente bei der Montage, und in dynamische Belastungen, wie z.B. die Kräfte auf die Nocken und das Antriebsmoment auf die Nockenwelle. Belastungen in Form von Temperaturen spielen bei der Nockenwelle normalerweise keine Rolle.

Als Ergebnis der FEM-Berechnung erhält man dann unter anderem Verformungen, Kontaktkräfte und Spannungen. Berücksichtigt man plastisches Werkstoffverhalten so bekommt man als zusätzliches Ergebnis die bleibenden plastischen Dehnungen. Und für den Fall der Kontaktrechnung mit Reibung kann man sich anzeigen lassen, ob und wenn ja wo die Kontaktpartner ins Rutschen kommen.

Neben der Durchbiegung und Verdrehung der Nockenwelle unter Last gibt es auch Detailprobleme, für die man die Verformungen auswertet. Beispielsweise sind die Abmessungen für Bereiche mit speziellen Funktionen, wie beispielsweise Dichtflächen, Nuten an Vakuumpumpenstopfen, oft mit engen Toleranzen versehen. Mit der FEM-Berechnung kann einfach überprüft werden, ob Verformungen durch Pressverbindungen die Toleranzen verletzen oder einhalten.

Für gebaute Nockenwellen sind die Pressverbindungen zwischen Rohr und Nocken bzw. Stopfen von wesentlicher Bedeutung. Die übertragbaren Momente werden für gebaute Nockenwellen analytisch nach der DIN Norm 7190 [11] berechnet. Durch die Wahl geeigneter Toleranzen werden die geforderten Mindestmomente sichergestellt. In der Rechnung wird dabei ein experimentell ermittelter Haftbeiwert anstelle von physikalischen Reibungskoeffizienten verwendet. So werden alle relevanten Einflüsse wie Material, Härte, Oberflächen usw. berücksichtigt. Änderungen der Fertigungsprozesse können unter Umständen Einfluss auf den Haftbeiwert haben!

Die DIN-Norm 7190 basiert allerdings auf vereinfachenden Annahmen, wie z.B. gleich lange und rotationssymmetrische Bauteile. Für die FEM-Berechnung existieren diese Einschränkungen nicht, und sie kann auch komplexere Kontaktsituationen berechnen, z.B. Schraubenfreigänge im Rohr, die in den Fügesitz des Nockens hineinreichen, plastisches Materialverhalten. Da die gefügten Bauteile normalerweise unterschiedlich lang sind, kommt es in der Realität an den Kanten zu höheren Kontaktkräften und Spannungen als in der Mitte der Kontaktzone. Dies kann mit FEM sehr gut berechnet werden, **Bild 7.24**.

Da die Kontaktkräfte als Knotenkräfte von der Netzfeinheit abhängen, empfiehlt es sich, bei unterschiedlicher Netzfeinheit in der Kontaktfläche anstelle der Kontaktkräfte die Kontaktpressung auszuwerten.

Die Spannungen im Nocken, die durch den Schrumpfsitz entstehen, sind bei den üblichen Überdeckungen (G) unkritisch. Die maximalen Spannungen befinden sich an den Kanten

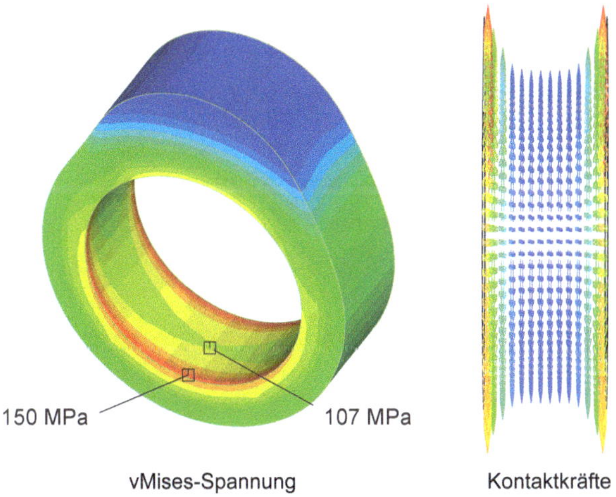

Bild 7.24:
Spannungsverteilung und Kontaktkräfte an einem aufgeschrumpften Pkw-Nocken

der Nockenbohrung. Bei Nocken mit induktiv gehärteter Lauffläche ist das Material um die Nockenbohrung herum „welch" und kann höhere Spannungen durch plastische Verformung abbauen. Durchgehärtete Nocken dagegen verhalten sich je nach Härte eher spröde und können an eventuell vorhandenen Fehlstellen bei hohen Zugspannungen reißen. Nocken, unter die noch ein weiteres Bauteil gefügt wird, wie z. B. der Stopfen der Vakuumpumpe, haben höhere Spannungen als die übrigen Nocken und verdienen daher eine nähere Betrachtung.

Die Spannungen im Rohr entstehen durch die Pressverbindungen, die Torsion (übertragene Drehmomente) und die Biegung (Nocken- und Lagerkräfte). An Kerbstellen wie Ölbohrungen im Rohr konzentrieren sich die Spannungen und weisen höhere Werte auf, **Bild 7.25**.

Eine gebaute Pkw-Nockenwelle in den üblichen Abmessungen mit fünf bis sechs Lagerstellen ist normalerweise betriebssicher, da der bei MAHLE verwendete Standard-Rohrwerkstoff eine hohe Mindestzugfestigkeit von 700 MPa hat. Es gibt jedoch Situationen, in denen

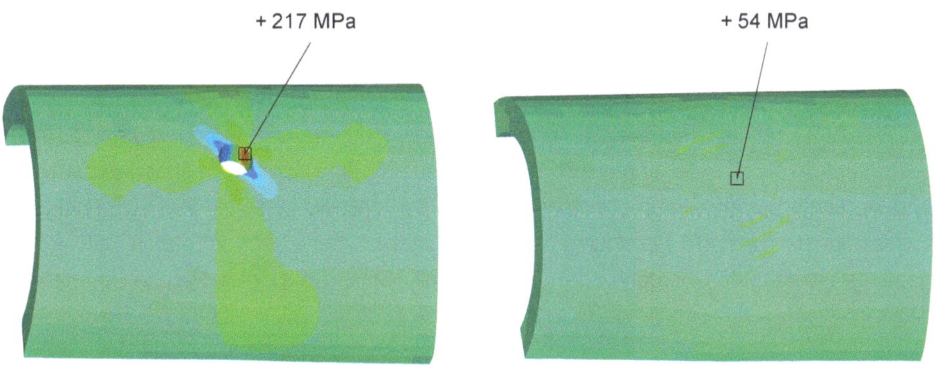

Bild 7.25: Verteilung der ersten Hauptspannung für ein torsionsbelastetes Rohr mit und ohne Ölbohrung

die Rohrspannungen genauer überprüft werden sollten. Dies können z. B. die bereits erwähnten Ölbohrungen oder Langlöcher im Rohr sein, eine Lagerung mit nur drei Lagerstellen, ein kleinerer Rohrdurchmesser oder eine geringere Wandstärke, hohe Lasten, wie z. B. bei Nutzfahrzeugen, oder ein weniger fester Rohrwerkstoff.

Der Antrieb der Nockenwelle wird über Zahnräder oder Riemen bzw. Kette realisiert. Das benötigte Drehmoment hängt von den auftretenden Nockenkräften ab und ob am Ende der Nockenwelle ein Antrieb einer zweiten Nockenwelle oder eines anderen Verbrauchers nötig ist. Da das Antriebsmoment immer mit einer radialen Querkraft erzeugt wird, entsteht durch den Abstand zum ersten Lager auch ein Biegemoment auf das Nockenwellenende. Dies belastet das Bauteil am Ende der Nockenwelle – meistens ein Stopfen –, an dem das Zahnrad etc. angeschraubt wird.

Die kritische Stelle an einem solchen Antriebsstopfen ist der Übergangsradius zum Fügedurchmesser. Hier überlagern sich die statischen Spannungen durch die Pressverbindung und die dynamischen Spannungen durch die Antriebslasten, **Bild 7.26**. Dabei ist es sinnvoll, die Schraubenkraft, mit der das Antriebsrad angeschraubt wird, zu berücksichtigen, ggf. auch den Reibungskontakt und die Plastizität.

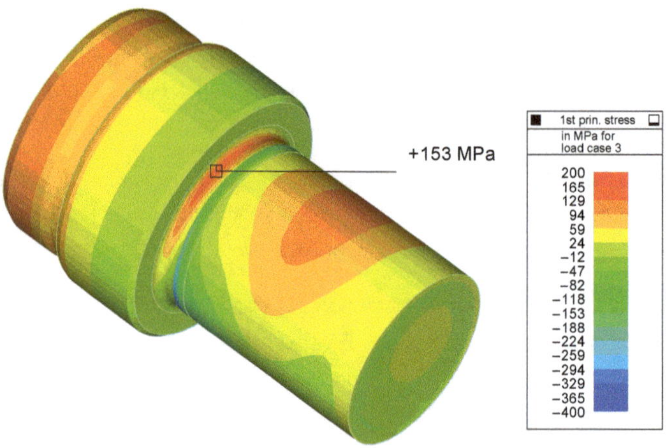

Bild 7.26: Verteilung der ersten Hauptspannung eines Antriebsstopfens einer gebauten Pkw-Nockenwelle unter Betriebslast

Als Belastung kann man entweder die tatsächlichen, die berechneten oder die gemessenen Lasten auf die Nockenwelle heranziehen und daraus die kritischen Kombinationen der Kräfte und Momente bestimmen und berechnen. Oder man definiert einen virtuellen ungünstigsten Lastfall, für den man die Spannungen im Antriebstopfen berechnet. Im ersten Fall wird die gesamte Nockenwelle berechnet, im zweiten Fall reicht das Nockenwellenende mit dem Stopfen.

Die berechneten Spannungen werden dann mit der Werkstofffestigkeit des Stopfens verglichen, idealerweise mit gemessenen Festigkeiten. Dies geschieht im einfachsten Fall manuell

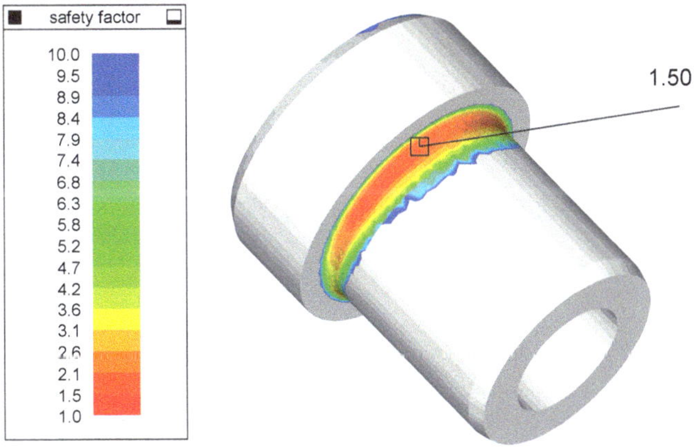

Bild 7.27: Verteilung des Sicherheitsfaktors für einen Antriebsstopfen einer gebauten Pkw-Nockenwelle

mit Hilfe eines Dauerfestigkeitsdiagramms oder komfortabler mit einer speziellen Software, wie z. B. FEMFAT (G) von Magna. Als Ergebnis erhält man dann einen Sicherheitsfaktor gegenüber Dauerbruch, **Bild 7.27**.

Ein weiterer Punkt sollte zumindest angesprochen werden, auch wenn er nicht in aller Tiefe dargestellt werden kann. Bei Welle-Nabe-Verbindungen können Reibkorrosionsschäden auftreten, wenn es durch die zyklische Belastung zu Schlupf in der Fügeverbindung kommt. Gemeinsam mit den hohen Kontaktpressungen kann der Schlupf die Bauteiloberfläche schädigen. Diese Schädigungen können dann zusammen mit den Lastspannungen zu einem Versagen der Welle führen, und dies auch noch nach einer relativ hohen Lastwechselzahl. Der beschriebene Mechanismus ist durch numerische Simulation noch nicht vorhersagbar, auch wenn natürlich durch eine FEM-Berechnung mit Reibungskontakt der zu erwartende Schlupf und die Kontaktpressung bestimmt werden können. An gebauten Nockenwellen trat dieses Phänomen bisher kaum auf. Eine einfache Möglichkeit, um Reibkorrosionsschäden zu vermeiden, ist die Erhöhung des Reibkoeffizienten, damit Schlupf erst gar nicht auftritt.

7.6.1.4 Gussnockenwellen

Auch Nockenwellen aus Gusseisen kann man in ähnlicher Weise mit FEM berechnen, wie in den vorherigen Abschnitten bereits beschrieben. Die Kontaktdefinitionen entfallen natürlich, dafür ist der Werkstoffseite mehr Aufmerksamkeit zu widmen. Lamellarer Grauguss fließt bereits bei relativ niedrigen Zugspannungen und hat eine Druckfestigkeit, die zwei- bis dreimal so hoch ist wie die Zugfestigkeit. Dies kann bedeuten, dass eine zeitintensive, plastische FEM-Berechnung notwendig ist, und setzt voraus, dass das FEM-Programm diese speziellen Werkstoffeigenschaften modelliert. Weiterhin werden Nockenwellen oft in der speziellen Form des Schalenhartgusses gegossen, bei der die Nockenoberflächen abgeschreckt werden und dadurch lokal ein härteres Gefüge entsteht. Die Folge sind inhomogene Werkstoffeigenschaften in der Nockenwelle. Generell strebt man für Gussteile einen höheren Sicherheitsfaktor von etwa 2,5 an, um dem Rechnung zu tragen, dass die Werkstofffestigkeit im Bauteil lokal unterschiedlich sein kann. Natürlich kann es auch sein, dass nach dem Erstarren des Gussteils Eigenspannungen zurückbleiben, die sich den Lastspannungen überlagern. Es ist inzwischen grundsätzlich möglich, solche Spannungen durch Gießsimulation zu berechnen und in das FEM-Programm zu übernehmen.

7.6.2 Nockenfolger

Unter Nockenfolger ist hier jedes Bauteil zu verstehen, das von der Nockenwelle bewegt wird und dann direkt oder über weitere Bauteile die Ventile öffnet. Details zu den verschiedenen Typen von Hebeln und Stößeln werden in Kapitel 5 erläutert.

7.6.2.1 Eigenfrequenzen

Die Eigenfrequenzen und Eigenformen werden bei Nockenfolgern normalerweise nicht näher betrachtet. Sowohl Hebel als auch Stößel sind kompakte Bauteile, sodass die Eigenfrequenzen hohe Werte annehmen und keine Schwingungsprobleme aufgrund von Resonanz auftreten. So beträgt die erste Eigenfrequenz eines typischen Nfz-Rollenstößels mehr als 15 kHz, die eines Pkw-Tassenstößels ohne das zugehörige hydraulische Ausgleichselement 10 kHz und die des Pkw-Gleithebels, **Bild 7.28**, mehr als 13 kHz. Die relevanten Eigenfrequenzen der Schwingungsformen, die im Ventiltrieb durch die dynamische Belastung angeregt werden können, sind oft nochmals wesentlicher höher.

7.6.2.2 Hebel

7.6.2.2.1 Steifigkeit

Dagegen ist die Steifigkeit bei Hebeln von großem Interesse. Die Steifigkeit des Hebels beeinflusst das dynamische Verhalten des Ventiltriebs und kann auch Einfluss auf Verschleiß an den Kontakten der Bauteile haben. Die mit FEM berechnete Hebelsteifigkeit ist daher eine wichtige Voraussetzung für eine möglichst realistische dynamische Simulation des Ventiltriebs.

Es handelt sich hier um eine Bauteilsteifigkeit – ähnlich wie im Fall der Nockenwelle. Üblicherweise interessiert nur die Biegesteifigkeit, obwohl sich gekröpfte Hebel in gewissem Umfang zusätzlich tordieren können. Die berechnete Bauteilsteifigkeit gilt stets nur für die angenommene Lagerung und Belastung. Der Gleithebel in **Bild 7.28** wird z. B. auf seiner Drehachse und dem Ventilfuß gelagert und mit der Nocken-Kontaktkraft belastet.

Die Kinematikberechnung liefert dazu die maximale Kraft mit Richtung und Ort des Angriffs. Diese Kraft dividiert durch die mit FEM berechnete Verschiebung am Ort der Krafteinleitung

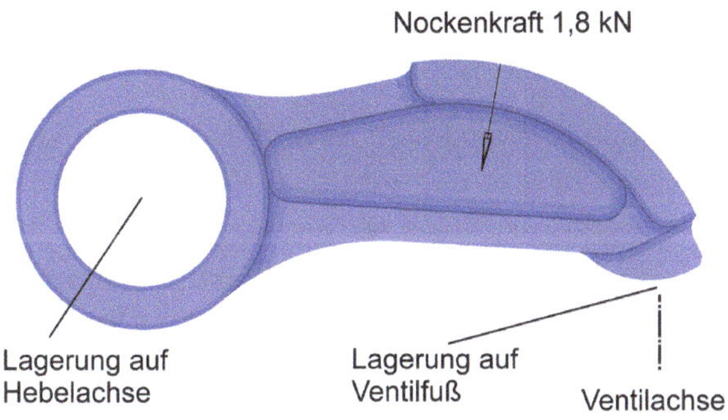

Bild 7.28:
FEM-Modell eines Pkw-Gleithebels

(in Kraftrichtung) ergibt dann die Bauteilsteifigkeit in kN/mm. Eine Belastung auf der Ventilseite und stattdessen eine Lagerung am Nocken sind genauso möglich, allerdings wird die berechnete Steifigkeit dann eine andere sein, da nur die Kräfte von den Hebelverhältnissen linear abhängig sind, die Verschiebungen jedoch nichtlinear sind.

7.29 zeigt den gleichen Hebel im deformierten Zustand.

Die Steifigkeit für die dargestellte Lagerung beträgt etwa 110 kN/mm. Typische Werte für

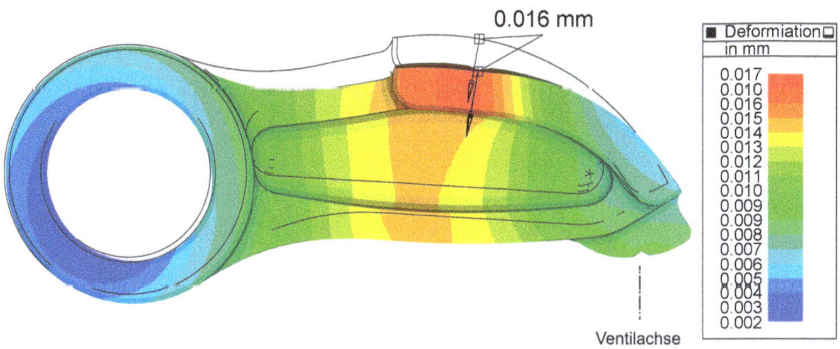

Bild 7.29: Deformierter Hebel aus **Bild 7.28**

Hebel liegen im Allgemeinen zwischen 15 und 50 kN/mm, bezogen auf die Ventilseite. Der jeweilige Wert muss natürlich immer anwendungsbezogen beurteilt werden. So ist der Gleithebel aus **Bild 7.28** für einen Sportmotor ausgelegt. Pkw-Rollenblechhebel sind je nach Baulänge deutlich elastischer.

7.6.2.2.2 Spannungen unter Last

Neben der Verformung unter Betriebslast wertet man natürlich auch die Spannungen an den Bauteilen aus, um eine ausreichende Lebensdauer nachweisen zu können. Als Lastfälle berücksichtigt man zuerst – falls vorhanden – die Montagelasten. Dies kann bei einem

Rollenhebel ein eingepresster Rollenbolzen sein oder auch ein Druckstück, das das Ende einer Stößelstange aufnimmt.

Als zweiter Lastfall kommt dann die maximale Belastung dazu. Dies ist meistens die maximale Kraft. Gibt man z. B. die Kraft auf der Ventilseite vor, ergibt sich die Kontaktkraft zum Nocken oder zur Stößelstange dann als Reaktionskraft aus der Rechnung. Manchmal tritt jedoch die kritische Belastung bei einer kleineren Kraft auf, die mit einem größeren wirksamen Hebelarm das maximale Biegemoment verursacht. Daher sollte man neben dem Kraftverlauf auch den Momentenverlauf prüfen. Bei sehr hohen Kräften kann es auch nötig werden, die Reibungskräfte zu berücksichtigen, z. B. im Gleitkontakt zu einer vorhandenen Ventilbrücke.

In **Bild 7.30** ist ein Halbmodell des Körpers eines Pkw-Rollenblechhebels zu sehen, der ventilseitig belastet wird und an der HVA-Aufnahme und der Rollenachse (nicht dargestellt im Bild) gelagert wird.

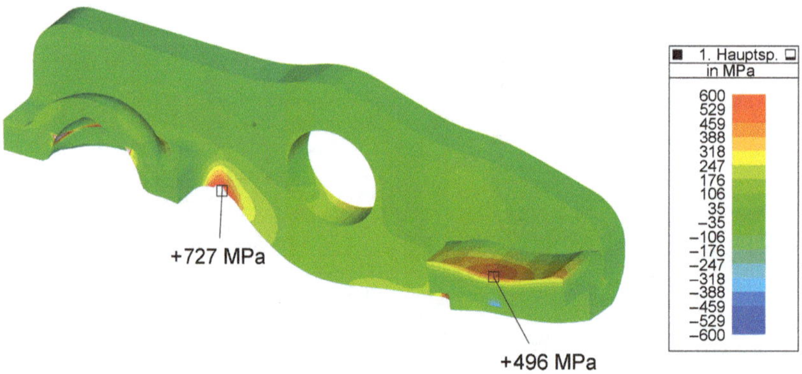

Bild 7.30: Zugspannungsverteilung an Pkw-Rollenblechhebel, Lasteinbringung ventilseitig

Die maximalen Zugspannungen treten gegenüber der Krafteinleitung und in der Ecke der Rollenkammer auf. Riefen durch den Stanzprozess wirken an dieser Stelle als zusätzliche Kerben und sind daher zu vermeiden. **Bild 7.31** zeigt die Zugspannungsverteilung für einen Nfz-Kipphebel, der auf seiner Achsbohrung und ventilseitig gelagert ist und auf der Stangenseite belastet wird.

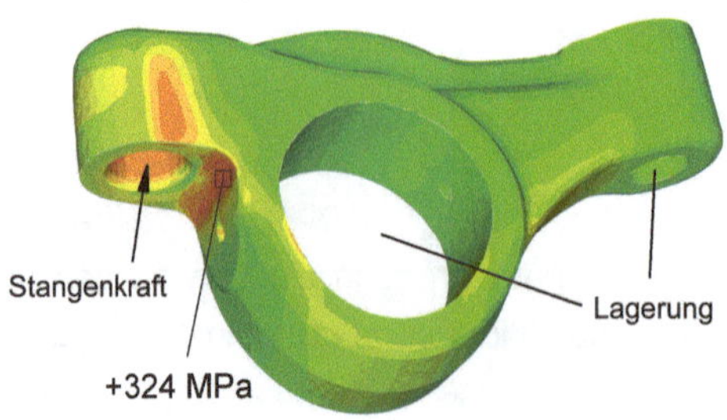

Bild 7.31: Zugspannungsverteilung für Nfz-Kipphebel, Lasteinbringung stangenseitig

Die maximale Zugspannung findet sich in dem relativ kleinen Radius am Übergang zum Druckstück für die Stößelstange (nicht dargestellt im Bild). Da Lagerung und Belastung nicht ganz in einer Ebene liegen, ist das Spannungsmaximum nach außen verschoben.

Wenn der Hebelkörper ein Gussteil ist, so sind noch einige weitere Dinge zu beachten. Eingegossene Kennzeichnungen sollten erhaben und nicht vertieft gegossen werden, ansonsten besteht die Gefahr, zusätzliche Kerben zu erzeugen. Die Gusstoleranzen können durch reduzierte Querschnitte und durch verstärkte Kerbwirkung von Radien Einfluss auf die Spannungen haben. Im Zweifelsfall sollte man also die Minimalgeometrie berechnen oder den Sicherheitsfaktor entsprechend anpassen. Grundsätzlich ist die Festigkeit in einem Gussteil nicht konstant, sondern auch von den lokalen Gefügeeigenschaften abhängig. Dazu kommen eventuelle Fehlstellen im Gussteil. Die Festigkeiten des verwendeten Materials wurden jedoch an Normproben ermittelt. Es ist daher sinnvoll, für Gussteile höhere Sicherheitsfaktoren zu verlangen, mindestens 2,5. Durch zerstörende Bauteilprüfung, z. B. auf einem Pulser, kann man das ertragbare Belastungsniveau normalerweise gut überprüfen.

Hebelkörper sind oft mit Schmierölbohrungen ausgestattet, die je nach Lage zu Kerbspannungen führen können. In Rollenbolzen finden sich teilweise auch Ölzuführungen, um den Kontakt Rolle/Bolzen zu schmieren. Der biegebelastete Rollenbolzen in **Bild 7.32** war als Bronzebolzen geplant, aber die Spannungen wurden nicht dauerfest ertragen. Die Lösung bestand darin, die Ölbohrung in einen Bereich zu verlegen, der weniger stark mit Spannungen belastet ist.

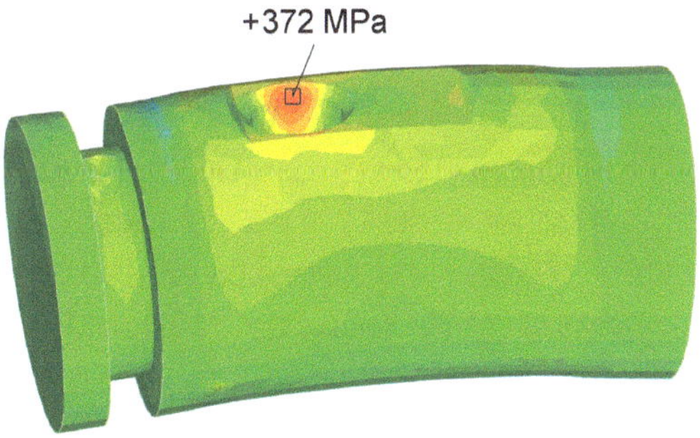

Bild 7.32:
Zugspannungen in einem belasteten Rollenbolzen mit Ölbohrung aus einem Nfz-Hebel

7.6.2.3 Stößel

7.6.2.3.1 Rollenstößel

Nicht nur Hebel, sondern auch Stößel werden zunehmend mit einer Rolle ausgestattet, da diese höhere Lasten ertragen kann und weniger Reibung verursacht als ein Gleitkontakt. Da der Kraftfluss beim Stößel sehr direkt ist und sich nur Bolzen und Rollenkammer unter Last geringfügig verformen, ist die Steifigkeit sehr hoch (mehrere 100 kN/mm). Daher wird die Steifigkeit üblicherweise nicht mit einer FEM-Berechnung bestimmt. Eine geschlossene

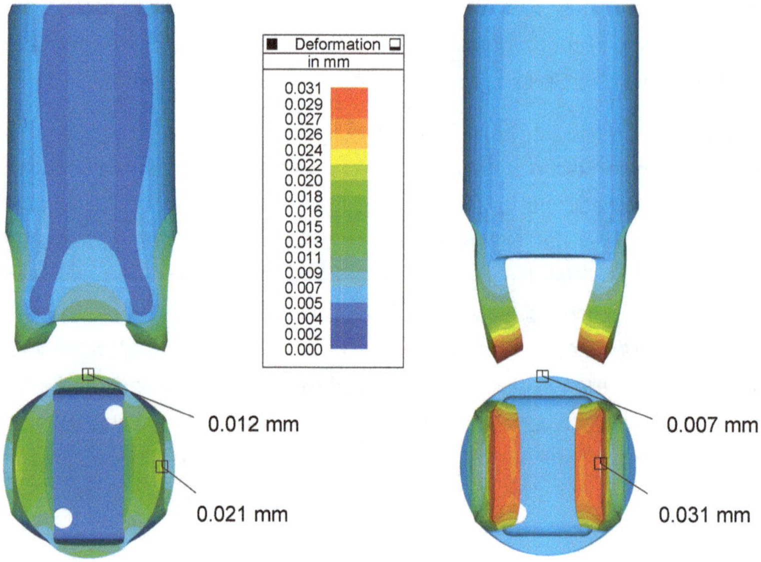

Bild 7.33: Verformung der Rollenkammer durch Bolzenmontage, geschlossene Rollenkammer (links) vs. offene Rollenkammer (rechts)

Rollenkammer ist natürlich noch etwas steifer als eine offene Rollenkammer, sodass sich unterschiedliche Verformungen durch die Bolzenmontage ergeben, **Bild 7.33**.

Der Körper wird meistens als Fließpressteil hergestellt und anschließend gehärtet. Durch beide Verfahren erhöht sich die Festigkeit des Grundmaterials. Allerdings gibt es praktisch keine gemessenen Dauerfestigkeiten; man kann daher nur aus der Härte des Körpers Rückschlüsse auf die Festigkeit ziehen.

Der Rollenbolzen wird bei MAHLE inzwischen als Standard in Bronze ausgeführt und durch Taumelnieten fixiert. Die Alternative wäre ein klassischer Presssitz, meist als thermischer Schrumpfsitz realisiert. Stahlbolzen sind zwar kostengünstiger und steifer, aber sie sind ohne weitere Oberflächenbehandlung tribologisch ungeeignet als Kontaktpartner zur Rolle. Beim Taumelnieten wird der Bronzebolzen an den Bolzenenden plastisch umgeformt, sodass sich eine variable Überdeckung zwischen Bolzen und Stößelkörper ergibt, die man am einfachsten durch Vermessen von Versuchsteilen ermittelt.

Auch bei Stößeln berechnet man zwei Lastfälle. Im ersten Lastfall berücksichtigt man nur die Montagelasten, d.h. die Überdeckung zwischen Bolzen und Stößelkörper und falls vorhanden den Kontakt zwischen dem Körper und einer eingepressten Verdrehsicherung. Es gibt verschiedene Arten von Verdrehsicherungen und darunter auch solche, die aus einem eingepresstem Stift oder einer eingepressten Feder bestehen. Ohne Verdrehsicherung könnte sich der Rollenstößel im Grundkreis und auf der Nockenspitze frei um seine Längsachse drehen. Die höchste Zugspannung im Stößelkörper – bei einem Ventilstößel – entsteht durch die Bolzenmontage um das Bolzenauge herum, **Bild 7.34** links.

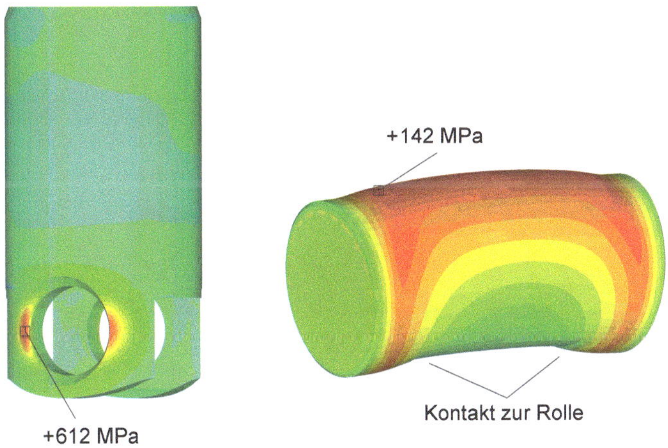

Bild 7.34: Zugspannungen am Stößelkörper durch die Bolzenmontage (links), Biegespannungen im Rollenbolzen unter Betriebslast (rechts)

Bei Pumpenstößeln kann der Stempel der Pumpe auch zu höheren Spannungen im Boden der Rollenkammer führen, da der Platzbedarf für die Feder ein etwas anderes Design erfordert.

Der zweite Lastfall berücksichtigt noch die Betriebslast, die maximale Nockenkontaktkraft auf die Rolle. Gelegentlich rechnet man auch noch einen dritten Lastfall mit der Kraft mit dem maximalen Winkel zur Längsachse. Da die maximale Kraft auf die Rolle immer unter einem kleinen Winkel wirkt, muss der Stößelkörper seitlich gelagert werden, idealerweise durch Kontakt gegen einen Zylinder aus dem Material des Zylinderblocks. Die Kraftkomponente in Längsrichtung wird an der Kugelpfanne der Stößelstange gelagert. Die Betriebslast führt natürlich zu einer Durchbiegung und Biegespannungen im Rollenbolzen, **Bild 7.34** rechts, die man mit den Festigkeiten des Bronzematerials vergleichen muss. Auch hier kann man natürlich statt der Nockenkontaktkraft die Stangenkraft in der Kugelkalotte aufbringen und das Modell am Rollen-Nocken-Kontakt lagern.

Für die Rolle besteht weniger die Gefahr zu hoher Spannungen, sondern eher das Risiko zu hoher Kontaktpressungen. Üblicherweise reicht es aus, diese mit analytischen Gleichungen nach Hertz zu berechnen, Kapitel 7.2.1. Allerdings ist es auch möglich, die Kontaktspannungen zwischen Rolle und Nocken mit einem entsprechend feinen FE-Netz zu berechnen. In **Bild 7.35** ist ein Beispiel dargestellt, in dem die Druckspannungen im Kontakt mit FEM für eine zylindrische und für eine ballige Rolle berechnet wurden.

Bei der zylindrischen Rolle tritt ein „Kanteneffekt" auf, d.h. an der Rollenkante treten lokal eng begrenzt hohe Kontaktkräfte und Spannungen auf, die wesentlich höher als der Wert in der Mitte sind. Die ballige Rolle vermeidet den Kanteneffekt, hat aber etwas höhere Druckspannungen in der Rollenmitte als die zylindrische Rolle.

Eine FEM-Berechnung empfiehlt sich jedoch nur, wenn die Berechnung nach Hertz an ihre Grenzen stößt und nicht mehr gültig ist. Weitere Information dazu findet man in [4].

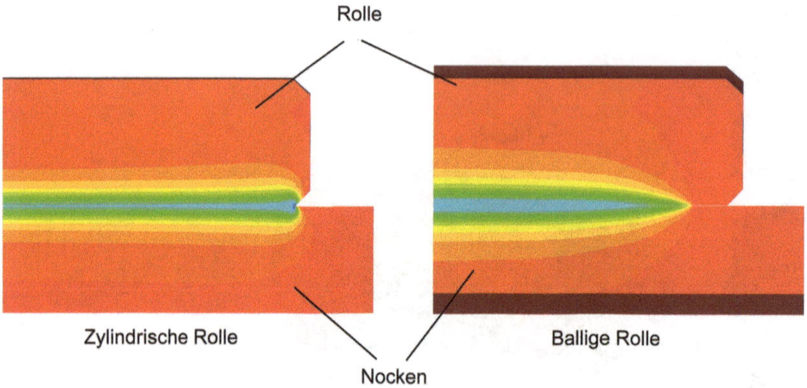

Bild 7.35: Mit FEM berechnete Druckspannung im Kontakt zwischen Rolle und Nocken (Viertelmodell dargestellt)

7.6.2.3.2 Tellerstößel

Ein Tellerstößel ist ein relativ einfaches Bauteil, meistens einteilig, und steht im Gleitkontakt zum Nocken. Es stellt somit keine allzu großen Anforderungen an die FEM-Berechnung. Entweder ist der Stößel aus Stahl, neuerdings oft mit PVD-beschichteter (G) Gleitfläche oder aus Schalenhartguss, wobei bei Gussteilen höhere Sicherheitsfaktoren als bei Stahl erforderlich sind. Die maximale Belastung stellt sich entweder bei maximaler Auslenkung (maximaler Hebelarm) oder bei maximaler Kontaktkraft ein. Da die maximale Nockenkontaktkraft meist am Hubbeginn und am Hubende auftritt, ist es oft so, dass der zugehörige Kontaktbereich noch über dem Schaft liegt und der Teller selber nicht verbogen wird. Dabei ist es durchaus üblich, dass der Nocken bei der größten Auslenkung links und rechts über den Tellerrand hinausragt und sich somit Kantenpressungen ergeben. Verdrehsicherungen gibt es nicht, da der Tellerstößel sich für einen gleichmäßigen Verschleiß drehen soll.

Eine besondere Variante des Tellerstößels hat als Gleitfläche eine Hartmetallplatte, die auf den Stößelkörper aufgelötet wird. Da Hartmetall einen deutlich kleineren thermischen Ausdehnungskoeffizienten als der Grundkörper hat, führt dies bei Erwärmung auf Motortemperatur zu einer Art Bimetalleffekt, **Bild 7.36**. Diese thermischen Verformungen sind mit entsprechenden Spannungen verbunden, die sich mit den Spannungen aus der Betriebslast überlagern.

7.6.2.3.3 Tassenstößel

Tassenstößel werden meist in Pkw-Motoren eingesetzt, mit oder ohne hydraulisches Ausgleichselement, manchmal sogar als komplexe schaltbare Tasse. Tassen sind etwas elastischer als die bisher beschriebenen Stößel, aber meistens steifer als die Blechhebel. In **Bild 7.37** ist ein FEM-Modell eines Tassenstößels dargestellt, vom HVA allerdings nur die Teile, die zur Tasse im Kontakt stehen.

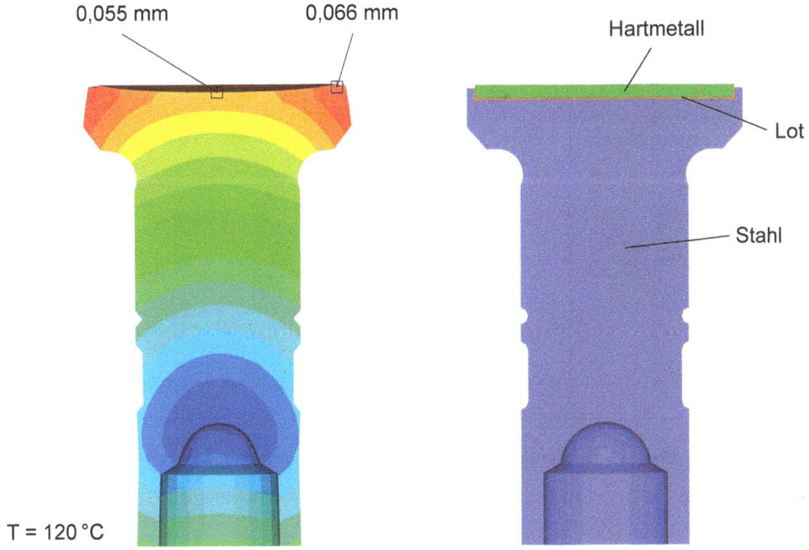

Bild 7.36: Tellerstößel mit aufgelöteter Hartmetallplatte, Verformung durch Erwärmung

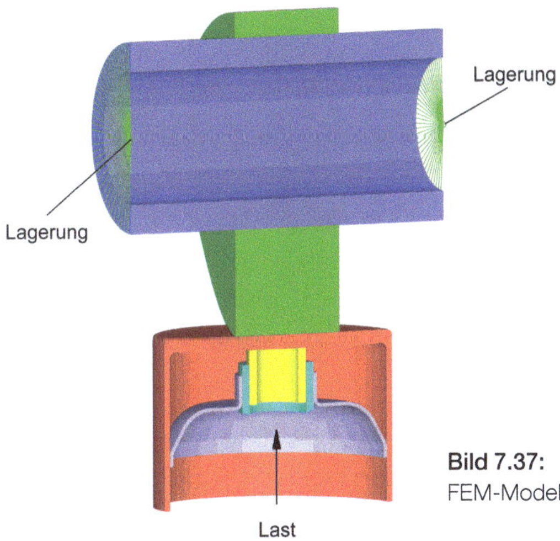

Bild 7.37:
FEM-Modell eines Tassenstößels mit Nockenwellenabschnitt

Die Last wurde ventilseitig aufgebracht und der Nockenwellenabschnitt gelagert. Da die Wandstärke der Blechteile relativ gering ist, ist darauf zu achten, genügend Elemente über die Wanddicke zu wählen. Allerdings ist dies heute dank der Leistungszuwächse von Computer-Software und -Hardware auch kein Problem mehr. In **Bild 7.38** sind die Zug- und Druckspannungsverteilungen an der verformten Tasse dargestellt.

Interessanterweise ist die Druckspannung im Kontakt zum Nocken nicht in der Mitte maximal, sondern weiter außen. Dies ist eine Folge der Verformung des Tassenbodens durch die Form der Lasteinleitung von unten über das HVA. Hätte man die Nockenkontaktkraft

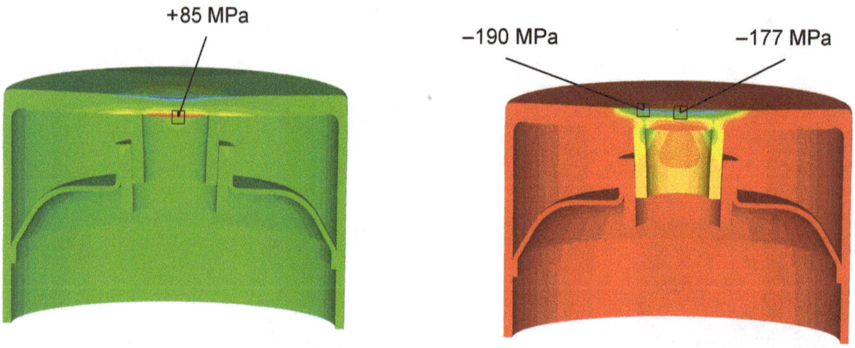

Bild 7.38: Zugspannungen (links) und Druckspannungen (rechts) dargestellt am verformten Tassenstößel aus **Bild 7.37**

als konstante Last anstelle des hier modellierten Nockens oder als feste Einspannung realisiert, wäre das Ergebnis verfälscht worden.

7.6.3 Ventilgruppe

Die Ventilgruppe besteht aus dem Ventil, dem Ventilsitzring und der Ventilführung.

Im Unterschied zur Auslegung der Bauteile im oberen Bereich des Zylinderkopfs sind im unteren Bereich bei der Ventilgruppe sehr hohe Temperaturen von bis zu mehr als 800 °C zu berücksichtigen. Im ersten Schritt einer Auslegung sind hier die Temperaturverteilungen zu ermitteln. Diese verursachen dann einerseits thermische Spannungen und Deformationen und haben andererseits auch großen Einfluss auf die temperaturabhängigen Materialeigenschaften. Als Basis für die Temperaturverteilung, **Bild 7.39**, dienen idealerweise Messergebnisse aus dem Motorbetrieb.

Hier ist nur zu hinterfragen, ob diese Ergebnisse auch wirklich die maximalen Temperaturen wiedergeben. Die thermischen Randbedingungen für Konvektion, Kontakte usw. werden dann an diese Messergebnisse angepasst.

Liegen noch keine Messwerte vor, müssen aus Analogien zu anderen vergleichbaren Motoren erste Schätzungen vorgenommen werden. Letzte Option wäre es, nach Ansätzen von z. B. Woschni oder Hohenberg [12, 13] die thermischen Randbedingungen analytisch zu berechnen. Das kann in Anbetracht der heutigen schnellen Weiterentwicklung der Verbrennungsführung in Otto- und Dieselmotoren allerdings recht ungenau werden.

Liegen hinreichend vertrauenswürdige Temperaturverteilungen vor, können diese als Randbedingungen für die weitere Auslegung der Bauteile der Ventilgruppe verwendet werden. Hier muss bei der Ventilgruppe unbedingt immer die Temperaturabhängigkeit aller physikalischen und mechanischen Werkstoffeigenschaften der mitberücksichtigt werden.

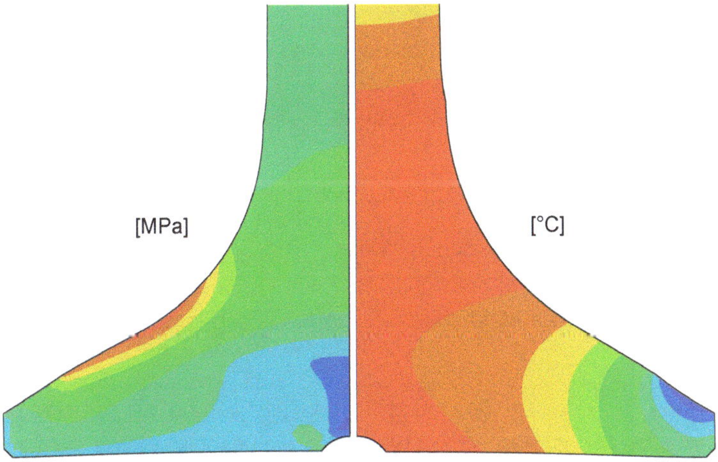

Bild 7.39: Spannungs- und Temperaturverteilung des Lastfalles „Zünddruck“

7.6.3.1 Ventile

Die mechanische Belastung der Ventile ist neben den thermischen Einflüssen aus ihren zwei wesentlichen Funktionen abgeleitet:

1. Ladungswechsel der Frisch- und Abgase, also Öffnen und Schließen,
2. Abdichtung des Brennraums während Verbrennung und Arbeitshub.

Zu 1. Die dynamische Belastung während des Ladungswechsels verursacht hohe Spannungen vor allem beim Schließen des Ventils (je nach Aufsetzgeschwindigkeit):

- Im Sitzbereich
- In der Kehle auf der Rückseite des Ventilkopfs
- Im Übergang vom Ventilkopf zum Schaft
- In den Rillen für die Kegelstücke (G), die den Federteller (G) halten

Bei hochdrehenden Motoren können hier vor allem die Einlassventile kritische Spannungsniveaus erreichen, was trotz des moderaten Temperaturniveaus schon zu Schaftabrissen führen kann. Starke Verzüge am heißen Zylinderkopf können ebenfalls zu Schäden führen, da Führung und Sitzring nicht mehr in einer Achse liegen und dies zu zusätzlichen Biegespannungen im Ventil führt. Aber auch alleine eine kritische Ventiltriebauslegung mit hohen Aufsetzgeschwindigkeiten führt bis hinein in den Großmotorenbau zu hohen dynamischen Belastungen, ohne dass die Motoren hoch drehen müssen.

Zu 2. Die Druckbelastung während der Verbrennung verursacht bei geschlossenen Ventilen hohe Spannungen, diesmal vorzugsweise auf der Rückseite des Ventiltellers. Das ist vor allem beim Auslassventil Ursache für hohe relative Belastungen.

Infolge des hohen Temperaturniveaus am Auslassventil ist hier die Absenkung der Festigkeit in den kritischen heißen Bereichen (Kehle auf der Rückseite des Ventilkopfs) besonders zu beachten. Die Situation lässt sich verbessern durch:

- Leichte Geometrieanpassungen (Spannungsabsenkung)
- Bessere Kühlung mit einem höher wärmeleitendem Werkstoff für den Ventilsitzring (= Temperaturabsenkung)
- Am Auslassventil mit Natriumfüllung (Temperaturabsenkung durch vermehrte Wärmeableitung in die Ventilführung)
- Höher temperaturbeständige Werkstoffe (Festigkeitsanhebung)

Die zentrale Frage ist immer, ob bei der lokalen Temperatur und Spannung an jeder Stelle die temperaturabhängige Festigkeit ausreichend ist. Das kann in der Auswertung der Berechnung als Sicherheitsfaktor oder als Materialausnutzung (= dessen Inverse) beschrieben werden.

Durch den Quotienten aus der aktuellen Spannung für den Lastfall und der temperaturabhängigen Festigkeit wird die Materialausnutzung berechnet, die unabhängig von der Temperatur die relative Belastung anzeigt, **Bild 7.40**.

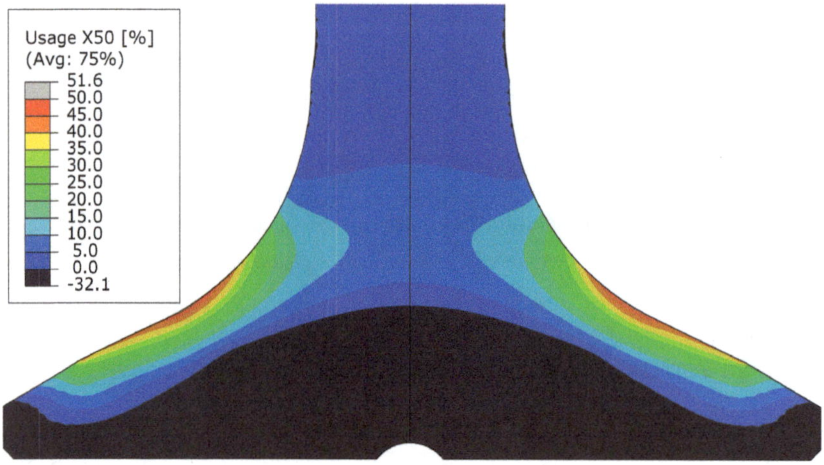

Bild 7.40: Thermomechanische Spannungen plus Temperaturverteilung

Nicht berechnet werden können zusätzlich auftretende Oxidations- (G) und Korrosionseinflüsse (G), die über Kerbbildung ebenfalls zu Schäden führen können. Für diese Effekte bietet das Temperaturfeld erste Hinweise, ob das gewählte Material noch eine ausreichende Beständigkeit hat.

Der Bereich des Sitzes am Ventil ist durch Aufsetzen und Zündung hoch belastet. Die Probleme, die hier auftreten können, sind:

- Eigenspannungen aus einer eventuellen Sitzhärtung
- Eigenspannungen aus einer Auftragsschweißung mit Panzerwerkstoffen
- Tribologische Probleme zwischen Ventilsitz und Sitzring
- Tribologische Probleme zwischen Ventilschaft und Ventilführung

Diese sind einer numerischen Auslegung nicht zugänglich. Lediglich kann eine extreme plastische Deformation hier einen beginnenden Ventildurchschlag durch den Sitzring andeuten.

Die Rillen für die Kegelstücke und generell das obere, kalte Ende des Ventils sind für eine Berechnung der Belastungen ebenfalls weniger relevant. Hier handelt es sich meist um Härtungsprobleme, Eigenspannungen und Bearbeitungsriefen, wenn es zu Schäden kommt.

7.6.3.2 Ventilsitzringe

Die Ventilsitzringe werden mit Übermaß in eine Aufnahmebohrung am Zylinderkopf eingepresst. Dann halten sie über Reibungskräfte dort fest. Während des Motorbetriebs werden sie stark erhitzt und müssen den Großteil der Wärme aus dem Ventil aufnehmen und an den Zylinderkopf ableiten. Hierbei haben sie einen relativ großen Temperaturgradienten und entsprechend hohe thermische Spannungen und Dehnungen. Das hohe Niveau der Temperaturen und Spannungen führt zu Relaxation (G):

- Pkw (Aluminium-Zylinderkopf): der Zylinderkopf relaxiert
- Nkw (Grauguss-Zylinderkopf): der Ventilsitzring relaxiert

Die Montageüberdeckung sollte hier so gewählt werden, dass es nicht zur Überlastung von Zylinderkopf oder Ventilsitzring kommt. Dazu wurden in jüngster Vergangenheit bei stetig ansteigenden Temperaturbelastungen die Überdeckungen in allen Motorgrößen und -arten zurückgenommen, von früher bis maximal weit über 100 μm auf heute minimal nur noch 30 μm. Das führt in der Regel dann auch dazu, dass die Ringe weder herausfallen, noch der Zylinderkopf Risse entwickelt. Von einer eigentlichen Auslegungsrechnung für die Ventilsitzringe kann aber noch nicht gesprochen werden.

7.6.3.3 Ventilführungen

Auch für Ventilführungen gibt es noch keine eigentliche Auslegungsrechnung, aber die Physik kann auch hier anhand von relativ einfachen Modellen gut erklärt werden.

Die Führungen aus Sinter- oder Buntmetall werden mit entsprechender Überdeckung in eine Bohrung im Zylinderkopf eingepresst. Das Spiel zum Ventilschaft ist hier ausreichend für die radiale thermische Ausdehnung des Ventilschafts zu definieren. Andernfalls könnte das Ventil im heißen Motor klemmen. Allerdings wird hier auch Wärme vom Ventil auf die Führung abgegeben, was bei zu großem Spiel nicht mehr funktionieren würde.

Die Ölversorgung zwischen Ventilschaft und Ventilführung muss dabei immer sichergestellt sein, damit Schmierung und Kühlung des Ventilschafts gegeben sind. Andernfalls kann es zu Führungsverschleiß und Ventilüberhitzung kommen.

Literaturnachweis

[1] Hertz, H.: Über die Berührung fester elastischer Körper, Journal für die reine und angewandte Mathematik 92, 156–171 (1881)

[2] Dubbel: Taschenbuch für den Maschinenbau

[3] Ruhr, W.: Nockentriebe mit Schwinghebel, Clausthal, Dissertation 1985

[4] Krepulat, W.; Dusik, M.; Korte, V.: SAE Paper 2002-01-0852, Advanced Calculation Method of the Contact Stress in Roller Follower Valve Train Systems, 2002

[5] DIN 50323, Reibung und Verschleiß

[6] Gesellschaft für Tribologie, Internetauftritt

[7] Dornhöfer, G.: Silikone zur Schmierung moderner Maschinenelemente?, Tribologie und Schmierungstechnik, 45. Jahrgang, 4/1998

[8] Zum Gahr, K. H. (Hrsg): Reibung und Verschleiß, 1983 Deutsche Gesellschaft für Metallkunde e. V.

[9] Bergmann, W.: Werkstofftechnik, Teil 2: Anwendung, 1991 Carl Hanser Verlag München Wien

[10] Adam, J.: Festigkeitslehre und FEM-Anwendungen – Heidelberg: Hüthig, 1991

[11] DIN 7190: Pressverbände – Berechnungsgrundlagen und Gestaltungsregeln, Berlin: Februar 2001

[12] Woschni, G: Die Berechnung der Wandverluste und der thermischen Belastung der Bauteile von Dieselmotoren. MTZ (31), 1970

[13] Hohenberg, G. F.: Advanced Approaches for Heat Transfer Calculations. SAE-Paper 790825, 1979

8 Erprobung von Ventiltriebsystemen

8.1 Erprobungsziele bei Ventiltriebskomponenten

Innerhalb des Produktentstehungsprozesses ist die Erprobung ein wichtiger Bestandteil, um die im Lastenheft geforderten Eigenschaften neu- oder weiterentwickelter Bauteile und Systeme sicherzustellen. Es gilt dabei, die im Entwicklungsplan festgelegten Anforderungen zu unterschiedlichen Zeitpunkten der Entwicklung zu prüfen und bei Nichterfüllung die Grundlage für entsprechende Optimierungen zu schaffen. In der Erprobung werden sowohl Einzelaspekte an Bauteilen, wie z.B. die Haltekraft von Bolzen im Rollenstößel, als auch die Gesamtsysteme im geschleppten oder befeuerten Dauerlaufprüfstand untersucht. Abhängig vom Entwicklungsstand und der Komplexität der Ventiltriebskomponenten sowie der Fragestellung kommen unterschiedliche Versuchsmethoden und Versuchseinrichtungen zum Einsatz. Diese sind aufgrund der speziellen Erfordernisse zum Teil selbst entwickelt.

Im Vergleich zur Berechnung gehen bei der Erprobung alle technologischen Einflüsse der Fertigung (Wärmebehandlungszustand, Oberflächenqualität, Fehlstellen, Zeichnungsabweichungen usw.) in die Ergebnisse mit ein. Demzufolge sind Berechnung und Erprobung zwei sich ergänzende Methoden zur Auslegung von Ventiltriebsystemen.

Die Erprobung hat die Aufgabe, die Ventiltriebskomponenten unter folgenden Gesichtspunkten zu untersuchen:

- Erfüllung der Grundfunktion
- Überprüfung der Haltbarkeit
- Verringerung von Reibung und Verschleiß
- Erfüllung der NVH-Forderungen

8.1.1 Grundfunktion

Die vom Kunden erwarteten Eigenschaften eines Fahrzeugs lassen sich nur erfüllen, wenn für jedes einzelne Bauteil seine ihm zugewiesene Funktion mit der geforderten Zuverlässigkeit sichergestellt wird. Dies gilt z.B. für die Leistungs- und Emissionsanforderungen, zu denen der Ventiltrieb einen ganz wesentlichen Beitrag leistet. Denn er stellt sicher, dass der Hubverlauf der Ventile über den gesamten Drehzahlbereich gemäß Auslegung erfolgt. Dafür wird auf einem Prüfstand getestet, ob bei hohen Drehzahlen Hubüberhöhungen oder unzulässig hohe Schließgeschwindigkeiten mit Wiederöffnen auftreten. Bei Mehrventilmotoren wird untersucht, ob die Bewegung der Ventile eines Zylinders synchron abläuft. Gegebenenfalls müssen Optimierungen an der Nockenkontur oder der Steifigkeit des Ventiltriebs vorgenommen werden.

Gebaute Nockenwellen werden ihrer Funktion nur dann mit der geforderten Sicherheit gerecht, wenn sich Nocken und Antriebsstopfen auch bei kurzzeitig erhöhter Betriebslast nicht lösen. Dies wird sowohl statisch auf Universalprüfmaschinen wie auch dynamisch auf Hochfrequenzpulsern oder mit dem Einfluss der Überrollung auf Dauerlaufprüfständen untersucht. Ähnliches gilt für die Verbindung des Bolzens im Rollenstößel, die sich unter der dynamischen Betriebslast aufgrund elastischer Verformungen von Bolzen und Stößelkörper lösen, wodurch der Bolzen wegen nicht symmetrischer Verhältnisse auswandern könnte.

8.1.2 Haltbarkeit

Die immer weiter steigenden Forderungen an die Lebensdauer von Bauteilen und Systemen im Verbrennungsmotor erfordern ausgereifte Methoden zur Untersuchung der Haltbarkeit ausgewählter Werkstoffe bzw. der Konstruktion hinsichtlich der geometrischen Struktur. Oft werden diese Forderungen flankiert von Leistungssteigerungen und daraus resultierenden höheren Belastungen der Bauteile. Für die Erfüllung und Einhaltung der höheren Ansprüche werden in der Bauteilprüfung geeignete statische und dynamische Werkstoffuntersuchungen durchgeführt. Neben der mechanischen Belastung treten im Ventiltrieb auch variable, teilweise sehr hohe thermische Beanspruchungen auf, die Einfluss auf die Festigkeit von Bauteilen, z. B. auf Ventile, haben. Beispiele für die Untersuchung verschiedener Bauteile auf Haltbarkeit sind:

- Zugfestigkeit an Ventilwerkstoffen abhängig vom Wärmebehandlungs- bzw. Anlasszustand
- Einfluss unterschiedlicher Übergangsgeometrien an gegossenen Nockenwellen auf die Dauerfestigkeit
- Einfluss der Konstruktion, z. B. Position von Ölrücklaufbohrungen, auf die Festigkeit von Rollenstößelkörpern

In diesem Bereich werden für statische Untersuchungen Universalprüfmaschinen und für dynamische Prüfungen Umlaufbiegeprüfmaschinen und Hochfrequenzpulser eingesetzt.

8.1.3 Reibung und Verschleiß

Das tribologische Verhalten ist die entscheidende Eigenschaft bei der richtigen Auswahl von Werkstoffen für Komponenten unter Relativbewegung und den jeweils vorliegenden Systemeinflüssen. In Kapitel 7.3 wurde bereits auf die Bedeutung der Tribologie, welche das Gesamtgebiet von Reibung, Verschleiß und Schmierung umfasst, hingewiesen. Bei der Reduzierung von Reibung und Verschleiß ist es erforderlich, nicht nur die Einzelkomponenten, sondern das gesamte System, das aus den Kontaktpartnern, den Umgebungseinflüssen und der Beanspruchung besteht, zu betrachten.

Abhängig von der Relativbewegung und den Schmierbedingungen können an den Kontaktpartnern die unterschiedlichen Reibungszustände Festkörperreibung, Mischreibung oder Flüssigkeitsreibung auftreten. Aufgrund der sich ständig ändernden Belastungs- und Bewegungsbedingungen der Kontaktpartner ist die Mischreibung der dominante Reibungszustand im Ventiltrieb. In der Erprobung werden die Reibungs- und Verschleißeigenschaften von Ventiltriebskomponenten in dafür speziell entwickelten Prüfeinrichtungen wie Dauerlaufprüfständen und Messprüfstand untersucht und optimiert.

8.1.4 Noise, Vibration, Harshness

Als Noise, Vibration, Harshness (NVH = Geräusch, Vibration, Rauheit) bezeichnet man Schwingungen, die als Geräusche hörbar oder als Vibrationen fühlbar sind. Die Schwingungen liegen im hör- und fühlbaren Bereich zwischen 20 und 100 Hz und im hörbaren Bereich zwischen 20 Hz und 16 kHz. Sie werden durch lokale Schwingungserregung von mechanischen Strukturen durch auf sie einwirkende dynamische Kräfte oder Stöße erzeugt.

Ursache von Schwingungen können z. B. Stick-Slip-Effekte sein, die durch Reibung entstehen und zur Abstrahlung von Körperschall und letztlich hörbarem Luftschall führen. Weitere Gründe können ungünstige Rauheitsverhältnisse in Gleit- oder Rollkontakten oder Formfehler in Gestalt von Rattermarken an den Nocken und Lagerstellen von Nockenwellen sein. Rattermarken entstehen durch Schwingungen beim Schleifen von zylindrischen Teilen und führen zu Welligkeiten oder Facetten an der Oberfläche. Bei der geometrischen Vermessung von Nockenwellen zeigt eine mit der Fast Fourier Transformation (FFT) durchgeführte Ordnungsanalyse der Oberflächenwelligkeit der Nockenoberfläche den Zusammenhang von Schwingungslänge, die bei Rattermarken meist zwischen 3 und 20° Winkelgrad (18. bis 120. Oberwelle oder Ordnung) liegt sowie der zugehörigen Amplitude. **Bild 8.1** zeigt ein Beispiel einer in mehreren Messreihen ermittelten Grenzwertkurve mit den für ein unauffälliges Geräuschverhalten noch zulässigen Amplituden in Abhängigkeit von der Ordnung.

Im Ventiltrieb werden NVH-Untersuchungen mit Luft- und Körperschallmessungen durchgeführt. Neben der Schallleistungsmessung eignen sich auch einfache Schalldruckmessungen zum Variantenvergleich. Zudem werden bei der Untersuchung von Vollmotoren oder auch Teilkomponenten, wie z. B. einem fremdangetriebenen Zylinderkopf, an geeigneten Stellen Beschleunigungsaufnehmer appliziert und anhand deren Signale das NVH-Verhalten verschiedener Varianten verglichen.

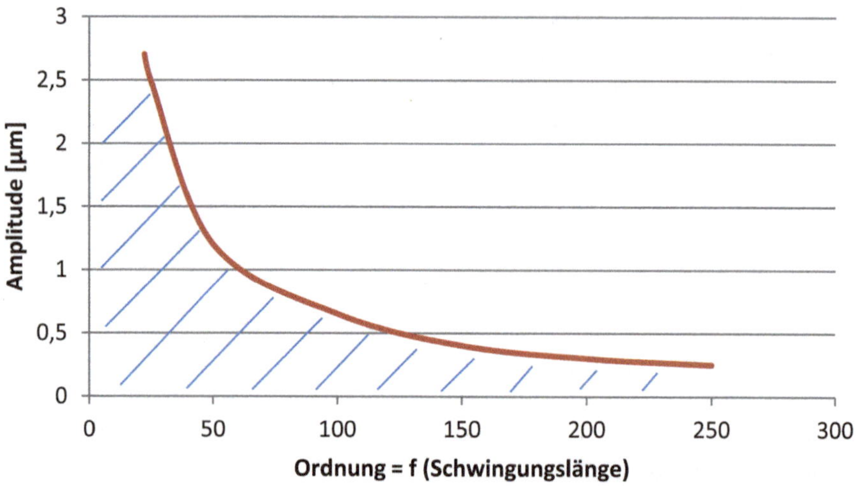

Bild 8.1: Beispiel für den zulässigen Bereich (schraffiert) der Amplitude der Oberflächenwelligkeit in Abhängigkeit von der Schwingungslänge, in dem keine akustische Beeinträchtigung zu erwarten ist

8.2 Bauteilprüfung

Um die Einhaltung der geforderten mechanischen Eigenschaften an den unterschiedlichen Bauteilen des Ventiltriebs zu überprüfen, werden verschiedene Methoden angewendet. Üblicherweise werden hierfür die Berechnung mit der Finite-Elemente-Methode, Kapitel 7.6, Dehnungsmessungen mit Hilfe von Dehnungsmessstreifen, statische Prüfungen auf Universalprüfmaschinen sowie zyklische Prüfungen auf dem Hochfrequenzpulser oder der Umlaufbiegeprüfmaschine eingesetzt.

Im Vergleich zur Berechnung werden bei der Bauteilprüfung zwar nur einzelne Belastungsfälle untersucht, die Bauteile weisen jedoch die realen Geometrien, Toleranzen und die technischen Einflüsse, wie etwa Legierungszusammensetzung, Wärmebehandlung und innere wie äußere Fehlstellen auf. Während die Berechnung auf den CAD-Daten der Bauteilkonstruktion basieren kann, sind für die Bauteilprüfung fertig bearbeitete Bauteile in ausreichender Stückzahl erforderlich.

Für die Prüfung der verschiedenen Bauteile haben sich mehrere standardisierte Methoden bewährt. Im Einzelfall werden speziell angepasste Belastungsvorrichtungen eingesetzt. Wichtig ist dabei, dass die Prüfeinrichtungen das jeweilige Bauteil möglichst realitätsnah belasten. Für unterschiedliche Belastungssituationen ist es daher erforderlich, separate Prüfaufbauten zu konzipieren.

Bauteilprüfungen im Labor erfolgen vor allem, wenn absolute Aussagen zu den mechanischen Eigenschaften von Bauteilen erwartet werden oder wenn unterschiedliche Konstruktions- oder Behandlungsvarianten miteinander verglichen werden sollen. Für Motorkomponenten spielen rein statische Belastungen meist eine untergeordnete Rolle. Demzufolge sind die meisten Prüfungen Dauerversuche mit großer Lastwechselzahl. Um mit einer möglichst geringen Anzahl von Versuchsteilen eine schnelle und statistisch abgesicherte Aussage über den Mittelwert zu erhalten, wird vielfach das Treppenstufenverfahren eingesetzt. Alternativ wird mit einer Zeitraffung durch deutlich überhöhte Lasten gearbeitet. Hierbei muss allerdings die Übertragbarkeit auf reale motorische Bedingungen gewährleistet bleiben.

8.2.1 Statische Bauteilprüfung

Häufig eingesetzte statische Untersuchungsmethoden sind die Bestimmung von Lösekräften oder -momenten, z. B. an Bolzen von Rollenstößeln oder Nocken und Stopfen von gebauten Nockenwellen sowie die Spannungsanalyse an realen Bauteilen. Für derartige Untersuchungen werden meist Universalprüfmaschinen mit kalibrierten Kraftmessdosen hoher Genauigkeit gewählt. Bei der Ermittlung der Lösekräfte oder -momente werden die Lasten gemessen, bei denen sich die in einem Pressverband befindlichen Bauteile zu bewegen beginnen. Damit ist es möglich, Einflüsse aus der Fertigung der Bauteile, wie Rauheit, Form, Fertigungsverfahren oder Beschichtung genauso zu untersuchen wie Montagebedingungen, z. B. Reinigungszustand oder Überdeckung (G). Zum einen geht es bei den Löseuntersuchungen um die Sicherheit einer gegebenen Konstruktion, die aus dem Vergleich der ertragbaren Last zur Betriebslast gerechnet wird. Zum anderen können bei Weiterentwicklungen, bei denen oft eine Lasterhöhung gefordert wird, verschiedene Optimierungsvarianten im Vergleich untersucht werden, um die Ausführung mit der größten Effizienz zu finden. Durch die Ermittlung von realistischen Haftreibbeiwerten kann die Berechnung bei der Auslegung von Fügeverbindungen unterstützt werden.

Die Spannungsanalyse an realen Bauteilen mithilfe von DMS-Messungen erlaubt die Untersuchung von geometrischen Einflüssen (Gesamtkonstruktion, lokale Radien/Übergänge, Elastizitäten usw.) auf die lokal gemessene Beanspruchung. Einerseits können die hiermit ermittelten Spannungen mit Erfahrungswerten bezogen auf die Betriebstemperatur verglichen werden, andererseits lassen sich die Ergebnisse natürlich auch zur Bestätigung von Berechnungsergebnissen und damit der Validierung der zugrunde liegenden Randbedingungen einsetzen.

Ebenfalls zu den statischen Bauteiluntersuchungen gehören die Deformations- und Steifigkeitsmessungen. Dabei werden die Bauteile oder Systeme mit einer definierten Kraft belastet und an ausgewählten Stellen die Verformung gemessen. Wird die Verformung am Lastangriffspunkt gemessen, so lässt sich die Steifigkeit F/x hieraus ableiten. Um das Setzungsverhalten oder kriechbedingte bleibende Verformungen zu untersuchen, z. B. an Ventilsitzringen (G) im Zylinderkopf, werden Relaxations- (G) oder Kriechversuche durchgeführt, Kapitel 8.2.3. Hierbei gilt es, die bleibenden Deformationen zu ermitteln, die sich nach einer Belastung über eine definierte, meist längere Zeit und gegebenenfalls unter erhöhter Temperatur einstellen.

8.2.2 Dynamische Bauteilprüfung

Bauteile im Verbrennungsmotor unterliegen einer dynamischen mechanischen Belastung, die von einer sich verändernden thermischen Belastung überlagert wird. Um die teilweise komplexen Belastungen des Motors auf Laboruntersuchungen übertragen zu können, wird die Beanspruchung der Bauteile an die für die Haltbarkeit maßgebende Form und Höhe angepasst. Die Bauteile können dabei entweder schwellend, d. h. mit veränderlichen Kräften nur im Druck- oder Zugbereich, oder wechselnd mit Kräften im Zug- und Druckbereich belastet werden. Oft erfolgt eine Prüfung unter erhöhter Temperatur, bei der die Teile in einem Ofen auf konstanter Temperatur gehalten oder mit temperiertem Öl durchströmt werden. In diesem Bereich werden Hochfrequenzpulser und Umlaufbiegeprüfmaschinen eingesetzt.

8.2.2.1 Hochfrequenzpulser

Der Hochfrequenzpulser ist eine Prüfmaschine, die in Resonanzfrequenz betrieben wird. Durch die eigene Überhöhung des Schwingkreises wird eine große Kraft- und Wegamplitude bei geringer Energiezufuhr erreicht. Mit Hochfrequenzpulsern werden alle Bauteile des Ventiltriebs unter realitätsnahen Bedingungen im Zug-, Druck-, Schwell- oder Wechsellastbereich untersucht. Unter Einsatz entsprechend angepasster Vorrichtungen sind z. B. an Nockenwellen Biege- und Torsionsversuche, an Ventilen Tellerverformungs- oder Abreißversuche sowie an Nockenfolgern verschiedenste Druck-, Biege- und Funktionsuntersuchungen möglich. Diese Prüfungen können jeweils bei Betriebstemperatur unter Verwendung von die Bauteile umschließenden Öfen durchgeführt werden. Besonders bei der Entwicklung von klebeunterstützten Verbindungen, z. B. an gebauten Nockenwellen, werden die Untersuchungen unter Einfluss von betriebswarmem Motorenöl durchgeführt.

Eine spezielle Form der Funktionsprüfung an Rollenstößeln ist der dynamische Test auf festen Sitz des Bolzens, **Bild 8.2**. Obwohl der Bolzen im Rollenstößel nicht axial belastet wird, kann es unter starker Überlast zum Auswandern des Bolzens kommen. Dies wird allein durch die elastische Verformung des Bolzens und der bolzenaufnehmenden Körperaugen des Stößelkörpers und den von den elastischen Verformungen ausgehenden Mikrobewegungen verursacht. Auf dem Hochfrequenzpulser werden die Rollenstößel über die Rolle betriebsnah belastet, wobei die Last stufenweise erhöht wird, bis der Bolzen sich axial bewegt. Die Bolzenbewegung wird dabei mit einem Lasertriangolometer überwacht.

8.2.2.2 Umlaufbiegeprüfmaschine

8.2.2.2.1 Hochtemperatur-Umlaufbiegewechselfestigkeitsprüfung von Ventilwerkstoffen

Die Bewertung der Ermüdungsfestigkeit von Ventilwerkstoffen wird mit Umlaufbiegewechselfestigkeitsversuchen untersucht. Diese Versuche werden aus zwei Gründen durchgeführt. Zum einen zur systematischen Erfassung von MAHLE eigenen Werten der Ermüdungs-

Bild 8.2: Pulsprüfung eines Rollenstößels auf Bolzenauswandern

festigkeit bestehender Ventilwerkstoffe und zur Bereitstellung von Referenzwerten für zukünftige Vergleiche und Überprüfung der aktuell in der Berechnung verwendeten Zahlenwerte. Zum anderen zur Untersuchung möglicher Ventilstahlalternativen und zur Optimierung von deren Wärmebehandlung. In der Literatur existieren einige wenige Veröffentlichungen, beispielhaft ist [10]. Dies mag mit dem hohen Aufwand, den solche Versuche erfordern, zusammenhängen. Selbst seitens der Ventilstahllieferanten sind solche Daten nur selten vorhanden. Falls verfügbar, fehlt oft eine ausreichende Dokumentation der Probengeometrien, Wärmebehandlungen und Versuchsanordnung.

In Kapitel 3.2 wird erläutert, dass die Warmschwingfestigkeit neben dem Korrosionswiderstand die wesentliche Auslegungsgröße bei der Werkstoffauswahl für Ventile ist. Die Wahl der verwendeten Probengeometrie, **Bild 8.3**, orientiert sich an der DIN 50113 und der Kompatibilität zur Versuchseinrichtung. Aufgrund der hohen Versuchsdauern wird mit der maximal wählbaren Prüffrequenz von 80 Hz gefahren.

Die Hochtemperatur-Umlaufbiegewechselversuche werden auf einer Prüfeinrichtung des Herstellers Walter + Bai AG durchgeführt, die mit einer die Probe umschließenden Ofenkammer nachgerüstet wurde. **Bild 8.4** zeigt die Prüfeinrichtung mit aufgeklapptem Ofen.

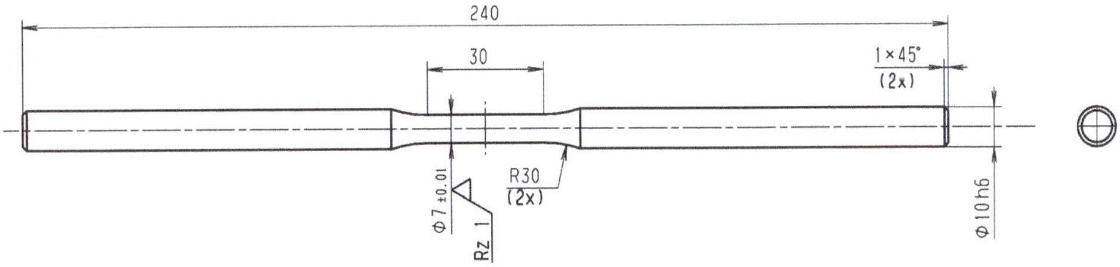

Bild 8.3: Gewählte Probengeometrie für Hochtemperatur-Umlaufbiegewechselversuch

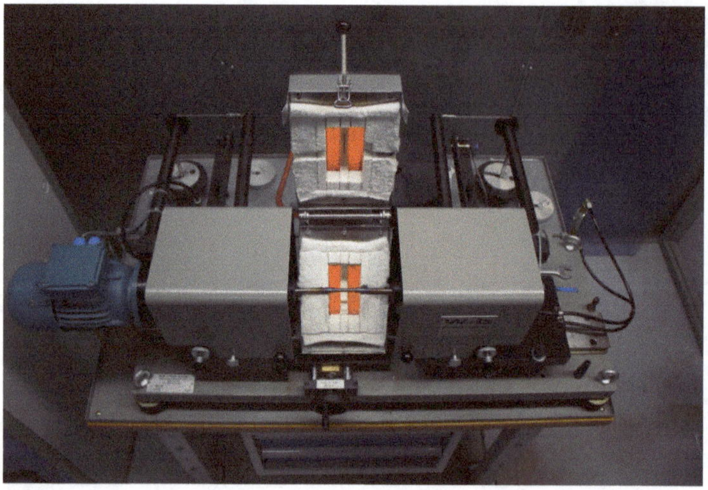

Bild 8.4: Hochtemperatur-Umlaufbiegewechselversuch (Ofen aufgeklappt)

Für eine ausreichende statistische Sicherheit der Ermüdungsversuche werden 15 Versuche pro Temperaturstufe angestrebt. Als Grenzschwingspielzahl sind 10^7 Lastwechsel definiert. Versuche, deren Lastwechselzahl die Grenzschwingspielzahl übersteigen, gelten als Durchläufer, darunter liegende Proben sind gebrochen. Die Auswertung wird durch die Auswertesoftware SAFD (Statistical Analysis of Fatigue Data) unterstützt. Mit Hilfe dieser Software können statistische Auswertungen von Schwingfestigkeits- und Ermüdungsversuchen im Zeitfestigkeitsgebiet (high cycle fatigue strength) und im Übergangsgebiet zur Dauerfestigkeit (endurance limit) durchgeführt werden. Für die Auswertung werden sowohl das Treppenstufenverfahren als auch das Horizontverfahren angewendet. Das Treppenstufenverfahren liefert bereits bei einer geringen Probenzahl einen zuverlässigen Mittelwert. Zur Absicherung der Treppenstufenergebnisse und der Streubreite wird das Horizontverfahren redundant angewandt. Die Ergebnisse der SAFD-Analyse können u. a. grafisch mit einem logarithmischen Wöhlerdiagramm dargestellt werden, **Bild 8.5**.

Eine Ausfallwahrscheinlichkeit von 1 % entspricht einer Überlebenswahrscheinlichkeit von 99 %. Dieser Wert wird für jede Temperaturstufe einzeln aus den dazugehörigen Lastwechselzahlen der 15 Versuche an der UBI berechnet, sodass sich für jeden Werkstoff eine temperaturabhängige Kurve der Umlaufbiegewechselfestigkeit ergibt, **Bild 8.6**.

Bei Werkstoffen mit kubisch-flächenzentriertem Gitter, die keine ausgeprägte Dauerfestigkeit erwarten lassen, treten dennoch Brüche nach höheren Lastspielzahlen auf. Einzelne Versuche bis 10^8 Lastwechsel werden aufgrund des hohen Zeitaufwands nur teilweise durchgeführt.

Bild 8.6 zeigt den aktuellen Stand der Untersuchungen. Die jeweiligen Auslagerungsparameter ergeben sich aus Vorgaben des Herstellungsprozesses. Es zeigt sich, dass eine Reihenfolge entsteht, die derjenigen der Nickelgehalte entspricht. Trotz deutlich reduzierter Nickel-

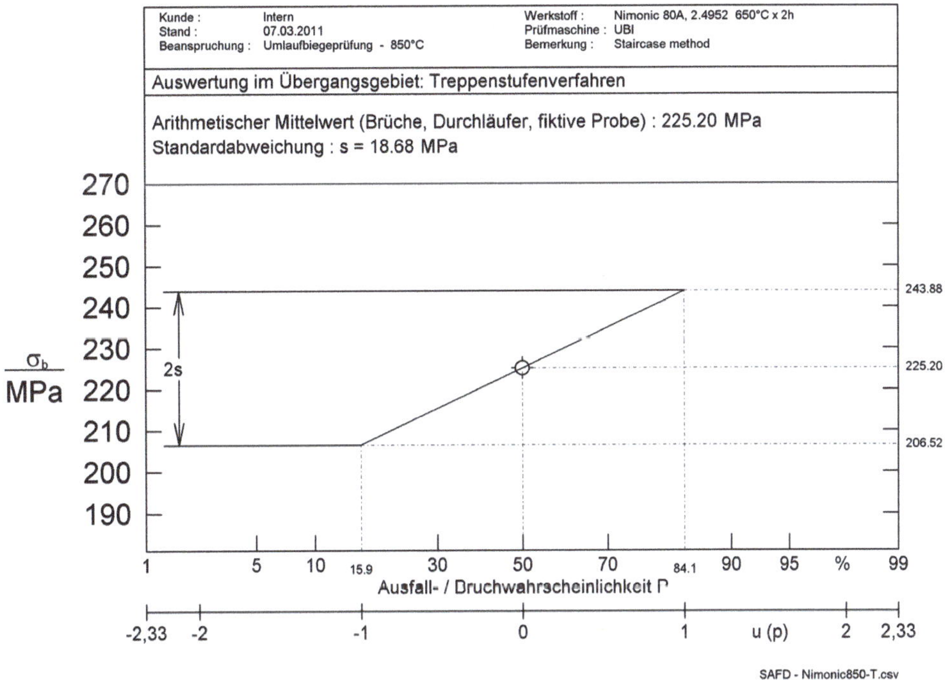

Bild 8.5: Diagramm einer statistischen Auswertung (SAFD) für Nimonic, bei 750 °C gefahren

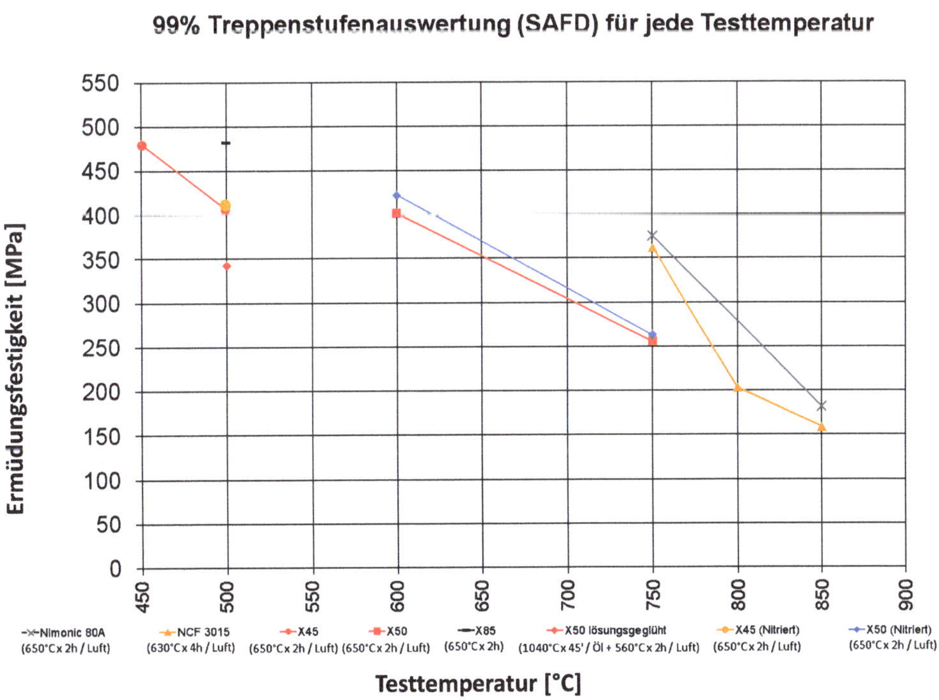

Bild 8.6: Exemplarische Ergebnisse von Umlaufbiegewechselfestigkeiten diverser Ventilwerkstoffe

gehalte liegen insbesondere NIREVA®3015-Schwingfestigkeiten etwa auf dem Niveau von Nimonic 80A (2.4952). Alle untersuchten Werkstoffalternativen übertreffen X50CrMnNiNbN21-9 (1.4882) deutlich. Neben der Fortsetzung der Versuchsreihe zur statistischen Absicherung werden in Kürze noch diverse Wärmebehandlungsvarianten untersucht, z. B. der Einfluss der Wärmebehandlungen aus den Serienprozessen und die Entwicklung der Wärmebehandlung für die neuen Werkstoffe unter Berücksichtigung des festigkeitssteigernden Einflusses.

Erst nach der endgültigen Festlegung der Wärmebehandlungsparameter, die den Auslagerungszustand bestimmen, können abschließende Aussagen zur Hochtemperatur-Ermüdungsfestigkeit der einzelnen Varianten gemacht werden. Für die bis dato gelaufenen Proben wurden diese Parameter entsprechend der in den Werken üblichen Wärmebehandlung gewählt. Sollten sich für die neuen Werkstoffe durch eine modifizierte Parameterwahl gesteigerte Ermüdungsfestigkeiten realisieren lassen, müssen im Einzelnen funktionale und wirtschaftliche Aspekte diskutiert und abgewogen werden.

8.2.2.2.2 Umlaufbiegeversuche an Nockenwellen

Nockenwellen werden im realen Einsatz auf Torsion und Biegung beansprucht. Die umlaufende Biegebeanspruchung, die durch die Nockenbetätigungskräfte und die Riemen- bzw. Kettenzugkräfte erzeugt wird, kann auf einer speziell für Nockenwellenproben ausgelegten Umlaufbiegeprüfmaschine simuliert werden. Mit dieser Prüfeinrichtung, die im Wesentlichen der Prüfmaschine aus **Bild 8.4** entspricht, jedoch große Spanndurchmesser und hohe Biegemomente zulässt, ist die Untersuchung vielfältiger Einflüsse auf die Dauerhaltbarkeit von Nockenwellen möglich.

Beispielsweise wird bei gebauten Nockenwellen der Einfluss von Kerben oder Übergangsradien an Antriebsstopfen untersucht. Genauso erhält man Informationen darüber, welche Festigkeitsminderung von radialen Schmierbohrungen in Lagern ausgeht, **Bild 8.7**, oder wie

Bild 8.7:
Umlaufbiegeprobe einer gebauten Nockenwelle, Bruch durch Querbohrung

sich die Variation der Fügeparameter von Antriebsstopfen bzw. Nocken mit dem Rohr auswirkt. Ebenso wird die ertragbare Biegewechselspannung als Basis für die Berechnung an realen Bauteilen, wie Rohre von gebauten Nockenwellen, ermittelt. Die Auswertung der Umlaufbiegeversuche erfolgt auf statistischer Basis wie in Kapitel 8.2.2.2.1 beschrieben.

8.2.3 Relaxationsprüfstand

Im Nfz-Sektor, d. h. für thermisch hochbelastete Motoren, werden Zylinderköpfe (ZK) aus Gusswerkstoffen weiterhin eingesetzt. Aluminium-(Al)ZK haben für diesen Bereich keine ausreichende Temperaturfestigkeit. Sowohl in Guss- als auch in Al-ZK werden Ventilsitzringe (VSR) als Verschleißträger eingebaut, da die Verschleißbeständigkeit der ZK-Werkstoffe nicht ausreicht, um den hohen Beanspruchungen durch den Ventiltrieb standzuhalten. VSR bestehen aus temperatur- und verschleißbeständigen Werkstoffen und werden mit einem Übermaß, der sogenannten Überdeckung, in den ZK eingepresst. Ziel dieser Presspassung ist der sichere Halt des VSR über die gesamte Motorlebensdauer hinweg, Kapitel 3.3.2.6.

Insgesamt kann die hohe thermische und mechanische Belastung am VSR dazu führen, dass dieser die anfängliche Überdeckung allmählich verliert. Hinter diesem Überdeckungsverlust steht das werkstofftechnische Phänomen der Relaxation. Im schlimmsten Fall führt diese zu vollständigem Verlust der Überdeckung im kalten Zustand und damit zum Versagen des Motors, **Bild 8.8**.

Bild 8.8:
Relaxierter VSR

Generell gibt es für die Überdeckung von VSR zwei relevante Grenzen. Zum einen führt eine zu geringe Überdeckung zum Herausfallen der VSR. Zum anderen werden durch zu hohe Überdeckungswerte hohe thermomechanische Spannungen im ZK generiert, welche zu thermischem Verzug des ZK führen können. Im schlimmsten Fall hat beides den Ausfall des Motors zur Folge. Um dies zu vermeiden und VSR-Werkstoffe frühzeitig auf ihre Relaxationsbeständigkeit zu überprüfen, hat MAHLE den nachfolgend beschriebenen Relaxationsprüfstand entwickelt [1].

8.2.3.1 Relaxation von VSR

Treten an metallischen Bauteilen gleichzeitig hohe mechanische wie thermische Belastungen auf, so führt dies dazu, dass keine Dauerfestigkeit, sondern nur Zeitstandfestigkeit nachgewiesen werden kann. Einerseits tritt das Phänomen des Werkstoffkriechens auf, also eine langsam fortschreitende plastische Verformung bei konstanter Belastung. Andererseits kommt es zur Relaxation, d. h. zur Umwandlung von elastischer in plastische Dehnung, bei konstanter Gesamtdehnung bzw. dem Abbau innerer Spannungen.

An VSR in Verbrennungsmotoren tritt Relaxation wie folgt auf: Durch den Einpressvorgang werden VSR, idealisiert betrachtet, um das Überdeckungsmaß rein elastisch verformt. Unter thermischer Beanspruchung erträgt der Werkstoff die dabei generierten Spannungen nicht mehr. Der Werkstoff plastifiziert und baut dadurch innere Spannungen ab. Die Gesamtdehnung bleibt dabei auf dem Maß der ZK-Bohrung über die Belastungsdauer hinweg erhalten. Nach der Belastung weist der VSR eine geringere Überdeckung auf als davor, Kapitel 3.3.2.3.

Haupteinflussfaktoren auf die Relaxation sind wirksame Spannungshöhen (Überdeckung), thermische Belastung und Dauer der Belastung (Motorenlaufzeit). Mit fortschreitender Belastungsdauer sinkt die Relaxationsgeschwindigkeit stark ab. Temperaturseitig ist die maximal auftretende Temperatur maßgebend. Ferner werden die Haupteinflussfaktoren durch werkstoffseitige Einflüsse überlagert. Beispielsweise wird der Anfangsspannungszustand durch den Einpressvorgang – bzw. der dabei auftretenden plastizitären Effekte – in Abhängigkeit der Druckfließgrenzen und Elastizitätsmodule des VSR- und ZK-Werkstoffs bestimmt. Ebenso wird die Warmüberdeckung durch deren thermischen Ausdehnungskoeffizienten und Wärmeleitfähigkeiten bestimmt.

Generell tritt Relaxation von VSR in kritischem Maße nur in Verbindung mit einem Guss-ZK auf. Bei Al-ZK werden die kritischen Spannungen im VSR nicht erzeugt. In **Bild 8.9** sind die Einflüsse von Parametervariationen schematisch dargestellt. Der Übersichtlichkeit halber wird immer nur ein Werkstoffkennwert verändert.

Die in **Bild 8.9** dargestellten Kurven müssen experimentell bestimmt werden, da Kriechen und Relaxation werkstoffabhängig sind. Genormte Versuche sind der sogenannte Zeitstandversuch DIN 10292/02 und der Relaxationsversuch DIN 10319-1/03. Die mathematische Beschreibung solcher Versuchsdaten erfolgt in Form sogenannter Kriech- bzw. Relaxationsgesetze. Um einen technisch interessanten Bereich genau abbilden zu können, sind viele Versuche notwendig. Gelingt es, die Versuchsdaten mit einem Kriechgesetz zu beschreiben, kann dieses in numerische Berechnungen integriert und zur Berechnung von Relaxationsprozessen verwendet werden.

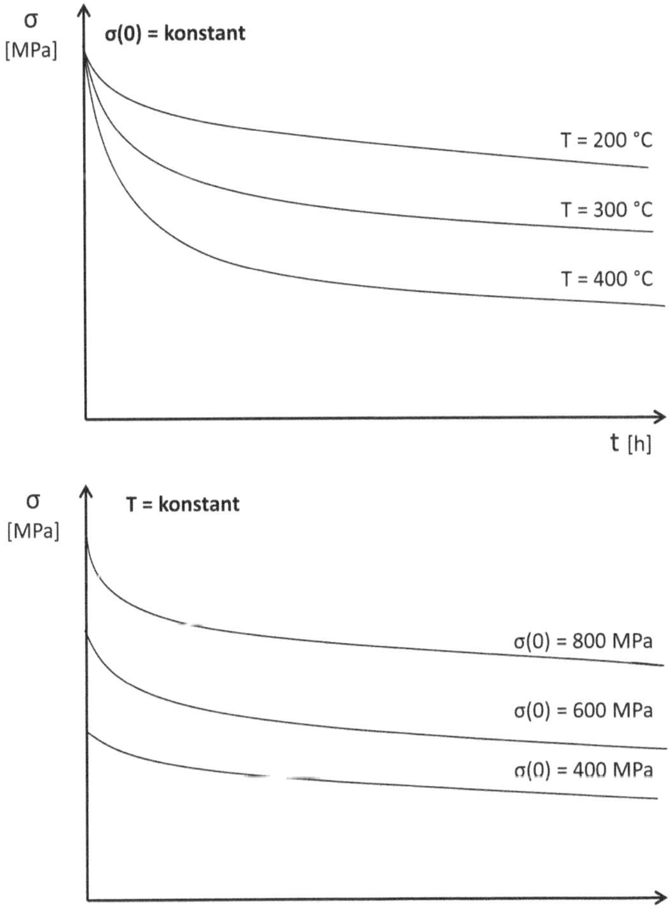

Bild 8.9: Parametereinflüsse bei der Relaxation

Der experimentelle Aufwand zur Bestimmung eines solchen konsistenten Relaxationsgesetzes und der Aufwand zur Implementierung in eine numerische Berechnungsumgebung sind aus technischer und wirtschaftlicher Sicht generell sehr hoch. Ferner ist eine exakte Berechnung der Relaxation von VSR nicht gefordert. Deshalb ist es zielgerichteter, einen Versuchsaufbau zu entwickeln, der die Relaxation von VSR genau abbildet, sodass die Ergebnisse direkt auf das Feld übertragen werden können.

Als Basis für alle Versuche zur Bestimmung der Relaxation von VSR werden die realen Gegebenheiten zugrunde gelegt. Diese werden durch Auswertung von Feld- und Prüfstandsdaten und damit auf Basis der langjährigen und herstellerübergreifenden Erfahrung von MAHLE ermittelt. Die thermische Belastung wird mit sogenannten thermometrischen Messungen bestimmt, Kapitel 3.3.2.3. Als Maß zur Bewertung der Relaxation wird der Überdeckungsverlust bestimmt, d. h. die Differenz der Überdeckungen vor und nach dem Motorenlauf. Somit ist die Anfangsüberdeckung ein Maß für die Anfangsspannungen. Eine direkte Bestimmung der Spannungen im ZK gestaltet sich äußerst schwierig und aufwendig und wird deshalb nicht durchgeführt. Der Faktor Zeit geht über die Prüfstandsdauer ein.

8.2.3.2 Versuchsaufbau

Ziel des Versuchsaufbaus ist die möglichst exakte Nachbildung der realen Bedingungen, d. h. der thermomechanischen Beanspruchung von VSR. Von besonderer Bedeutung sind dabei die Wärmeeinbringung und -abfuhr und die Steifigkeit des ZK. Deshalb wird ein ZK-Modell entwickelt, das geometrisch und werkstoffseitig dem üblicher Nfz-ZK entspricht, **Bild 8.10**. Die Wärmeeinbringung erfolgt über das Ventil und einen Teil des ZK wie auch durch die Verbrennung. Die Wärmeabfuhr erfolgt, wie im Realfall, über eine in den ZK integrierte Wasserkühlung. Auf diese Weise können im VSR Temperaturen bzw. Temperaturgradienten erzeugt werden, wie sie unter realen Bedingungen auftreten. Der Abstraktionsgrad vom Realfall ist sehr gering.

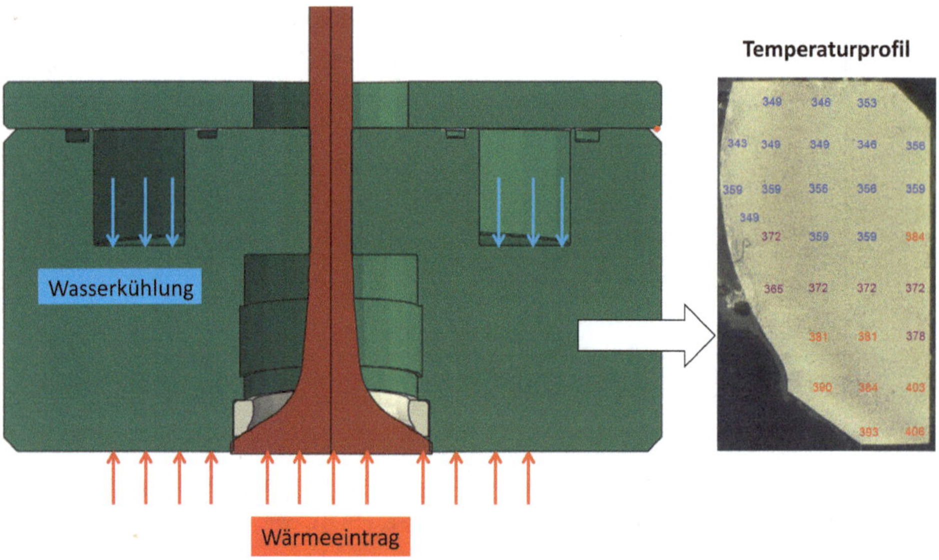

Bild 8.10: Prinzipskizze des Relaxationsprüfstands

Ergänzend zu den zentralen Einrichtungen des Versuchsaufbaus werden weitere periphere Einrichtungen zur vollständigen Automatisierung des Systems und damit zur Steuerung und Regelung der Anlage installiert. Den vollständigen Versuchsaufbau zeigt **Bild 8.11**.

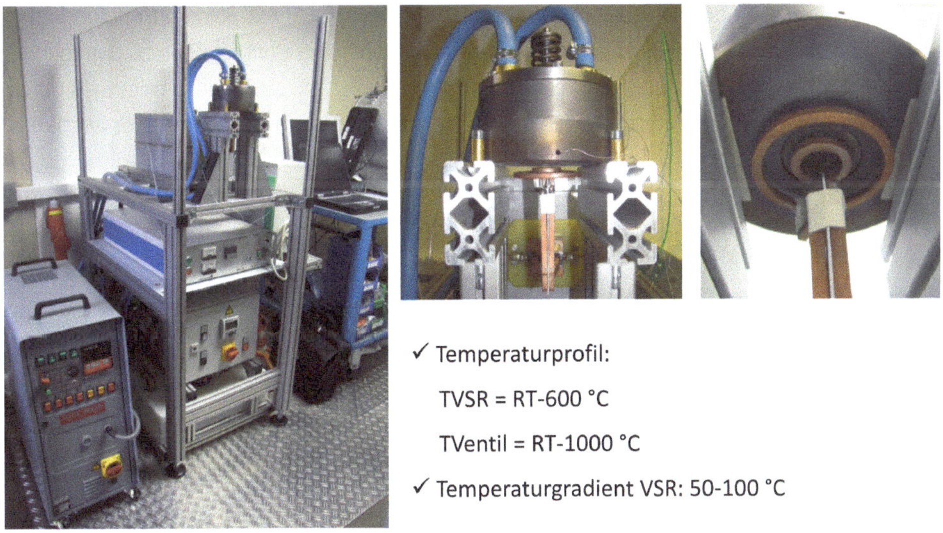

Bild 8.11: Relaxationsprüfstand in der Gesamtansicht (links) und Details (rechts)

8.2.3.3 Versuchsergebnisse

Mit dem Relaxationsprüfstand werden die thermischen Bedingungen an VSR realitätsnah simuliert. Der Versuch liefert reproduzierbare Ergebnisse, die direkt auf das Feld übertragbar sind. Somit kann einerseits ein Ranking üblicher VSR-Werkstoffe bezüglich ihrer Relaxationsbeständigkeit erstellt werden und andererseits können Neuentwicklungen direkt auf ihre Relaxationsbeständigkeit hin beurteilt werden. Ferner bietet der Versuch die Möglichkeit, grundsätzliche Zusammenhänge zum Relaxationsverhalten von VSR, wie z. B. den Einfluss transienter Temperaturzustände, zu untersuchen.

8.3 Geschleppte Dauerlaufuntersuchungen

Sollen Aussagen über die Verschleißbeständigkeit oder die Funktionseignung verschiedener Ausführungen getroffen werden, können geschleppte Dauerläufe bei geeigneter Wahl der Belastung realitätsnahe Ergebnisse liefern. Die Einflüsse der Verbrennung können dabei meist vernachlässigt werden, oder es ist möglich, sie vereinfacht nachzubilden. Dies führt zur Verringerung von Aufwand und Kosten im Vergleich zum befeuerten Motorlauf.

Bei MAHLE stehen für den geschleppten Dauerlauf verschiedene Arten von Prüfständen zur Verfügung, die speziell für die jeweils zu untersuchenden Bauteile konstruiert wurden. Die Verschleißuntersuchungen an Ventilen und Ventilsitzringen werden mit einem Prüfstand durchgeführt, der in Kapitel 8.3.2 beschrieben wird.

Die einfachste und flexibelste Art für die Untersuchungen von Nocken und Gegenläufern ist der Stößelprüfstand, der aus einem Prüfstandstisch und den variablen Aufbauten für die Nockenwellen- und die Stößelaufnahme besteht, **Bild 8.12**. Mit diesem Prüfstand ist es möglich, Nockenwellen und Gegenläufer aus verschiedenen Kundenprojekten zu untersuchen sowie Grundsatzuntersuchungen spezieller Prüfstandswellen im Gleit- oder Rollkontakt durchzuführen. Sowohl die Belastung der Gegenläufer als auch die Schmierung der Kontaktpartner können in weiten Grenzen den Erfordernissen angepasst werden.

Bild 8.12: Stößelprüfstand für Grundsatzuntersuchungen an Nockenwellen und Gegenläufern

Für Untersuchungen an Zylinderköpfen mit obenliegender Nockenwelle bietet sich der sogenannte Zylinderkopfprüfstand an, **Bild 8.13**. Hier wird der komplette Zylinderkopf auf einer Grundplatte befestigt, die wiederum auf einem Prüfstandstisch fixiert wird. Mit einem entsprechenden Elektromotor kann die Nockenwelle bis zur Höchstdrehzahl angetrieben werden. Die Schmierung erfolgt mit konditioniertem Öl über den originalen Ölkreislauf. Der Vorteil dieses Prüfstandaufbaus besteht darin, dass hier bezüglich Schwingungen und Schmierung nahezu reale Bedingungen auftreten. Es lassen sich damit neben Verschleißuntersuchungen an Nockenwellen und Gegenläufern sowie Nebenaggregaten, wie z. B. Vakuumpumpe, auch Funktionsuntersuchungen an variablen Ventiltrieben oder hydraulischen Abstützungen durchführen.

Um Verschleiß- und Funktionstests an unten gesteuerten Motoren realitätsnah durchführen zu können, wird ein Prüfstand eingesetzt, bei dem ein Rumpfmotor ohne Nebenaggregate und Kolbengruppe mit einem Elektromotor angetrieben wird. Alle Prüfstände verfügen über automatische Ablaufsteuerungen, mit deren Hilfe Drehzahlprogramme und zugehörige Öltemperatur- und Öldruckverläufe durchgeführt werden können.

Das Kriterium für das erfolgreiche Bestehen eines Dauerlaufversuchs, unabhängig von der Art des verwendeten Prüfstands, ist die Unterschreitung der im Lastenheft definierten Verschleißgrenzwerte und die Erfüllung der geforderten Funktion der Bauteile.

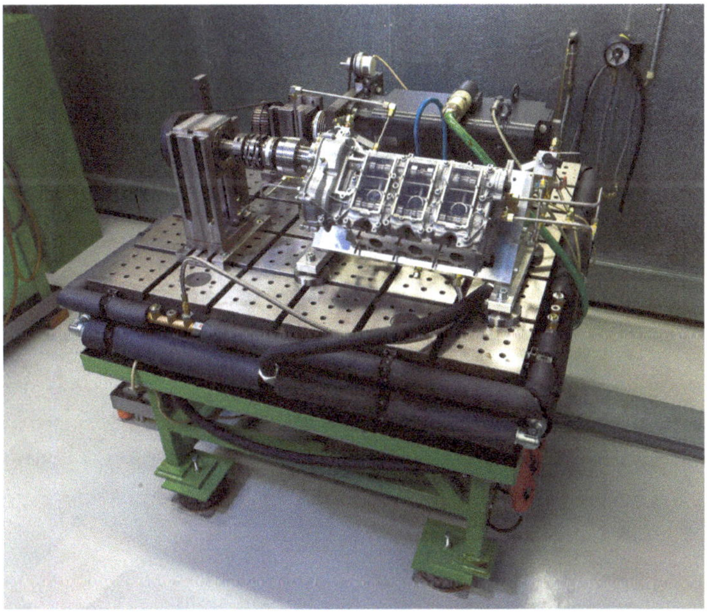

Bild 8.13:
Zylinderkopfprüfstand

8.3.1 Verschleißuntersuchung an Nocken und Gegenläufer

Verschleiß ist eine Systemeigenschaft, die sowohl von den Kontaktpartnern (Werkstoff, Mikro- und Makrogeometrie) als auch von der Beanspruchung der Bauteile (Art und Höhe) und den Umgebungseinflüssen (Schmiermittel, Temperatur, Druck) abhängt. Daher ist es von entscheidender Bedeutung, dass bei Verschleißuntersuchungen die für den Untersuchungszweck richtigen Bedingungen gewählt werden. Bei vergleichenden Untersuchungen müssen die Bedingungen in engen Grenzen wiederholbar sein. Die Prüfbedingungen können vom externen Kunden vorgegeben werden, wenn bereits Vergleichsergebnisse vorliegen, oder es werden abhängig vom Untersuchungsziel Standardbedingungen zugrunde gelegt. Die Prüfbedingungen sollten hinsichtlich Ölqualität, Öldruck und -temperatur sowie Drehzahlprofil und Belastung den realen Einsatzbedingungen möglichst nahekommen. Abhängig vom Untersuchungsgrund und den zur Verfügung stehenden Bauteilen werden die Untersuchungen an einem der im letzten Kapitel beschriebenen Prüfstände durchgeführt.

Ein Raffen der Versuchszeit ist nur begrenzt möglich, da z. B. bei starker Überhöhung der Belastung andere Bedingungen der Kontaktgeometrie vorliegen. Bei Rollkontakt kann dabei die Breite der Druckellipse die Rollenbreite deutlich überschreiten, was zu Lastüberhöhungen an den Kanten [Kantenträger (G)] und damit Fehlinterpretationen führt.

Für eine Rückverfolgbarkeit der durchgeführten Versuche und für spätere Vergleiche ist eine lückenlose Dokumentation aller relevanten Merkmale und Informationen erforderlich. Voraussetzung für eine Aussage über den Verschleiß ist eine exakte geometrische Vermessung der verschleißrelevanten Stellen der Bauteile im Neuzustand sowie nach definierten Laufzeiten; beispielsweise nach 100 und 200 h und nach Versuchsende bei 500 h Laufzeit. Je nach Bauteil werden hierzu Längen oder Durchmesser mit einer Wiederholbarkeit von 1 bis 2 µm gemessen. Außerdem werden Rauheits- und Formschriebe angefertigt. Für die Vermessung von Nockenwellen steht eine spezielle Nockenwellen-Messmaschine zur Verfügung, mit der die hochpräzise Abtastung von Nockengeometrien möglich ist. Abhängig von der Werkstoffkombination kann der Verschleißanstieg in Abhängigkeit von der Laufzeit progressiv, linear oder degressiv sein.

Bei vergleichenden Verschleißuntersuchungen ist es daher wichtig, nicht nur die absoluten Verschleißwerte nach Versuchsende zu betrachten, sondern den Verschleißanstieg in die Bewertung einzubeziehen. Für eine umfassende Beurteilung der Versuchsteile ist eine geometrische Vermessung nicht ausreichend. Darüber hinaus sind auch eine visuelle Befundung nach den definierten Laufzeiten und eine abschließende metallografische Untersuchung der Bauteile notwendig. Beispielsweise ist adhäsiver Verschleiß (G) auf Formschrieben nur bedingt erkennbar, und beginnende Risse oder Materialausbrüche aufgrund Ermüdung sind nur mit dem Mikroskop zu finden.

In **Bild 8.14** wird beispielhaft der Rauheitseinfluss von Rollenbohrungen eines Rollenstößels auf den Verschleiß des Bolzens dargestellt. Mit zunehmender Rauheit steigt der Verschleiß, bis die Rolle blockiert und es zum Totalausfall des Stößels kommt.

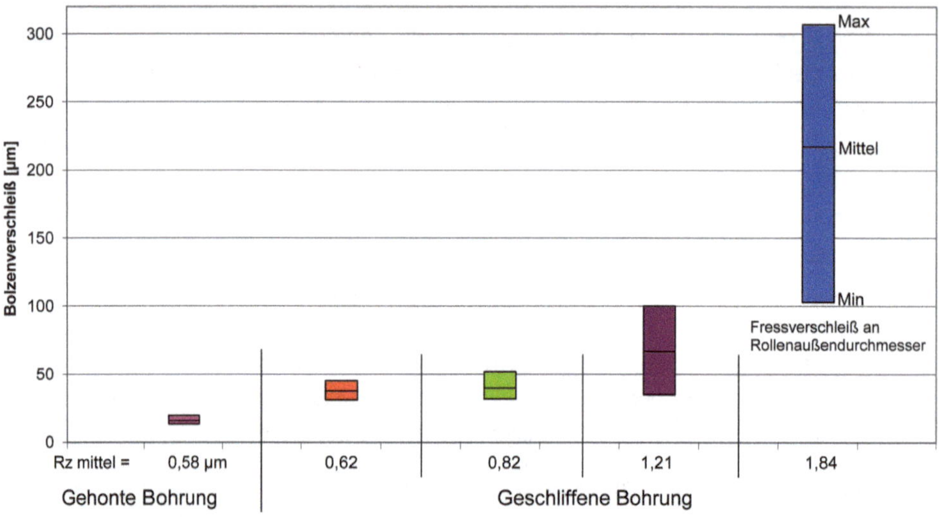

Bild 8.14: Einfluss der Rauheit der Rollenbohrung auf den Bolzenverschleiß

Die vergleichende Untersuchung der Dauerfestigkeit von verschiedenen Nockenwerkstoffen im Rollkontakt erfolgt so, dass die Nocken nach jeweils relativ kurzen Laufzeiten von 40 bis 50 h während der gesamten Laufzeit und nach 1.000 h visuell auf Ermüdungserscheinungen (Risse, Materialausbrüche) kontrolliert werden. Als Ergebnis werden die Ausfälle (Materialaus-

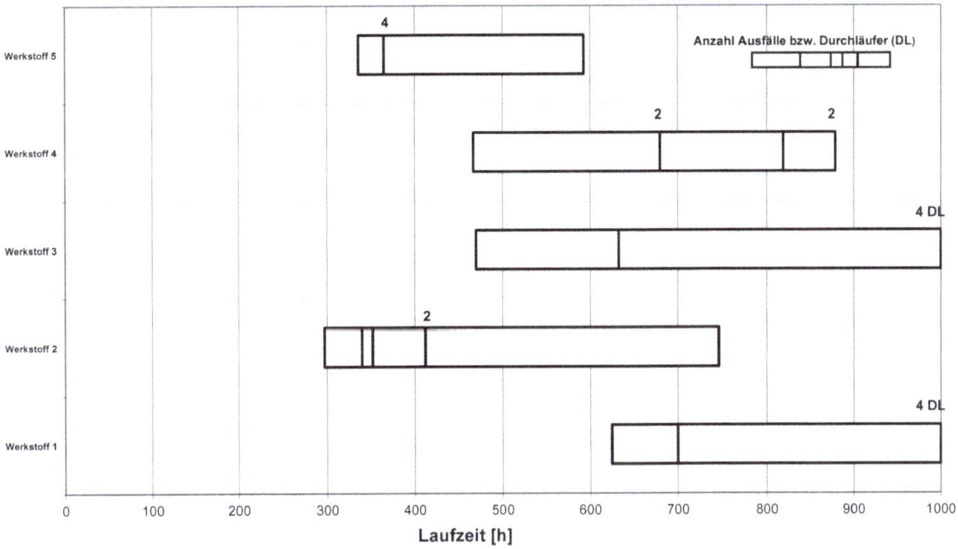

Bild 8.15: Ergebnis eines Dauerlaufversuchs mit verschiedenen Nockenwerkstoffen

brüche größer 1 mm²) in einem Balkendiagramm aufgetragen, siehe **Bild 8.15**. Damit lassen sich die Einsatzgrenzen der Nockenwerkstoffe anschaulich darstellen.

8.3.2 Verschleißuntersuchung am Ventilsitz

Zur Verschleißuntersuchung am Ventilsitz wird bei MAHLE der sogenannte VTR-Prüfstand (Ventil/Ventilsitzring Tribo Test Rig) genutzt [2]. Dabei handelt es sich um ein außermotorisches Entwicklungswerkzeug zur tribologischen Untersuchung des Systems Ventil/Ventilsitzring. Dieses wurde in Eigenregie von MAHLE entwickelt, um schnelle und günstige Vorversuche zur Erprobung des Ventilsystems durchführen zu können. Mit dem VTR-Prüfstand ist es z. B. möglich, eine Vorauswahl an geeigneten Werkstoffen zu treffen. Auch Erprobungen für Beschichtungen oder neue Konstruktionen können damit durchgeführt werden. Das Werkzeug ist kontinuierlich im Einsatz und begleitet so auch neue Produktentwicklungen.

8.3.2.1 Belastungen des Ventilsystems

Das Ventilsystem besteht aus dem Ventil, dem Ventilsitzring und der Ventilführung (G), **Bild 8.16**. Es ist vielfältigen Belastungen im Motor ausgesetzt. Diese wurden bereits in zahlreichen Veröffentlichungen beschrieben, z. B. [3, 4]. Im Weiteren wird nur auf die Belastung im Kontaktbereich Ventil/Ventilsitzring eingegangen. Das Belastungskollektiv dort setzt sich aus thermischen, mechanischen und chemischen Einflüssen zusammen. Diese können zu erheblichen Funktionsbeeinträchtigungen bis hin zum Totalausfall führen. Bei der Auslegung des

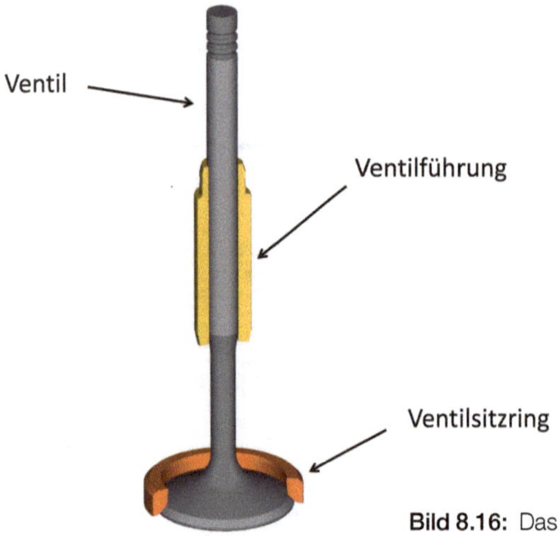

Bild 8.16: Das Ventilsystem

Ventils muss insbesondere dem Festigkeits- und Verschleißaspekt entsprechend hohe Aufmerksamkeit gewidmet werden. Weitere Beeinträchtigungen können z. B. Ablagerungen sein.

8.3.2.1.1 Verschleiß am Ventilsitz

Beim Verschleiß gilt es, die vier hauptsächlichen Verschleißmechanismen Adhäsion, Abrasion, Oberflächenzerrüttung und tribochemische Reaktion zu unterscheiden [5]. Im Bereich Ventil/Ventilsitzring können grundsätzlich alle vier Verschleißmechanismen auftreten.

Die mechanische Belastung wird dabei einerseits durch den Zylinderdruck verursacht. Dieser Druck führt – ausgelöst durch die Durchbiegung des Ventiltellers – zu einer Relativbewegung am Ventilsitz. Dadurch entsteht der sogenannte Gleitverschleiß. Andererseits entsteht durch das Öffnen und Schließen des Ventils mithilfe der Ventilsteuerung eine mehrdimensionale Dynamik am Ventil. Die Hauptbewegungsrichtung ist dabei axial zur Ventilführung. Bewegungen quer zur Ventilführung sind ungewollt und Störgrößen. Neben Ventilführungs- und Ventilschaftverschleiß kann es unter anderem dadurch auch zu einem exzentrischen Aufsetzen des Ventils kommen. Grundsätzlich hat das Ventil zum Zeitpunkt des Auftreffens auf dem Ventilsitzring noch eine gewisse Geschwindigkeit, die sogenannte Ventilaufsetzgeschwindigkeit. Diese verursacht einen Stoßverschleiß.

Die Ventilaufsetzgeschwindigkeit kann nachteilig erhöht werden, wenn es zu einem exzentrischen Aufsetzen kommt, z. B. auch verursacht durch thermischen Zylinderkopfverzug. Der Erstkontakt des Ventils mit dem Ventilsitzring wird dabei zeitlich vorverlegt. Das Ventil gleitet nach exzentrischem Erstkontakt weiter in den Ventilsitz, wodurch zusätzlich zum Stoßverschleiß auch noch weiterer Gleitverschleiß hinzukommt. Der daraus entstandene Gleitverschleiß ist möglicherweise schwerwiegender als jener der durch den Brennraumdruck verursacht wird. Zahlreiche Untersuchungen, z. B. [6, 7], beschreiben die komplexen Vorgänge beim Schließen des Ventils sowie während des Verdichtungstakts und der Verbrennung.

Bei der Auslegung moderner Motoren sind Aufsetzgeschwindigkeiten kleiner als 0,5 m/s Zielwert. Die Frage nach typischen oder zulässigen Gleitwegen gestaltet sich deutlich schwieriger. Dies rührt insbesondere von der ungenügenden Steifigkeit der Bauteile (Ventile, Ventilsitzringe, Zylinderkopf) her, sodass es auch zu elastischen Verformungen unter Brennraumdruck kommt und die Bewegung teilweise eher einem Abwälzen entspricht. Als Richtwert sollten aber radiale Verschiebungen aufgrund der Tellerdurchbiegung am Sitz kleiner als 10 µm angestrebt werden (ermittelt mittels FEM-Berechnung).

Die thermische Belastung ist insbesondere für das Auslassventil von großer Bedeutung. Betrachtet man auch hier nur den Verschleißaspekt, ist die Bauteiltemperatur am Ventilsitz entscheidend. Es werden dort Spitzentemperaturen größer als 600 °C erreicht. Die maximale Bauteiltemperatur kann sogar bis zu 800 °C betragen. Die Temperatur hat neben dem Festigkeitsaspekt auch Auswirkungen auf mögliche Zwischenschichten im Ventilsitzbereich. Temperaturabhängig können sich dort Oxidschichten bilden, die verschleißhemmend wirken. Auch Ablagerungen von Verbrennungsprodukten können verschleißmindernd sein. Nachteilig können Verkokungen sein sowie die Gefahr eines Durchbrenners bei Ablagerungen am Sitz, welcher zum Totalausfall führen kann. Das Ventilführungssystem inklusive der Ventilschaftabdichtung hat hier einen maßgeblichen Anteil. Weitere tribochemische Einflüsse können insbesondere durch den Kraftstoff und dessen Additive entstehen.

Durch die bereits genannten Belastungen kommt es am Ventilsitz und Ventilsitzring zu Verschleiß. Dieser wird aber noch von weiteren Größen beeinflusst, insbesondere von den geometrischen Ausführungen und der Werkstoffkombination. So sind der Ventilsitzwinkel und die wirksame Ventilsitzfläche von großer Bedeutung. Bei einigen Kunden konnten Verschleißreduzierungen von mehr als 50% aufgrund des geänderten Sitzwinkels (G) von 45° auf 30° festgestellt werden; in der Praxis sind die Werte aufgrund kombinierter Ventilsitzverbreiterungen und eventueller Ventilmassenreduzierung oft noch größer. Diese Verschleißreduktion ist durch den wesentlich geringeren Gleitweg zu erzielen. Außerdem wird die senkrecht auf den Sitz wirkende Normalkraft um circa 18% reduziert.

Die Frage nach der Werkstoffpaarung ist ebenfalls von zentraler Bedeutung. Hier erfolgt die Auswahl von dem Ventilwerkstoff, dem Ventilsitzringmaterial und einer eventuellen Bewehrung (Sitzhärtung, Sitzpanzerung oder Sitznitrierung). Je nach Applikation und Einsatzort (Einlass-, Auslassseite) ergibt sich ein unterschiedliches Ranking. Hierauf wird in den folgenden Kapiteln noch näher eingegangen.

Auch die eigentlich gewollte Ventildrehung, auch Ventilrotation genannt, kann zu weiterem Verschleiß führen. Dabei wird beim Ventilschließen eine tangentiale Bewegung am Ventilsitz erzeugt. Insbesondere bei sehr hohen Drehraten kann dies nachteilig sein. Vorteilhaft ist es, wenn durch die Ventildrehung unterschiedliche Temperaturniveaus etwas angeglichen werden. Auch der Verschleiß wird gleichmäßiger über den Umfang verteilt, sodass es nicht so schnell zu einer Verschleißstufe kommt.

Eine aktive Schmierung des Ventilsitzes erfolgt nicht. Jedoch wirken sich zum Teil einige Kraftstoff-, Öl- und Verbrennungsprodukte positiv auf den Verschleiß aus. Aufgrund der immer strengeren Abgasgesetzgebung sowie modernen Techniken wie der Benzindirekteinspritzung fehlen diese Schmiereffekte allerdings zunehmend.

8.3.2.2 Erprobung des Ventilsystems

Das Ventilsystem wird in erster Linie direkt im befeuerten Vollmotor erprobt. Diese Motordauerläufe werden in aller Regel vom Motor- bzw. Fahrzeughersteller selbst durchgeführt, wobei erwähnt werden sollte, dass viele Läufe nicht direkt auf das Ventilsystem abgestimmt werden. Den Motorläufen geht selbstverständlich eine Vorauswahl voraus, die auf der Erfahrung mit vergleichbaren Anwendungen basiert, von Kenntnissen der Belastungen in diesem konkreten Motor und oftmals auch mit FEM-Berechnungen gestützt wird. Diese dienen in erster Linie der Festigkeitsvoraussage.

Alle bisherigen Versuche, den Verschleiß zu simulieren, müssen als unzureichend eingestuft werden. Beim Verschleiß muss man sich stark auf die Erfahrungen, z. B. vom Vorgängermotor oder ähnlichen Anwendungen, verlassen. Um jedoch die teuren und aufwendigen Motorläufe reduzieren zu können, insbesondere unter anderem bei neuen Produkten, Werkstoffen oder Beschichtungen, wird seit jeher versucht, Prüfstände zu konstruieren, die allen Anforderungen gerecht werden. Dabei müssen auch die Kosten berücksichtigt werden.

8.3.2.2.1 Verschleißmessung

Um den aufgetretenen Verschleiß zu messen und zu beurteilen, müssen eine oder mehrere Verschleißmessgrößen ausgewählt werden. Die Auswahlmöglichkeiten folgen aus der Längen-, Flächen-, Volumen- oder Massenänderung des Systems [5]. Neben der geeigneten Verschleißmessgröße ist insbesondere auch die Messmethode entscheidend. Die im Hause MAHLE gemachten Erfahrungen sowohl von zahlreichen Kunden wie auch durch eigene Untersuchungen zeigen, dass die Frage der Messmethode und daraus resultierende Messfehler nicht trivial ist. So kann es vorkommen, dass mit Hilfe der Ventilüberstandsmessung (Abstand Ventilschaftende oder Ventiltellerplanfläche zu fixem Punkt am Zylinderkopf) statt eines Verschleißes ein Aufbau gemessen wird. Dies liegt neben der oft komplexen Verschleißgeometrie an möglichen Verunreinigungen und Ablagerungen des Ventils und Ventilsitzrings sowie einer möglichen Längenänderung des Ventils (aufgrund plastischer Verformung während des Motorlaufs). Trotz der Probleme hat sich die Überstandsmessung als praktische Methode etabliert. Neben dem Summenverschleiß (Ventil + Ventilsitzring) kann man mit einem sogenannten Masterventil (vermessenes, immer gleiches Neubauteil) auch die prozentuale Aufteilung zwischen Ventil und Ventilsitzring messen. Die zweite verbreitete Methode ist eine Profilvermessung vor und nach dem Lauf. Hierbei sind insbesondere die Messlage sowie die Referenzpunktfindung problematisch.

8.3.2.3 VTR-Prüfstand – Entwicklungswerkzeug von MAHLE

8.3.2.3.1 Aufbau und Funktion

Nach umfangreichen Recherchen wurde vor einiger Zeit ein neuartiges Konzept für den MAHLE eigenen Prüfstand erarbeitet. Dieser VTR-Prüfstand (Ventil/Ventilsitzring Tribo Test Rig) lässt einerseits deutlich schnellere und kostengünstigere Prüfläufe zu. Andererseits können auch möglichst realitätsnah die Belastungen des Systems nachgebildet werden. Am VTR-Prüfstand werden zwei Hauptbelastungsarten nachgebildet: die mechanische Belastung des Ventilsystems beim Ventilschließen (Stoßimpuls mit anschließendem Gleiten in den Sitz) sowie die thermische Belastung besonders auch der Auslassventile.

Das Prinzip des Prüfstands basiert auf einem geschleppten Zylinderkopf, bei dem die Nockenwelle mit einem Elektromotor angetrieben wird. Es ist immer nur ein einziges Ventil im Einsatz. Zur einfachen Montage kann dabei der Ventilsitzring mit einer speziellen Halterung schnell ausgewechselt werden. Das Ventil wird mit einer eigens entwickelten Nockenwelle mit einem speziellen Nockenprofil angetrieben. Die maßgeblich für den Verschleiß verantwortlichen Aufsetzgeschwindigkeiten können mit dieser Nockenwelle (verschiedene Varianten) und der Nockenwellendrehzahl eingestellt werden. Zusätzlich wird das Ventil über eine Induktionsanlage aufgeheizt, sodass motorähnliche Betriebstemperaturen vorliegen. **Bild 8.17** zeigt einen Ausschnitt von dem Prüfgerüst sowie die Übersicht des Gesamtprüfstands. Auf die Simulation des Brennraumdrucks wurde beim VTR-Prüfstand verzichtet. Neben verschiedenen Geometrien, Werkstoffen und Beschichtungen können zudem einzelne Parameter, wie z. B. die Temperatur oder Aufsetzgeschwindigkeit, gezielt variiert werden.

Das Konzept des Prüfstands weicht von den zahlreich vorhandenen Konzepten anderer Unternehmen und Hochschulen ab. Diese verwenden in der Regel einen Gasbrenner statt einer Induktion für die thermische Belastung. Während einige – insbesondere japanische – Unternehmen wie z. B. Hitachi, Honda und Mitsubishi ebenfalls das Ventil mit einer Nocken-

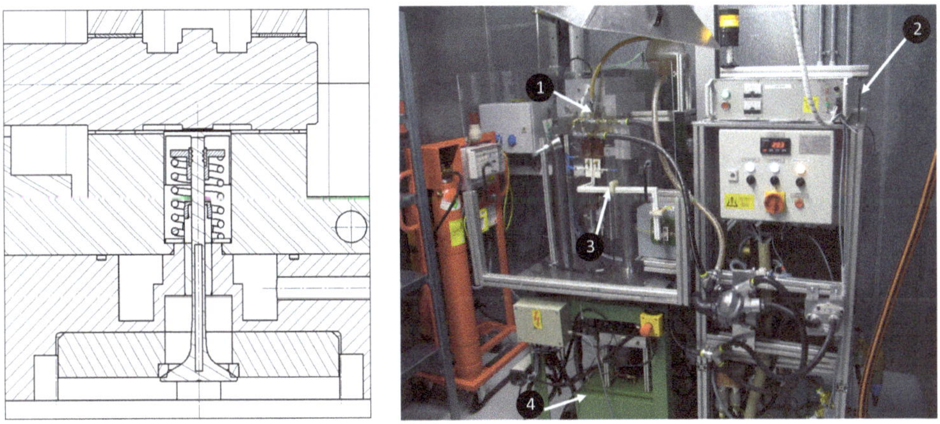

Bild 8.17: Der VTR-Prüfstand (rechts) und Zylinderkopf (Prüfgerüst). 1 Zylinderkopf; 2 Induktionsanlage; 3 Induktionsspule; 4 Elektromotor

welle oder einen Pulser antreiben, versuchen andere zumeist den Brennraumdruck mit einem Stempel, der auf das Ventil drückt, zu simulieren. Da beim VTR-Prüfstand neben der thermischen auch die mechanische Belastung (Aufsetzimpuls, Gleiten in den Ventilsitz, Ventilrotation) mit Ausnahme des Brennraumdrucks simuliert wird, scheint dieses Konzept für die Prüfung des Ventilsystems, insbesondere bezüglich des Verschleißes, besonders geeignet zu sein. Die Ergebnisse der aus der Literatur bekannten Prüfstände können nicht hinreichend beurteilt werden.

In **Tabelle 8.1** sind die Standardprüfbedingungen für ein Auslassventil aufgeführt. Die Parameter für ein Einlassventil unterscheiden sich nur in der Masse und der eingestellten Temperatur. Die Bedingungen gelten für einen Standard-Verschleißdauerlauf. Für andere Tests werden zum Teil auch deutlich abweichende Parameter eingestellt.

Zyklenzahl [Mio.]	6,5
Ventilaufsetzgeschwindigkeit [m/s]	0,75
Temperatur Ventilsitz [°C]	ca. 570
Masse Ventil [g]	61
Sitzbreite VSR [mm]	>1,3
Ventilrotation	Ja

Tabelle 8.1: Standardprüfbedingungen für ein Auslassventil

8.3.2.3.2 Vorläufige Versuchsergebnisse

In diesem Kapitel wird eine kleine Auswahl an Ergebnissen mit dem VTR-Prüfstand aufgezeigt. **Bild 8.18** zeigt den relativen Verschleiß dreier Materialpaarungen, abhängig von der

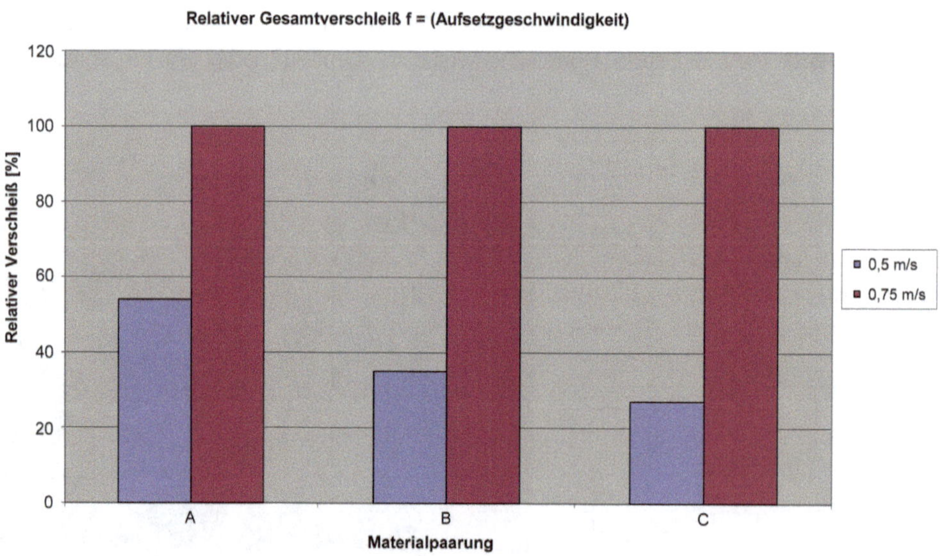

Bild 8.18: Relativer Gesamtverschleiß abhängig von der Aufsetzgeschwindigkeit (jeweils bezogen auf die Basis von 0,75 m/s)

Aufsetzgeschwindigkeit. Dabei handelt es sich um ein X50CrMnNiNbN21-9-Ventil (Paarung A) sowie zwei gepanzerte (Cobalt-Basis Werkstoff) X50CrMnNiNbN21-9-Ventile gegen typische Pkw-Sinterwerkstoffe als Sitzring. Die Aufsetzgeschwindigkeit wurde von 0,75 auf 0,5 m/s reduziert. Dieser Reduzierung um 33 % folgt ein noch deutlicher reduzierter Verschleiß. Dies ergibt sich hauptsächlich aus der Tatsache, dass beim Aufsetzimpuls die Geschwindigkeit quadratisch einfließt ($E_{kinetisch} = \frac{1}{2}\, m\, v^2$). Nach dieser vereinfachten theoretischen Betrachtung müsste der Verschleiß (Energie) um etwa 56 % sinken. Tatsächlich beträgt das Verschleißreduktions-Mittel der betrachteten Paarungen sogar 61 %.

Die Aufteilung des Sitzverschleißes in Prozent pro Bauteil wird ebenfalls mituntersucht. Bei klassischen Werkstoffkombinationen gilt ein Verschleiß am Ventil von bis zu circa 30 % des Gesamtverschleißes als akzeptabel. Den überwiegenden Anteil trägt demnach der Ventilsitzring. Ein größerer Verschleiß am Ventil sollte vermieden werden. Dieser maximale Anteil wurde am VTR-Prüfstand auch bei nahezu allen Kombinationen bestätigt, wobei das Mittel etwa 10 % beträgt. Bei nitrierten Ventilen (Nitrierschicht am Ventilsitz vorhanden) gilt dieses Verhältnis aber nicht. Dort findet der Verschleiß nahezu ausschließlich am Ventilsitzring statt, während das Ventil nur geringen und kaum messbaren Verschleiß erfährt. Eine Aussage über den Gesamtverschleiß kann man hieraus nicht ableiten.

8.3.2.4 Korrelation mit Motorergebnissen

Wie im Kapitel 3 erwähnt, ist die Frage der Korrelation und Aussagekraft von großer Bedeutung. Es gibt wahrscheinlich keine allgemeingültige Aussage bezüglich eines Rankings. Das heißt, es ist z. B. möglich, dass eine Werkstoffkombination Z im Motor A besser abschneidet als die Werkstoffkombination Y im Motor A; im Motor B aber Z schlechter als Y abschneidet. Die sich nun ergebende Frage, welche Werkstoffkombination besser ist, kann nicht eindeutig beantwortet werden. Dies gilt insbesondere vor dem Hintergrund der Vielfalt an Verbrennungsmotorkonzepten und Applikationen bzw. von deren Einsatzfeldern. Aber da es auch immer Fälle gibt, in denen eine Kombination stetig und deutlich besser ist als die andere, ist es legitim, zu versuchen, diese mit einem oder mehreren Prüfständen und Untersuchungen zu ermitteln.

Die Auswertung von Motorläufen ist oft sehr schwierig. Nur selten sind alle relevanten Parameter aus den Läufen bei Kunden bekannt und ein Vergleich von verschiedenen Motoren, selbst bei gleicher Bauart, also z. B. Ottomotor mit Direkteinspritzung, ähnliche Literleistung, oder bei gleichen Motoren, aber unterschiedlichen Testprogrammen, scheint nicht sinnvoll zu sein. Die Erfahrung zeigt, dass selbst die Schwankungen innerhalb eines Motors von Zylinder zu Zylinder sehr groß sein können [3]. Somit sind aussagekräftige Vergleiche nur sinnvoll, wenn sie in einem Motor mit dem gleichen Programm und an gleichen Positionen im Zylinder gefahren wurden. Bei den meistverwendeten Paarungen bekommt man aber auch über die Statistik in vielen Motoren einen guten Eindruck, wie ein mögliches allgemeines Ranking aussehen könnte.

8.3.3 SRV-Verschleißprüfstand

Ein Tribometer stellt den Reibkoeffizienten und den Verschleiß zwischen zwei Werkstoffen fest. MAHLE setzt ein sogenanntes SRV-(Schwing-Reib-Verschleiß-)Tribometer ein, **Bild 8.19**, bei dem die Bewegung translatorisch auf die zwei Komponenten (in der Regel ein Stift und eine Scheibe, **Bild 8.20**) übertragen wird.

Die Interpretation und Übertragbarkeit von auf Tribometern ermittelten Ergebnissen ist wissenschaftlich anspruchsvoll. Für die vielfältigen Fragestellungen der Tribologie müssen viele Parameter ausgewählt werden. Ohne Angabe dieser Parameter ist eine sinnvolle Auswertung

Bild 8.19:
SRV-Tribometer der Firma Optimol

Bild 8.20:
Stift- und Scheibenprobe für das SRV

nicht möglich. Dabei gilt es zunächst, nach den Kontaktbedingungen zu unterscheiden. Es gibt den Punkt-, Linien- und Flächenkontakt. Weitere wichtige Parameter sind die Temperatur, die Atmosphäre, die Kontaktkraft, der Reibweg sowie die Frequenz. Mögliche Kontaktkräfte liegen zwischen 2 und 200 N und die Temperatur üblicherweise zwischen Raumtemperatur und bis zu 800 °C.

MAHLE erprobt auf dem Tribometer insbesondere Ventile, Ventilsitzringe und Ventilführungen sowie Komponenten von Abgasturboladern und Abgasrückführungssystemen. Die Testzeit beträgt meist zwischen 1 und 4 h. Neben der In-situ-Messung für den Gesamtverschleiß (Wegmessung) werden die Komponenten auch einzeln vermessen und werkstofflich untersucht. Das Tribometer ergänzt die außermotorischen Prüfstände und wird zur Vorerprobung neuer Werkstoffe genutzt.

8.4 Messungen am Schleppprüfstand

Messungen am Ventiltrieb werden am geschleppten Prüfstand meistens deutlich schneller und kostengünstiger durchgeführt als an einem befeuerten Motor. Zu berücksichtigen sind dabei die fehlenden Einflüsse der Gaskraft, welche durch höhere Belastungen und damit Verformungen, durch höhere Temperaturen und durch überlagerte Schwingungen gekennzeichnet sind. Da es meist um Vergleichsmessungen zwischen verschiedenartig ausgeführten Bauteilen oder unterschiedlichen Ventiltriebskonzepten geht, können die Einflüsse der Gaskraft meist vernachlässigt werden. Die am häufigsten angewendeten Verfahren sind die Messung der Ventildynamik, des Reibmoments und der Ventilbetätigungskräfte.

Für diese Messungen wurde bei MAHLE ein spezieller Messprüfstand entwickelt, bei dem die Nockenwelle des Prüflings mit einem 30 kW starken Asynchronmotor angetrieben wird, **Bild 8.21**. Verschiedenste Prüflinge – kleine Gerätemotoren bis hin zu Segmenten von Generatormotoren – können hier untersucht werden. Dabei werden die Prüflinge mit konditioniertem Öl versorgt. Die Ölkonditionierung liefert unverschäumtes Öl zwischen 40 und 130 °C mit sehr hoher Temperaturkonstanz.

Der Antriebsmotor ist auf hervorragende Gleichmäßigkeit der Antriebsdrehzahl ausgelegt und kann die Nockenwelle des Prüflings stufenlos mit bis zu 8.000 1/min antreiben; das entspricht einer Motordrehzahl von 16.000 1/min. Durch einen integrierten Messtrigger werden alle Messwerte mit einer Auflösung von 0,36° winkelbezogen aufgezeichnet. Auf diesem Prüfstand werden vor allem Prototypen untersucht, neue Ventiltriebskonzepte erprobt und Bauteilvarianten verglichen. Die am Prüfstand ermittelten Messwerte sind auch Grundlage für weitergehende Berechnungen. **Bild 8.22** zeigt die Prinzipdarstellung von Ventilhub- und Kraftmessung.

Bild 8.21: Messprüfstand zur Untersuchung der Ventiltriebsdynamik

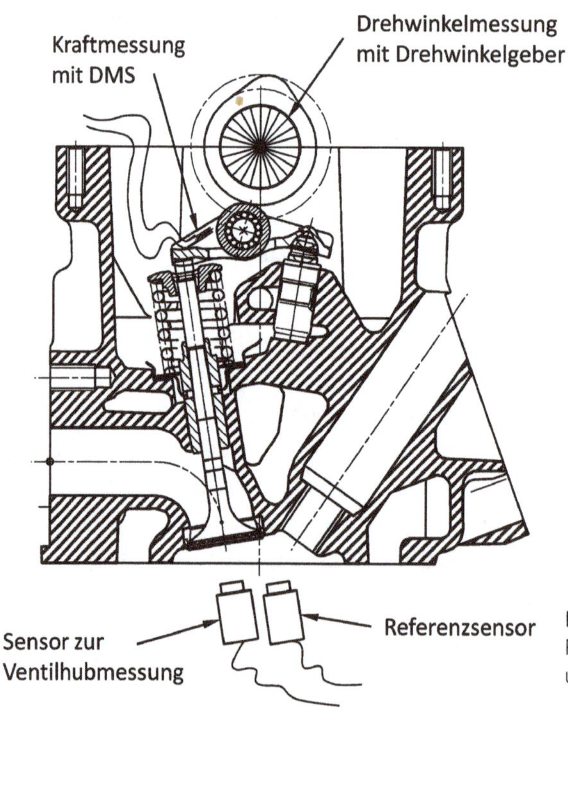

Bild 8.22: Prinzipdarstellung von Ventilhub- und Kraftmessung

8.4.1 Messung der Ventildynamik

Das dynamische Verhalten der Ventile im Motor ist für den Verbrennungsvorgang eine entscheidende Größe. Die Kenntnis des maximalen Ventilhubs, der Öffnungsdauer (G) und der Aufsetzgeschwindigkeit des Ventils in Abhängigkeit von der Drehzahl ermöglicht Aussagen über die Güte des Bewegungsablaufs.

Aufgrund der Massenträgheit und nicht ausreichender Steifigkeit der bewegten Teile kommt es bei höheren Drehzahlen zum späteren Öffnen der Ventile. Durch die in den elastisch verformten Bauteilen gespeicherte Energie wird der Ventilhub vergrößert, und das Ventil schließt mit so hoher Geschwindigkeit, dass es zum Wiederöffnen kommen kann, **Bild 8.23** und **Bild 8.24**. Dieser Zustand ist unbedingt zu vermeiden, da er zu Störungen beim Ladungswechsel (G) führt und starkes Geräusch sowie hohen Verschleiß an Nocken, Gegenläufer und Ventilsitz erzeugen kann. Mithilfe der Messung der Ventildynamik können die Ausprägung dieser Erscheinung ermittelt und geeignete Optimierungsmaßnahmen vorgeschlagen werden.

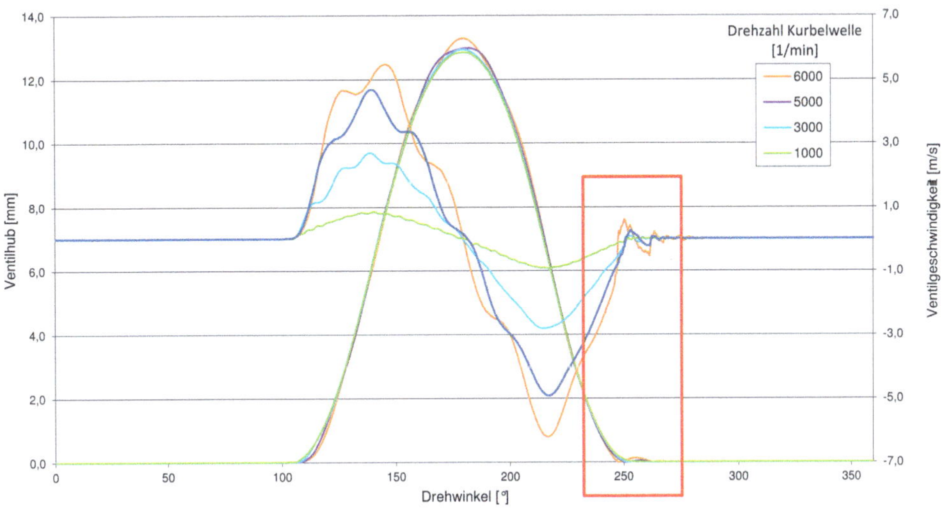

Bild 8.23: Ventilhubverlauf (G) bei verschiedenen Drehzahlen

Im Schließbereich des Ventils sollte für die Aufsetzgeschwindigkeit ein Grenzwert von 1 m/s und eine Schließbeschleunigung von 10.000 m/s² nicht überschritten werden. Für die Messung der Ventildynamik wird ein Laservibrometer verwendet. Bei diesem Messgerät wird ein Laserstrahl auf das zu messende Ventil fokussiert. Ein zweiter Laserstrahl (Referenzstrahl) wird auf eine parallele Fläche am Zylinderkopf eingestellt. Durch die an den Messstellen angebrachte Reflektionsfolie wird das Laserlicht diffus zurückgeworfen. Das Laservibrometer vergleicht Messstrahl und Referenzstrahl bezüglich Frequenz und Phase und ermittelt daraus Geschwindigkeit und Weg. Da beide Werte direkt gemessen werden, sind sie sehr genau.

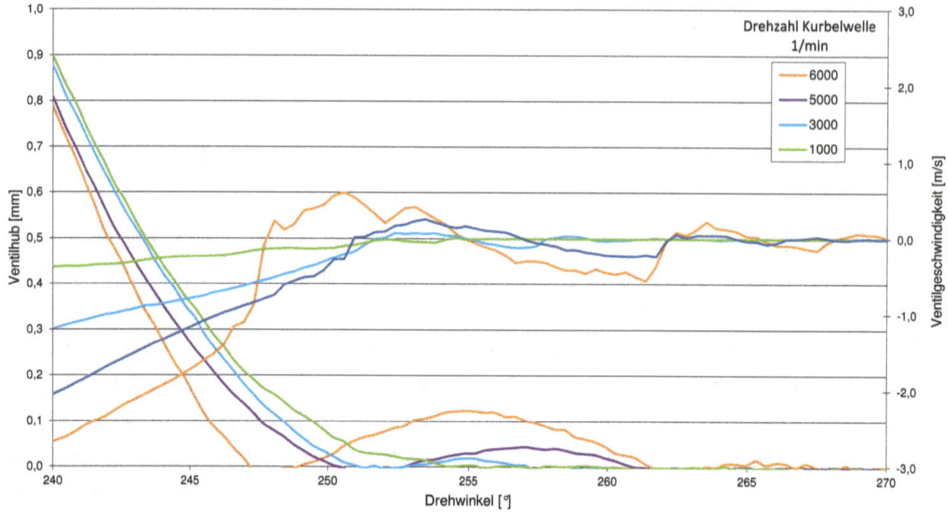

Bild 8.24: Ausschnitt aus **Bild 8.23**, Ventilschließbereich bei verschiedenen Drehzahlen

Es können Geschwindigkeiten von maximal 10 m/s mit einer Genauigkeit von ±2 µm/s und ein Ventilhub von maximal 16 mm mit einer Genauigkeit von 5 µm ermittelt werden. Die Vibrationen des Aufbaus werden bei dieser Messmethode eliminiert.

8.4.2 Messung von Momenten

Für die Messung von Momenten werden verschiedene Messmethoden mit unterschiedlichen Zielen eingesetzt. Es wird zwischen der Messung des Momentenverlaufs und der Messung des mittleren Reibmoments unterschieden.

8.4.2.1 Messung des Momentenverlaufs

Bei der Messung des Momentenverlaufs kommt es darauf an, die durch die Ventilbetätigung entstehenden Drehmomentspitzen zu erfassen. Die Kenntnis der maximalen Momente ist für die Auslegung der Nockenwelle und des Nockenwellenantriebs erforderlich.

Für diese Messung wird zwischen Zylinderkopf und Elektromotor ein Drehmoment-Messflansch mit hoher Torsionssteifigkeit und angepasstem Nennmoment installiert. Der Messflansch muss eine hohe Genauigkeit haben, die bei 0,2 % des Messbereichs liegen sollte. Um Resonanzen zu reduzieren, wird zwischen Elektromotor und Messflansch eine an die Massenverhältnisse angepasste Trägheitsmasse angebracht. Die Masse zwischen Nockenwelle und Messflansch muss jedoch möglichst gering sein. Der Verlauf des Moments, **Bild 8.25**, wird bei verschiedenen Drehzahlen über mehrere Umdrehungen winkelgetriggert aufgezeichnet. Bei höheren Drehzahlen werden die maximalen Momente aufgrund der dynamischen Einflüsse größer.

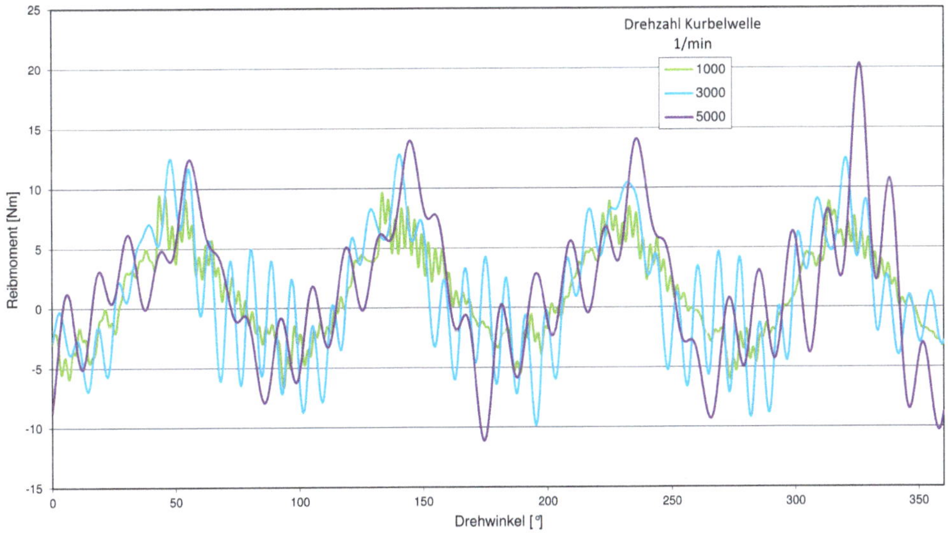

Bild 8.25: Momentenverlauf über eine Nockenwellen-Umdrehung bei verschiedenen Drehzahlen

8.4.2.2 Messung des mittleren Reibmoments

Der Reibungsanteil des Ventiltriebs an der mechanischen Gesamtreibung von Ottomotoren beträgt derzeit bis zu 20 % [8]. Damit hat der Ventiltrieb ein hohes Potenzial zur Verbesserung der Motoreneffizienz. Um die Ursache von Reibverlusten zu lokalisieren, ist die Messung des mittleren Reibmoments ein geeignetes Mittel, **Bild 8.26**. Reibverluste treten an allen Kontaktstellen mit Relativbewegung auf, so z. B. an den Lagerstellen der Nockenwelle, den Nocken-/Gegenläuferkontakten, in den Ventilführungen und an Ketten- oder Riemenspannern. Eine Reduktion der Reibverluste ist z. B. durch folgende Maßnahmen möglich:

- Wechsel von Gleit- auf Rollenabgriff im Nockenkontakt
- Verringerung von Ventilfederkräften und bewegten Massen
- Optimierung von Kontaktoberflächen hinsichtlich Rauheit und Form
- Einsatz von reibmindernden Schichten an Nocken und Gegenläufern
- Verwendung von reiboptimierten Ventilführungen aus speziellen Sinterwerkstoffen

Um die Wirkung der einzelnen Maßnahmen ermitteln zu können, werden vergleichende Reibmomentmessungen im geschleppten Prüfstand ohne den Einfluss der Verbrennung durchgeführt, da das Anfahren einzelner Betriebspunkte einfacher und mit besserer Wiederholbarkeit erfolgen kann.

Das mittlere Reibmoment ist im Vergleich zu den Spitzenmomenten um ein Vielfaches niedriger. Die Messgenauigkeit von Messflanschen reicht in diesem Bereich nicht mehr aus. Deshalb wurde bei MAHLE das Austrudelverfahren entwickelt. Bei diesem Verfahren wird der Prüfling auf seine Maximaldrehzahl geschleppt. Nach kurzer Beharrungszeit wird der Elektromotor in den Freilaufmodus geschaltet, sodass kein weiteres Antriebsmoment auf die Nockenwelle wirkt.

Je höher das Reibmoment des Ventiltriebs ist, desto schneller wird die Nockenwelle zum Stillstand kommen. Das abfallende Drehzahlsignal wird aufgezeichnet und bei der Auswertung in Winkelgeschwindigkeit umgerechnet sowie über der Zeit differenziert. Multipliziert man die daraus resultierende Beschleunigung mit dem Trägheitsmoment der bewegten Massen, erhält man als Ergebnis das Gesamtreibmoment des Systems Antriebsmotor und Prüfling. Dabei ist es wichtig, den Verlauf mindestens über eine Umdrehung des Zylinderkopfs zu glätten, um die Schwingungen der einzelnen Ventilbetätigungskräfte als Störgröße zu eliminieren. Um das mittlere Reibmoment des Zylinderkopfs bestimmen zu können, wird die gleiche Messung mit dem Elektromotor ohne Prüfling durchgeführt und anschließend vom Gesamtreibmoment subtrahiert. Die Wiederholgenauigkeit dieser Messmethode ist mit 3 % sehr hoch.

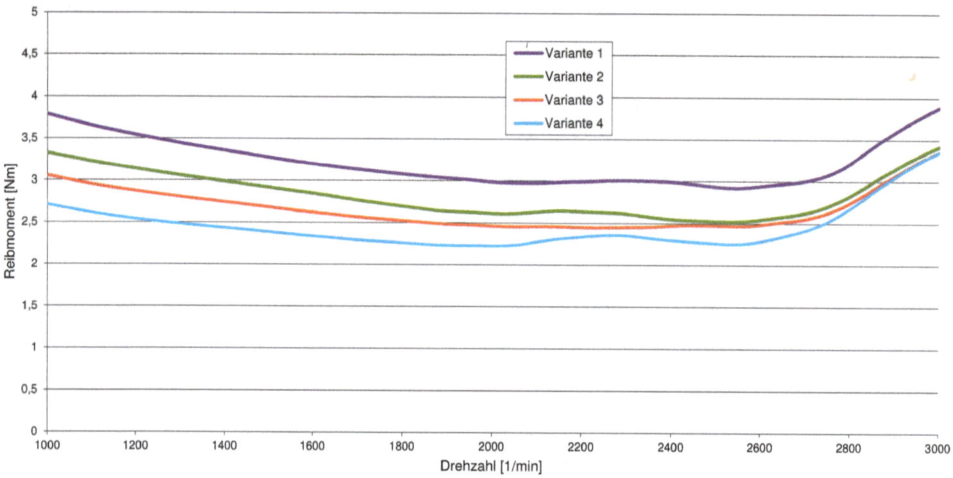

Bild 8.26: Verläufe des mittleren Reibmoments von unterschiedlichen Nockenwellen-Gegenläufer-Kombinationen bezüglich Werkstoff und Oberflächenbehandlung

8.5 Messungen im befeuerten Motor

In den vorigen Kapiteln wurden die Messung der Ventildynamik mit Laser-Vibrometrie und die Messung von Reibmomenten mit einem Messflansch oder Austrudeln beschrieben. Solche Messungen sind jedoch nur an geschleppten Zylinderköpfen möglich, womit die Einflüsse des befeuerten Betriebs auf die Ventiltriebsfunktion und die Kräfte und Momente unerfasst bleiben.

Zu den Effekten, die im Motorbetrieb auftreten und im geschleppten Betrieb fehlen, sind zu zählen [9]:

- Gaskräfte und Zylinderdrücke, welche erhöhte Nocken/Nockenfolger-Kontaktkräfte bewirken
- Dynamische Einflüsse durch den Motorbetrieb (Dreh- und Biegeschwingungen vom Kurbeltrieb)
- Einfluss von Ölverschäumung auf hydraulische Spielausgleichselemente
- Thermische Effekte

8.5.1 Messung von Ventilhub und Betätigungskräften

Bei MAHLE werden Ventilhubmessungen im befeuerten Motor mit Wirbelstromsensoren durchgeführt, womit der volle Ventilhubverlauf mit hoher Auflösung und Genauigkeit ermittelt wird [9]. Zur Ventilhubmessung wird die Ventilführung mit zwei quer zur Ventilachse angeordneten Wirbelstromsensoren bestückt. Der Ventilschaft wird in einem dem vollen Hub entsprechenden Bereich konisch geschliffen, **Bild 8.27**.

Die Sensoren messen den Abstand zu diesem konischen Bereich, der sich bei Hubbewegung ändert. Durch den Einsatz von zwei gegenüberliegenden Sensoren und einer Mittelwertbildung aus ihren Signalen wird die Radialbewegung aus dem Ergebnis eliminiert. Um das System zu kalibrieren, wird jeweils eine Referenzmessung am geschleppten Prüfstand durchgeführt.

Die Betätigungskräfte an Nockenfolgern (Hebel oder Stößel) oder Stößelstangen werden mit Dehnungsmessstreifen (DMS) ermittelt. Hierzu werden die DMS an der Stelle mit der höchsten zu erwartenden Dehnung appliziert und auf einer Universalprüfmaschine kalibriert. **Bild 8.28** zeigt einen applizierten Schlepphebel.

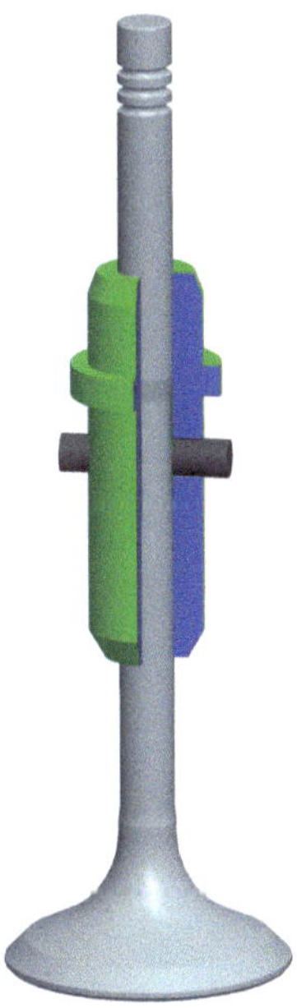

Bild 8.27: Ventil mit Führung und Wirbelstromsensoren

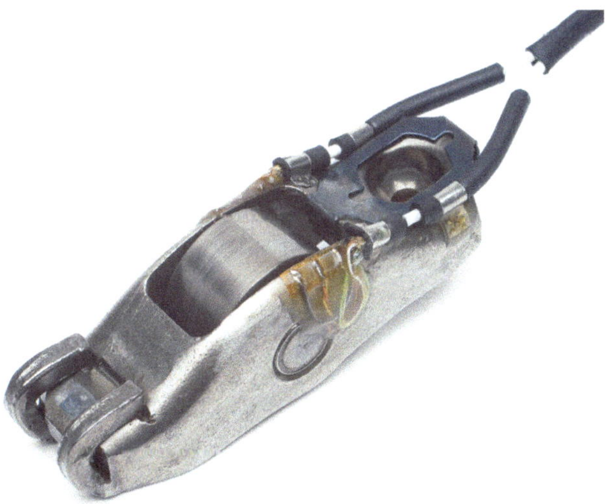

Bild 8.28: Rollenschlepphebel mit applizierten Dehnungsmessstreifen

Aufgrund der höheren Dynamik und des Brennraumdrucks ist das Kontaktkraftniveau im befeuerten Betrieb deutlich höher als im geschleppten, **Bild 8.29**. Für die Beanspruchung von Nocken und Nockenfolger ist jedoch nicht die Kraft wesentlich, sondern die daraus resultierende Flächenpressung, die unter anderem von den Krümmungsradien abhängt. Geschleppt liegt die höchste Pressung bei Leerlaufdrehzahl und an der Nockenspitze. Im befeuerten Betrieb wird die höchste Pressung an der Anlaufflanke bei hohen Drehzahlen erreicht.

In **Bild 8.30** werden Ventilhub- und Kontaktkraftverläufe von geschleppten und befeuerten Läufen verglichen. Aufgrund der anderen Dynamik tritt Ventilabheben im Motor früher auf als im geschleppten Zylinderkopf. Ventilhub und Kontaktkraft verhalten sich gegenläufig. Das zeigt sich daran, dass eine gestiegene Kontaktkraft mit weniger Hub einhergeht und umgekehrt. Im Öffnungsbereich bedeutet eine höhere Öffnungskraft mehr Hebelverbiegung und dadurch weniger Ventilhub. Ventilabheben an der Nockenspitze kann an schwindender Kontaktkraft erkannt werden. Im Schließbereich verlaufen Hub und Kontaktkraft synchron, weil mehr Hub mehr Federspannung bedeutet.

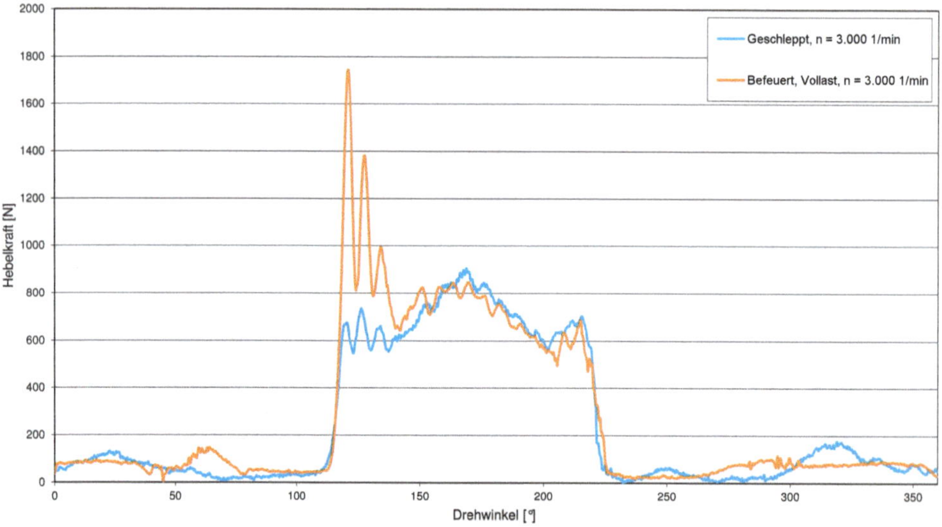

Bild 8.29: Vergleichende Kontaktkraftverläufe aus geschleppten und befeuerten Messungen

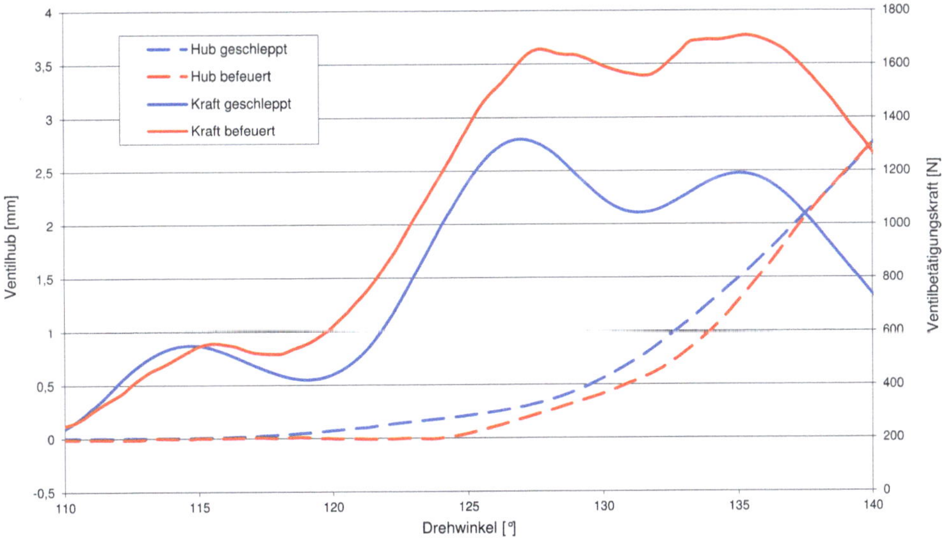

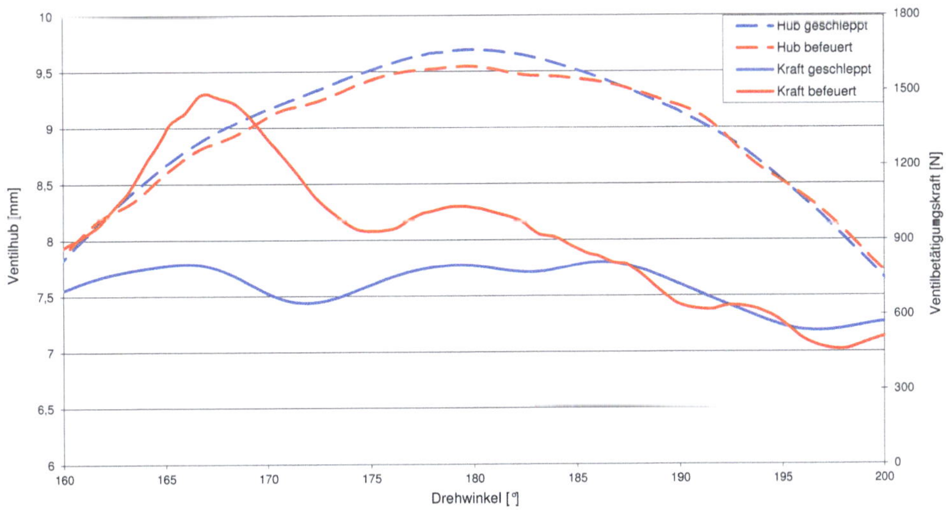

Bild 8.30: Vergleichende Ventilhub- und Kontaktkraftverläufe aus Messungen im geschleppten Prüfstand und im befeuerten Motor, Ventilöffnungsbereich (oben) und Bereich des maximalen Ventilhubs (unten)

8.5.2 Messung von Momenten

Auch das Moment an der Nockenwelle lässt sich in einem befeuerten Motor auf dem Prüfstand oder im Fahrzeug messen. Dazu werden auf der Nockenwelle an den zu untersuchenden Stellen Dehnungsmessstreifen appliziert, **Bild 8.31**. Wie bei der Kraftmessung wird die Nockenwelle auf einer Universalprüfmaschine kalibriert. Die Übertragung der Messsignale erfolgt mit einem Telemetriesystem, das z. B. bei einer gebauten Nockenwelle in das Rohr eingebaut wird.

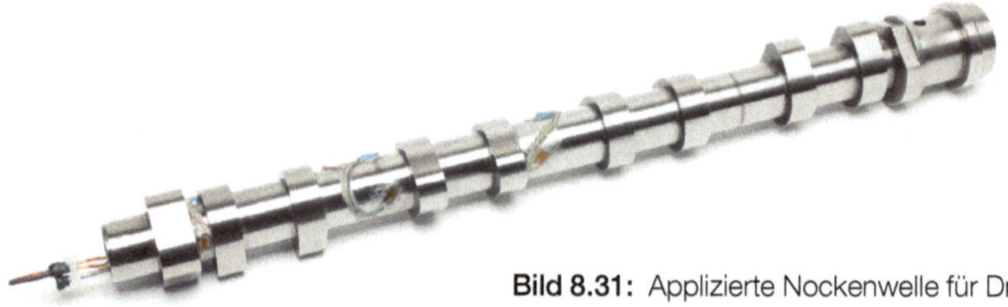

Bild 8.31: Applizierte Nockenwelle für Drehmomentmessungen

8.5.3 Messung der Ventiltemperatur

Durch die motorische Verbrennung werden die Ein- und Auslassventile thermisch beaufschlagt. Der Wärmeeintrag erfolgt einerseits über den Ventilboden beim Einlass- und Auslassventil und andererseits beim Auslassventil durch die Abgasströme über die Ventilkehle und den Ventilschaft. Daher ist ein Auslassventil auch wesentlich heißer. Das Einlassventil wird über die einströmende Luftmasse in der Ventilkehle und dem Ventilschaft gekühlt und ist daher kälter. Dadurch ergibt sich für Ein- und Auslassventil ein jeweils typisches Temperaturfeld. **Bild 8.32** zeigt ein exemplarisches Temperaturfeld eines Ottomotor-Einlassventils, **Bild 8.33** zeigt ein Auslassventil im Dieselmotor.

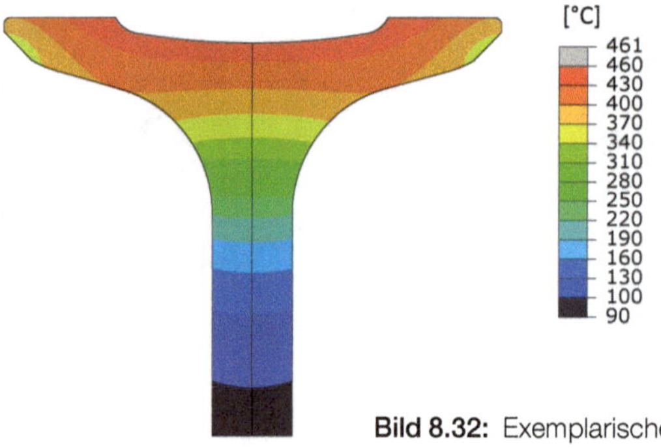

Bild 8.32: Exemplarisches Temperaturfeld Einlassventil (Ottomotor)

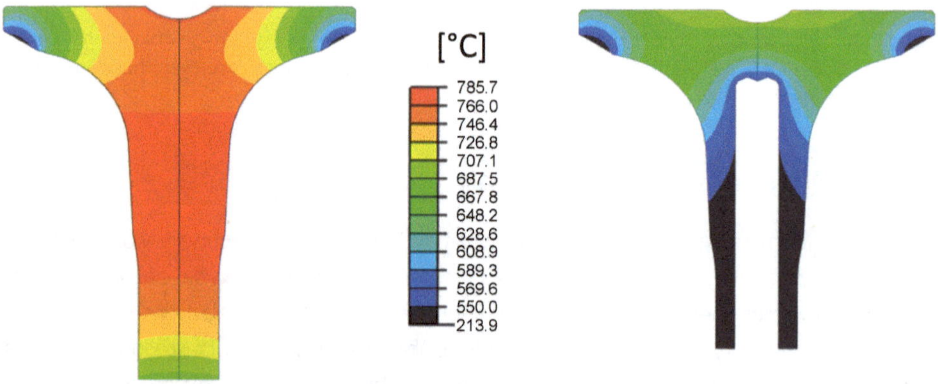

Bild 8.33: Exemplarisches Temperaturfeld Auslassventil voll & hohl (Dieselmotor)

Zur Ermittlung der Temperaturen gibt es unterschiedliche Methoden. Hier wird auf diese Verfahren näher eingegangen:

- Thermometrische Messverfahren
- Optische Messverfahren
- Messverfahren mit Thermoelementen

8.5.3.1 Thermometrische Verfahren zur Messung der Ventiltemperatur

Temperaturmessventile (thermometrische Ventile) ermitteln standardmäßig die Temperaturen. Diese Ventile werden aus einem härtbaren Stahl hergestellt.

Für Einlassventile wird z. B. der Werkstoff 42CrMo4 (Vergütungsstahl mit der Werkstoff-Nr. 1.7225) im gehärteten und auf 150 °C angelassenen Zustand verwendet. Als Abschreckmedium wird Öl mit einer Temperatur von 80 °C vorgeschlagen. Die Wärmebehandlung findet vor der mechanischen Bearbeitung statt.

Für Auslassventile ist der Werkstoff X45CrSi9-3 (Ventilstahl mit der Werkstoff-Nr. 1.4718) zu verwenden. Zur Sicherstellung einer gleichmäßigen Härtung werden die Ventile nach dem Schmieden zusätzlich gehärtet und anschließend in Öl abgeschreckt und angelassen. Die Wärmebehandlung findet vor der mechanischen Bearbeitung statt.

Für die jeweiligen Werkstoffe wird vor dem befeuerten Motorlauf eine Anlasskurve erstellt. Die Temperaturschritte sind dabei in der Regel beim Einlassventil 150 °C, 300 °C, 400 °C, 500 °C und 600 °C, **Bild 8.34**.

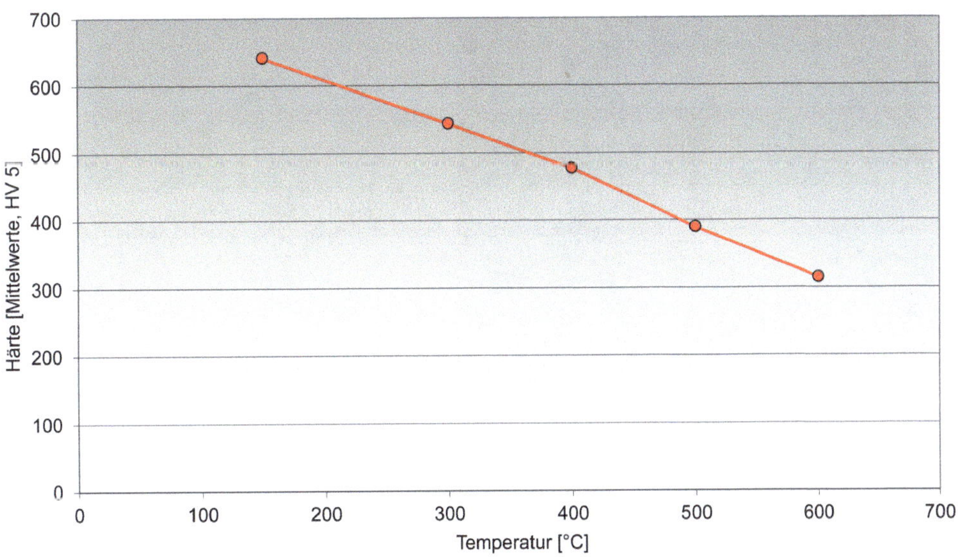

Bild 8.34: Exemplarische Anlasskurve für den Werkstoff 42CrMo4

Beim Auslassventil sind die Temperaturschritte 400 °C, 500 °C, 700 °C und 800 °C und eventuell noch 850 °C zu wählen, **Bild 8.35**.

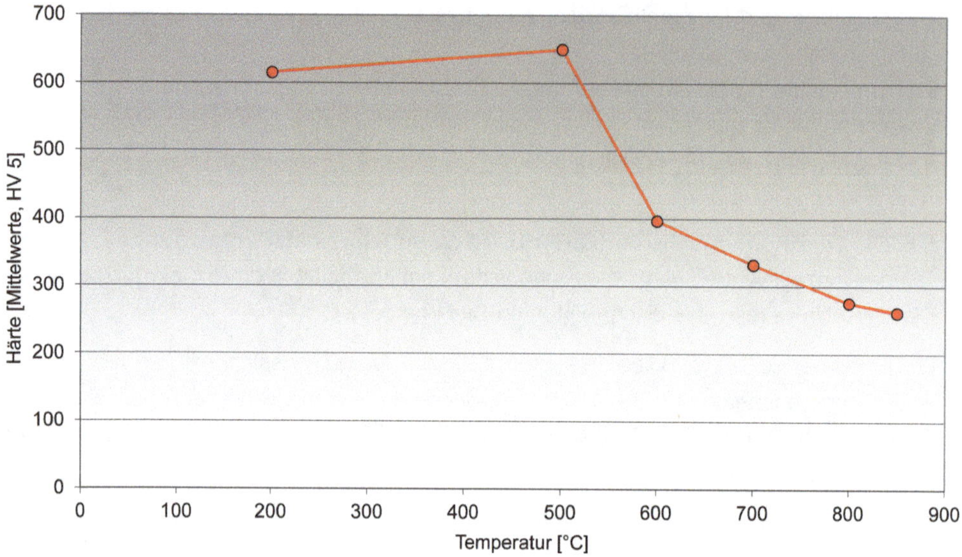

Bild 8.35: Exemplarische Anlasskurve für den Werkstoff X45CrSi9-3

Im Motor werden die thermometrischen Ventile dann bei einer konstanten Last zwei Stunden betrieben. Anschließend wird an den gleichen Stellen wie bei der Ermittlung der Anlasskurve die Härteprüfung an den im Motor gelaufenen Ventilen durchgeführt, **Bild 8.36**. Anhand der Anlasskurve können die Härtewerte dann in Temperaturen umgerechnet werden.

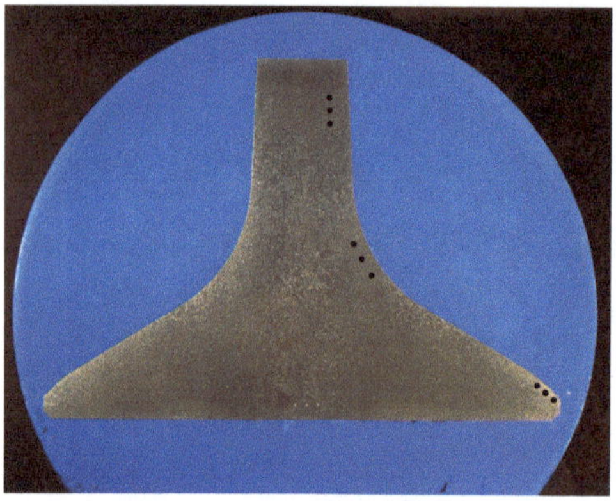

Bild 8.36: Exemplarische Härtemesspunkte

Diese Messmethode ist eine sehr kosteneffektive Messung und sollte im frühen Entwicklungsstadium eines Motors durchgeführt werden, um die thermische Belastung der Ventile zu bestimmen. Die ermittelten Temperaturfelder sowie die maximalen Temperaturen können in der FEM-Rechnung (G) verwendet und somit die Materialausnutzung bzw. Sicherheit unter der mechanischen Belastung simuliert werden. Mit diesen Ergebnissen können mit FEM-Berechnungen geeignete Ventilwerkstoffe gewählt und das Design (z. B. Auslassventil voll oder hohl) dementsprechend optimiert werden. Damit vermeidet man unnötige und kostenaufwendige Entwicklungsschleifen.

Sofern im Motorbetrieb starke Temperaturgradienten am Ventilumfang erwartet werden, können die Ventile auch gegen Rotation arretiert werden. Dies ermöglicht die Ermittlung von Temperaturgradienten am Ventilumfang. Zur Auswertung der Versuche ist es dann notwendig, die Einbaulage der Ventile im Motor an den Ventilen zu kennzeichnen und durch eine Skizze (Lage zur Zündkerze, Lage zur Motorlängsachse usw.) festzuhalten. Die Vorteile dieser Methode sind:

- Geringer Aufwand bezüglich Messgeräten, Vorbereitung und Ausrüstung
- Relativ hohe Genauigkeit (± 10 °C)
- Geringe Kosten

Nachteilig bei dieser Messmethode ist, dass nur die Messung eines Betriebspunkts im Motor pro Messlauf möglich ist.

8.5.3.1.1 Durchführung der Temperaturmessung

Der Test kann erst durchgeführt werden, wenn der Status der Motorapplikation einen Betrieb bei gewünschter Last und Drehzahl für zwei Stunden sicher zulässt. Bei Abweichungen von dem unten aufgeführten Programm muss eventuell mit größeren Ungenauigkeiten gerechnet werden. **Bild 8.37** zeigt den Testablauf.

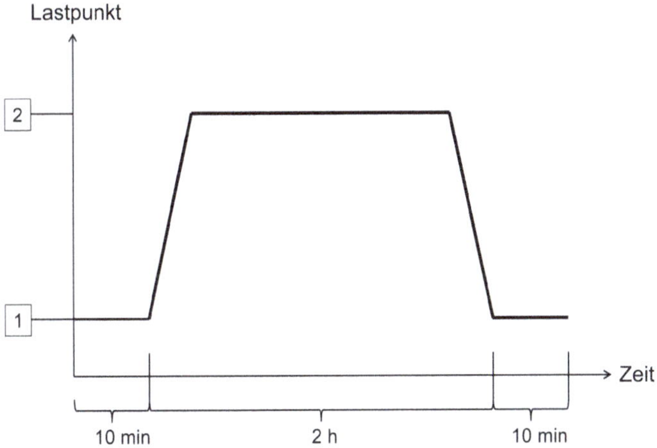

Bild 8.37: Testablauf:

Lastpunkt 1: Motor einregulieren, Funktionsprüfung und Warmfahren

z. B.:

0,5 min:	Leerlauf/0-Last	nach Test umgekehrt
2 min:	1.900 1/min*/30 % Last	
2 min:	1.900 1/min*/60 % Last	
5 min:	1.900 1/min*/80 % Last	
0,5 min:	4.000 1/min/Volllast	* Drehzahl mit max. Mitteldruck

Lastpunkt 2: Temperaturmesspunkt

2 h im gewünschten Drehzahl- und Lastpunkt

(z. B. 6.000 1/min/Volllast)

8.5.3.1.2 Ventiltemperaturen (exemplarische Ergebnisse)

Im Folgenden sind beispielhafte Ergebnisse von Temperaturverläufen aus verschiedenen Temperaturmessungen für das Einlassventil, **Bild 8.38**, und Auslassventil (voll und hohl), **Bild 8.39**, dargestellt. In den Diagrammen sind jeweils die Temperaturen von mehreren Ventilen aus einem Zylinderkopf mit unterschiedlichen Farben dargestellt.

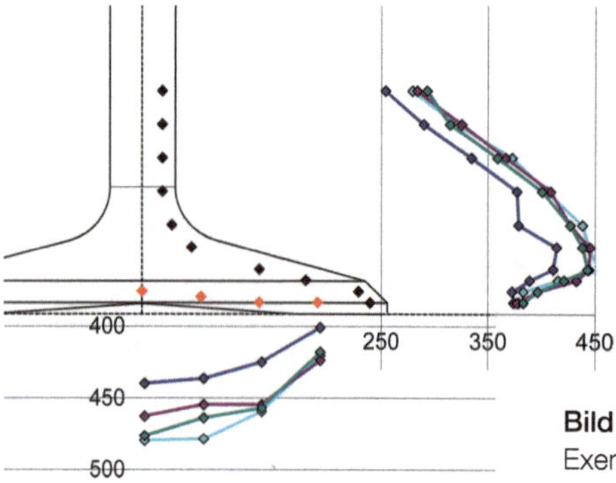

Bild 8.38:
Exemplarischer Temperaturverlauf Einlassventil (Ottomotor)

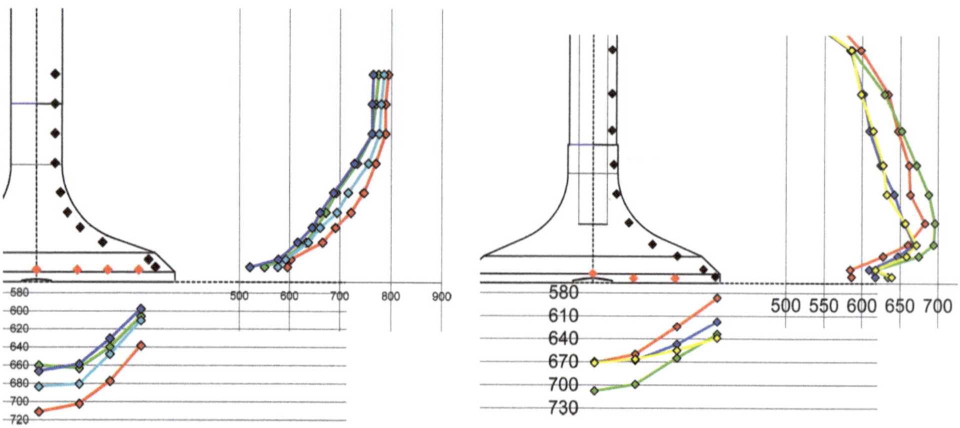

Bild 8.39: Exemplarischer Temperaturverlauf Auslassventil voll und hohl (Otto-Turbomotor)

8.5.3.2 Optische Messverfahren zur Messung der Ventiltemperatur

Im Einlass und Auslass können die Temperaturen auch optisch mit einer Thermografie ermittelt werden. Durch ein in den Kanal eingelassenes Saphirglas wird die Temperatur der Ventilkehle aufgenommen. Diese Methode ist ungenau, da unter anderem die Emissivität des Ventils während der Betriebsdauer schwankt und stark oberflächenabhängig ist. Dazu kommt, dass es nicht möglich ist, Temperaturgradienten zu ermitteln. Diese Messmethode wird hier nicht genauer erörtert.

8.5.3.3 Messung der Ventiltemperatur mit Thermoelementen

Eine andere Art der Temperaturmessung erfolgt mit der Bestückung der Ventile mit NiCr-Ni-Thermoelementen. NiCr-Ni-Thermoelemente sind universell, d. h. im gesamten im Verbrennungsmotor vorkommenden Temperaturbereich einsetzbar. **Bild 8.40** zeigt ein Beispiel eines solchen Thermoelements.

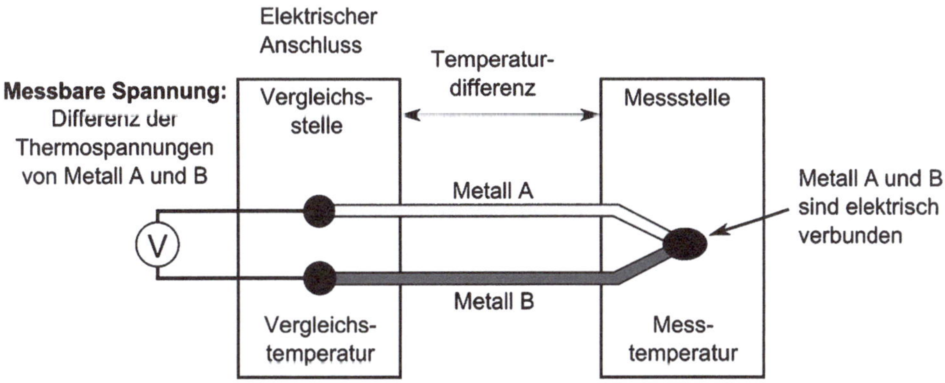

Bild 8.40: Thermoelement (schematischer Aufbau)

Vorteile sind:

- Aufgrund kleiner Durchmesser der Thermoelemente sind die Sensorpositionen nahezu frei wählbar. Im Falle von Ventilen werden Thermoelemente mit einem Durchmesser von 0,5 mm gewählt.
- Der Messbereich von NiCr-Ni-Thermoelementen beträgt laut Norm –200 bis +1.370 °C.
- Es ist sehr gut geeignet zur Messung von großen Temperaturamplituden bei transienten Prüflaufprogrammen.

8.5.3.3.1 Übertragung der Messwerte vom Thermoelement

Das Thermoelement wird bei einem Vollschaftventil in einer Erodierbohrung und bei einem Hohlventil in einer erodierten Nut vom gewünschten Messpunkt zum Ventilschaftende verlegt und dort an einem Lötstützpunkt befestigt. In **Bild 8.41** ist die Bearbeitung der Bohrungen und Nuten im Querschnitt dargestellt. Das Voll- und Hohlventil haben jeweils eine Messstelle am Ventilteller sowie an der jeweils heißesten Ventilposition. Beim Vollventil ist die heißeste Position im Bereich Ventilschaft und beim Hohlventil im Bereich Hohlkehle.

Die Schwierigkeit dieser Methode besteht darin, das Signal vom oszillierend bewegten Lötstützpunkt aus dem Zylinderkopf zu führen. Dafür gibt es unter anderem drei Methoden:

- Das Signal kann über ein Kabel an der Ventilfeder entlanggeführt werden. Problematisch daran ist, dass das Ventil, der Federteller, die Keile und die Ventilfeder miteinander verstiftet werden müssen, damit sich das Ventil und die Feder nicht mehr verdrehen können. Da sich das Ventil nicht gleichmäßig über den Umfang erwärmt, sondern in Richtung

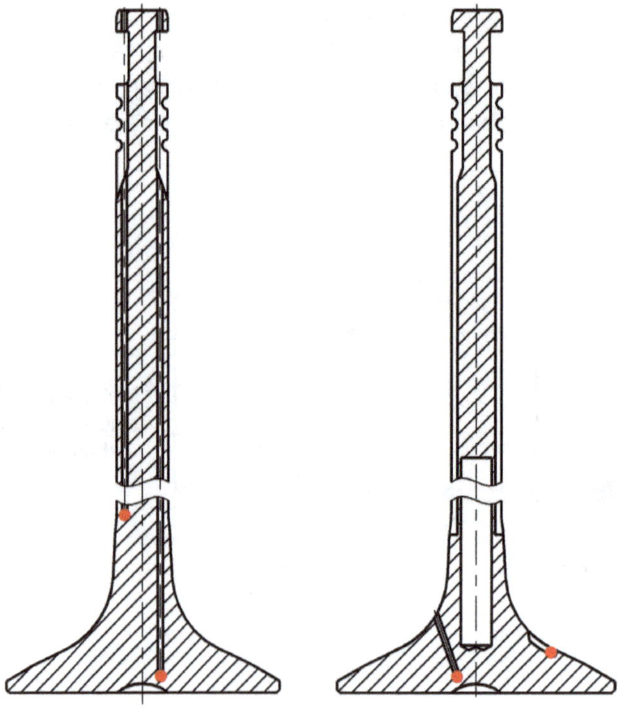

Bild 8.41:
Bohrungen und Nuten im Querschnitt für ein Voll- und Hohl-Temperaturmessventil

Zündkerze heißer ist, kann die Temperaturungleichförmigkeit über den Umfang mit dieser Methode nicht ermittelt werden.

- Eine andere Methode ist, das Signal vom Lötstützpunkt telemetrisch aus dem Zylinderkopf zu bekommen. Mit dieser Methode muss das Ventil nicht verdrehgesichert werden. Nachteilig ist, dass nur eine Messstelle pro Ventil erfasst werden kann. Außerdem ist die Telemetrie für einen Messpunkt relativ teuer und erfordert einen gewissen Bauraum.
- Bei der MAHLE Messmethode wird das analoge Messsignal der Thermoelemente mit einer eigens entwickelten Messplatine, die sich auf dem Federteller befindet, in ein digitales Signal umgewandelt. Dadurch wird das Signal via Schleifkontakt über den Federteller und dann über die Ventilfeder, die als Signalleiter dient, aus dem Zylinderkopf geführt.

Im Folgenden wird nur auf die MAHLE Messmethode eingegangen. Deren Vorteile:

- Gut für stationäre und transiente Messung geeignet
- Bauteiltemperatur kann in jedem Last- und Drehzahlpunkt gemessen werden (transiente Messung)
- Temperaturgradienten können ermittelt werden (z. B. in Schubphasen)
- Die Ventilrotation bleibt erhalten, Temperaturwechsel und Temperatur-ungleichförmigkeiten über den Umfang können rückwirkungsfrei aufgezeigt werden
- Temperaturänderungen sind schnell erfassbar
- Zwei bis drei Messstellen bzw. Signale pro Ventil sind möglich

Die Nachteile:

- Hoher konstruktiver und mechanischer Aufwand
- Messdauer aufgrund hoher mechanischer Beanspruchung zeitlich begrenzt
- Hoher finanzieller Aufwand

Typische Anwendungsfelder für diese Messmethode sind:

- Ermittlung der Wärmebilanz zwischen Ventil, Ventilsitzring und Führung
- Reduktion der Temperatur am Auslassventil im gesamten Kennfeld. So werden z. B. motorschädigende Ablagerungen, die durch Kraftstoffzusätze bei bestimmten Oberflächentemperaturen entstehen, am Auslassventil vermieden bzw. reduziert
- Ermittlung der realen Temperaturen von Leichtbau- und konventionellen Ventilen (Ein- und Auslass) im Motorbetrieb (Gewinnung von Auslegungsdaten)
- Einfluss verschiedener Motorparameter (Leistung, Drehzahl, Lambda, Zündwinkel usw.) auf die Ventiltemperatur
- Optimierung der Verbrennung im gesamten Kennfeld bezüglich Kraftstoffverbrauch, Leistung und Abgas unter Berücksichtigung der maximal zulässigen Ventiltemperatur

Beispielsweise kann wegen der Vorgabe, den CO_2-Ausstoß zu reduzieren, versucht werden, im gesamten Kennfeld Lambda 1 darzustellen. Mit einer transienten Messung kann so in jedem beliebigen Lastpunkt unter Berücksichtigung der maximal zulässigen Ventiltemperatur im gesamten Kennfeld die Verbrennung in Bezug auf den Kraftstoffverbrauch optimiert werden. Mit thermometrischen Ventilen ist dies nur für einen Lastpunkt bei Nennleistung möglich. Für das komplette Kennfeld müssen dann Annahmen getroffen werden. Diese Ungenauigkeit wird durch eine transiente Messung eliminiert.

8.5.3.3.2 Prinzip der MAHLE Messtechnik mit Thermoelementen

Bild 8.42 zeigt schematisch das Prinzip der Messtechnik. Das Signal (rot gezeichnet) fließt über das Thermoelement zu einem Lötstützpunkt und dann über einen Draht zu einer Platine, die das analoge Signal in ein digitales Signal umwandelt. Dadurch ist es möglich, das Signal über einen Schleifkontakt auf den Federteller zu übertragen und von dort auf die Ventilfeder und den unteren Federteller. Mit einem angelöteten Kabel am unteren Federteller kann das Signal dann aus dem Zylinderkopf geführt werden. Damit dies möglich ist, müssen jeweils die Keile gegenüber dem oberen Federteller und der Zylinderkopf gegenüber dem unteren Federteller isoliert sein.

8.5.3.3.3 Applizierung der Messtechnik

Das Ventil ist je nach Ausführung mit zwei Thermoelementen bestückt. Bei Vollschaftventilen wird das Thermoelement in einer erodierten Bohrung integriert. Bei Hohlventilen, **Bild 8.43**, wird aufgrund der geringen Wandstärke eine Nut erodiert. Die Messplatine ist auf dem oberen Federteller mit einem Verbindungsstift befestigt. Vom Lötstützpunkt, an dem das Thermoelement verschweißt ist, wird auch das Verbindungskabel zur Platine angelötet.

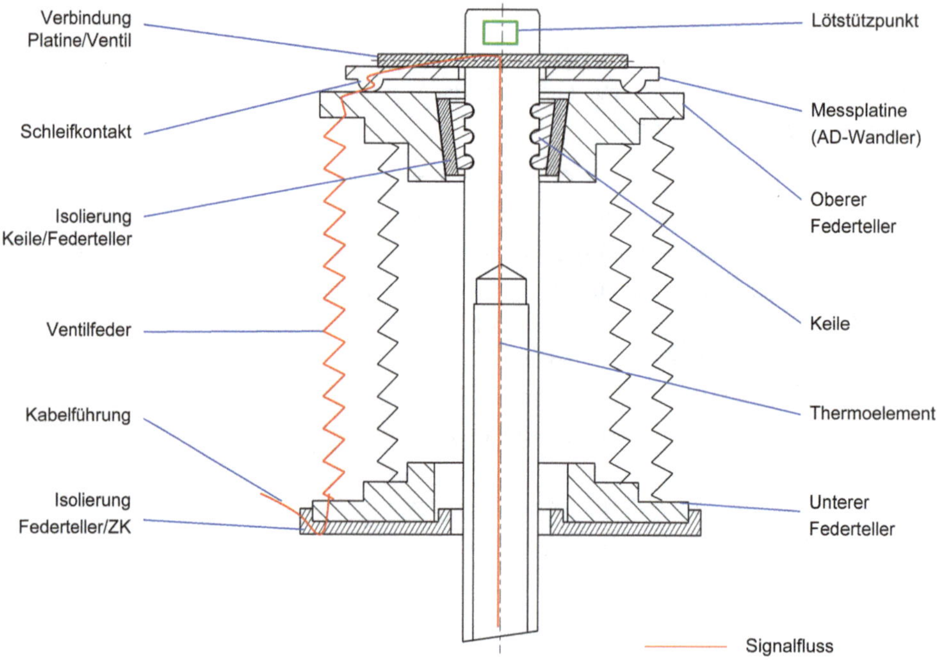

Bild 8.42: Prinzipskizze der MAHLE Messtechnik mit Thermoelementen

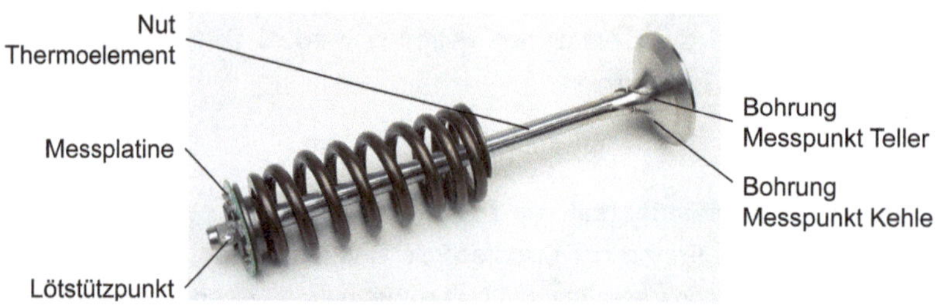

Bild 8.43: Applizierung der Messtechnik im Hohlventil

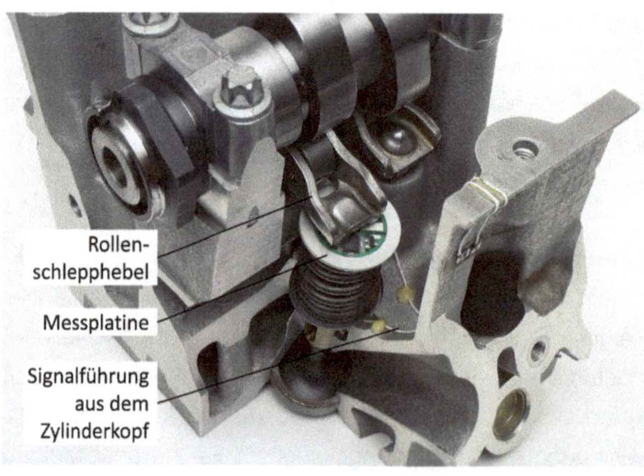

Bild 8.44: Applikation der Messtechnik im Zylinderkopf

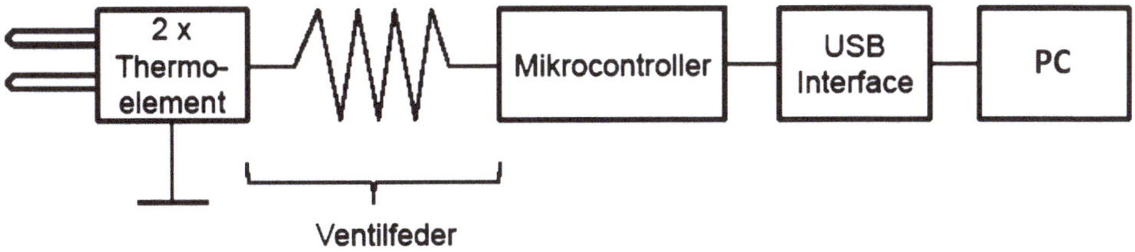

Bild 8.45: Prinzipskizze für den Aufbau der Temperaturmessung an einem Ventil

Bei der Applikation im Zylinderkopf ist darauf zu achten, dass der Rollenschlepphebel genügend Abstand zur Messplatine hat, **Bild 8.44**. Die Kabel werden dann vom unteren Federteller aus dem Zylinderkopf geführt. Falls serienmäßig kein unterer Federteller verwendet wird, muss für diese Messung etwas Dementsprechendes angefertigt werden. **Bild 8.45** zeigt den Aufbau der Messkette.

8.5.3.3.4 Ventiltemperaturen (exemplarische Ergebnisse)

Bei transienten Messungen sind z. B. bei Auslassventilen fast immer folgende Messstellen von Interesse, **Bild 8.46**:

- Ventilschaft bei Vollschaftventilen, da meist heißester Bereich am Auslassventil und daher wichtig für die Auslegung des Ventils
- Ventilkehle bei Hohlventilen, da in der Regel heißester Bereich am Auslassventil und daher wichtig für die Auslegung des Ventils
- Ventilsitz, da tribologisch kritischer Bereich zwischen Ventilsitzring und Ventil. Beispielsweise kann eine hohe Temperaturungleichförmigkeit am Ventilsitz zu radialen Rissen führen
- Ventilteller, da die Ventiltemperatur brennraumseitig Einfluss auf Verbrennung hat, z. B. Einfluss auf Klopfneigung (G)

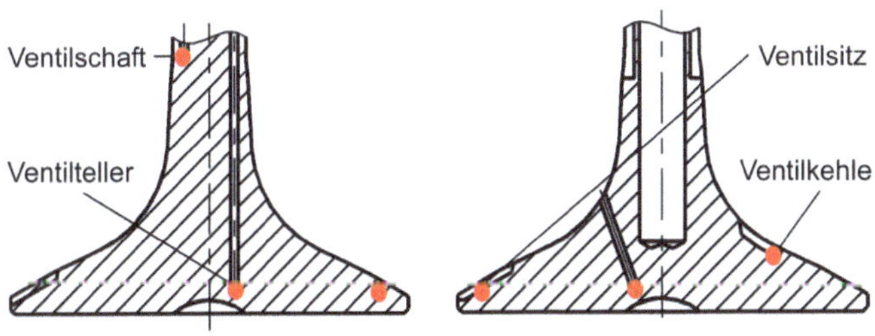

Bild 8.46: Typische Messstellen

Bild 8.47 zeigt die Messergebnisse eines kompletten Fahrzyklus. Das Ziel der Messung war es, die Auslassventiltemperatur im gesamten Kennfeld zu reduzieren, um kritische Ablagerungen zu vermeiden bzw. zu reduzieren.

In **Bild 8.48** ist eine Volllastkurve dargestellt. Hier ist unter anderem zu erkennen, dass die Ventilrotation erst ab 4.000 1/min beginnt, und die Temperaturungleichförmigkeit etwa ±25 °C über den Ventilumfang am Ventilsitz beträgt.

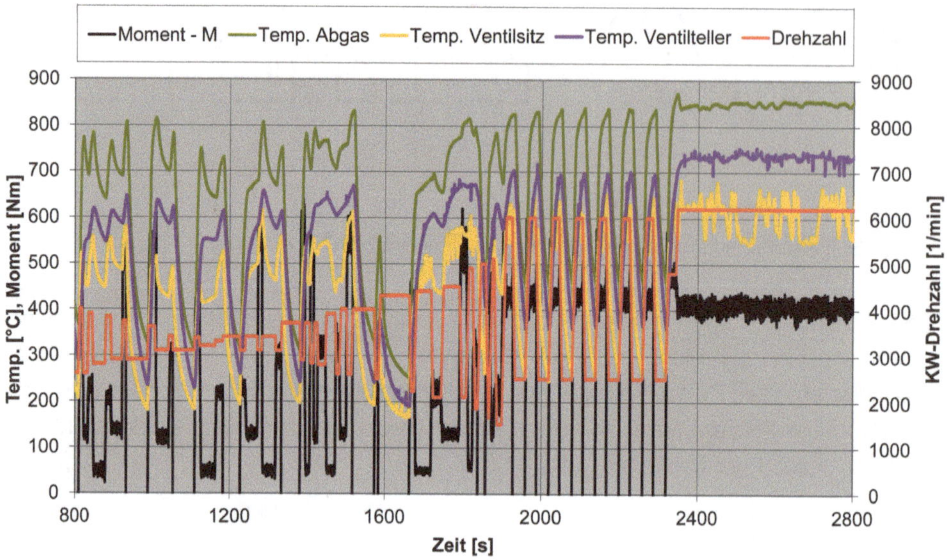

Bild 8.47: Kompletter Fahrzyklus

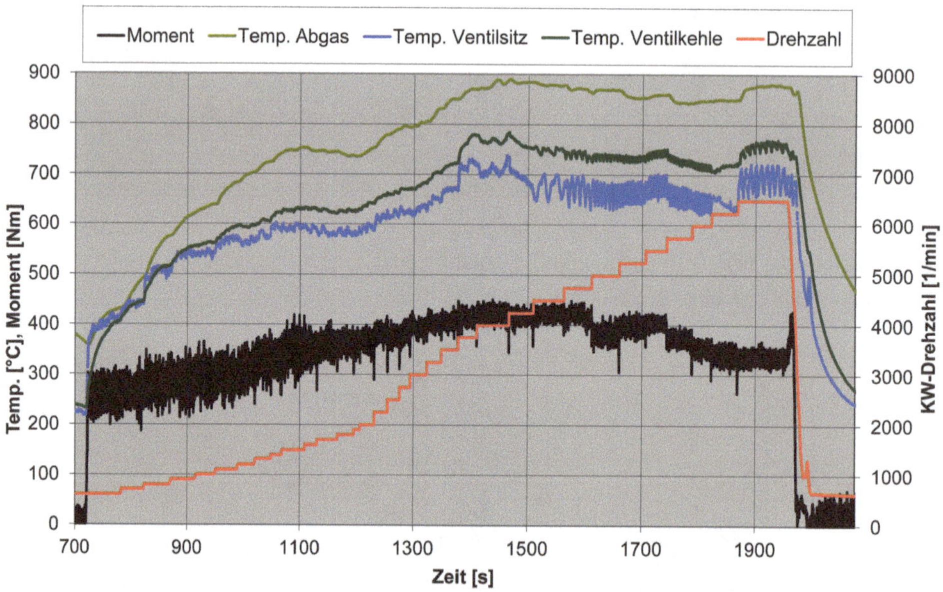

Bild 8.48: Volllastkurve in Steps

8.5.4 Dauerläufer

Im Laufe der Motorenentwicklung und Validierung der Komponenten werden bei allen Motoren- und Fahrzeugherstellern Dauerlaufversuche vorgenommen, die das Fahrzeug- oder Motorleben im Zeitraffer abbilden sollen. Diese Dauerläufe lassen sich grob in folgende Kategorien einteilen, **Tabelle 8.2**.

Tabelle 8.2: Verschiedene Dauerlaufversuche in der Fahrzeugindustrie

Art des Dauerlaufs	→	Ergebnis zielt auf Nachweis von:
Thermoschock, ohne Haltezeit	→	Dichtheit der Zylinderkopfdichtung
Thermoschock, mit Haltezeit	→	Zylinderkopf, Kolben, Turbolader etc.: Sicherheit gegen Anriss durch Relaxation
Dauerlauf mit Volllast	→	Verschleiß z. B. an Ventilsitz und -führung, Ölalterung
Resonanzdauerläufe	→	Ermüdung von schwingenden Komponenten, Verschleiß
Überdrehzahlläufe	→	dito
Stadtzyklen	→	„Gammelbetrieb" mit schlechter Schmierung, niedrigen Temperaturen
N-Punkt-Läufe	→	Kombinationen aus diesen Varianten, gerafft

Trotz langjähriger Erfahrungen mit diesen Erprobungsversuchen kommen hier durch geänderte Verbrennungskonzepte und Betriebsbedingungen immer wieder Überraschungen vor. Traditionell sind die meisten dieser Versuche auf Zeitraffung durch hohe Belastungen ausgelegt, was bei einem Langstreckenfahrzeug, gleich ob Pkw oder Lkw, zutreffend ist.

In asiatischen Megacities wird der Motor nur extrem niedrigen Belastungen ausgesetzt und das hat komplett andere Probleme zur Folge. So entstehen Ablagerungen, die bei hohen Temperaturen wegbrennen würden, bis hin zu komplett verstopften Einlasskanälen. Im Turbolader haben Hochtemperatur-Werkstoffe unter Umständen bei dann lediglich 300 °C anstelle der maximalen 800 bis 900 °C nur eine mäßige Verschleißfestigkeit. Kondensation erzeugt Elektrolyte im Motor, die zu elektrochemischer Korrosion führen, Start-Stopp-Systeme verursachen bei einem quasi 100 % Start-Stopp-Betrieb andere Probleme als im Mischbetrieb und vieles andere mehr. Kurz gesagt muss mit zunehmender Diversität des Einsatzes der Motoren auch ein entsprechend breiteres Erprobungsprogramm gefahren werden.

Literaturnachweis

[1] Heckendorn, H.: Entwicklung experimenteller und halbempirischer Verfahren zur Untersuchung der Relaxation von Ventilsitzringen. Zell i.W. : s.n., 2011

[2] Luven, C.: Entwicklungswerkzeug zur tribologischen Untersuchung des Systems Ventil-Ventilsitzring. VDI-Berichte 2115, Würzburg 2010

[3] Geyer, A., Bosch, H., Schellhase, T., Ruch, R.: Beanspruchungen und Lösungsansätze im tribologischen System Ventil-Ventilsitzring-Ventiltrieb, VDI-Berichte 1813, Würzburg 2004

[4] Puck, A., Bosch, H., Lerman, P.: Neue leistungsfähige und wirtschaftliche Ventilwerkstoffe für kommende Motorentechnologien. VDI-Berichte 2042, Würzburg 2008

[5] Deters, L., Fischer, A., Santner, E., Stolz, U.: Gesellschaft für Tribologie, Arbeitsblatt 7 Tribologie

[6] Messer, M., Niethus, K., Todsen, U.: Untersuchungen zur Bedeutung des Auftreffimpulses im tribologischen System Ventil-Ventilsitzring, VDI-Berichte 2042, Würzburg 2008

[7] Ayanoglu, P.: Befeuerte Ventiltriebsmessungen im Kundenmotor. Technischer Bericht Nr. 15, MAHLE Ventiltrieb GmbH, Stuttgart 2006

[8] Rückauf, J., Lerch, B.: Reibungsoptimierung und ihre Wirkung auf den spezifischen Kraftstoffverbrauch. MTZ 07-08/2009

[9] Ayanoglu, Dr. P.: Ventiltriebmessungen im befeuerten Motor. Mahle Global Firmenzeitschrift, August 2007

[10] Streich, W.-D.: Eignung neuer stickstofflegierter Stähle für Ventile in Verbrennungsmotoren. Dissertation, Bochum 2001

Abkürzungen

ACC Active Cylinder Control von Mercedes-Benz
AGR Abgasrückführung **(G)**
AÖ Auslassventil öffnet
AS Auslassventil schließt
AVS Audi-Valvelift-System
BDE Benzindirekteinspritzung
CIH Camshaft in Head
CNG Compressed Natural Gas (komprimiertes Erdgas)
CR Common Rail
CTA Cam Torque Activated
DK Drosselklappe
DLC Diamond-like Carbon **(G)**
DoD Displacement on Demand (Zylinderabschaltung)
DOHC Double Overhead Camshaft
EHVT Elektrohydraulischer Ventiltrieb
EMVT Elektromagnetischer Ventiltrieb
EÖ Einlassventil öffnet
ES Einlassventil schließt
EVC Electronic Valve Control
EVE Electronic Valve Engine
FEM Finite Element Methode **(G)**
FEMFAT® FEM-FATigue **(G)**
FES Frühes Schließen der Einlassventile **(G)**
FVVT Fully Variable Valve Train
HD Hochdruck
HD Heavy-Duty
HVA Hydraulischer Ventilspielspielausgleich
IMB Interne Motorbremse oder auch Dekompressionsbremse
IP Intermetallische Phase
IVA Intelligent Valve Actuation
LE Legierungselement
LW Ladungswechsel
MD Modulated Displacement

Md Drehmoment
MIVEC Mitsubishi Innovative Valve timing Electric Control system
MKS Mehrkörpersimulation **(G)**
MTM Massenträgheitsmoment.
MV²T Mechanisch vollvariabler Ventiltrieb
NiCr-Ni Nickel-Chrom/Nickel
OHC Overhead Camshaft (Nockenwelle im Zylinderkopf)
OHV Overhead Valve (Untenliegende Nockenwelle).
OT Oberer Totpunkt
PD Pumpe-Düse **(G)**
PHVT Piezohydraulischer Ventiltrieb
PLD Pumpe-Leitung-Düse **(G)**
PM Pulvermetallurgie
PTA Plasma Transferred Arc Welding
PVD Physical Vapour Deposition **(G)**
PVT Pneumatischer Ventiltrieb
REV Revolution-modulated Valve Control
RVT Rotatorischer Ventiltrieb
SES Spätes Schließen der Einlassventile
SEÖ Spätes Öffnen der Einlassventile
SHG Schalenhartguss **(G)**
SOHC Single Overhead Camshaft
USB Universal Serial Bus
UT Unterer Totpunkt
VF Ventilführung
VLC Variable Load Control
VLD Variable Lift and Duration
VSD Ventilschaftabdichtung
VSR Ventilsitzring (G)
VTEC Variable Valve Timing and Lift Electronic Control **(G)**
VVA Variable Valve Actuation
VVEL Variable Valve Event and Lift von Hitachi und Nissan
VVH Variabler Ventil Hub
VVT Variable Valve Timing / Variabler Ventiltrieb
ZAS Zylinderabschaltsystem
ZK Zylinderkopf

Glossar (G)

Adhäsiver Verschleiß
Durch Adhäsion können zwei Kontaktpartner lokal miteinander verschweißen, beim Öffnen des Kontakts reißen Teile der Grundkörper ab und verbleiben so angeschweißt auf der anderen Kontaktseite.

Adhäsionsneigung
Neigung zu Fressverschleiß

Abgasrückführung (AGR)
Verbleiben oder erneutes Zuführen von Teilen bereits verbrannten Gemisches, unter anderem mit dem Ziel, Stickoxide, Anfettungsbedarf oder Klopfneigung zu verringern oder Entdrosselung zu bewirken.

Anfettung
Bei Ottomotoren mit Benzindirekteinspritzung wird zum thermischen Bauteilschutz in bestimmten Betriebsbereichen eine erhöhte Menge an Kraftstoff eingespritzt, die zu einem fetten, d.h. unterstöchiometrischen Gemisch führt und deren Verdampfung das Gemisch zusätzlich abkühlt.

Atkinson-Zyklus
Reduzierte Kompression im Teillastbereich, z.B. durch spätes Schließen des Einlassventils schon während des Kompressionstaktes, reduziert Pumpverlust

Austenit
Kristallografische Modifikation des Eisens mit kubisch-flächenzentriertem Kristallgitter

Bainit
Gefügebestandteil der Legierung Eisen-Kohlenstoff; Zwischenstufengefüge zwischen Perlit und Martensit

CamInCam®
MAHLE System mit zwei ineinander liegenden Nockenwellen, das im Bauraum einer Nockenwelle die Verstellung von Nocken relativ zueinander ermöglicht

Diamond-like Carbon (DLC)
Kohlenstoffhaltige harte Verschleißschutzschicht

Drallklappe
Eine Klappe im Füllungskanal von Dieselmotoren. Je weiter sie geschlossen wird, umso mehr Frischluft strömt dafür durch den anderen als Drallkanal gestalteten Kanal, was hauptsächlich im Teillastbereich wegen den eher geringen Gasgeschwindigkeiten genutzt wird.

Drosselverluste
Strömungsverluste in einem Kanal, wenn dieser teilweise verschlossen ist, beispielsweise durch eine Drosselklappe oder eine Drallklappe. Der genutzte Effekt ist der verringerte Massenstrom durch den Kanal aufgrund der Druck- bzw. Dichteabsenkung hinter der Klappe.

Drucköl
Unter Druck stehendes Öl im Kreislauf nach der Ölpumpe

Effektive Öffnungsdauer
Die Gesamtdauer, zu der bei einem Zylinder mindestens eines der Ventile der gleichen Art (Einlass bzw. Auslass) geöffnet ist

Einbettungsvermögen
Bezeichnung der Eigenschaft von Gleitlagermaterial, Hartpartikel so aufzunehmen („einzubetten"), dass deren Verschleißwirkung abgemildert/vermieden wird

Elefantenfuß
Bezeichnung für ein schwenkbares, meist an Einstellschrauben befestigtes Druckstück

Entdrosselung
Verringerung der Drosselverluste, wenn die Drosselklappe (oder Drallklappe) aufgrund anderer Maßnahmen weiter geöffnet werden kann

Entropie
Thermodynamische Kenngröße für die verlorene nutzbare Energie bei einer Energieumwandlung

Erhebungskurve
Auch Ventilerhebungskurve genannt, beschreibt den Hubverlauf des Ventils über dem Nockendrehwinkel

Federteller
Hält am Ventilschaft die Feder fest und ist mit Kegelstücken am Ventilschaft befestigt. Die Federkraft kann damit auf den Ventilschaft übertragen werden.

FEM-FATigue (FEMFAT)
Modul zur automatischen, numerischen Berechnung der Bauteilsicherheit mit Hilfe von Werkstoff- und Oberflächenkennwerten

Finite Element Methode (FEM)
Numerische Berechnung von Spannungen und Dehnungen in Bauteilen

Ferrit
Kristallografische Modifikation des Eisens mit kubisch-raumzentriertem Kristallgitter. Karbidbildner-Elemente mit hoher Kohlenstoffaffinität

Frühes Einlass-Schließen
Der Schließzeitpunkt des Einlasses liegt früher als üblich, d. h. deutlich vor dem unteren Totpunkt.

Fühlerlehre
Sammlung verschieden dicker Blechstreifen (meist in 0,05 mm Abstufung) zum Ablehren des Spiels zwischen zwei Bauteilen

Isentrop
Verlustfrei, Bezeichnung für eine idealisierte Energieumwandlung

Kalibrierung
Ladungswechsel- und Verbrennungsführung im Motor: Temperatur- und Druckverlauf werden an die Erfordernisse angepasst, eine große Variantenvielfalt ist darstellbar. Die Kalibrierung wird über das Motorsteuergerät (engine control unit/ECU) in Tabellen programmiert.

Kantenträger
Pressungsüberhöhungen an der Kontaktstelle Rollenkante zum Gegenläufer

Kegelstücke
Sind in Rillen am Ventilschaft eingesetzt, um den Federteller dort niederzuhalten

Klopfneigung
Neigung zum Klopfen, d. h. zur unkontrollierten Verbrennung bzw. zur Selbstentzündung eines Gemisches. Abhängig unter anderem von Druck, Temperatur, Kraftstoffart. Kann aufgrund der hohen Druckgradienten zur mechanischen Schädigung des Motors führen.

Korrosion
Reaktion eines Stoffs mit seiner Umgebung, die zu einer messbaren Veränderung des Stoffs führt

Ladungsbewegungsklappe

Eine Klappe im Luftansaugsystem von Motoren, mit welcher der Einlassquerschnitt teilweise verschlossen und so die Einströmung in den Brennraum gerichtet erfolgen kann, was hauptsächlich im Teillastbereich wegen den eher geringen Gasgeschwindigkeiten genutzt wird.

Ladungswechsel

Vorgang bei zyklisch arbeitenden Maschinen zum Austausch des verbrannten Gases gegen Frischgas

Ladungswechselarbeit

Die zur Durchführung des Ladungswechsels nötige Arbeit. Sie wird oft auch als Ladungswechselverlust bezeichnet und entsteht durch das Ansaugen und Ausschieben der Gase bzw. des Gemisches.

Mager

Ein Gemisch ist mager (oder überstöchiometrisch), wenn die Verbrennung mit Luftüberschuss durchgeführt wird.

Martensit

Gefügebestandteil der Legierung Eisen-Kohlenstoff, das durch Wärmebehandlung bei Raumtemperatur beständig ist

Mehrkörpersimulation (MKS)

Numerische Berechnung von Bewegungen unter Berücksichtigung der realen Massen, Elastizitäten sowie Eigenschaften der Kontaktstellen

Miller-Zyklus

Reduzierte Kompression im Teillastbereich durch frühes Schließen des Einlassventils vermeidet hohen Pumpverlust (Fünftaktmotor)

Nockenwellensteller

Vorrichtung zum Verdrehen der Nockenwelle relativ zur Kurbelwelle und damit zur Verstellung der Ventilbetätigungen im Arbeitsspiel; auch: Phasensteller

Nullhub

Ein Ventil mit Nullhub wird nicht geöffnet, sondern bleibt komplett geschlossen, z. B. zur Zylinderabschaltung; vgl. auch Ventilabschaltung.

Öffnungsdauer

Die auf Zeit, Kurbelwellenwinkel oder Nockenwellenwinkel bezogene Dauer, wie lange sich ein Ventil in offener Stellung befindet

Oxidation

Reaktion eines Stoffes mit Sauerstoff

Perlit

Lamellar ausgebildeter Gefügebestandteil der Legierung Eisen-Kohlenstoff. Gemisch aus Zementit und Ferrit

Phasensteller

Stellglied zwischen Nockenwellenantrieb und Nockenwelle, womit die Winkellage der Nockenwelle relativ zur Kurbelwelle verstellt werden kann; auch: Nockenwellensteller

Pumpe-Düse (PD)

Kombiniertes Element aus Hochdruckpumpe und Einspritzdüse zur Kraftstoffdirekteinspritzung

Pumpe-Leitung-Düse (PLD)

Kraftstoff-Einspritzsystem mit jeweils einer Pumpe je Einspritzdüse und zwischengeschalteter Verbindungsleitung

Physical Vapour Deposition (PVD)

Verfahren zum Auftragen von dünnen Hartschichten

Qualitätsregelung

Beim Dieselmotor wird die Leistung i. d. R. über die Zusammensetzung (Qualität) des Gemisches geregelt, d. h. nur über die Kraftstoffmenge ohne Regelung der Luftmenge.

Quantitätsregelung

Beim Ottomotor wird die Leistung i. d. R. über die Menge (Quantität) des Gemisches geregelt, bei konstanter Zusammensetzung.

Radialnieten

Nietverfahren, bei dem eine radiale Aufweitung des Werkstücks erzeugt wird

Restgassteuerung

Beeinflussung des Anteils an bereits verbranntem Gemisch, das sich im nächsten Arbeitsspiel wieder oder immer noch im Brennraum befindet

Relaxation

Zeitabhängiger Verlust von Spannungen unter Temperatur und konstanter Dehnung

Rotocaps
Bauteil, das eine Ventildrehung bewirkt

Scavenging
Art des Ladungswechsels, bei dem während der Ventilüberschneidungsphase der Einlassdruck größer als der Auslassdruck ist und dadurch der Brennraum ausgespült wird

Schalenhartguss (SHG)
In der Gießform gezielt abgeschrecktes Gusseisen

Schwingrohraufladung
Gezielte Nutzung von Schwingungseffekten der Gassäule im Luftansaugsystem zur Steigerung der Zylinderfüllung

Sitzwinkel
Winkel zwischen der Ventilachse und dem Ventilsitz (Kegelwinkel)

Spätes Einlass-Schließen
Der Schließzeitpunkt des Einlasses liegt später als üblich, d.h. deutlich nach dem unteren Totpunkt.

Steuerzeit
Ventilöffnungszeiten des Verbrennungsmotors, auf die Position der Kurbelwelle bezogener Winkel (von theoretisch 0° KW bis 360° KW)

Stöchiometrisch
Ein Kraftstoff/Luft-Verhältnis ist stöchiometrisch, wenn die Massen von Luft und Kraftstoff in einem Verhältnis vorliegen, mit dem eine vollkommene Verbrennung des Kraftstoffs möglich ist.

Super-Duty
Bezeichnung für Motoren besonders großen Hubraums und langer Einsatzzeit; Oberbegriff für die Gruppe der Schiffsmotoren und anderer großer Stationärmotoren

Tiefkühlen
Absenken von Bauteiltemperaturen durch Eintauchen in flüssigen Stickstoff (meist zur Schrumpfung bei der Montage)

Tellerventile
Heute übliche Motorventile aus Ventilteller und Ventilschaft

Triboschicht
Schicht auf der Oberfläche eines Bauteils zur Verbesserung der Gleit- und Verschleißeigenschaften

Überdeckung
Presspassung, Innenteil ist größer als seine Montageöffnung, liefert damit eine Klemmkraft

Ventilabschaltung
Ein abgeschaltetes Ventil wird nicht geöffnet, sondern bleibt komplett geschlossen, z. B. zur Zylinderabschaltung; vgl. auch Nullhub.

Ventilerhebungskurve (s. Erhebungskurve)

Ventilfederteller (s. Federteller)

Ventilführung
Hohlzylinder aus Buntmetall oder Sinterstahl, der im Zylinderkopf eingepresst wird und in seiner Bohrung innen den Ventilschaft führt

Ventilhubverlauf
Der Ventilhub als Funktion des Kurbelwellenwinkels oder teilweise des Nockenwellenwinkels

Ventilschaftspiel
Differenz des Außendurchmessers des Ventilschafts und des Bohrungsdurchmessers der Ventilführung nach der Endbearbeitung

Ventilsitzring (VSR)
Ring aus Gussmaterial oder Sinterstahl, gegen den das Ventil abdichtet. Wird im Zylinderkopf mit Überdeckung eingepresst/eingeschrumpft.

Ventilspielausgleich
Methode zur Einstellung eines definierten Spiels oder Eliminierung des Spiels zwischen Ventil und Betätigungselement, um ein sicheres Schließen des Ventils im Betrieb zu gewährleisten.

Ventilüberschneidung
Bei (positiver) Ventilüberschneidung sind Auslass und Einlass gleichzeitig geöffnet; auch: Ventilüberschnitt.

Verstemmen
Befestigungsverfahren, bei dem durch das Einbringen einer Vertiefung eine seitliche Materialverdrängung erzeugt wird, um ein eingesetztes Bauteil gegen Lösen zu sichern

VTEC (II)
Variable Valve Timing and Lift Electronic Control: System von Honda zur Zylinderabschaltung bzw. als VTEC II zur Hubumschaltung

Wärmekapazität
Stoffgröße für die Temperaturänderung bei bestimmter thermischer Energiezufuhr

Wastegate
Ein Bypass bzw. dessen Verschlussorgan, um die Turbine eines Abgasturboladers herum, mit dessen Hilfe die Turbinendrehzahl und damit der Ladedruck geregelt werden kann

Wirkungsgrad
Verhältnis der eingesetzten Energie in einem Prozess zum Energieertrag

Zementit
Metastabile Phase der Legierung Eisen-Kohlenstoff (Fe-Karbid)

Zündfolgetrennung
Eine zeitliche oder räumliche Trennung von Effekten von in der Zündreihenfolge aufeinanderfolgender Zylinder

Zünd-OT
Oberer Totpunkt (Umkehrpunkt) der Kolbenbewegung zum Zeitpunkt der Zündung/Verbrennung, man unterscheidet den Zünd-OT und den Ladungswechsel-OT

Zylinderabschaltung
Abgeschaltete Zylinder führen keinen Ladungswechsel durch und bekommen keinen Kraftstoff eingespritzt. Sie benötigen keine Ladungswechselarbeit. Die nicht abgeschalteten Zylinder laufen in entsprechend höheren Lasten und bei höheren Wirkungsgraden.

FSC
www.fsc.org
MIX
Papier | Fördert gute Waldnutzung
FSC® C083411

Zeitfracht Medien GmbH
Ferdinand-Jühlke-Straße 7
99095 Erfurt, Deutschland
produktsicherheit@kolibri360.de